U0014099

Star★
星出版

新觀點
新思維
新眼界

Star 星出版

21世紀
汽車革命

電動車全面啟動，自駕車改變世界

The Last Driver's License Holder
Has Already Been Born

馬里奧‧赫格 **Mario Herger** 著

李芳齡 譯

For Gabriel, Darian, and Sebastian.

And for May Kou.

目錄

破壞式創新正在發生

> 我只是試著思考未來，別悲哀。
>
> —— 伊隆・馬斯克（Elon Musk），
> 特斯拉（Tesla）執行長

讓我向你介紹馬克斯，他剛過一歲生日，有很多的蛋糕、彩色汽球和一大堆的禮物。馬克斯不只是一個可愛的小男孩，他可能也是最後一位考駕照的人。

你認為這不大可能嗎？在你有生之年不可能發生？嗯，我同意，你的看法有點道理，其實我也不知道這最後一位考駕照的人會是馬克斯，還是蘇菲或朱利安，也可能是你社區的某個小孩。不過，可以確定的一點是：最後一位考駕照的人已經誕生了。我收集了很多資料和事實，本書後面的章節將更詳細探討這些，你將會驚訝於電動自駕計程車的發展原來已經這麼進步了。

馬克斯（或蘇菲、朱利安）甚至無法想像，我們當年怎麼會產生擁有及駕駛一輛車的想法——那玩意兒的踏板和方向盤難以操縱，在開車途中，也無法工作或玩遊戲，而且每年在美國及世界各地還奪走許多人的寶貴性命。屆時，他／她會覺得那年代的我們的生活有多過時呢？嗯……就像現在的我們覺得馬車有多過時。馬車夫坐在車廂外頭，暴露於風吹日晒雨淋之下，一路顛簸之際，還得面對著馬兒的屁股。

就連今天，開車的樂趣也往往降低。尖峰時段，我們塞在車陣中，疲憊不堪，焦急地惦念著各項逼近的截止期限。喔！還得找停車位。未來，大都會地區的交通將比現今更集中，因為到了2030年，全球人口將有60％居住於城市。[1]美國現今已有80％的人口居住於城市，德國的這個比例是74％，奧地利是66％。[2]城市的交通運輸服務需求將會繼續增加，可用空間和目前的基礎設施將無法應付更多的需求，畢竟縱使是現在，城市也已經沒有足夠空間容納更多車子，或是提供更多街道和停車場。

現在，光是在矽谷的公路上，就可以看見超過60家製造商出產的逾600輛自動駕駛車（簡稱「自駕車」）在試跑。全美在路上跑的自駕車已達1,400輛，超過1,000家公司正在為自駕車研發技術。在此同時，汽車產業中心已經轉移至最昂貴的地點之一，特斯拉、路晰汽車（Lucid Motors）、蔚來汽車（NIO）、普羅特拉（Proterra）等等，很多製造商都在製造或研發電動車、電動卡車和電動巴士。在矽谷，每隔幾英里就能看到至少六、七輛正在路上進行測試的電動車。在中國，光是單一城市就能生產2,500萬輛電動腳踏車，還有三十幾家製造公司正在打造電動車。全球現在有六家自駕車計程車車隊正在試營運，而且已經在載運乘客了。加州2018年開始讓無人駕駛車上路，甚至沒有人在車上的無人駕駛車都可以在路上跑。

自2016年起，特斯拉已經把自動駕駛功能的硬體預先包含在它製造的所有車子裡，預期未來兩、三年更新的軟體將讓特斯拉生產的任何一輛車（至今已超過50萬輛）能夠完全自動駕駛。在此同時，最早的計程車公司已經陸續結束營業，因為它們無法和優步（Uber）及來福車（Lyft）競爭。有人工智慧、感測技術或自動駕駛演算法等熱門專長的工程師，待遇在3,300萬美元之譜。

　　新發展主要來自兩個地區：矽谷和亞洲。矽谷似乎循著某種自然演進，將從人人擁有一部車的美國生活模式，轉變成使用電動自駕計程車的生活型態。一些亞洲國家則是跳過整個階段，例如，在中國，許多人在僅僅一、兩個世代間變得相當富有，從農工階級變成新興中產階級，而他們想要車子，或至少取得個人交通工具。種種跡象顯示，某種類似冷戰時期社會主義東方集團瓦解後的情境即將發生。匈牙利的行動電話系統優於德國，德國電信（German Telekom）想分攤回收它在數位用戶線路（dedicated subscriber line, DSL）的電纜安裝投資，匈牙利則沒有任何這方面的負擔，因為該國並未埋設昂貴的電纜，而是直接設立行動電話基地塔，完全跳過一代技術。底特律、德國和歐洲整體而言，以及其他具有堅實的傳統汽車製造業的許多地區，在新車輛產業的所有領域反而落後，不再位居領先地位，因為創新發生於其他地區。德國發明汽車，打造出最優質的車子，但在規劃中的未來顯然沒把它們納入其中。至於底特律，則是早已失去榮光，留下陰影。甚至到了今天，德國的傳統汽車製造商仍在邁向未來的路途上落後，而且落後的距離愈拉愈大。這不是因為別人用了什麼神奇妙方，或者別人更有能力和抱負，問題不在於有不知從何處竄出來的公司在攻擊傳統汽車業，而是加入數位公司的汽車工程師正在創造全新形式的交通體驗。

如同我將在本書敘述的，傳統汽車製造公司面臨的危險主要不是來自新技術，而是它們的觀點與心態。雖然我來自歐洲，2001年才開始在美國生活，我強烈察覺到不同文化與國家的心態差異，尤其是開創性車輛產業、矽谷、以色列、中國，它們的心態和世界其他地區的心態差異特別明顯。

我在2015年撰寫過一篇文章，藉由比較特斯拉和保時捷（Porsche），探討德國和矽谷的汽車研發創新方法的差異性，引起了一些回響，令我大吃一驚，因而萌生此書。若你在其他媒體上追蹤類似評論，很快就會注意到大眾有多關注汽車這個主題。在熱烈的意見交流中，極顯著的一點是這個驕傲的產業表達的無情批評，傳統汽車製造商發表對新電動車的看法，汽車業高階經理人聲稱自駕車只是一種「炒作」，言詞中滿是輕蔑與譏諷。汽車製造商或許應該對此深省，因為他們即將完全失去同胞的信賴——福斯（Volkswagen）汽車廢氣排放舞弊事件，駭人的價格操縱範圍，德國汽車製造商彼此間的「詐欺合作」，底特律汽車業在2008年的破產和近年犯下的幾項其他嚴重錯誤，在在使得這種失去信賴的情形更加惡化。

因此，我認為，合理的下一步是更詳細地探索這個主題，描繪目前的發展，把拼圖的各塊拼湊成一個更具體的面貌。儘管我本身不是一個車迷，仍然決定做這件事。我個人認為，開車是浪費時間，我寧願把這時間用來閱讀。我生長於維也納，那是一座擁有很棒的大眾運輸系統的城市，所以起先我看不出我有何理由需要擁有駕照，也一直要到22歲才去考駕照，而我的第一部車是在我遷居加州不得不買一部代步時。就連我住德國的那幾年，因為德國也有很好的地方與城際大眾運輸系統，我發現車子在我的日常生活中是個麻煩多過幫助。當然，有時我會需要用到車，做某些事情時，開車會更輕鬆容易，但是回想我的車子有多常在海德堡歷史城市中心的那些狹窄街道上受損，以及找個停車位有多困難，我知道，我寧願自己當時過的是沒有車的生活。

我當然知道，有許多駕駛人享受邊開車、邊聽音樂、邊放鬆、邊思考，或是邊聽有聲書。但是，在公車或火車上，我也能做這些事。那麼，在一輛自駕車上做這些事呢？

我從2001年起生活於矽谷，這地方是電腦怪胎的朝聖地，也是我們現今在工作與居家生活中視為理所當然的許多東西的發源地。電腦、智慧型手機、臉書、谷歌等等，這些全都是誕生於矽谷的新科技。我們很容易用這些來描述加州這個居民只有350萬人的小地方，但實際上，用這些來描繪矽谷，太過簡化、粗糙了。

近年，我察覺到，在矽谷跟汽車相關的活動快速增加。我沒有一天沒看到谷歌自駕車行駛於山景市（Mountain View）市內或周邊，但是在矽谷的街道上跑的自駕車，絕非只有來自谷歌一家公司而已。當一家名為「特斯拉」的公司生產的Model S車款能夠引發蘋果式的興奮，購買者自一大清早就排隊登記在矽谷這舉世最昂貴的地區之一打造的最新款特斯拉Model 3時，我們就真的該被這些訊號喚醒了。然後當你開始聽聞蘋果公司對於進軍自駕車產業的雄心，以及中國製造商砸下雄厚資金發展這個產業，還有數以百計的車業新創公司加入時，你就不會否認有什麼事情發生了。我愈關注，其面貌就變得愈加清晰，我們現今熟知的汽車時代即將終結,我們正處於第二次汽車革命。

　　跡象已然存在。自駕計程車需要的所有部件已經可得,亦即為我們提供電動自駕優步車所需要的所有部件都已經存在,感測器、演算法、人工智慧,以及應用程式完美結合的實際起飛,只是遲早而已。在許多國家,直到最近才開始討論關於思考汽車的新方式——以往,根本難以想像這類討論,這意味的是,大眾和政治機構的意識也改變了,和行為調適及法規密切相關的一場技術革命,引領出顛覆和市場破壞。

　　密切注意洩露內情的跡象,一旦有幾個跡象一起出現,就代表顛覆已經到來。革命正在發生,這場革命將徹底改變我們和我們的「聖牛」——汽車——之間的關係,對我們的經濟及社會的影響將相似於、甚至大於從馬車轉變為引擎動力車的第一次汽車革命產生的影響。頭一個要問的疑問不是那些改變會不會影響我們,而是「何時」會影響我們?看看技術發展的指數曲線,再評估已經明顯發生於矽谷的事實,就能認知到,那些改變比許多人以為的更近。這就引領出第二個疑問:在這第二次汽車革命中及之後,底特律或德國仍然扮演要角嗎?為何迄今打造出舉世最優質汽車的德國,以及帶來汽車量產模式革命的福特汽車,突然間變得如此老舊過時了呢?它們該如何避免淪為歷史?

　　哈佛大學教授克雷頓・克里斯汀生(Clayton Christensen)關切此現象好幾年了。他的研究顯示,在發生破壞性創新後的二、三十年間,一個產業中原本頂尖的公司有50％至80％已不再名列前十大。不論他研究分析的是什麼產業,都有相似現象。據此邏輯,大家熟悉的品牌如通用(General

Motors, GM）、福特、本田（Honda）、豐田（Toyota）、現代（Hyundai）、福斯、賓士（Mercedes-Benz）、寶馬（BMW）、保時捷等等所屬的公司，至少有半數將不再是獨立的公司，甚至可能將不復存在。

我承認，從傳統汽車製造商的觀點來看，這似乎很不可能發生。但是，當大車和皮卡貨車仍是成功之鑰時，美國的汽車製造中心底特律也是抱持這種想法。同樣地，二十年前，位於芬蘭赫爾辛基附近埃斯波市（Espoo）的諾基亞（Nokia）總部，沒人認為諾基亞會隕落，他們以極懷疑的態度看待iPhone。紐約州羅徹斯特市（Rochester）的柯達（Eastman Kodak）總部，人們同樣堅信數位相機絕對不會對軟片和相紙產業構成危險。但如今，在探討錯失機會的經濟研究中，諾基亞和柯達這兩家公司常被拿來作為好例子。我們真的想看到通用、福特、福斯、戴姆勒（Daimler）及BMW變成「未能看出大機會來臨的公司」嗎？我們想看到這些發明汽車、開啟廣大世界供人們探索、激發我們的旅行胃口的公司失去魅力嗎？

大家都能同意，最優質的車子產於德國，最漂亮的跑車產於義大利，最雅緻的設計來自法國，安全性標準上首屈一指的是瑞典，日本完全聚焦於可靠性，美國創造了汽車生活型態。不幸的是，優質車輛的標準正在我們眼前改變。很快地，一輛車的安全性，將不再主要取決於牢固的乘客車廂和穩當的安全氣囊，而是為無人駕駛車導航的演算法。若我坐的是計程車，雅緻及漂亮的設計就沒那麼重要了，可靠性對車隊經理比較重要，對乘客則沒那麼重要。未來，民眾在決定一輛車好不好時，較可能看重整合的娛樂系統；過去，汽車製造商完全把這部分擺在很後面的考量順序。未來，我們將不再那麼把車子視為單一物件，而將視為運輸服務供應商提供的整體服務的一部分。

當人們不再列印出數位相片時，相紙就失去了重要性。最好的手機鍵盤，已被觸控螢幕和聲控系統取代。同理，汽車業也將發生極大改變，受影響的將不只是這個產業本身而已，我們對移動力的了解與處理也將會大大改變，城市、地區以及這個領域的參與者，將必須調適於新環境。一些產業將走入歷史，新產業將誕生。

本書的後續章節會更詳細探討這一切：二次汽車革命是如何開始的；車輛如何改變我們的日常生活和我們的城鎮；必須滿足的新要件；它們背後的技術；受到影響的法律架構；將會受到影響的行為；這一切將對我們的社會、就業市場、商業場域及經濟帶來什麼影響。底特律、亞洲及歐洲可以取得的技術相同於其他地區及公司，因此落後的原因在於行為和心態。本書的最後一部將詳細探討這個層面，看看我們每個人可以及必須如何貢獻於發展創新創業的心態，以期造福社會整體及人類。

關於大衛和巨人歌利亞

> 若我們有資料，我們就檢視資料。若我們只有見解，那就跟著我的見解走吧。
>
> ——吉姆·巴克斯戴爾（Jim Barksdale），
> 網景公司（Netscape）執行長

無敵的巨人歌利亞沒有理由想像大衛這個小牧羊人能對他構成任何威脅，大衛甚至不是個戰士，他站在那裡，沒有任何重武器，完全不像個戰士。在歌利亞看來，敵人沒有派出一位有經驗的戰士來跟他對抗，真是太可笑了，顯示敵人已經絕望。但是，歌利亞輸了，甚至還來不及看到對方出招就倒地，這場戰鬥還沒真正開始，就結束了。

這個門外漢贏了一個巨大敵人的故事聽起來不錯，但事實上，歌利亞從未真正有過機會。麥爾坎・葛拉威爾（Malcolm Gladwell）在《以小勝大》（*David and Goliath: Underdogs, Misfits, and the Art of Battling Giants*）中根據源文本來敘述和分析起始點，非常清楚看出，歌利亞是個有嚴重疾病的人，從他所說的話以及他同年代的人對他的描述看來，這個身高八英尺的男人患有副作用很多的巨人症。所以，歌利亞有近視和視野缺損，必須等對手走近，他才看得清楚。他的關節疼痛，需要別人幫他把盾牌拿到戰場上。他的身高贏得對手的敬重，他的長臂確保在尋常的刀劍戰中和對手保持足夠距離，使他能擊中敵人而不受傷害。

不過，大衛「看起來」是處於劣勢的一方，有兩點被對手低估。第一，他只是個牧羊人，挑選了投石器作為武器，對真正的戰士來說，這是毫無價值的一件武器。第二，大衛是普通身材，個頭比歌利亞小很多，但也比較敏捷。他的武器讓他可以從較遠的距離攻擊對手，而且很有效；一個訓練有素的投石手，投射出去的石子的速度可以達到約莫手槍射擊子彈的速度。若大衛無法在第一次的嘗試中做出「黃金一擊」，他也能夠迅捷地移動到夠遠處再次出擊，身上有多少顆石子，就出擊多少次。

用這些資訊來檢視起初的情境，就能看出歌利亞從一開始就注定輸了——他在一場「槍戰」中使用刀子。正因為大衛帶著一項非正統武器上場，他擁有了優勢，而非處於劣勢。大衛不循著兩人刀劍戰的尋常規則——對戰雙方必須貼近肢體接觸，他絲毫不在乎使用投石器是「不像戰士」的行為，反正他也不是戰士，只是個牧羊人。

看起來沒有贏面的門外漢，使用非正統的工具和方法，不遵循規則，不在乎專家對他的看法，結果震驚了周圍所有人——這是描繪許多這類大衛與歌利亞情境的核心元素。我們往往聲援弱勢者，但其實也該為歌利亞感到難過——至少是有的時候！不過，經常有巨人因為以往的成功而變得自負。本書探討的也是這類歌利亞與大衛的情境，我們將探討為何絕對不該低估大衛們，為何巨人比他們的外表更脆弱，以及為何對一些巨人而言可能已經太遲了。但是，大衛們也有必須謹慎的層面：一些大衛們不該因為勝利而得意忘形或自滿於既有成就而不求進取；大衛也可能很快就變成歌利亞，被後面的大衛打敗。弱勢者勝利的關鍵因素是他改變了競賽規則，因為那些讓對手選擇武器者只有30％的獲勝機會，而那些自定競賽規則者有65％的贏面。[3]

從一家德國優質汽車製造商的代表團造訪矽谷的例子，就能看出車輛產業裡大衛和歌利亞的關係反轉有多明顯。這家德國汽車公司製造出來的車子舉世搶手，性能優異無比，使得母公司經常展現亮麗的年度財務績效。該公司在道路上測試新車原型時拍攝的影片，總是引起車迷和雜誌攝影師的垂涎及詳細討論。可是，我們看到，該公司的代表團團員突然轉頭去追看每一輛特斯拉Model S和Model X，我們也看到他們興奮地跑去谷歌存放自駕車的車庫，在入口管制門柵邊張望這些車子，就像逗留在糖果店門口前的小孩，只為了拍幾張看起來像金屬與塑膠球的醜陋小車的照片。重大改變正在發生，傳統汽車製造商無法再否認，儘管他們盡所能表現出彷彿一切都沒問題，一切都在他們掌控中。

福斯汽車公司的一名員工借了一輛特斯拉，從德國南部前往北部沃爾夫斯堡（Wolfsburg）的公司總部開會，他的同事對這輛特斯拉很感興趣，圍繞著它，想要試駕，體驗其加速性能，看看車內空間有多大，玩玩它的大面積觸控螢幕。通常，這種情景出現於其他汽車製造商檢視德國製優質汽車品牌時，或是德國汽車製造商欣賞一輛法拉利時，差別在於：一輛跑車對多數人而言是奢侈品，但是當你看到一輛特斯拉時，你立刻就了解到，這是未來的車子，未來已經到來，比人們預期的還快。

不是特斯拉衝擊傳統汽車製造商，而是未來在衝擊這些車商。

飛行是人類懷抱了很久的夢想之一，航空業可茲例示類似這種情形的發生可能有多快。奧維爾・萊特（Orville Wright）和威爾伯・萊特（Wilbur Wright）兄弟在俄亥俄州代頓市（Dayton）經營自行車銷售與維修店，童年時期，兩人就喜歡觀察鳥，觀察牠們如何移動翅膀，保持在空中平穩飛行，入迷到他們能以手臂模仿鳥的各種動作。他們最早嘗試用皮帶把像鳥翼的新奇設計綁在雙臂上去試飛，不消說，這些嘗試只落得一些摔傷，鄰居認為他們徹底瘋了，只有瘋子才會無所事事，站在外面連續幾個小時只看鳥。

但是，這對兄弟仍然持續不斷地修補、改良他們的飛行器，積極吸收其他飛行研究先驅如奧托・李林塔爾

（Otto Lilienthal）及奧克塔夫・沙努特（Octave Chanute）等人發表的文獻，甚至打造出第一個風洞來研究空氣動力學。歷經無數次滑翔測試，他們於1903年12月17日在北卡羅來納州小鷹鎮（Kitty Hawk）完成第一次成功的發動機動力飛行，飛行時間59秒，飛行距離852英尺。美國大眾在幾天後才得知此事，但這消息要不就是被認為是假造的，或是被認為無足輕重而不予重視。然而，在法國巴黎引發的反應截然不同於美國本土的漠視，巴黎的航空俱樂部經由他們和沙努特的通訊得知了萊特兄弟的成功滑翔，邀請萊特兄弟前往法國演示。在法國行之後，美國本土才開始對萊特兄弟產生興趣。

萊特兄弟循著他們的發明直覺進行研發，不被外界干擾。反觀另一位美國飛行研究先驅，卻是注目焦點。薩謬爾・蘭利（Samuel Pierpont Langley）是著名科學家、史密松天體物理臺（Smithsonian Astrophysical Observatory）創辦人、美國藝術與科學院（American Academy of Arts and Sciences）院士、英國皇家學會（Royal Society）院士，[4]急於建立相似於他的朋友暨同事亞歷山大・葛拉罕・貝爾（Alexander Graham Bell）發明電話的功業。在成功飛行無人駕駛模型機後，蘭利認為下一個要克服的門檻是有人駕駛的飛行，並視此為他名留青史的機會。基於良好的人脈和聲譽，蘭利獲得美國戰爭部提供5萬美元及史密松學會（Smithsonian Institute）提供2萬美元的贊助，試圖建造一架飛機。《紐約時報》密切追蹤他的研發工作，經常報導他的進展，但是他的嘗試並未獲得期望的成果。萊特兄弟靜悄悄、堅持不懈地贏得了這場競賽，蘭利聽聞萊特兄弟的成功後，立即停止他所有的飛行術研究與試驗活動。蘭利聚焦於他個人的成功與聲名,萊特兄弟的努力則是聚焦於使人類能夠飛行。[5]

這是一本探討汽車的書,為何我在前言要先寫飛行的研究先驅呢?答案很簡單:因為它可以例示許多破壞性創新呈現的型態。

第一,一個產業的破壞與顛覆往往來自門外漢,而非此產業領域的專家。那些門外漢起初被視為天真,與現實脫節,或完全瘋狂,但正是這些沒有成見的門外漢清楚察覺到重要的東西,提出非傳統的方法。由於他們的行動不涉及所屬領域的歷史,也不涉及對組織層級架構中任何人的責任義務,因此能在不須尊重或服從誰之下,無束縛地處理這些重要的東西,不必擔心未成文的規定,或是害怕得罪應該當責的對象。

這種方法稱為「第一原理」(first principles)或「思考根本性質」(thinking in basic terms)。根本性質不能回溯至其他性質,根本性質和提出的原始問題有關,與基本性質更接近的疑問及要解決的問題不是「我可以如何改進馬車?」,而是「我們需要馬車做什麼?」。使用這種方法時,你很快就會發現,解決問題所需要的量子躍進,並不是逐步改進現有技術,而是要發現全新的起始點。

不過,這種思考模式需要更多的心智精力。很多產業內的專家從不倦於指出任何大膽冒險的行動很困難或不可能,繼續留在原有框限架構裡思考,然後突然出現的一個創新大躍進,總是令他們大吃一驚。

第二,顛覆破壞者通常不那麼關心個人名氣,而是比較想要推進實際的理想,想要改變世界,使世界變得更美好,幫助人們。特斯拉執行長馬斯克在接受德國《商報》

（*Handelsblatt*）訪談時，談到他停止與戴姆勒和豐田汽車合作的原因：

> 我們發現，我們和豐田及戴姆勒的合作計畫的問題在於它們太小了。它們基本上只計算為了讓監管當局滿意所必須投入的金額，然後盡可能把計畫規模維持得更小。我們不想做這樣的計畫，我們想做將會改變世界的計畫。[6]

馬斯克想把世界變成一個更美好的地方，想幫助人們改善生活境況。在說德語的世界，「Weltverbesserer」（意思是「世界的改善者」）這個字被視為「天真、不切實際、作白日夢的夢想者」，這種人大概會在收容所終其一生。所以，在德國被稱為「Weltverbesserer」並不是一種恭維，可是對於那些不以改善世界為志的人，你會如何稱呼他們呢？使世界變差者或削弱世界者？這絕對是有一些邏輯的。

公司經營管理層級被認為明顯有別於傳統創業家，這不是沒有道理的。美國前副總統艾爾·高爾（Al Gore）在《驅動大未來》（*The Future: Six Drivers of Global Change*）中引述一項調查，在這項調查中，企業執行長和財務長被問到，若一項投資將使他們無法達成下一季的績效目標，他們會不會認為這是一項好投資？結果，80％的受訪者說：「不會。」[7] 這樣的反應，並不令人意外。

獲頒2017年諾貝爾經濟學獎的行為經濟學家理查·塞勒（Richard Thaler）在《不當行為》（*Misbehaving: The Making of Behavioral Economics*）中指出，公司內部在評估風險性計畫時，存在宏觀與微觀的分歧。在一場23名經理人和執行長參與的會議中，經理人被問到，若一項計畫的成功機會是50％，他們會不會啟動這項計畫？若計畫非常成功的話，每項計畫可以獲得200萬美元的報酬；若計畫失敗，潛在損失是100萬美元，總計將有23項獨立計畫。結果是：在23名經理人當中，只有3位經理選擇冒險啟動計畫，其餘20位經理選擇不冒險。

當這位執行長被問到他會核准啟動多少項計畫時，他馬上回答：「全部！」從他的觀點來看，這是完全有道理的。23項計畫中，可能有半數會失敗，總損失是1,150萬美元，但另外一半成功的計畫將為公司創造2,300萬美元的報酬，這意味的是，最終將有1,150萬美元的報酬。經理人被問到他們不啟動計畫的理由？他們說，若計畫成功，他們只會獲得被拍拍背的嘉許和一小筆獎金。但是，若計畫失敗，他們不僅將在公司中喪失聲譽，還得面臨最壞的情境——被炒魷魚。對他們來說，相對於潛在報酬，潛在風險太高了。[8]

縱使公司執行長本著宏觀，認知到應該核准全部23項計畫，但公司的焦點及獎酬制度仍是微觀的（亦即只看個別計畫）。仔細想想，就能明白。一項計畫雖然失敗了，但其執行涉及了大量投入，起碼應該獲得相同於成功計畫所獲得的獎酬，畢竟有人願意冒險嘗試啊！從公司的總體觀點來看，這遠遠更有道理。這讓我們得出一個驚人結論：我們應該寧願「懲罰」只能獲得平庸成功的平庸計畫——那些無論如何都比不上極成功的計畫，於是力求保持於安全範圍內的計畫。我們被平庸環繞，因為很多人沒有勇氣或沒有足夠誘因去做非凡之事，深植於現今工作生活中的微觀觀點懲罰所有的冒險者，把失敗視為個人汙點，而非一種學習經驗。

　　看看那些關於汽車廢氣排放舞弊事件、非法操縱價格及政府補助的新聞，我們或可這麼結論：錯誤的方法和普遍的獎酬制度，根本就是誘導人們去混水摸魚，隨便應付過去。員工追求短期勝利與報酬，這種目標未必與公司使命一致。此外，很賺錢的汽車製造商顯然也已經變得很擅長取得政府補助：保時捷獲得德國政府超過680萬美元的補助，戴姆勒從經濟發展獎勵方案取得超過6,800萬美元的補助，BMW在2010年至2012年間獲得5,000萬美元的補助，[9]這份清單可以繼續列下去，沒有盡頭。[10]但事實上，從截至目前的成果來看，這些補助產生的創新成效極少，汽車製造商似乎花更多工夫找理由解釋為何新概念不可能行得通，它們的主要動機似乎不是那麼想要創造一個更美好的世界，而是追求力量及聲譽，或者至少是顧好自家利益。這麼做，只能暫時行得通，直到門外漢來證明，只要擁有足夠的意志力和耐力，就能打破不可能。

　　第三，一種新技術被採行後，在極短時間內，就會有許多新的參賽者加入行列。萊特兄弟在美國及法國完成最早的公開飛行演示，吸引大眾矚目的一年後，就已經有22名飛行員報名在法國漢斯（Reims）舉行的第一場飛行競賽，每個人都有自己的飛行器。[11]自從谷歌的自駕車成為新聞標題，特斯拉電動車開始吸引新車主後，已經有數十個新參賽者加入賽局。2019年，已有上千家公司投入於為自駕車研發技術，本書後文將更詳細檢視這些公司，但可以在此先揭露一點：絕大多數的傳統汽車製造公司並不在領先公司之列，雖然它們想讓外界以為它們在此行列。

　　汽車已經變成我們的社會不可或缺的一部分，我們選擇的交通工具不僅彰顯個人地位，也是對我們的社會的一種看法。我們花在交通上的時間，多於我們享受假期或與家人一起用餐，甚至是用於性生活的時間。交通已經變成一種生活型態，這種生活型態促成許多創新，例如星巴克的得來速、食物外賣服務餐廳、有聲書等等，這些全都是因為移動社會需要，才發展出來或推出的調整。

　　在進一步深入探討這些之前，我們先後退一步，回到浪漫的「美好往昔」。就在萊特兄弟忙於研發打造飛行器時，另一種古老的運輸工具也被門外漢徹底改造，其演變圍繞著馬兒發展。

從馬糞危機到氣候變遷

　　去過奧地利維也納的人一定知道名為「fiaker」的出租馬車──由兩匹馬拉動的四輪馬車，你可以在市中心雇用，悠閒舒適地遊覽古蹟。眼尖的觀光客一定會發現，馬尾下方有一個瀉槽般的皮囊，這個東西名為「馬尿片」，目的是避免馬糞到處排泄在市區街道上。

　　這個令我們會心一笑的構想，其實解決了一百多年前令市政當局傷透腦筋的一大問題。當時，隨著城市成長，街道上的馬車數量增加，街上的馬兒數量當然也增加。1900年左右，倫敦有11,000輛馬車作為計程車，另有幾千輛由馬匹拉動的有軌馬車及公車，以及無數載運各種貨物的馬車。為維持倫敦和紐約市市民的生活運轉，至少需要10萬匹馬，那些馬會「留下痕跡」──一匹馬每天排泄15至30磅（6.8～13.6公斤）的馬糞和半加侖（約2公升）的馬尿。試著想像那個年代的大城市散發著什麼氣味，試著想像當年爆發流行病的危險性，試著想像行人必須如何繞行，以免沾上太多的那些排泄物帶回家中。夏日，乾掉的馬糞被踢到空中；下雨時，就變成黏乎乎的東西，隨雨落下。此外，馬糞也是家蠅喜歡的溫床。無論從什麼方面來看，馬糞都是惹人厭的東西，當然，你現在也已經知道，「擋泥板」其實是委婉詞。

不過，某甲眼中的臭馬糞，在某乙眼中卻是寶貴肥料——有一整個行業是靠收集、回收利用及販售馬糞維生的。馬匹相關產業中的所有專業人士，例如蹄鐵匠、馬轡製造者、馬車建造者、飼馬人、馬棚經營業者、飼料製造商、獸醫、馴馬師等等，全都致力於維持馬匹業務的運轉。使用馬作為交通和工作工具，意味著一匹馬的平均壽命只有兩到三年，倒下或死在街上的馬兒通常無法被立即移走，而是留在原地幾天，直到屍體乾到一定程度之後，比較容易被移動運走。現在的我們幾乎難以想像那種惡臭且不衛生的情況，尤其是在炎熱的夏天，你大概會想，幸好你不是活在那個年代。

不意外地，倫敦《時報》（*Times*）在1894年預測，展望僅僅五十年後，每條街道上將堆積9英尺（約270公分）高的馬糞。1894年時的馬糞大危機激發1898年在紐約舉行的第一屆國際城市規劃研討會，那場研討會旨在為迫近的危險商討出解決辦法。[12]

提醒你，這可是發生於馬匹數量達到高峰之前喔。在美國，「馬峰」（peak horse，馬數量高峰）出現於1915年。那一年，四條腿的運輸工具數量達到最高，超過2,100萬匹馬，[13]相當於平均每三個美國人就有一匹馬。一百年後，汽車製造商的銷售量寫下歷史新高，美國有2億6,000萬輛，德國4,300萬輛，全球20億輛。地球上行駛的車輛達到最大數量，我們已經達到或即將達到「車峰」（peak car，車數量高峰）。不過，在此同時，汽車產業正面臨整個產業史上最大的劇變，汽車製造商有沒有可能像馬匹產業那樣，在經濟力量達到頂峰的現在開始走下坡，一步步邁向終點呢？

　　管理顧問詹姆・柯林斯（James C. Collins）在《為什麼A⁺巨人也會倒下》（*How the Mighty Fall*）中，分析公司在相當短期間內凋萎成無足輕重的著名例子，儘管這些公司在不久前還是所屬領域最成功的企業。[14]他以美國銀行（Bank of America）、摩托羅拉（Motorola）、默沙東藥廠（Merck）、惠普（Hewlett-Packard）、電路城（Circuit City）等全球化公司為例，指出企業可能歷經的五個階段（但有些公司可能跳過其中一些階段。）這些公司全都有成功史哄騙它們，使它們認為自己堅不可摧，因而變得傲慢自負，魯莽地追求更多，輕忽危險及風險。這一切結合起來，導致公司犯下愈來愈多錯誤，仰賴以往的成功模式太久，直到為時已晚（參見下頁圖表I-1）。

　　汽車產業目前處於第三階段。汽車銷售量創新高，總是有更強力、更經濟、體積更大的車款問市，亞洲市場的強勁成長掩蓋了歐洲及北美市場銷售量停滯成長的事實。最後一點並不是因為人們不再需要交通工具，恰恰相反，但是，改變正在發生，我們對於取用或擁有一項交通工具的看法正在改變。交通工具的可得性正在改變，開車的重要性及開車體驗天天在改變。為了解汽車產業的變化，我們必須更詳細檢視是誰在經營管理公司，以及公司創立的時間。有一個差異面很明顯：對現今傳統汽車製造公司構成最大競爭的那些公司，執行長通常也正是公司創辦人；

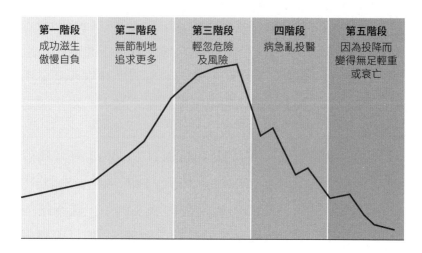

第一階段	第二階段	第三階段	四階段	第五階段
成功滋生傲慢自負	無節制地追求更多	輕忽危險及風險	病急亂投醫	因為投降而變得無足輕重或衰亡

圖表I-1　從輝煌到衰敗的五階段

反觀傳統汽車公司現在大多由經理人經營管理。光是這一點，就可以解釋差異性了：經理人不是創業者。

在整個國家史中，美國總是能夠鼓勵及賦能創業精神，下列是一些最著名的美國創業者：

- 亞歷山大‧葛拉罕‧貝爾（Alexander Graham Bell）：貝爾實驗室
- 湯瑪斯‧愛迪生（Thomas Edison）：奇異公司
- 亨利‧福特（Henry Ford）：福特汽車公司
- 安德魯‧卡內基（Andrew Carnegie）：卡內基鋼鐵公司
- 華特‧迪士尼（Walt Disney）：迪士尼公司
- 湯瑪斯‧華生（Thomas Watson）：IBM
- 比爾‧惠利特（Bill Hewlett）：惠普公司
- 大衛‧帕克（David Packard）：惠普公司
- 高登‧摩爾（Gordon Moore）：英特爾（Intel）
- 比爾‧蓋茲（Bill Gates）：微軟公司

- 麥克・戴爾（Michael Dell）：戴爾公司
- 傑弗瑞・貝佐斯（Jeffrey Bezos）：亞馬遜（Amazon）
- 史蒂夫・賈伯斯（Steve Jobs）：蘋果公司
- 賴利・佩吉（Larry Page）：谷歌
- 塞吉・布林（Sergey Brin）：谷歌
- 馬克・祖克柏（Mark Zuckerberg）：臉書（Facebook）
- 伊隆・馬斯克：Paypal、特斯拉、SpaceX

在這份名單中，有些是我們全都已經知道了數十年的名字。接著，我們來想想德國的創業者，你能想到什麼名字？下列是最重要的德國創業者（當然，這不是完整名單）：

- 卡爾・賓士（Carl Benz）：戴姆勒－賓士集團
- 卡爾・拉普（Karl Rapp）：BMW 集團
- 斐迪南・保時捷（Ferdinand Porsche）：保時捷／福斯汽車
- 魯道夫・狄塞爾（Rudolf Diesel）：柴油引擎發明人
- 奧古斯特・霍希（August Horch）：奧迪汽車（Audi）
- 克勞德・多尼爾（Claude Dornier）：多尼爾飛機製造公司（Dornier）
- 維爾納・馮・西門子（Werner von Siemens）：西門子公司（Siemens）
- 卡爾・阿爾布雷克（Karl Albrecht）：奧樂齊超市（Aldi）
- 愛迪・達斯勒（Adolf "Adi" Dassler）：愛迪達公司（Adidas）
- 康拉德・楚澤（Konrad Zuse）：楚澤公司（Zuse KG）
- 海因斯・利多富（Heinz Nixdorf）：利多富電腦公司（Nixdorf Computer AG）

- 哈索・普拉納（Hasso Plattner）：思愛普公司（SAP）

比較這兩份名單，你是否注意到什麼差別？第一，只有很少數的幾家德國公司是創立於近幾十年的，最著名的德國創業者創業於十九世紀末和二十世紀初。第二，美國的名單上，絕大多數是科技公司。

美國的這份名單上，有五家科技公司在2017年4月在市值排名前六大公司之列：蘋果、谷歌母公司字母控股（Alphabet Inc.）、微軟、亞馬遜、臉書。2018年10月，這些公司的市值合計4.2兆美元。相較之下，德國DAX-30指數中的三十家德國主要公司合計市值為1.6兆美元，僅及美國這五家公司合計市值的三分之一。這五家美國公司全都是數位型企業，其中三家創立至今不滿25年，另兩家創立於僅僅40年前。五家公司有兩家總部位於西雅圖，另外三家總部在矽谷。德國的大公司如博世（Bosch）、西門子、賓士、BMW及福斯，全都有百年或更悠久的歷史，只有思愛普公司例外，該公司在2017年歡慶四十五週年。DAX-30指數籃中有二十四家公司超過百歲，只有三家公司小於四十五歲，思愛普是DAX-30指數籃中唯一的德國數位型公司，也是其中市值最高的公司。

所以，公司絕對沒有理由滋生任何傲慢自負心態，這種心態必然將逐漸摧毀公司。最明顯的例子是福斯汽車集團，股東家族和經營階層之間的權力爭奪，導致道德及法律上有問題的決策，引致廢氣排放舞弊事件，使得公司信譽瀕臨崩潰，福斯汽車銷售量下滑了17％，在德國畢業生對雇主的景仰排名中，福斯掉到了排名第八的位置。[15]若你知道福斯集團的股權結構——創辦人家族仍然持有超過50％股份，該公司所在地的下薩克森邦（Lower Saxony）持有20％股份；若你知道職工委員會（Works Council）的影響力有多大——未經職工委員會同意，任何決策都作不成；接著，你再仔細檢視生產力及獲利力，你就會發現，福斯雇用61萬名員工，生產出的車子數量相同於只雇用34萬名員工的豐田汽車的產量。切記，問題不在於福斯會不會分拆及從市場上消失，而是將會發生於何時。

　　話說回頭，我們原本要看的是另一場崩潰危機——所有街道完全被馬糞覆蓋。但是，這場災難所幸從未發生，因為一場革命阻止了它的發生。

第一部

最後一位馬車夫，
或第一次汽車革命

時間：約1900年。地點：維也納。兩位男士站在街角，一輛新奇的車子經過，兩人注目它行經，其中一人對另一人輕蔑地說：「哼！我認為那玩意兒很快就沒搞頭了。」

城市將被馬糞搞垮的預言，被一項無人預料到的破壞性發明阻止了，這項發明就是汽車。當卡爾·弗瑞德里奇·賓士（Carl Friedrich Benz）打造並開始生產出第一輛實際可用的汽車時，馬兒作為一種運輸工具的重要性便降低了。他那富有的太太貝莎·賓士（Bertha Benz）在他的研發與事業中扮演要角，因為她有勇氣駕駛她先生打造出來的車子，從曼海姆（Mannheim）開到佛柴姆（Pforzheim），完成首趟汽車旅行，為這項新的交通工具創造了極佳的廣告效益。很快地，不久前才到處都是馬糞、掉落的馬蹄鐵，以及死馬的街道，開始出現大量汽車。

一支髮簪，一條吊襪帶，從一家藥房購買的半加侖汽油，一個女人的勇氣、足智多謀及厚臉皮，這些結合起來，得出什麼？世上第一次的汽車旅行。

若非一位女士把她的嫁妝投資於她先生的新創企業，因而成為一名創投家，並且蓄意違反社會規範及法規，駕駛她先生打造出來的車子出行，使公司起飛，就不可能發生這個德國的成功故事。

1888年，曼海姆和佛柴姆兩地之間的居民擦揉著他們的眼睛，難以置信：一輛沒有馬匹拉動的車子，行進於滿是塵土的鄉間道路上，操縱車子的是一位女士和兩位青少年。這趟旅行，貝莎·賓士讓她的兒子尤金和理查陪伴她駕駛她先生打造的車子，前往佛柴姆探望她的母親，但她沒事先告知她的先生，也沒事先向地方當局申請必要許可。曼海姆和佛柴姆兩地相距只有66英里（約106公里），現今看來是一石之遙，但在1888年，那可是非常了不得的一項成就。這位母親和她的兒子行進於石土路，總計12小時，而且不只一次必須下來把車子往上坡推。此外，每隔幾英里，就得為車子的散熱器加水。靠著貝莎‧賓士的足智多謀，才能成功完成這趟旅行。她的足智多謀絲毫不亞於她的先生：她用一支髮簪疏通了阻塞的油管，用她的吊襪帶充當一條磨損的點火線的絕緣物。新聞傳播得很快，這趟回娘家之旅變成跨區熱門話題，報紙也給予廣泛報導。這項廣告活動是貝莎的神來之筆，接下來十年，她先生的公司每年製造數百輛車。

不論汽車是不是卡爾‧賓士發明的，抑或在他之前另有人提出點子，這最終並不重要。把一部蒸汽引擎或汽油發動機放在車上，這點子別人也有。在發明史上，這是一個常見的現象。所謂的「鄰近可能性」（adjacent possible）指的是「有什麼正在醞釀中」，只是等待某人開竅，靈機一動。所有個別組件已經存在，遲早有人想出把它們拼湊起來的點子。電話、電池、船的螺旋槳、機動車，全都是有幾個人同時在發明。通常，他們並不認識彼此，或是住在不同國家或不同大陸，不知道彼方有人也在發明相同或相似的東西。

早在 1922 年，就有哥倫比亞大學的兩名研究人員分析這個事實了。他們發現，有超過140個獨立創新及發現的例子，多數發生於相同的十年間。[1]不過，重點在於一項發明必須可為大眾所用。一輛最棒的機動車，若只是擺在發明人的車庫裡，對任何人都是無用之物。它必須製造及出售給使用者，唯有如此，它才能變成一種創新。

麻省理工學院的創業精神課程教授比爾‧奧萊特（Bill Aulet）在《麻省理工 MIT 黃金創業課》（*Disciplined Entrepreneurship*）中，對「創新」提出如下定義：

創新＝發明×商業化[2]

在達到這個境界之前，必須先提出一些疑問。提出這些疑問之後，必須採取行動，得出發現或一個實際的創新。因此，

創新＝疑問＋行動[3]

所有創新的歷程都相似。首先，某人想到他／她認為有價值的改進，提出疑問：「為何會用這種方式做這件事呢？」然後，此人開始思考可能的更佳方法，疑問改成：「若我們改採這種做法，會怎麼樣？」此人檢視所有可能的方法及差異後，產生了一個新疑問：「如何實現？」

這就是卡爾・賓士及貝莎・賓士（以及每一個創新者）的基本成就。幸有貝莎的堅定驅策及英勇行為，為追求破壞式創新創意而不理會禁令及法規（發明人就該如此），訂單開始湧入，卡爾開始陸續生產第一批汽車。邁入汽車時代的初始推動力來自一名女性，這個事實經常遭到漠視，但這其實是汽車史上一項很重要的成就。

另一個鮮為人知的事實是，哪一種推進器將成為主流的動力來源，這是歷經了數十年才確立的。除了汽油動力引擎，蒸汽引擎和電動機也可用作車子的推進器。事實上，1900年時的美國，40%的車子使用蒸汽引擎作為推進器，電動機占38%，汽油引擎只占22%。[4]當時似乎是根據工作性質來選擇推進器種類，蒸汽引擎動力車被用於粗重工作，電動機動車主要用於市內大眾運輸，畢竟在當時城市仍是可用行腳應付的規模，反觀前往市郊或鄉下的開車行程，使用汽油引擎較理想。

　　當時，美國的機動車製造商包括安東尼電動車（Anthony Electric）、貝克機動車（Baker Motor Vehicle Company）、哥倫比亞電動車（Columbia Electric Vehicle）、安德森電動車（Anderson Electric Car）、底特律電動車（Detroit Electric）、愛迪生電動車（Edison Electric）、斯圖貝克（Studebaker）、萊克機動車（Riker Motor Vehicle）。在德語系世界，有弗洛肯電動車（Flocken Elektrowagen）、羅納保時捷（Lohner Porsche），以及其他二十多家公司在製造。底特律電動車公司在三十年間生產超過12,000輛電動車，廣告宣傳說，加足燃料後的最大行程是80英里（約129公里），最大時速可達將近19英里（約31公里）。

　　看到電動車在1900年如此普遍，你不禁納悶，是什麼原因導致它們消失？嗯⋯⋯原因有幾個。一方面，燃油引擎持續進步，馬力增強、最大行程增長、更可靠。雖然燃油引擎仍然得從手搖曲柄起步，這項工作既困難且危險，因為經常在引擎已經發動後，手搖曲柄仍然繼續自轉，很容易傷害操作者的手或手臂，電動發動機的發明解決了這個問題。另一方面，隨著車子使用的增加，城市規模的擴展，進而需要更長的汽車最大行程，使用內燃引擎的車子較適用這種情況。

　　一戰後，內燃引擎車全面勝出，電動車和蒸汽引擎車從市街消失。1939年，曾是最成功的電動車製造商底特律電動車公司申請破產。

1

電工、槍砲匠、物理學家
昔日今時的汽車先驅

務實，但追求不可能！

—— 無政府主義者的口號

　　推出汽車，消滅馬匹運輸產業的先驅是誰？看看卡爾‧賓士或斐迪南‧保時捷的生活與教育，立即可以得知，他們並非出身運輸業。賓士是機械工程師，保時捷原本是訓練有素的水電工和電氣工，奧托發動機發明人尼古拉斯‧奧托（Nicolaus Otto）是個商人，完全靠自學取得鑽研他的發明所需要的相關知識。高利普‧戴姆勒（Gottlieb Daimler）最早接受的技職訓練是成為槍砲匠，通過技能測驗的同年，他決定轉行，研修機械工程。奧古斯特‧史伯赫斯特（August Sporkhorst）是一家紡織廠的業主，羅伯‧歐默斯（Robert Allmers）是出版商，兩人共同創辦漢莎汽車公司（Hansa-Automobil）。[1]奧地利汽機車與自行車製造商普赫公司（Puch）的創辦人約翰‧普赫（Johann Puch）原本是個鎖匠，歐寶汽車（Opel Automobile）的創辦人之一威爾罕‧馮‧歐寶（Wilhelm von Opel）是工程師。

　　魯德威格‧羅納（Ludwig Lohner）是少數出身馬車

製造業家族的汽車業先驅之一，他的祖父亨利・羅納（Heinrich Lohner）在1821年逃離拿破崙的軍隊，從法國阿爾薩斯省（Alsace）遷居奧地利維也納，在維也納創辦公司。亨利・羅納過世後，兒子雅各接掌公司，改名為雅各羅納公司（Jacob Lohner & Co.），製造馬車車廂和豪華車廂，甚至成為維也納宮廷的服務供應商。魯德威格・羅納在1887年接掌公司，該公司1897年和斐迪南・保時捷合作，生產第一輛電動車。[2]不久之後，該公司就開始聚焦於建造飛機和電車軌道，後來又生產摩托車。在美國，斯圖貝克原本是馬車製造商，後來製造汽車，直到1960年代破產倒閉。其實是斯圖貝克五兄弟之一的女婿腓特烈・費許（Fred Fish）成為公司董事會主席之後，才帶領公司走上製造汽車這條路。

　　無論我們檢視的是德語系世界，或是法國、英國或美國的汽車業先驅，都鮮少出身於馬車車廂製造業或馬匹運輸產業。門外漢如何能夠顛覆既有公司，而那些既有公司為何未能轉型邁入新紀元？

　　哈佛大學教授克里斯汀生在多年前檢視這類現象，他研究幾代的儲存工具，檢視磁帶、磁片及記憶卡的製造商，發現新一代儲存工具的製造商中有50％至80％是新進者，以往居支配地位的製造商只有極少數能夠繼續邁進下一代技術紀元，捍衛他們的支配地位。[3]所有被破壞式創新撼動既有基礎的產業，無論脈絡背景如何，全都呈現這種現象。

　　柯達和寶麗來（Polaroid）完全錯失全世界開始轉用數位相機的時刻；影片出租連鎖店百視達（Blockbuster）頑固地繼續專注於實體店出租影片業務，直到太遲而無法挑

圖表1-1　一些汽車業先驅及他們的訓練與教育背景

姓名	壽命	訓練與教育背景
羅伯・歐默斯 (Robert Allmers)	1872-1951	出版商
赫柏・奧斯汀 (Herbert Austin)	1866-1941	技師
卡爾・賓士 (Carl Friedrich Benz)	1844-1929	機械工程師
貝莎・賓士 (Bertha Benz)	1849-1944	創投家，共同創辦人，工程師， 不循規蹈矩者，試駕人
埃托雷・布加迪 (Ettore Bugatti)	1881-1947	工程師
高利普・戴姆勒 (Gottlieb Daimler)	1834-1900	工程師，實業家
艾伯特・迪戴安 (Albert de Dian)	1856-1946	機械師，日耳曼語學家
亨利・福特 (Henry Ford)	1863-1947	機械師
腓特烈・蘭徹斯特 (Frederick William Lanchester)	1868-1946	工程師
漢斯・李斯特 (Hans List)	1896-1996	機械工程師
魯德威格・羅納 (Ludwig Lohner)	1858-1925	馬車車廂製造商
威爾罕・梅巴赫 (Wilhelm Maybach)	1846-1929	設計工程師
尼古拉斯・奧托 (Nicolaus Otto)	1832-1891	商人
斐迪南・保時捷 (Ferdinand Porsche)	1875-1951	水電工，電氣工
約翰・普赫 (Johann Puch)	1862-1914	鎖匠
路易・雷諾 (Louis Renault)	1877-1944	機械師
查爾斯・勞斯 (Charles Rolls)	1877-1910	工程師
腓特烈・亨利・萊斯 (Frederick Henry Royce)	1863-1933	工程師
奧古斯特・史伯赫斯特 (August Sporkhorst)	1870-1940	紡織廠業主
威爾罕・馮・歐寶 (Wilhelm von Opel)	1871-1848	工程師

戰網飛（Netflix）。1975年，奧地利的威米格（Eumig）是舉世最大的電影放映機製造商，當錄放影機問世後，放映機就變得過時了。1982年，在一個衰退為零的市場上持有100％市占率的威米格公司申請破產。2007年，諾基亞無庸置疑是手機市場龍頭，囊括全球三分之一市場，但僅僅一年後，該公司的存貨週轉率急劇降低，蘋果iPhone開始昂首飛翔。1956年至1981年間，每年有24家公司掉出「富比士500大」榜單；1982年至2006年間，每年滑出這份榜單的公司增加到了40家。[4]每兩週就有一家公司從標準普爾500（S&P 500）指數籃中被剔除，相當於這份指數在十六年間換掉了75％編入的公司。[5]任何錯失時機或腳步追不上時機的公司，最終都是輸家。這或許可以用谷歌的非官方座右銘來解釋：「腳步不快，一定完蛋。」

斯圖貝克和羅納是少數能從馬車車廂製造商轉型為汽車製造商的例外。通常，革命起義不是發起於公司所屬的產業內，而是由周邊其他產業開出第一槍或至少起了催化作用。1859年，美國鑽採第一口油井，1876年於費城舉行的世界博覽會上展示了機械、農業及科學領域的進步發展，還有第一台打字機、腳踏車、亨氏（Heinz）番茄醬。腳踏車讓一整個世代的機械師找到工作，他們有許多人在日後把自身洞察應用於發展汽車及飛機。到了1900年，在美國申請的所有專利中，有近三分之一是針對腳踏車的改進。若沒有打字機，現代公司的大量生產和持續的文件需求將難以應付。

在第二次汽車革命，這種型態再度顯現，背景中存在著各種跡象，我們可以在重要技術先驅和各項進展中看到。特斯拉執行長馬斯克是物理學家，谷歌創辦人賴利．

佩吉和塞吉・布林是電腦科學家，生產電池交換系統的樂土公司（Batter Place）創辦人夏伊・阿格西（Shai Agassi）也是電腦科學家，優步和來福車的那些創辦人原本也不是從事交通運輸或計程車業。智駕科技公司（Drive.ai）的八位共同創辦人中，有六位擁有人工智慧碩士或博士學位。[6]美國國防部高級研究計畫署大挑戰賽（DARPA Grand Challenge）得獎人、谷歌自駕車事業單位共同創辦人塞巴斯蒂安・特龍（Sebastian Thrun），曾是史丹佛大學人工智慧學教授。已被通用汽車收購的巡航自動化公司（Cruise Automation），共同創辦人凱爾・沃特（Kyle Vogt）是機器人學家；已被谷歌自駕車事業單位收購的新創公司510 Systems的創辦人、曾在谷歌自駕車事業單位和特龍共事的安東尼・李萬多夫斯基（Anthony Levandowski）是一位工業工程師。[7]人工智慧領域的突破性發展幾乎全部發生於同時，感測器的價格下跌、性能提高，記憶體容量大增，處理器速度加快，加快了輸入資料的處理速度。

不過，讓我們重返大衛和歌利亞一會兒吧。那些所謂的門外漢，到底是如何撼動整個堅實產業，永久改變它們，把在位龍頭踢下寶座的呢？他們使用什麼武器擊垮對手？答案很可能是：新的專業知識方法，加上正確的心態。各位請別誤解我的意思：優秀的專業知識對於創新和創造力很重要，它是基石之一；但是，當你只見樹不見林時，當你投入得太深，未能辨識出專長領域以外的解方時，那就變得很危險了。

對馬車車廂製造商而言，他們的注意焦點是飼養馬匹和打造馬車車廂；對於打造汽車而言，焦點轉向引擎，以及和引擎有關的所有東西，在此同時，有關馬匹這項交通運輸工具的專業知識就變得不必要了。

相較於經過時間試煉的四腿馬兒和兩輪或四輪馬車，最早的汽車駕駛人雖然還得忍受諸多缺點，但是整體的體驗是不同的。我們不該把破壞式創新與純粹的技術創新等同視之，雖然後者存在、可用，但各有各的結果，在許多層面至少具有同等程度的重要性。車子可以更快速地行走更長遠的距離，不必受限於馬匹的體能，而馬廄、飼養、獸醫、馬廄人手等等的費用則可以免除，馬廄的惡臭及伴隨而來的衛生問題，也都可以避免。當然，最早的機動車輛仍會排放黑煙，聲音也很大，也還沒有發展得很好的加油站和維修站系統，可以讓最早的駕駛人在遇到車子故障時便捷地獲得技術援助。但是，這些缺點在未來都可以改進，事實證明，汽車的移動力遠遠優於馬車。

每前進一步，就會出現反駁論點。彼時如此，現時亦然。專家不鼓勵使用電動車或自駕車，對它們的潛在危險性提出警告——充電站不夠！若自駕車出了車禍或撞死人，錯在誰？電池起火了，該有多危險？若有人在自駕車裝了炸彈，要如何讓它停下來？

但是，數位時代的新車輛先驅認為，主要的問題純粹是軟體相關問題。他們應用來自軟體業、傳統汽車專家不熟悉的方法及原理，他們不等待完美，而是儘快推出測試版。專業社群網絡領英（LinkedIn）及網際網路支付服務商貝寶（PayPal）的共同創辦人里德·霍夫曼（Reid Hoffman）說：「若你的產品的第一個版本不會令你感到難堪，那就代表你太遲推出了。」[8]新型車輛的價值提高大多不是來自鋼材或相關設計，而是來自新的軟體程式設計。這會使你想問一輛車子的基本用途，車子到底能夠提供什麼好處？

　　想想數十年來汽車製造商向我們喊出的廣告標語，例如：奧迪的「透過技術進步」（Progress through technology），以及福斯的「這才是汽車」（Das Auto）。在廢氣排放舞弊事件引發大眾的關注與討論後，這些廣告標語已被停用。在交通壅塞與環境汙染問題嚴重的年代，這類廣告標語聽起來與現實格格不入。BMW 的廣告標語「開車的樂趣」（Joy of driving）完全忽視一個事實：熱愛開車的人遠比該公司以為的還少。這一部分可能是因為固有的新人招募挑選流程導致，畢竟誰可能去應徵通用／福特／BMW／戴姆勒／福斯／奧迪公司的工作呢？自然是喜愛開車的人。所以，汽車製造公司完全忘了它們的基本使命，那不是創造快樂的開車體驗，也不是為運輸或移動問題提供解方，車子的根本目的是用來在實體世界連結人們、地方及事物，車子是一種「連結器」。我開車到一個地方，不是因為我愛開車，而是因為我想和朋友見面；我開車去工作，不是因為開車這件事很棒，而是因為我需要和我的客戶及同事互動，一起完成某件事。

　　現今的行動裝置，可以在許多情況有效完成工作。一支 iPhone 就是人際的虛擬連結器，若我必須自己開車，就無法同時與其他人連結得很好，因為我的眼睛必須聚焦於道路狀況。想一下有多少人明知邊開車邊滑手機對自己和他人很危險，還是這麼做，就知道這種連結欲望有多強烈了。

　　傳統汽車製造商是拿石頭砸自己的腳而不自知。這個產業對本地經濟的重要性，使得政治人物一再急於讓步，為傳統汽車製造商創造了優勢。遊說者很懂如何玩弄政治人物。放鬆廢氣排放管制，違規者不受懲罰或懲罰極輕，對國內汽車製造公司給予補貼——這些全都偽裝成維持本地就業和促進商業，在此同時，人們相信他們很安全，完全忽視即將來襲的海嘯。[9] 就像「直升機父母」（helicopter parents）想保護子女免於挫折，最終卻導致子女過度依賴父母；地方政府試圖阻止新公司加入競爭行列，卻危害了既有產業。

　　政治人物擔心長期措施可能導致短期「懲罰」，例如：禁止柴油車可能導致汽車製造商不再支持他們，並且惹惱那些不准進入城市特定區域的柴油車車主，拒絕再把選票投給他們。其實，這種擔心是沒有根據的。哥倫比亞大學所做的一項調查顯示，經過六個月後，選舉人就習慣原本不受歡迎的法案，忘了他們早前對這些法案的抗拒。[10] 可是，政治人物卻往往屈服於「否決政治」（vetocracy），這意味的是阻止某件事比讓某件事發生更容易。[11] 發動遊說的公司向政治人物承諾，在其結束政治生涯後，會安排公司一個良好的待遇職務。這有助於通過一些對大眾沒有利益的立法，而我們民眾真正想要的是更前瞻，而不是只看下次選舉或下一季財報的人。北美易洛魁聯盟（Iroquois Confederacy）的《和平大法》（Great Law of Peace）在討論一項法案時，會考慮此法案對未來世代的影響性，直到未來的第七世代。[12] 在現今這個極度聚焦於每季績效和股東價值的年代，未來第七個世代似乎遙遠如恐龍，只不過一個是未來、一個是史前，方向不同罷了。

2

對車子的熱愛
熱情與易變

> 別相信那些不是你自己偽造的數據。
>
> ——江湖傳言

我們即將到達汽車問世後的第七個世代。我們必須承認,我們的前輩做得相當糟。雖然我們是不再被馬糞味給窒息了,卻在汽車排放的廢氣中遭受另一種苦楚。如今我們對運輸工具的依賴空前未有,汽車導致都市規劃著眼於運輸工具,而非人類。

我們經常被提醒,車子是一種自由象徵,而且我們都愛車子。車子是標準的談話起始點,人人都提得出見解。多數人無法想像沒有自家車的生活,這影響了生活的許多層面。多年來,「車子優先」似乎是交通管理的至上信條。一百年前,街道上舉目所見都是馬車和行人;現在,你問人們,道路為何而建,回答幾乎必定是:「為汽車而建。」

但如果你認真研究一下,就會發現早年這種新的運輸工具,並不如我們現今以為的那麼無爭議性。1923年,42,000名俄亥俄州辛辛那提市市民連署情願,要求從機械上限制車子的最高時速為25英里（約40公里）。[1]此外，要一直到有孩子死於車禍，在母親的施壓下，政府當局才推出車子必須掛牌、駕駛人必須考取駕照的強制規定。瑞士格勞賓登州（Graubünden）在1900年至1925年間禁止使用車子，因為當地80%人口頑固抗拒這種交通工具，理由是：太吵、太臭，對道路的損害太大了，同時威脅到觀光業的工作，尤其是馬車夫，還有已經砸下高成本、尚未完工的馬車軌道設施。[2]

時有車禍發生，在四分之三的車禍中，受害者是行人，但他們甚至被歸咎為車禍導致者。重大交通事故被視為不可抗力事件，不再是過失殺人案件。對媒體具有巨大影響力的美國全國汽車商會（National Automobile Chamber of Commerce）發起的一項行動，導致美國輿論在1923年發生變化。在此之前，報紙把車禍歸責於車輛駕駛人，使得新興的汽車產業形象受損，全國汽車商會於是發送車禍調查表格給報社填寫後送回，聲稱此舉是為了對交通事故獲得更好的了解。但實際上，該商會刻意偏頗解讀調查結果，偏袒汽車駕駛人，整個潮流於是年開始轉變──基本上，就是「車禍乃受害人的錯」。[3]全國汽車商會發布的「假新聞」（這是不是挺耳熟的？），被用來愚弄大眾和管理當局，幫助通過汽車製造商想要的法律修改。因為行人穿越的道路是為了「開車的樂趣」而建設的，車輛產業推動把「行人闖馬路」列入交通違規類別，[4]畢竟街道主要是為車子而鋪設的，不是嗎？結果，交通法規改了，除非是清楚標誌點和行人穿越道，否則行人不得直接橫越馬路，延續至今。

根據美國運輸部，94%的車禍肇因於人為疏失。光是美國，每年約有4萬人死於車禍。統計顯示，美國每年車禍受傷者超過231萬人，每年因車禍造成的損失估計高達1兆美元。

我們現在的行旅方式導致的問題似乎多於解決的問題。二十一世紀初的汽車品質優良，但汽車數量太多了，生產及賣出的每輛車在生產和使用時都導致問題，包括：生態足跡、占用的道路空間、停車場、車禍導致的損傷、維修工作、人類行為或錯誤、必要資源的開採等等。傳統汽車製造商和運輸服務供應商面臨了來自推出破壞式創新技術的矽谷公司如特斯拉、谷歌、蘋果、樂土公司（現已破產）等等的競爭壓力，[5]Uber、來福車及其他的共乘平台，正在改變我們的運輸服務體驗。西方國家取得駕照的駕駛人數量減少，這點也確證了改變的必要。幾年前，德國雜誌《線上明鏡週刊》（*Spiegel Online*）曾刊文描繪年輕德國人自述為汽車反對者，說明他們為何不考慮考駕照。[6]

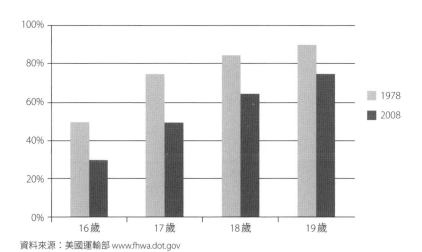

資料來源：美國運輸部 www.fhwa.dot.gov

圖表2-1　1978年與2008年間每個年齡層取得駕照者的人口比例

在瑞士，2010年，18歲至24歲年齡層人口只有59％擁有駕照；1994年，同年齡層人口有71％的人擁有駕照。[7]美國持有駕照者的人口比例也在下滑，1970年代，19歲年齡層人口只有8％未取得駕照；到了2008年，這個比例已經上升到23％。此外，必須一提的是，擁有駕照的年輕人也愈來愈少開車了，在美國人的總開車里程數中，20歲駕駛人所占的開車里程數比例，已經從20.8％降至13.7％。[8]小孩旅行的里程數比以往還多，但是當他們成長到可以考駕照的年齡時，考照的人比四十年前的同齡者還少。

伴隨有駕照的人減少，擁車的年輕人也減少。在德國的斯圖加特市（Stuttgart），2000年，18歲至25歲年齡層中有12,600人擁有自己的車子；到了2015年，該市這個年齡層的人口增加了10％，但是擁車者減少至5,000人。[9]高盛集團（Goldman Sachs）2013年受託所做的一項問卷調查確證了這股發展趨勢，只有不到15％的受訪者明確表示想要擁有一輛車，至於其他受訪者，有的說不想買車，有的說真的沒有別的選擇了，才會買車。[10]所以，新車購買者的平均年齡也在上升中——1995年，新車購買者的平均年齡是46.1歲，2015年提高到了53歲。[11]

在此同時，人們和車子的感情普遍變差了。現在，我們個人化和裝點的東西是手機。[12]以往，一個人的自家車被視為無限自由與獨特性的一種象徵，現在它構成的累贅更甚於其他東西。當你在交通阻塞中龜速前進時，或是幾近絕望地尋找停車位時，那種「風吹拂著頭髮」的乘車快感快速消失。

在此同時，大眾運輸的使用持續增長。在美國，使用大眾運輸占全部行旅的比例達到了自1960年代以來的最高水準。[13]這對美國而言或許不是很有意義，因為美國的大眾運輸網發展程度遠低於歐洲，也遠遠較不可靠。有一股意想不到的支撐力量在驅動這個比例的增加，那就是智慧型手機——地方大眾運輸系統的路線規劃行動應用程式猶如開車者的導航系統。都市裡有各家大眾運輸營運商公布的班次表，以往乘客得自行辛苦解讀、計算時間，現在有了路線規劃行動應用程式，搭車就更容易、時間更清楚了。這項改變可以產生巨大的經濟效益：一輛車的花費中，通常有85％是地方經濟的損失，[14]若你能在這方面節省一點，人們可能會花更多在住屋上，再也沒有比這更有助於地方經濟的了。

這種社會轉變的重要性，往往被忽視，很慢才會出現普遍的反應。無怪乎推出自駕車而嘲諷與震撼傳統汽車製造商的，竟然是一家軟體公司。反觀傳統汽車製造公司中，沒有一家提出實用的解方，甚至想不出如何找到解方。谷歌看出這股新趨勢，不僅是因為公司裡有許多員工不願擁車或開車，選擇搭公司巴士通勤，也因為該公司刻意處理可能對社會有巨大影響的困難問題。換言之，只要傳統汽車製造商持續只聚焦於更優雅的設計、更低的車身底盤、更大的引擎馬力——這些是他們懂的東西，那麼就得有其他人涉入，以創新的方式應付我們這個時代的挑戰與需求。

傳統汽車製造商把遊說工作聚焦於推動設立更高數值的廢氣排放量門檻（亦即「更寬鬆」的門檻），因為就算他們真的致力於降低廢氣排放量，他們製造的汽油或柴油引擎也只能達到那較寬鬆、較高數值的門檻——或者，如同我們已經發現的，其實根本就達不到那些門檻。此時，特斯拉公司出現了，該公司打造出的電動車不僅更環保，還使得燃油引擎車在其他種種方面相形見絀。當特斯拉Model S在《消費者報告》（*Consumer Reports*）的評分系統中達到103分時，該組織被迫在2015年10月修改其評鑑尺度，因為最高評分只能為100分。BMW集團2015年被德國《經理人雜誌》（*Manager Magazin*）譽為「德國的蘋果公司」，但令人不安的是，研發BMW「i系列」電動車的部門，是一個更偏好鑽研精進傳統汽車的事業單位。[15]另外，值得一提的是，BMW集團內部及向外部事業夥伴展示電動車時使用的字眼，因為從這些用詞可以看出該公司認為電動車的研發重要——抑或不重要。當你展示某樣東西時，說它是「打造形象」（image building），聽起來會更像是一種裝飾，不是宣示一項重大計畫。不過，這正是BMW電動車的外貌以及它們的性能數據所呈現的，BMW只不過在建造銷售的車款中新添一個類別而已，表示盡了義務。

這些事有很多是我們有意識或潛意識都已經知道的，因此不會令我們感到緊張，但也向我們展示了新的選擇。可惜的是，我們缺乏從中得出明智結論的工具，所以在接下來幾章，我們會深入探討，做好準備，循著各種脈絡，力求得出正確結論。

訊號、趨勢與前瞻心態

注意洩露內情的訊號！一開始，這些可能是微小或局部的創新，具有快速升高規模、作用及地區傳播的潛力。訊號群可以告訴我們關於未來的較清晰故事，描述某件無法直接預測的事。使他人更容易理解的最佳方法是敘事體。我們無法準確預測未來，因為有太多可能的未來情境。若我們想像全部可能的結果，就能看出只有很少數的重大變化，有可能在明天實現；但是，若你考慮十年後或一百年後，那麼技術與社會變化，將使許多事情顯得可能發生。當你展望得愈遠，可能性就變得愈大，但是預測的可靠度也會降低。

蘋果iPhone問世已經十多年了，如果沒有這項技術，完全難以想像Uber、推特、臉書等公司，以及Google地圖、《寶可夢Go》（Pokémon Go）及Tinder之類的應用程式崛起。iPhone不僅為新技術鋪路，也改變了我們的社會和社會規則。現在，資料顯示，愈來愈少年輕人去考駕照，但是仍有許多人因為車禍受傷或喪命，上千家公司正在砸大錢研發自駕車。我們看到的這些是一個訊號群，訊號顯示各種行動策略，起先看起來好像有可能，接著貌似可信，然後看起來很有希望，最終一一實現。

若我們不想被這些發展碾平，想成為活躍參與的一分子，就必須質疑我們的假設──關於現行策略在未來世界的效能的假設，並且建立長期觀，辨識以往未能察覺到的策略選擇，避開中期威脅與不確定性。若我們想影響與形塑未來，這些是應採行的步驟。邁向未來有許多可能途徑，一旦你走上了一條路，捨棄無法引領你通往最終目的地的其他路徑，將有更多路徑在你眼前展開。了解「鄰近可能性」就像行經一個又一個房間，不可能跳過房間，但可能選擇開啟其中的一扇門，以便從房間進入其他房間。一旦通過一扇門，你就看不到其他扇了；一項創新將揭開進一步創新的新路徑，在此同時，其他東西的可能性就稍微降低了。二十世紀初的電池輔助啟動裝置為燃油引擎鋪路，在此同時，關閉了電動車之門很長一段時間。

　　位於加州帕羅奧圖市的未來研究所（The Institute for the Future）專門辨識訊號及描述趨勢或所謂的「大趨勢」，位於加州山景市的奇點大學（Singularity University）留意指數型趨勢。大趨勢和指數型趨勢都是有可能在僅僅幾年後影響至少十億人的趨勢，其中包括人工智慧、3D列印、擴增實境（augmented reality, AR）和虛擬實境（virtual reality, VR），以及奈米科技。

　　技術不會憑空自行發展，而是受到現實及外部因素的影響與驅動。技術也是日常生活各種層面的連結器——財富分配、教育、政府、政治、健康、經濟、環境、新聞工作、媒體及社會。唯其如此，才能充分利用技術的潛力。[16] 使用訊號描繪未來的情境時，必須考慮所有這些層面，圍繞著人的敘事故事，可以幫助我們更加了解趨勢，想像未來並加以實現。舉例來說，谷歌的慧摩公司（Waymo）發表了一支影片，展示一個盲人使用自駕車的情景，不僅使這個盲人更能適應環境，也更能享受工作及社交生活。

　　有時候，伴隨訊號而來的是一個巨大影響。iPhone變成預示終結既有手機製造商及宣告顛覆時刻的同義字，有一個這種「iPhone時刻」發生於2016年春天。

3

汽車產業的 iPhone 時刻

咖啡使我思考得更快，茶使我思考得更深入。

——格言

星期四，一些地區下著雨，但一大清早就有人大排長龍，全都在等候訂購一款還未露面的車子的機會。2016年3月31日這一天，成為車輛產業的「iPhone時刻」，是車輛產業史上的分水嶺。就如同蘋果公司在2007年的iPhone展示會觸發了諾基亞和黑莓機製造商行動研究公司（RIM）等手機業巨人在短短兩年間衰落，特斯拉的Model 3很可能也是對傳統汽車製造公司的「最後催促」。

汽車業專家們的反應相對冷淡，例如：「傳統製造商作出的進展，遠大於許多人現在的認知。完美的解決方案已經備妥，例如合作製造電池，只是在等市場實際張臂迎接電動車的時刻。」[1]汽車業各角落的「汽車專家」及政治人物都有類似說詞，但這類空洞之言似乎只有一個作用，那就是讓說這些話的人放心，相信一切將穩當無虞，而非彰顯事實。

他們簡便地忽略了一項事實：你不能等到市場時機成

熟才開始，民眾對於創新的接受度已經寬鬆到令外行人驚訝的程度。電話約莫發明於1878年，過了75年，用戶數才達到1億；一百年後的手機，只花了16年就達到相同的用戶數；臉書花了四年半就達到1億用戶數；電玩《糖果傳奇》（Candy Crush Saga）發行後僅僅15個月就被下載了1億人次；[2]2016年，擴增實境遊戲《寶可夢Go》擊敗了所有前述發明，不到兩星期就達到了1億使用者。

　　人類擅長預測恆定線性成長，但是在人類史上，這類成長並不是很常發生。反觀指數型成長則是我們難以評估的東西，超越眾人的想像力，這也是奇點（singularity）發生之處，我們將在後文更詳細討論這個現象。

　　讓我們回到一百五十年前，看看「維多利亞時代的網際網路」——電報。1844年，薩謬爾‧摩斯（Samuel Morse）裝設了一條華盛頓和巴爾的摩間的37英里測試線路，四年後，就已經完成了12,000英里的電纜線裝設。1858年，第一條美國和歐洲之間的越洋海底電報電纜正式營運，開幕慶祝太熱鬧了，以至於煙火火花引燃紐約市政廳火災，賓客四竄。[3]還有一些例子：第一張被寄出的明信片據說是在1871年，兩年後，已經有7,200萬張明信片被郵寄。[4]紐約市民在1896年首次欣賞電影，到了1910年，羽毛未豐的電影業每週生產200部短片，[5]這還是在愛迪生為保護其專利而不停透過律師提告之下，持續創造的成功。

　　未來學學家拉斯‧湯姆森（Lars Thomsen）把一種趨勢的發展速度稱為「爆米花效應」（popcorn effect），這是引用賈伯斯所言：「等到你辨識出一種趨勢，就已經太遲了」所得出的比喻。湯姆森把趨勢發展過程類比為製作爆米花時把玉米粒倒入放了少許油的鍋中，一開始需要等一會兒，溫度才會達到180℃，玉米粒開始爆花，一旦達到了這個溫度，就「百花齊放」了。起初，你沒有看出一種趨勢，因為沒有任何事情發生，專家和對手都在等待。然後，第一顆玉米粒爆花了，人們說這是異常；接著，另一顆也爆了；突然間，全部都爆開了。此時，專家和對手爭相展開行動，但徒勞無益，已經太遲了。新市場已經啟動，舊市場遭到摧毀。

推出創新的傳統生命週期，亦即誰開始使用創新，以及多快使用創新，由五個群體構成。第一群人是「**創新者**」（innovators），他們向大家推出創新，這是最小的一個群體，大約占全部群體的2.5％。第二個群體是「**早期採用者**」（early adopters），大約占全部群體的13.5％，樂意接受還不成熟的創新，因為他們迫切需要這些解決方案，因此真的感興趣，或是想用實驗精神和酷勁，讓朋友留下印象。第三個群體和第四個群體分別是「**早期大眾**」（early majority）和「**晚期大眾**」（late majority），分別占全部群體的34％。第五個群體是「**落後者**」（laggards），占16％，這些是因為必須而不得不作出改變的人。[6]

在數位革命與可得技術支援下，這種傳統模式開始瓦解。創新被廣為擁抱的時間縮短了，群體區分為兩大類：「**測試用戶**」（test users），以及「**大眾**」（the majority）。

在各種產業都可以看到這種改變。例如，我們在家觀看電影的方式已經徹底改變，首先，卡式錄放影機（VCR）發明問市後，出現了小型的影片出租店，繼而被百視達之類的大型連鎖店取代，這持續了大約二十年。然後，出現了來自矽谷的租片服務供應商網飛（Netflix），不開設實體店，採用直接郵寄DVD的方式，改變了租賃流程及事業和獲利模式，月費模式可讓影迷控管租片支出。百視達收取逾期還片罰款，每年的逾期罰款收入甚豐，2004年達到最高點，一年的逾期罰款收入高達5億美元。創立於1998年的網飛不收取逾期罰款，而百視達在2010年破產。不過，網飛不想、也無法就此自滿，因為三個財力雄厚且技術先進的重量級對手——蘋果多媒體機上盒Apple TV、亞馬遜即時影片服務（Amazon Instant Video，現名為Amazon Prime Video），以及Google TV——已經蓄勢待發。因此，網飛在2007年推出串流服務，讓用戶可以直接在網際網路上觀看影片。

這些公司全都未等待市場時機成熟，而是馬上行動，建立自己的市場。他們作出難以想像的高額投資（至少以一個歐洲人的觀點來看是非常龐大的投資），壟斷這些市場。若他們當初犯了等待的錯誤，我們可能永遠也不會聽到他們，他們根本不會存在。

著名投資人彼得・提爾（Peter Thiel）把創造自己的市場稱為「從0到1」，[7] 0意味的是那些新創公司創建全新的東西，1意味的是它們不僅以創新技術制霸新市場，實際上也壟斷了這些新市場。提爾提到的這類新創公司，包括臉書、谷歌、推特、領英、阿里巴巴、Uber、愛彼迎（Airbnb）等等，縱使它們不是第一個，但拜網路效應之賜，得以席捲幾乎整個市場。這也是創造最大價值的途徑，所有其他想在後來分一杯羹的公司是「從1到N」，主要在利潤較小的利基市場奮戰。

1990年代初期，美國作家羅伯・史坦恩（Robert L. Stine）想為7歲至12歲年齡層小孩撰寫系列恐怖小說，這是個新穎點子，出版商起初謹慎看待。會不會嚇壞小孩呢？實際上並沒有，獨特構思的情節為讀者提供了起雞皮疙瘩的時刻，但情節內容從未讓書中主角陷入重大險境，而且內容含有大量幽默。史坦恩以這種方式創造出一個以往不存在的市場，《雞皮疙瘩》（Goosebumps）系列小說出版的第一年，每個月賣出超過百萬冊，這系列小說的全球銷量迄今已超過3.5億冊。史坦恩從0到1，其他出版公司和作家試圖模仿，但從未能夠達到相同銷量，他們從1到N。

現在，我們在電動車領域，再次目睹市場可能如何快速改變的最早跡象。雖然電動車起初被鄙視為怪胎的另類選擇，但僅僅幾天內，下單訂購特斯拉 Model 3 的車主就超過40萬人。在此同時，新聞指出，幾個國家的政府當局不僅在考慮禁用燃油引擎車，並且已經推出終結燃油引擎車的法案。根據立法，到了2030年，挪威將只准電動車上路。荷蘭打算禁止銷售燃油引擎，此提案進一步瞄準在2025年之前完全禁止。許多其他國家也有類似新聞出現。[8]

看到電動車領域的行動及可辨識的趨勢，不意外地，就連懷疑之士也承認，過不了多久，燃油引擎就會被淘汰。[9]美國加油站與汽車維修服務商協會（Gasoline and Automotive Services Dealers of America）主席麥克‧福克斯（Mike Fox）在2016年夏天簡潔表示：「若特斯拉能夠實踐目前對 Model 3 的承諾，汽油車就會走入歷史，成為明日黃花。」[10]雖然其他製造商已經宣布將在2020年之前推出自製的電動車，已經有超過50萬輛特斯拉在路上跑了。不只如此，特斯拉積極推進充電站基礎設施，目標在一年內倍增充電站數量。在此同時，該公司也為預期的電池需求做準備，在內華達州雷諾市興建千兆工廠（Tesla Gigafactory）。該工廠在2016年開始生產，特斯拉期望，在產出規模帶動成本降低後，電池價格能夠降低50％。其他的電動車製造公司將從何處取得電池呢？只要沒有自己的電池製造廠，顯然就得向寧德時代新能源科技公司（CATL）、松下（Panasonic）、樂金（LG）等公司購買。這些電池製造商可能施壓它們放棄自設電池工廠的計畫，福斯汽車在2019年初就遭遇這種情事。這顯示特斯拉全方位行動，準備壟斷市場，或者至少成為一個任何一方都無法忽視的競爭者。了解這一點後，就可以更正確看待特斯拉截至2015年底約34億美元的虧損。等到該公司制霸市場後，獲利將大於投資，傳統汽車製造公司屆時恐怕會深深懊悔自己半心半意的不認真。可別忘了，汽車業是德國的一個重要產業，提供80萬個工作機會，創造年營收4,200億美元。奧地利的情形相似，若把上下游全部計算在內，汽車業總計有大約700家公司，員工總數45萬人。[11]

　　這裡有另一點可以看出汽車製造商的兩難：自從谷歌推動自駕車計畫以來，投入計畫的經費每年為3,000萬美元至6億美元。若我們把谷歌的支出和特斯拉的虧損加起來，相當於這兩個技術領先者投入自駕車及電動車的經費約為70億美元。反觀福斯汽車為了廢氣排放舞弊事件，為了和美國當局的初步和解，必須提撥超過250億美元的罰款。別忘了，這不是在美國的「所有」官司和解金，當然也不包括預期將在歐洲及亞洲支付的賠償金額。基本上，福斯汽車現在花的罰款金額比谷歌和特斯拉用來發展新技術的總額多上許多倍——只因為有人走了不老實的捷徑，避免太辛苦的工作。

　　其他傳統汽車製造商的表現也沒有比福斯好。通用汽車自2012年以來，已經花了160億美元買回庫藏股[12]——

對，你沒聽錯，160億美元不是用來投資設立電池製造廠或更致力於發展新技術，而是用來買回自家股票。該公司偏好從市場上買回自家股票，而不是藉由創新和投資於公司的未來，以推漲股價，而且這筆錢可不少，占該公司市值的比例不少於30％。經濟學家視買回庫藏股為一種直接燒錢的方式——錢未被用來創造任何新價值，股東關心公司的長期成功，創新專家知道，公司花錢買回庫藏股往往是經營階層缺乏創新點子的一種訊號。公司買回庫藏股，係藉由人為製造的稀有性，使得股價短期上漲，股利及經營管理階層的分紅短期增加。

特斯拉的股價在2017年4月10日創下波段歷史新高，市值達到514.4億美元，超越福特及通用。*根據福特汽車公司的年報，該公司在2016年賣出超過665萬輛車，營收額1,518億美元，稅前盈餘104億美元，但市值僅447億美元。[13]通用汽車公司在2016年賣出1,000萬輛車，營收1,663億美元，市值為501.5億美元。特斯拉在2016年賣出不到8萬輛車，虧損7.73億美元。戴姆勒市值800億美元，BMW市值610億美元，福斯市值770億美元。2017年6月8日，特斯拉的市值首度超越BMW；到了2018年12月5日，特斯拉的市值甚至超越了戴姆勒。**

投資人詹姆斯‧蒙帝爾（James Montier）把特斯拉之類的股票稱為「故事股」（story stocks）——這類股票講述一個故事，給我們一個未來願景，最重要的元素不是過去或現在的成果，而是「未來的獲利潛力」。Uber、

---

* 特斯拉的股價從2021年11月突破每股1,200美元，為2017年4月10日每股約62美元的20倍。
** 2020年6月，特斯拉的股價創下史高每股1,135元，市值超越Toyota，成為全球市值最高的車廠。

Waymo、亞馬遜及Airbnb的股票，所獲得的評價跟當時的營收或獲利無關。[14]不幸的是，我們的教育制度著重執行，著重為已知的問題尋找解方，著重解方所帶來的報酬。然而，這導致欠缺遠見的訓練──跨界思考，提出新的疑問，尋找答案。

　　特斯拉講述什麼故事呢？它講述的並不是正在打造電動車，若它講述的是這類故事，那就大錯特錯了。伊隆・馬斯克努力壯大特斯拉，背後更宏大的故事是想使人類不再依賴化石燃料。電動車是一個起步，另一步是興建電池製造廠，為車子供應廉價的電池，再下一步是設立充電車站等等。這可以解釋為何該公司收購太陽能電池生產商太陽城（SolarCity），開始生產家用蓄電系統，此舉使得特斯拉的故事更加條理連貫，增加更多選擇，遠超過單純的電動車製造商的活動範圍。

　　傳統汽車產業採行的方法大不同於特斯拉。在德國，政府是推動力，製造商所做的只不過是遵循政府當局要求的最低標準。因此，不意外地，沒有出現什麼改變，甚至連已經稱不上宏大的目標都沒能達成。德國政府雖然想在2020年之前有一百萬輛電動車上路，實際達成的數目離這個目標還差得遠。2015年，路上跑的4,500萬輛車子當中，只有25,500輛的純電動車和13萬輛油電混合車。

　　維也納工業大學燃油引擎與汽車建造學系前系主任漢斯－彼得・蘭茲（Hans-Peter Lenz）教授估計，仰賴汽車業引擎生產的就業數量占全球所有就業數量達三分之一。這意味的是，德國的製造公司將有超過30萬個工作可能變得冗餘。承包商博世公司估計，有10萬個工作有被裁掉之虞，員工再訓練方案已經啟動，對人力資源部門構成一大挑戰。

檢視德國汽車製造商現在的銷售量，你可能會覺得這大量冗員的預測很奇怪。但是，別忘了，通用汽車曾是美國最大的汽車製造公司，2009年破產重整。1996年，柯達仍然宰制軟片和膠捲市場，市占率高達80％，營收近160億美元，然後一路走下坡，在2012年申請破產。2007年，諾基亞是手機市場龍頭，市占率超過30％，iPhone在這一年展開所向披靡之旅，向諾基亞展示它的極限。

潛在的車子購買人如何看待谷歌及蘋果呢？這些「新進者」能否期望贏得相同於車主對賓士及福斯等公司的信賴度？凱捷管理顧問公司（Capgemini）對七個國家的七千多名消費者進行調查，了解他們從目前的汽車品牌轉向科技公司供應的車子的可能性。調查發現，最具有這種傾向的是有大量年輕人的新興工業國家，例如：印度（81％）、中國（74％）、巴西（63％），在一些年齡層，接受度超過50％。法國（38％）、德國（32％）、美國（28％）、英國（26％）的消費者最為保守。依年齡層來劃分的話：18歲至34歲年齡層有65％，35歲至49歲年齡層為49％，超過50歲的年齡層只有26％能夠想像這種轉變。[15]

那麼，實際情形將會是怎樣的面貌呢？除非我們自行開創未來，否則很難想像。人們希望及預期的每一件事，取決於個人的意向和需求，或是取決於誰付錢。一些汽車業專家強烈抱怨，關於燃油引擎的討論充滿過多憎恨與敵意，[16]其他人則是無法研判自駕車和電動車在未來將占多少比例。[17]《紐約客》（The New Yorker）專欄作家亞當‧高普尼克（Adam Gopnik）在2011年的專欄文章中，把科技評論家區分為三類：「優於以往」（never betters，未來來臨了，將比以往更美好）；「最好從未發生過」（better nevers，最好是整件事從未發生過）；「司空見慣」（ever-wasers，新事物總是來來去去）。[18]

抱持「優於以往」看法的評論家，堅信我們將迎來一個新的烏托邦，一個流著奶與蜜之地。世人突然間全都變成好人，良善地對待彼此，這全都拜新技術和突發靈感所賜。抱持「最好從未發生過」看法的評論家，惋惜、懷念美好且單純的往昔，認為往昔遠比現在更安全、穩定。抱持「司空見慣」看法的評論家冷淡指出，改變一直是人類發展史上的一部分，就跟可預期的反應一樣。他們認為，人們接受新事物的速度比我們以為的還快，但在此同時，他們也一貫地抱怨新事物。

種種抱怨之詞，令人感到奇怪。例如，抱怨電動車無法聽到令人安心的引擎聲，這猶如當年汽車問世後，惋惜無法再聽到熟悉的馬嘶聲及馬蹄答答聲予人的安心感。還有人擔心連網車（connected cars）會導致資料洩露，但是在手機和網際網路無所不在的現今世界，許多人早已讓第三方免費取得個人資料了，這種擔心其實不合理。

那麼，矽谷的公司對整個生態系有何影響呢？我們可以有什麼期待？下一部，讓我們來檢視各種技術，分析它們帶來的影響。

第二部

第二次汽車革命的
最後一位新手駕駛

未來始於昨天，我們已經遲了。

—— 約翰・傳奇（John Legend），
歌手、詞曲作家、唱片製作人

現代車與最早的機動車的差別，就如同iPhone與電報機的差別。iPhone和電報機都是通訊工具，但達成通訊的方式大不同，不僅外觀及作業方式不同，基礎設施也不同。手機通訊的資料不是透過懸掛於木樁上的電纜來傳輸，而是透過衛星和光纖電纜傳輸。

夠先進的技術看起來很像魔法，[1]想像生活於十九世紀的人看到iPhone時的感想。貝莎‧賓士在1888年首次開車出行時，吸引人們的注意，並非只是因為這項新技術，也因為許多旁觀者只能想像一輛沒有馬匹拉動的車必定是魔鬼的傑作。

發明具有拓展人類意識的力量，英國女演員范妮‧坎伯（Fanny Kemble）對她生平第一次搭火車的體驗的描述，就是一個極佳的例子。曼徹斯特和利物浦之間的鐵路是世界第一條大眾運輸鐵路，1830年開始正式營運的三週前，21歲的坎伯受邀參加處女行，她詳細描述了蒸汽火車頭、車廂、隧道，陶醉地大讚最高時速35英里（約56公里）的驚人搭乘體驗：[2]

> 車速全開，每小時35英里，比鳥飛得還要快（他們曾拿鷸鳥做過實驗）。你無法想像那種迎風奔馳的感覺，但火車也行進得盡可能平順。車行中，我能夠閱讀或寫東西；我站起來，把帽子拿下來，呼吸迎面而來的空氣，強風──或者可能是我們自己抵抗強風時的力量──使我閉上眼。（我記得有過類似這樣的體驗，那是我初次嘗試尼加拉瀑布後方水簾洞之旅，瀑布落下時生起的風，力道強勁到壓下我的眼瞼，我不得不放棄嘗試，直到情況較不那麼險惡的另一天。）閉上

眼，那種宛如飛翔的感覺十分美好，奇妙得難以形容。不過，感覺雖然陌生，但我有種完全的安全感，一點也不害怕……。這勇敢的小母龍飛了起來……，我再附加說明一點，這美麗的小東西既能流暢地前進，也能順暢地倒退。我相信，我已經向你描述了她所有的能力。

近兩百年後的現在，我們仍然覺得這樣的描述很有趣。它跟那些初次搭乘自駕車的記者撰寫的報導有很多共通點：面對這項技術奇蹟，他們的描述充滿激動、畏懼、驚奇，但他們沒忘了聲明自己很快就完全習慣了。讓我們再回到今天的情況吧，我們已經走了很長的一段路，取得了很大的進展。

自十九世紀末發明汽車以來，汽車業已經做出許多重要的改進。首要的是，車子本身的改進，從燃料的消耗量，到消極和積極的安全措施、舒適度、數位化程度等等。這類創新漸進地發生於車子本身，或其行進與操作方式，大致上都未受到質疑。拿安全性方面來說，座椅安全帶、安全氣囊、較軟的材質、防鎖死煞車系統、車體可變形區、去除車子內部及外表的尖銳或凸出部件，這些是無數改變的其中一部分。至於經常被低估且被歸為外型而已的保險桿，也從閃亮、但使用硬邦邦材質的裝飾元素，變成使用具有彈性的軟性材質、內植感測器的第一衝擊區，具有保護作用。

生產模式也有所改變，最著名的是福特汽車公司從單件生產模式轉變為革命性的組裝線生產模式。此舉提高了效率，使汽車變得遠遠更便宜，大眾都買得起。雖然當時的組裝線流程稱不上彈性，最早生產出來的汽車全部外貌相似，但現在相同的組裝線上可以看到不同車款——例如，一輛敞篷車，接著是一輛轎車，接著是一輛運動休旅車。及時生產（just-in-time）制度確保零組件只在工廠需要時才遞送到廠，這顯著降低了儲存成本。生產的愈趨自動化涉及了使用組裝線機器人，減少生產線上的作業員人數，這降低了勞動成本，並得出一貫的品質水準。同一部機器人可能執行複雜度不一的工作，例如安裝一張座椅，或是安裝一面全景天窗等等。汽車製造公司把愈來愈多作業外包給供應商，外包商把系統化組件遞送到廠後再組裝起來，這些生產模式全都需要跨公司的精準度與確保品質標準，這在幾十年前是聞所未聞，縱使是在同一家公司內也未必能夠做到。

汽車先驅把幾百個零組件組裝成最早的汽車，然後漸漸演進成一條高度複雜、涉及三萬個或更多零組件的附加價值鏈，直到打造出一輛現代燃油引擎車。汽車生產已經變成製造商和供應商之間錯綜複雜的互動，以及時生產或準時順序供應（just in sequence）的模式運作。最後的組裝作業基本上包含把零組件（例如引擎）組裝起來，供應商以正確順序把它們負責完成的零組件遞送到廠，只須再裝上車門，就完成了。

這樣的流程需要非常深度的垂直整合，包含汽車製造公司指示供應商使用什麼軟體，以及該公司想要這些軟體系統有多大的存取程度。這些指令不是傳達給供應商，而是直接寫入供應商的系統裡，並且持續作出調整。因此，縱使從法律上來說，是不同公司一起合作；實質上，汽車製造商和供應商是一個統一的有機體。

不過，改變不只發生於車子本身、技術或車子的生產模式，從汽車貸款到租賃方案的融資模式，也為了促進汽車的銷售量而設立；保險公司推出全險之類的商品，取代有損失才給付的商品。

　　另一個相當令人意外且未被預料到的、和汽車有關的現象是餐廳評比制度的發展。輪胎生產商米其林（Michelin）想出了一個點子──向該公司的顧客、早期的開車者推薦可以開車前往的景點，並在旅遊指南上列出法國餐廳及旅館。隨著這份指南愈來愈受歡迎，開始了餐廳評比制度，這對法式料理的水準及形象產生了巨大影響，而這一切只是源於米其林想要銷售更多輪胎。

　　但是，問題也伴隨進步而來。如同「馬糞危機」所示，「好東西」的敵人不是「更好的東西」，而是「太多的好東西」。全球有12億輛車子基本上每天有22到23個小時無所事事，只是停放閒置著，而那些在路上的車子則是經常「停」在交通阻塞中。美國人每年花1,750億小時在他們的車上，[3] 到了2030年，德、英、法及美國因為交通而損失的生產力時間將增加一倍，生產力損失值達到2,930億美元，光是美國，就損失1,240億美元。據估計，這些國家的塞車總成本將達5兆美元。[4]

　　在第二次汽車革命，軟體是顛覆力的核心。智慧型電也管理系統確保電動車能夠抵達下一座充電站；另一個軟體應用領域是高量資料計算，讓自駕車能夠安全行進、抵達目的地，而乘客可視偏好把注意力轉向電子娛樂系統以放鬆，或是專注於工作。因此，不意外地，智慧型手機和車子與物體之間的通訊，也需要複雜的軟體解決方案。一個計程車叫車應用程式並非只是一項簡單的應用，而是一套非常實用的工具，用以規劃與協調供需。若每一種方法分別對直接受影響的產業都具有顛覆破壞作用，那麼想像它們合計產生的影響將有多大？我們能夠接受從行動應用程式叫來一部電動自駕車嗎？在後面章節，我們將更仔細檢視 Uber，討論這點。

汽車業是德國最重要的產業，從業人員近 80 萬，[5]汽車製造公司直接雇用的員工有 45 萬人，4,500 家供應商合計雇用員工 30 萬人。由於這個產業需要大量研發，有超過 9 萬名研發人員，占德國經濟全部研發人員的比例超過四分之一。若再加上司機、汽車經銷商、石油業及停車管理業的從業人員，德國平均每七名工作者中有一人是直接或間接服務於汽車業。德國汽車製造商及汽車零組件供應商組成的德國汽車工業協會（Verband der Automobilindustrie）估計，540 萬德國就業者和汽車業間接有關，與此相關的每年經濟產值約 4,600 億美元，汽車出口值占德國總出口值超過一半。[6]

但是，我們必須用更大、更正確的背景來看待與解讀這些數字。例如，德國汽車工業協會所說的汽車業從業人員數字，包含了計程車司機、交通警察及汽車保險公司。[7]同樣地，從研發支出也不能洞察一家公司的創新能力，尤其當你發現，福斯汽車集團是 2015 年及 2016 年全球研發預算最高的公司，比三星（Samsung）、亞馬遜、谷歌（字母控股）及蘋果都還要高（參見圖表 II-1），[8]你就會認知到，研發支出不等同創新能力。

局外人不禁詫異追蹤福斯集團的廢氣排放舞弊事件發展，訝於種種被揭露的情事。大眾顯然已經察覺到一個事實：舞弊案顯示，德國及汽車業有著臭不可聞的內幕，縱

圖表 II-1　研發支出最高的 25 家公司

2018年排名	公司名稱	研發支出（單位：10億美元）				
		2014	2015	2016	2017	2018
1	亞馬遜公司	6.6	9.3	12.5	16.1	22.6
2	字母控股（Alphabet Inc.）	7.1	9.8	12.3	13.9	16.2
3	福斯集團	12.2	13.9	14.2	13.8	15.8
4	三星電子公司	13.4	13.9	13.5	14.3	15.3
5	英特爾公司	10.6	11.5	12.1	12.7	13.1
6	微軟公司	11.4	12.0	12.0	13.0	12.3
7	蘋果公司	4.5	6.0	8.1	10.0	11.6
8	羅氏控股公司（Roche Holding AG）	9.5	10.2	9.8	11.8	10.8
9	嬌生公司（Johnson & Johnson）	8.2	8.5	9.0	9.1	10.6
10	默沙東藥廠公司（Merck & Co., Inc.）	7.5	7.2	6.7	10.1	10.2
11	豐田汽車公司	8.6	9.5	9.9	9.8	10.0
12	諾華製藥集團（Novartis AG）	9.7	9.7	9.5	9.6	8.5
13	福特汽車公司	6.4	6.7	6.7	7.3	8.0
14	臉書公司	1.4	2.7	4.8	5.9	7.8
15	輝瑞公司（Pfizer, Inc.）	6.7	8.4	7.7	7.9	7.7
16	通用汽車公司	7.2	7.4	7.5	8.1	7.3
17	戴姆勒集團	6.4	6.9	7.2	7.8	7.1
18	本田汽車公司	5.6	5.7	6.2	6.5	7.1
19	賽諾菲公司（Sanofi）	5.7	5.6	6.1	6.2	6.6
20	西門子公司	4.8	4.8	5.3	5.8	6.1
21	甲骨文公司（Oracle Corporation）	5.2	5.5	5.8	6.8	6.1
22	思科系統公司（Cisco Systems, Inc.）	5.9	6.3	6.2	6.3	6.1
23	葛蘭素史克（GlaxoSmithKline plc）	5.3	4.7	4.8	4.9	6.0
24	賽爾基因公司（Celgene Corporation）	2.2	2.4	3.7	4.5	5.9

使只是偶爾注意汽車業的人，也曾有這樣的感想。每當我詢問業內人士或汽車業俱樂部的主管，誰已經試駕過電動車？在場會有超過半數的人舉手。若我再繼續問，誰相信電動車是我們的未來，超過80％的人舉手。人人都知道，但汽車業「老闆」就是不願意面對這個新現實。

心理學家稱此為「認知失調」（cognitive dissonance）──縱使面對與你堅信的東西相背的事實，你仍然不改變看法。德國人打造出舉世最優質的車子，這似乎是不可撼動的真理，然後一個像特斯拉這樣的新進者出現下戰帖。過去一百年間，工程師把燃油引擎改進到近乎完美，傳統汽車製造公司總部有最優秀的專家，但現在所有這些專業技術與知識突然間變得過時了？或者，若過去幾十年，你一直告訴顧客和自己，「開車的樂趣」是生活的終極目標，試問：在這樣的背景下，你如何能夠認真倡議發展自駕車？

整個職涯倚恃自身專業技術與知識的人們，現在發現自己懂的專業技術與知識居然過時無用了，自然會心生一些存在性的懷疑。在這種境況下，人們往往會作出一種我們很可以理解的反應，就是拒絕現實，提供「別的事實」，例如：「iPhone只不過是一時流行」；「大家會想要用鍵盤的」；「沒人想在螢幕上看照片啦！照片洗出來才實在」；「汽車會消失的，我預測馬匹運輸產業還要持續很久。」結果呢？大家都知道了。

我不想直指傳統汽車製造商，特別是德國的汽車製造商。或許有人會覺得，我把特斯拉或谷歌捧上天了，想讓戴姆勒、BMW及其他傳統汽車製造公司難堪。但是，隨著廢氣排放舞弊事件和非法操縱價格醜聞的揭露，傳統汽車製造商已經不能再繼續自滿，不能再欺騙自己，相信自己「很棒」了。絲絨手套該脫下來了，特別是面對傳媒產業時。溫和地對待它們，幫助形塑了它們的行為，令它們變得像被寵壞而惹人厭的頑童，結果卻傲慢地傷害自己，也傷害了我們。我們必須直言不諱，因為政界或社會顯然沒人想做這種事，我選擇透過這本書來做這件事。提醒各位，我這麼做並不是因為我喜歡，我只是想盡自己的一份力量，防止我的祖國的一個重要產業衰敗，而我現在居住的國家展示該如何做。這個產業的興衰對我的家人、朋友及我認識的人的影響太大了，若我們能夠向彼此學習，大家都將變得更好。

　　接下來，我們將探討個別技術，以及它們對德語系經濟區的影響與含義，以此作為全球其他區域的範例。

4

資料與事實
關於汽車產業

這裡十億，那裡十億，很快就是驚天數目了。
—— 艾弗里特·德克森（Everett Dirksen），
已故美國共和黨參議員

每年銷售8,000萬輛新車，總值達1.5兆美元，這個數字是14家最大的代工製造商（原始設備製造商，OEM）為五十多個家喻戶曉品牌的產出，包括福斯、豐田、戴姆勒、通用、福特、飛雅特（Fiat）、克萊斯勒（Chrysler）、Honda、BMW、日產（Nissan）、現代、寶獅（Peugeot）、雷諾（Renault）和起亞（Kia）。[1]

實際上，絕大多數的車子如今已不再由這些代工製造商建造，許多組件由所謂的一級供應商（tier 1 suppliers）供給。博世、麥格納（Magna）及德國馬牌集團（Continental AG）供應的組件種類繁多，例如整套的擋風玻璃雨刷系統、已完工的車門或車尾行李廂，到廠後即可組裝。相同的雨刷系統可用於一輛賓士車，或是一輛BMW或Toyota。為了降低成本，一級供應商不只為一家代工製造商服務。賓士C系列使用一組件——例如擋風玻璃雨刷系統——總計40萬套，若這套組件也出售給其他四家製造商，那麼一級供應商就能產出200萬套相同的擋風玻璃雨刷系統，代工製造商取得這套擋風玻璃雨刷系統的價格就遠遠更低。不過，一級供應商本身也不產製這些組件所需要的全部零組件，而是向下游供應商採購，這些下游供應商是所謂的二級供應商（tier 2 suppliers），透過第三方間接供應給代工製造商。在德國，相關供應商將近1,500家。[2]

規模很大的代工製造商之所以只有14家，而非數百家，是因為這個產業需要資本密集。建造一輛車需要極大成本，光是一座汽車工廠的機器和工具整備成本，就可能高達5億美元，包括車床、輸送帶，以及許多其他設備，使得生產變成一件極其繁雜的事。畢竟，必須把成千上萬的零組件組裝成一輛車，然後還要遵從法規，這輛車接下來15年的性能必須達到最低瑕疵率。除了機器成本，還有工資，以及設計、行銷及測試等等費用。林林總總合計起來，生產一輛車的初始成本高達10億至20億美元。另一方面，成本因素漸漸從硬體轉向軟體，或者如同創投家、前網景公司創辦人馬克·安德里森（Marc Andreessen）所言：「軟體正在吞噬整個世界。」緩慢切換至電動自駕車，與其相關的電子操控裝置、娛樂電子裝置和應用程式，重要性已經提高了。造車成本如此高昂，無怪乎這個領域至今只有幾個成功的新進者得以掛牌上市。福特汽車公司1956年掛牌上市，特斯拉2010年6月掛牌上市，中間相隔了54年。

汽車業不僅是最資本密集的產業之一，也是最研發密集的產業之一。全球研發總支出中，有16%發生於汽車業。[3]每售出一輛車，花在研發上的經費超過1,100美元。[4]代工製造商和一級供應商每年投入的研發經費總計約為1,000億美元,其中三分之二是代工製造商支出的。在所有產業中,只有軟體業和製藥業的研發支出高於汽車業。

此外,汽車產業不只是車輛的生產製作,這只是汽車附加價值鏈上的開端而已,銷售、維修及報廢等等下游服務也有數量可觀的從業人員。在北美地區,16,500家汽車經銷商雇用約110萬名員工。[5]在德國,2018年的最後統計是36,750家板金修車場、汽車經銷商、車庫及保養維修服務據點。[6]

從汽車貸款到租賃方案的種種融資模式,幫助確保了汽車產業的順暢發展。製造商和經銷商可能有自己的銀行業務牌照,或是和金融機構密切合作。這些服務某種程度上是潤滑劑,使得銷售、生產及後續服務順暢運作。

我們也看到原始設備製造商如何推進至新的事業區塊:特斯拉經營充電站;戴姆勒和BMW集團合資經營一個汽車共享服務,名為「Share Now」;其他汽車製造商則是和共乘服務公司簽署合作協定,例如Toyota和Uber,通用和來福車,蘋果和滴滴快車,福斯和給搭(Gett);賓士的母公司戴姆勒則是乾脆收購我的計程車(mytaxi)。

除了在汽車製造公司和供應商之間形成一個層級體制的垂直整合,汽車業也愈來愈需要橫向整合,因為其他因素愈來愈重要。例如:相互競爭的製造商必須合作建立充電站標準;電腦晶片及線路必須統一,以減少錯誤和降低成本;我們也迫切需要行動應用程式生態系。自駕車需要一套作業系統,谷歌及蘋果等公司在這方面就是更有經驗,畢竟這是它們的核心能力。矽谷的公司在橫向整合方面具有巨大優勢,多年下來,也已經發展出能在競爭與合作之間切換的流程。這對向來習慣於保密行動的傳統汽車產業而言,是一種巨大的文化衝擊。[7]

汽車業中的製造公司和供應商的角色開始轉變,你不再只是建造車子,而是被迫自問最根本的問題:建造車子的真正目的是什麼?深思後得出的答案之一是:這個產業必須提供移動解方。但什麼是移動解方?世代矛盾起於這裡。車子曾是自由與獨立的一種象徵,現在卻變成頭痛與焦慮的源頭之一——塞車、永遠找不到停車位、油錢、環境汙染,這些都讓擁有一輛車變成夢魘。

整個職涯都在汽車製造公司度過的經理人,總是關注性能更卓越的新引擎和完美板金,現在必須調適於新世代的觀點和偏好。新世代不想自己開車或擁有車子,但是期望獲得種種移動問題的解方。他們的需求是沒有廢氣排放,不用浪費時間尋找停車位,不想自己開車。這些期望動搖了整個汽車業的自我意象,但是汽車業公司的代表仍然喜歡佯裝這一切不過是一時流行,因此這些公司的轉型工作多半只是半心半意,並不認真執行。汽車製造公司已經向我們承諾推出電動車多年,但在下一次的新車展示會上,焦點還是另一款燃油車或「肌肉型」的運動休旅車。

建造汽車雖然長期進步,但有一個無法隱藏的事實是:一輛車子運轉行進所需要的能源中,有95％是用來移動車子本身(現代車子的重量約莫一到兩公噸),只有5％至10％的能源是用於移動乘客(假設每位乘客的平均體重是75公斤,再加上一些行李。)縱使是近年發展出的輕量設計,也沒有使車子的重量減輕多少,因為更多的安全性設備及其他為了提高舒適性的裝置,例如電動窗、電子操控裝置等等,增加的重量已經超過輕量設計減少的重量。

2015年，美國的能源消耗總量中，運輸業占了27.7％，僅次於發電廠的能源使用量所占的比例（38％）。在此同時，為移動人及貨物（與車輛）所使用的能源中，有79％被浪費掉了，這是最浪費的能源用途。[8]

現今，汽油和柴油是交通使用的標準燃料。多年來，已經推出彈性燃料（flexible fuel）之類的另類燃料，這些另類燃料使用上達25％的甲醇或乙醇。若引擎能夠處理這種混合物，就能夠使用這種彈性燃料。彈性燃料的好處是，有部分內容物是來自可永續的源頭，從蔗糖、玉米或有機廢物，可以提煉出甲醇或乙醇。在巴西，拜幾項稅賦獎勵措施之賜，使用彈性燃料的新車比例特別高，已經達到90％。但因為汽車製造商和石油公司採取反對行動，儘管彈性燃料有諸多益處，使用並不盛行。在美國銷售的車子，技術上而言，大多能夠使用彈性燃料，但這項性能往往被電子操控裝置給關閉了。

5

電動車出現

當一個人得靠著不理解某樣東西才能獲取薪資，
就很難使他理解這樣東西了。
——厄普頓・辛克萊（Upton Sinclair），
美國作家、普立茲獎得主

加州愛莫利維爾市（Emeryville），夏日涼風徐徐。愛
莫利維爾市北鄰柏克萊市，南接奧克蘭市，以製作《玩具
總動員》（*Toy Story*）、《海底總動員》（*Finding Nemo*）、
《汽車總動員》（*Cars*）等動畫片聞名的皮克斯動畫工作室
（Pixar Animation Studios）位於這裡。不過，我們來到這
裡，不是要觀賞一部會說話的卡通車，而是要試駕BMW
集團推出的唯一電動車BMW i3。我們認識某人任職山景
市的BMW技術中心，他的工作是密切注意矽谷的最新趨
勢，向公司總部呈報，現在，他向我們介紹這款車及性
能。輕踩加速器（相當於傳統「油門」），車子無聲前進。
儘管載了四個人，車子行進得很輕快。煞車可能得花點時
間才能習慣，它沒有傳統標準引擎提供的空檔，腳一離開
加速器，車子就會慢慢減速煞車。這讓車子在煞車時把動

能回收，為電池充電，亦即把回收的動能再次轉換為電能。這項改變讓駕駛人有了新鮮的開車風格：應該在距離紅燈多遠之前，把腳離開加速器，讓車子自動減速煞車，不必去踩煞車呢？

　　這趟短短的試駕，足以使我們清楚認知到，這是駕車的未來，燃油引擎的年代真的即將走入歷史了。這其實是非常必要的，一些國家——例如中國——將在不久的未來面臨人為的環境崩壞。在中國，為了確保經濟繁榮成長，無盡地破壞環境。現在，環境反撲，國內承受工廠、發電廠及汽車導致的嚴重汙染，汙染程度已經超過標準好幾倍，霧霾持續不散，經濟成長遠遠彌補不了環境的損害。[1]

　　其他國家有一些很好的政治理由降低對石油的依賴度。例如，以色列自建國以來，就與阿拉伯鄰國不和、起衝突，自然不想依賴它們的石油，讓它們賺錢。因此，不意外地，以色列的汽車產業中出現了許多新創公司。[2]挪威調整汽車發展方向的動機，則是完全不同於以色列。還不是很久前，挪威從漁業小國轉變為舉世最富有的國家之一，係因為發現了油藏，但挪威人知道，這項資源不是無盡的寶藏，必須為油藏枯竭預做準備。因此，不意外地，這些國家是發展電動車的先鋒。

　　上海和以色列特拉維夫市是有趣的觀光地，也是對技術有興趣者值得造訪、考察的地方。檢視一個地方的電動腳踏車和電動摩托車的數量，就能估計快速且平價的車子對當地人的重要性。仔細看，你會特別注意到這些車子的傳動技術，其中有許多動力系統是置於座椅下方，附帶一個有把手的電池。騎士把這類輕型摩托車停放於街邊後，取出電池，帶回家裡充電。

　　大約十年前，青島市當局決定提倡電動摩托車，懲罰使用燃油引擎的車子，進一步獎勵當地一家企業生產電動摩托車，並為當地政府員工提供免費電力，使得該市每年產出2,500萬輛電動摩托車。[3]順便一提，在十九世紀，青島是德國租借的貿易港，德國在當時教中國人如何製造德國啤酒，現在我們應該向中國人學習如何實現電動移動力的普及。

　　中國的電氣化行動並不僅限於電動腳踏車和電動摩托車，車輛產業已有不少新進者，例如：比亞迪（BYD）、拜騰（Byton）、蔚來（NIO）、前途汽車（Qiantu Motors）、觀致汽車（Qoros），[4]它們宣布宏大目標，例如計畫在未來幾年產出數十萬輛電動車，但西方國家通常相當懷疑這類宣示。

　　舉例而言，為蘋果代工製造iPhone的富士康集團，投資8.11億美元發展電動車；[5]知行新能源技術開發公司（Future Mobility Corporation, FMC）宣布計畫在2020年推出智慧型電動車。[6]檢視這些公司的股權結構，可以看出一些有趣的事實。樂視汽車（LeEco）、路晰汽車（Lucid Motors）及法拉第未來（Faraday Future）的原始金主，是中國企業家暨富豪賈躍亭。[7]中國投資人涉入路晰汽車的第一輪募資，現在加入投資的是沙烏地阿拉伯的投資人。[8]比亞迪則是和戴姆勒共同成立一家合資企業——深圳騰勢新能源汽車公司，並且在中國市場推出騰勢電動車（Denza EV），2017年銷售超過108,000輛電動車，數量比競爭強敵特斯拉還多。[9]不過，2018年，因為大眾市場轎車款Model 3的成功，特斯拉售出超過245,000輛。底特律電動車公司（Detroit Electric）復活後，試圖複製特斯拉的成功模式，計畫先打造一款雙座敞篷車，再打造轎車，最終推出運動休旅車（各品牌發展參見圖表5-1）。

圖表5-1　一些電動車製造商

公司	國家	種類
蘋果公司	美國	客車
北京汽車集團（BAIC）	中國	客車
比亞迪汽車	中國	客車、巴士
拜騰	中國	客車
重慶小康工業集團（Chongqing Sokon Industry Group）	中國	客車、廂型客貨兩用車
底特律電動車公司	美國	客車
易行汽車（e.Go Mobile）	德國	客車
法拉第未來	中國	客車
知行新能源技術開發公司	中國	客車
卡爾瑪汽車（Karma Automotive）	中國／美國	客車
樂視汽車	中國	客車
路晰汽車	美國	客車
蔚來汽車	中國	客車
尼可拉公司（Nikola Corporation）	美國	卡車
普羅特拉（Proterra）	美國	巴士
前途汽車	中國	客車
瑞馬克汽車（Rimac Automobili）	克羅埃西亞	客車
桑多爾斯電動車公司（Sondors Electric Car Company）	美國	客車
索諾汽車（Sono Motors）	德國	客車
特斯拉	美國	客車、卡車
淳紳（Thunder Power）	台灣	客車
威馬汽車（WM Motor）	中國	客車

　　中國已是全球最大的電動車市場，除了電動摩托車，還有超過一百萬輛的電動車。2015年12月遞交400萬輛電動巴士給深圳市時，導致高速公路綿延幾英里的交通阻塞。深圳市不僅用電動巴士取代市內超過16,000輛的柴油巴士，一年後，也用電動計程車取代所有燃油引擎計程車，總計超過2萬輛。現在，中國有20％的公車是電動車。[10]矽谷的電動巴士製造商普羅特拉（Proterra）的執行長說，電動巴士現在的營運成本已經低於燃油引擎巴士，他預期到了2025年，地方大眾運輸服務供應商將只會購買電動巴士。[11]2017年3月，包括紐約、舊金山及芝加哥在內，美國數十座城市宣布打算購買總值100億美元的114,000輛電動車給警方、垃圾收集和其他市政機構使用。[12]

　　但即便這些發展都成真，美國及中國的電動車基礎設施仍然不足。在中國，充電站甚乏，而且電力主要來自汙染嚴重的燃煤火力發電廠。購買電動車有兩項長期益處：第一，改用綠色能源可以利用電動車的永續潛力；第二，製造商可以獲得電動移動力所需要的電池技術和電力領域的經驗。這兩項益處為中國及美國提供追逐相關技術宰制地位的優勢。[13]中國製造商無法靠內燃引擎汽車在全球競爭，它們想成為全球級汽車出口大國的夢想未能成真，但在電動車領域，大家都是從零出發，歷史悠久、地位穩固的傳統汽車製造公司也必須在電動車的新技術上奮鬥，中國認知到這是它起碼能在相關領域建立領先聲譽的一個契機。[14]

　　中國在這方面也具有理想條件：中國擁有製造電池所需要的稀土元素的最大藏量；中國有大量的製造工廠；因為國內經濟成長，個人的行動需求非常高。在此同時，中國正在應付嚴重的環境汙染問題，而電動車是解方之一。雖然中國目前的基礎設施與品質，可能還無法完全符合西方國家的標準，但二戰後日本的仿製相機和汽車不也一樣，現在日本製的產品在全球各地皆屬尖端產品。德國和美國的企業在1990年代師法日本汽車業的生產流程，我們或可預期類似發展也會發生在中國。

中國對電動移動力（e-mobility）的認真看待，顯現在公共補貼和落實改變的速度上。人口400萬的山西太原市以僅僅一年的時間，把市內8,000輛燃油引擎計程車更換為比亞迪製造的電動計程車。優渥的獎勵方案讓計程車公司更欣然配合——定價38,600美元的一輛電動車，政府補助將近三分之二，計程車公司實際支付的價格每輛約為13,900美元。在此同時，太原市設立超過2,000座充電站，接下來還要再設立3,550座。最新消息指出，北京已經開始著手更換市內所有的燃油引擎計程車，大北京地區有7萬輛計程車將更換為電動計程車，估計成本約為13億美元。[15]深圳已在2018年12月，完成以電動計程車取代所有燃油引擎計程車的作業。

看到深圳和天津的大眾運輸系統使用數百、甚至數千輛電動巴士，美國人和歐洲人只能瞠目結舌。我們習慣在媒體上看到大眾運輸服務供應商的代表，歌頌他們已經授權幾輛電動巴士試營，或者最好的情境是，他們已經訂購了「一輛」電動巴士（實在看不出企圖心和環保意識），中國城市卻是一舉讓整個大眾運輸系統「來電」。

2015年，中國賣出近189,000輛電動車；2016年，中國生產312,000輛電動車，幾乎全部銷於國內市場，使中國成為電動車銷售量最大的國家，[16]美國次之，歐洲以懸殊數量落居第三。全球前十大電動車製造商有四家是中國公司，全都不是和西方國家合資的企業，而是純中資企業，例如：比亞迪、康迪科技（Kandi Technologies Group）、眾泰汽車（Zotye），這些是多數西方人沒有聽過的公司。[17]中國政府宣布，自2018年起，汽車公司新生產的汽車中，至少必須有8％是電動車，這項政策著實令德國製造商措手不及。不過，凡是親身體驗過中國空氣汙染的人，都能了解為何中國當局會實行如此嚴格的政策。德國也承受空氣嚴重汙染問題，許多德國市中心現在的懸浮微粒檢測值高得嚇人，曾經有很長一段時間，沒人知道誰該為汙染變嚴重負責，直到福斯汽車廢氣排放舞弊案爆發後，大家才知道製造汙染者是誰。其他國家也迫切需要作出改變。

許多人已經不願再等待製造商把燃油引擎從產品清單中移除，挪威、荷蘭、奧地利和印度都已經宣布禁止銷售燃油引擎車的時程表。[18]承受氮氧化物排放汙染嚴重的德國城市，2016年9月開始持續熱議禁止柴油車進入市中心。[19]僅僅數個月前，根本難以想像會出現這種討論，但這些城市被迫開始商討，因為若檢測值超過標準，它們將面臨歐盟訂定的處罰和訴訟。

其實，在電動車及電池的研發方面，德國製造商並非總是如此行動遲緩。在政府提供適足補助，協助進行測試和設立充電站的地區，有先導試驗計畫。[20]不過，一旦「假裝行動」也可以獲得補助的伎倆為人所知後，相關實質發展就停止了。儘管如此，仍然有許多獎勵方案，包括德國聯邦政府對購買電動車者和設立充電站網絡者都提供特別補助。此外，製造公司的研發也獲得政府補助，數億美元的補助，這些那麼賺錢的公司真的應該自掏腰包進行研發，不該由公眾贊助。[21]

可惜的是，結果並不令人滿意。德國製造商主要生產合規車，幫助降低全車系總耗油量，不是真正和特斯拉及其他製造商競爭的車子。德國汽車製造商仍然相信，未來還是燃油引擎的天下，就像末世德皇威廉二世堅信未來的交通運輸仍然得靠馬匹。[22]直到特斯拉開始取得成功，德國汽車製造商才開始不情不願地再度把電動車納入考慮。一個美國來的新進者賣的車子更多，還是在一個重要、有前景的高價位市場區隔？這令它們感到難堪。[23]

德國汽車製造商長久以來只關心自身利益：賓士和BMW競爭市場龍頭地位；福斯忙於作弊，欺騙廢氣排放量，公司股東皮耶希（Piëch）和保時捷兩大家族彼此爭奪公司掌控權。[24]德國製造商迄今還未證明它們已經聽到警鈴了，儘管都宣布即將推出新車款，其中一家甚至談到要推出大約三十種車款。要是每家德國汽車製造公司分別推出具有競爭力的純電動車，那就太好了！哪怕一家公司只推出一款也行。

另一方面，其他國家的製造商，已經紛紛做起電動行動的生意了。比亞迪、特斯拉、日產及雷諾，不僅賣出更多車子、賺更多錢，還生產出更好的電動車。[25]一些德國企業現在已經情急到願意付錢讓賽事採用它們的技術，矽谷的新創公司路晰汽車取得電動方程式賽車（Formula E Racing，相當於電動車界的一級方程式賽車）2018-2019年賽季和2019-2020年賽季的獨家收費供應電池合約，儘管保時捷表示願意以極優惠的價格擔任供應商。[26]

很多德國工程師在那些年輕的汽車公司擔任要職，為何德國公司會如此遲緩落後呢？畢竟，技術、經驗和專業知識全都有了，很多還是德國人協助發明與發展的。可是，在德國，很多人還是死命抓著燃油引擎不放，甚至更糟的是，他們鍾愛柴油引擎。[27]基本上牽涉到每一家德國汽車製造公司的福斯廢氣排放舞弊事件，使人們驚覺自己原來被騙了這麼多年。根據德國政府成立的調查委員會，這些被吹捧為乾淨、環保的柴油車，廢氣排放量遠遠超出官方規定的可接受值。[28]不僅如此，客車的廢氣排放量甚至比卡車還高。[29]現在大家已經知道，因為汽車製造商作弊，柴油車才能夠上市，而且還獲得稅賦獎勵。這當然導致汽車業喪失信譽，但居然還有人說這是美國人的陰謀，這種卸責完全無濟於事。

遺憾的是，德國汽車製造公司仍然還不醒悟。但是，它們每浪費一分鐘，不得出必要結論——亦即停止使用即將過時的技術，中國和矽谷的新進者就多出一分鐘，用於改進電動車，攻占市場。若在未來多年，德國汽車業沒落、慘遭淡忘，就只能怪自己了。只要想想已經完全使用電動引擎的鐵路交通，那些發出叱叱聲的火車頭，如今只被用於懷舊參觀旅遊，我們很難想像德國ICE高鐵或地鐵仍然使用蒸汽引擎會是什麼樣子！

過去幾十年，電動傳動系統的實驗已經做了無數次，由汽車製造商以小系列形式進行，或是獨立研習營把燃油引擎車改裝為電動車。[30]二十年前，通用汽車測試自家電動車EV1，以租賃方式對外供應了上千輛，當公司強制回收並報廢所有EV1時，車主舉行了燭光追悼會。伊隆・馬斯克某次受訪談到此事時說，你必須真的很不敏感，才會如此粗魯地忽視顧客的渴望。

美國電動車製造商特斯拉的出現，帶來了顯著的改變。以往打造電動車的行動，有些是不管成本和預算，後來因為缺乏資金而中斷；有些是大公司發起的，最終因為困難或公司策略改變而中止。特斯拉證明，真的能夠做出最大行程、馬力和外觀設計都能被接受的電動車。雖然第一代的特斯拉電動雙座敞篷跑車 Tesla Roadster，仍是一款利基市場的實驗性車款（但就連原先抱持懷疑的人都給予讚譽），Model S就十足代表突破，在許多層面令人高度信服，證明一家新創公司能夠研發出具有高安全標準、新穎概念、價格也被接受的漂亮電動車，並且找到購買者，而且是數量驚人的購買者！Model S之後，特斯拉又推出運動休旅車款Model X，但引爆點是後來的車款Model 3，售價35,000美元起。如前文所述，看到人們從一大清早就排隊等候預購Model 3的機會，那是車輛產業的「iPhone時刻」。特斯拉在2017年7月開始產出這輛車。

當競爭者和投資人仍在熱議及（正確地）懷疑馬斯克能否在2018年前把產能從8萬輛提高到50萬輛之際，另一件事發生了：分別付了一千美元或一千歐元訂金的40萬名潛在車主退出成為德國汽車製造商客戶的行列。這件事打擊了傳統汽車業，《彭博商業周刊》（*Bloomberg Businessweek*）一篇報導提出一份顧客流分析指出，特斯拉Model 3的顧客對德國車特別感興趣。在這些顧客當中，28％喜歡BMW，20％喜歡奧迪，近20％的人喜歡賓士，12％喜歡保時捷，10％喜歡福斯。相較之下，特斯拉的顧客對於Kia的車子，就比較持保留態度，只有8.5％的人喜歡這個品牌。[31] 雖然那40萬名預付訂金的人不大可能全部都買特斯拉Model 3，我們還是可以算得出有多少車主轉投特斯拉的懷抱。

假設特斯拉在2018年底完全交出預購的40萬輛Model 3，這代表德國汽車製造公司已經失去115,000名顧客：BMW失去36,220名顧客，奧迪失去26,247名顧客，賓士失去25,197名顧客，保時捷失去15,223名顧客，福斯失去12,598名顧客，這還不包括這些德國公司已經流失給特斯拉Model S和Model X的顧客數量（參見圖表5-2）。結果，當Model 3的實際銷售數字出來後，這些有根據的推估果然正確。2018年底，特斯拉總共生產了155,663輛Model 3，德國汽車製造商當年在美國賣出的所有價位的轎車比前一年減少了20％至30％，特斯拉的轎車銷售量差不多是這四家德國公司合計銷售量的一半。[32]

圖表5-2　估計德國汽車製造商因為特斯拉Model 3預購損失的銷量

製造商	市場佔有率	數量
BMW	27.6%	36,220
奧迪	20.0%	26,247
賓士	19.2%	25,197
保時捷	11.6%	15,223
福斯	9.6%	12,598
總計		115,485

我朋友圈的購車決定，可以顯示這股影響力。我認識的幾個人訂購並取得了Model 3，一位朋友和她的兩個姊妹全都是自己開診所的醫生，直到不久前，她們全都開BMW X3，考慮下次換車時購買保時捷帕納美拉（Porsche Panamera）。在試駕Model S後，她們改變了心意。德國車的工藝雖棒，內裝及外型皆優，但是她們展望未來，決定不想再開使用「恐龍油」的車子了。2019年初，三姊妹中的頭一個賣了她的BMW，換了一輛Model 3。

　　這可能是一個結束的開始,「車峰」時刻即將到來,我們可能已經達到引爆點。德國汽車製造公司需要看到令人驚豔的特斯拉預購數量,才能認定這種情況,但別人早就踏出下一步了。挪威、荷蘭、瑞士等國家在特斯拉銷售最成功的市場之列,在這些國家的一些汽車區隔市場,特斯拉的銷售量比知名高級汽車製造商的銷售量還多。這種發展並非「對購車者的獎勵」這個原因所能解釋,因為諸如瑞士並未提供補貼或減稅之類的任何獎勵措施鼓勵消費者購買電動車。[33]

　　Toyota正以油電混合車逼近特斯拉,普銳斯(Prius)在美國成為暢銷車,調教顧客適應於平價的電動移動力。在Model 3問市前,日產聆風(Nissan Leaf)是全球銷售量冠軍的電動車。通用汽車在2009年破產重組後,前景似乎十分堪慮,公司把整個前途寄託在油電混合車雪佛蘭沃達(Chevrolet Volt)和後繼的純電動車款雪佛蘭博達(Chevrolet Bolt)。雷諾汽車公司推出五門超迷你電動車雷諾柔伊(Renault Zoë)加入賽局;唯一持續量產一款有前景且創新的電動車的德國汽車製造商是BMW——BMW i3,但外界可能得花點時間才能習慣它的外型。其他多數電動車要不就是上不了檯面,要不就是只意圖成為合規車,幫助公司全車系降低總耗油量,淪為符合管制規定的一項工具而已,我們會在後文更詳細討論這點。

　　若你理性檢視所有的數據和趨勢,應該會得出唯一的結論:基於技術和其他理由,到了2030年,在路上跑的很可能會是電動自駕計程車。[34, 35]首先,電動引擎的節能功效比燃油引擎高五倍,部分是因為它們把能源轉化成運動,不是轉化成熱,因此每英里的能源成本降低至十分之一。

一部八汽缸引擎有1,200個部件，若把傳動系統和其他驅動部件包含在內，可能有超過2,000個部件，而電動車頂多只需要二十幾個部件，因此維修成本將降低至少三分之一，甚至可能高達90％，視各種估計而定。[36]愈少部件彼此摩擦，意味著愈少能源被轉化成熱。

另一個較不那麼重大、但仍然重要，使得電動車被接受的程度提高的因素是加速──電動馬達遠遠較強力，產生較高的力矩，特斯拉在這方面的性能打敗近乎所有傳統跑車，包括保時捷、麥拉倫（McLaren）和法拉利（Ferrari）。原本預計2021年問市的新款Tesla Roadster，加速快到贏過目前市面上近乎每一款使用燃油引擎的跑車。因為有較高的扭力，電動車不需要安裝小齒輪，亦即不需要變速箱來驅動車子。在無須安裝這大體積部件下，車子內部便有更多空間。此外，電動車煞車時，把動能回收，為電池充電，明顯節能，使得能源管理改善，也得以更準確評估能源狀態。燃油引擎得作出更多的努力，才能接近這種境界與性能。

雖然傳統汽車製造商都知道這些事實，它們的命脈仍是燃油引擎。捨棄燃油引擎方面的所有專長、另起爐灶，這對它們很傷。另一個問題是，公司經營管理階層得照顧目前打造燃油引擎的員工，這令人頭痛，若傳統汽車製造公司決定快速轉型生產電動車，將導致裁掉太多工作，勞資糾紛將無可避免。因此，雖然我們已經看到明顯警訊，人們還是維持現狀，得過且過。目前舊有模式仍然行得通，公司仍然寫下新高獲利，我們達到「車峰」，但持續冒著失去一切的風險。

如前所述，特斯拉執行長馬斯克在接受德國《商報》

訪談時,談到他停止與戴姆勒和豐田汽車公司合作發展電池技術的原因,指出各家公司在領導文化存在極大的差異性。[37]他說,那些公司致力於發展油電混合車,目的並不是要得出一項改進的產品,只是為了遵從法規的最低要求。反觀創新的公司對採摘最低的果實並不感興趣,或是滿足監管當局的要求,而是想要駕馭真正困難的挑戰。起初可能並不順利,就像第一個版本的谷歌眼鏡(Google Glass),這是谷歌已經部分放棄的一項Google X計畫,但仍然繼續發展產品。革命性的發展將迫使你冒險。

如果你認為特斯拉只是電動車製造商,那你就忽視了整個大局。特斯拉對汽車市場引進的創新不僅是電池性能方面——雖然這已是一大進步,特斯拉還作出其他方面的貢獻與變革:

- 生產制度 → 高性能電池技術;自動駕駛
- 網絡 → 充電站
- 通路 → 不透過外面的經銷商網絡,直接對終端顧客銷售
- 產品性能 → 加速
- 流程 → 全自動化生產
- 服務 → 免費空中下載(over-the-air, OTA)軟體更新
- 事業模式 → 用軟體啟動更新;預購制
- 促進顧客投入程度 → 隱藏「彩蛋」

設若有一天,你聽到某人說:「從純粹技術觀點而言,特斯拉並未提供任何革命。例如,我看不出在傳動系統方面,它有什麼極進步的技術。」若這話出自一家大型德國汽車製造公司的研發經理,試圖淡化特斯拉對自家公司構成的威脅,背後原因可能是他們公司主要只專注於技

術面的進步，而非多面向的創新。[38]從傳統汽車製造商聚焦於工程師、單層面的觀點來看，這相當合理，但這也使得它們更容易遭到顛覆破壞。

特斯拉的使命宣言是：「加速全球轉向永續能源」，這點出了為何該公司收購太陽能電池生產商太陽城，設立充電站網絡，生產電池及能源儲存解決方案，因為這些都是達成公司使命的必要活動。反觀傳統汽車製造商只製造車子，不把「電」從哪裡來、誰營運充電站視為自己的問題。

你可能會問，為什麼加州的製造商在電動車的發展上特別成功？美國家庭通常擁有兩、三輛車，往往是一輛運動休旅車或客貨兩用廂型車，加上一輛轎車，再加上一輛電動車，對美國的城市是相當理想的互補品。自己在車庫安裝一個充電站，比說服房東要容易得多。這些論點是否全都為真，仍然有待觀察，因為中國也是電動移動力的領先者，情況卻全然不同於美國。

電動車的電力供輸？概述電池和蓄電池

在車上安裝電動馬達和電池來驅動車子，不是什麼新概念，最早的電動車之一是匈牙利發明家安紐斯・耶德利克（Ányos Jedlik）1828年設計的玩具車。如前文所述，邁入二十世紀之際，還不是很清楚哪一種推進力將成為車輛產業的主流，有一段期間，歐美城市街道上同時存在蒸汽動力車、汽油動力車及電池動力車。當時，電動車之所以終結，部分原因是受到相同於現今的限制，以及下列論點：最大行程小，充電時間長，電池很重，一次充電後能使用的行程短，全球只有特定地區供應生產電池所需的稀土元素，充電基礎設施不足，充電插頭規格不一等等，這張清單可以變得很長。

電池如何運作的呢？電池藉由把化學能轉化為電能來產生電力。在日常生活中，我們可以看到類似流程。想像一座山上一塊凹地裡的一顆石頭，躺在這塊凹地裡，這顆石頭很穩定，不會滾走。推動這顆石頭，把它移出凹地，亦即對它施以動能，石頭就從穩定狀態轉移至不穩定狀態。當它滾下山時，就釋放儲存的能量。或者，想想你家壁爐使用的木材：一根木材不會自燃，你得用火柴等工具點燃、提供能量，使它從原本的能量穩定狀態進入不穩定狀態，它就能釋放能量，產生熱與光。

現在來看電池。電池中的化學成分是以穩定狀態的方式結合，但如果我用激發化學作用的方式「攪動」它們，它們就會彼此作用，釋放出電能及熱。有些電池——例如一般家用電池，這種作用流程只能發生一次；其他的電池涉及所謂的蓄電池，流程可以反轉，可以對電池再次充電，「讓石頭再次滾動」。固態、液態或液化形式的電解液提供電子以輸送能量。高性能電池的祕訣往往在於化學成分組合，且看下文。

我們平常所說的「電池」（battery），其實可以相當複雜。事實上，我們應該更精確地把電池稱為「圓柱形電池」（cylinder-shaped cells），或更精確的名稱是「賈法尼電池」（galvanic cells）。一個無法再充電的AA或AAA電池是一種原電池（primary cell，一次電池），標準直徑0.55英寸（1.4公分），高2英寸（5公分）；可充電的蓄電池被稱為二次電池（secondary cell）。這兩者都是封閉系統，只能取用它們容納的能量，因此是有限量的。

筆記型電腦使用稍微大一點的可充電電池，直徑0.7

英寸（1.8公分），高2.55英寸（6.5公分），因此常被稱為18650電池。這種電池每年的產量數十億顆，由於它們曾是唯一大量生產且廉價的電池，特斯拉最早的三款車使用的是這種電池，整個生產和冷卻流程都調適於這種電池，Tesla Roadster、Model S及Model X都內含數千顆這種電池。不過，筆記型電腦電池有一個微小、但重要的差別：使用電解液添加劑。

反觀燃料電池（fuel cell）則是自外取得燃料（氫），因此理論上只要持續供應燃料（氫），就能無時間限制地供應電能。在這個過程中，不需要充電，只需要添加燃料。

在接下來的討論中，當我使用「電池」這個名詞時，我指的是為電動車電動馬達供應能量、推進車子的可充電與可組合的蓄電池。特斯拉的Model S和Model X使用444顆圓柱形電池，組成一個電池模組，每一排電池之間有一層冷卻層，旨在使用冷卻液（通常是乙二醇）來排散電池運轉時產生的熱。通常一輛Model S或Model X有16個這樣的電池模組，放在一個電池箱中，重量約220磅（約100公斤）。電池箱裡的個別電池模組之間有隔牆及小的冷卻器，把熱排散至車外，底部是一片金屬板，避免路上有東西刺穿車底造成機械性損害。電池箱的核心元素是以電路控管電池模組電池管理系統，這套系統確保駕駛人獲得需要的動力，並且提供關於電池充電狀態的資訊。

每顆18650電池重1.5盎司（約42.5公克），因此一輛組裝完成的特斯拉，光是電池就重達700磅（約318公斤），再加上電池箱、冷卻液及其他元件，就重達近1,100磅或半噸。對照之下，一套這種電池組，是一部加了變速箱及油箱加滿的燃油引擎的至少兩倍重。

　　特斯拉Model 3使用稍微大一點的電池：直徑0.8英寸（2公分），高2.8英寸（7公分），因此被稱為20700鋰電池。由於體積較大，因此容量高出30％，但因為Model 3的車子體積減小，能夠安裝的電池數量較少。展望要年產50萬輛Model 3，特斯拉可能需要30億顆電池，這幾乎是現今總產量40億顆電池的兩倍，因此可以看出特斯拉千兆工廠一號（Tesla Gigafactory 1）的影響性。這座工廠在2017年初投產，將可確保產出所需要的電池數量。[39]

　　不是所有電動車的電池都是圓柱形，日產Leaf、雪佛蘭Volt和Bolt使用加了雙塗層膠片、而非繞線金屬的矩形電池。瑞典關於「結構化電池」的研究指出，電動車使得研發人員可以嘗試新的電池設計，不再把電池視為車子的一項附加元素，車子結構本身可以變成一個大型電池。若你使用碳纖材質底盤，鋰和電解液可以直接加入細微構造中；這意味的是，不需要增加另外的電池重量，以往被電池占用的空間可以另作用途。[40]

　　但誰知道呢？說不定，有朝一日我們將完全不需要電池呢。德國的索諾汽車公司（Sono Motors）和中國的漢能集團（Hanergy）打造鋪上太陽能板的電動車。來自北京的乾淨能源供應商漢能集團，推出了四種太陽能車原型，預期未來三到五年可以達到產生足夠太陽能為電動車供應電力。[41]來自慕尼黑的索諾汽車，是一家透過群眾募資打造一款低價電動車而起步的新創公司，其電動車的部分能源也是來自安裝於車體上的太陽能電池，車子售價29,000歐元起。[42]

電池材料入門：鋰與鈷

一顆電池裡，有什麼材料呢？這種電池對環境有何危害？

鋰、石墨、鑷、鈷、鋁

多數電動車使用的電池是鋰離子蓄電池，裡頭有鋰化合物作為電池的正極（陰極）材料，石墨作為負極（陽極）。充電時，電子從陰極流向陽極，儲存在那裡，放電時的流程相反。特斯拉700磅重的電池裡，只有約11磅（5公斤）的鋰。[43]目前全球已知鋰儲藏量有一半在玻利維亞，[44]德國和奧地利也有開採的鋰礦場。這種銀白色輕金屬具有高活潑性，不以純元素形式存在大自然裡，只能以化合物形式存在。除了鋰，電池裡也使用鎳、鈷、鋁等等材料。

聚丙烯和碳酸乙烯酯

在陽極和陰極之間，有一層區隔的聚丙烯薄層，許多直徑十萬分之一英寸的細洞，讓電子可以通過這個區隔薄層，碳酸乙烯酯和其他化合物在電極之間輸送電子。若這個區隔薄層被局部過熱或機械性損害給損壞了，器材可能會過熱，導致碳酸乙烯酯和空氣接觸後爆炸。

關於記憶效應和咖啡濾紙效應：電池應該能夠做什麼？

身為駕駛人，你期望車子的推進器有足夠、可靠的性能，最大行程能大致相同於燃油引擎車的最大行程。特斯拉Model S Plaid目前最大的續航里程預估為637公里，是最符合這項描述的電動車。這些性能有很大程度取決於未來鋰離子蓄電池性能密度的進步，此數值目前每年進步幾個百分點。南韓電池製造商樂金化學公司（LG Chem）相信，它可以在2022年之前，把這類電池的價格降至每度電力（每千瓦特）100美元。[45]亞洲製造商目前稱霸電池市場，領先者包括三星、樂金、松下。

我們已經從更早的電池，了解到所謂的「記憶效應」（memory effect）——隨著充電次數增加，電池容量（亦即電池能儲存的能量）遞減。研究人員相信他們已經找到個中原因：電解液中的寄生副反應（parasitic secondary reactions）導致的一種阻塞。在負電極表面可以發現沉積了固態的電解氧化物，漸漸封阻電極，當這種情形發生時，鋰離子就再也無法通過。這有點像咖啡濾紙，若你重複使用同一張濾紙，咖啡粉末將累積於孔洞裡，直到再也不能濾出。非常緊密小巧的電池，孔隙度低，充電幾次後，很快就會發生這種阻塞，往往導致電容量突然大降。若你使用不是那麼小型的電池，孔隙度較高，就不會發生記憶效應，或者至少將發生得遠遠更慢。電解液添加劑可以幫助防止寄生副反應，每家電池製造商都有防止記憶效應的祕方，而且像可口可樂一樣保護自家祕方。

這種電解氧化物發展得多快，進而導致電池性能惡化，主要取決於溫度和充電及放電的速度，不是那麼取決於擴張的結構性改變。舉例而言，一些電池製造商說，充電五百次後，在華氏140度（攝氏60度）下，電池會失去10％的電容量。[46]但是，若充電和放電速度慢，電池暴露於高溫較長時間，電容量損失就會更高。這也是電動車製造商菲斯克汽車公司（Fisker Automotive）未能解決的問題，該公司後來申請破產，被中國的萬向集團收購後，改名為卡爾瑪汽車（Karma Automotive）。

位於加拿大哈利法克斯的戴爾豪斯大學（Dalhousie University）的傑夫·達恩（Jeff Dahn）教授使用新方法分析這種電容量降低，精確度量電池溫度，可以預測只充電幾回合後的電池性能損失，好讓研究人員可以更快速嘗試各種添加劑。達恩教授的分析得出了一個概略法則：電池中使用的電解液添加劑愈多，電池似乎撐得愈久。他的研究對測試流程有巨大幫助：為模擬真實境況，你必須進行充放電測試幾週或幾個月，就像實際使用那樣充放電，有時必須完成幾百次充電後，才會出現明顯的電容量降低。

除了電解液添加劑，電池熱度管理對電池的性能及耐久性也很重要，這始於生產。電池是以傳統製造流程焊接的，這可能導致高溫，進而導致電解氧化作用。從奧地利電池系統生產商克萊瑟電氣公司（Kreisel Electric）使用的方法，可以看出電池技術的發展還有多大的潛力空間。這家由三兄弟創立的公司，發展出一種使用雷射來焊接電池的方法，縮短了整個流程。[47]這種方法從一開始就對電池溫度做更好的控管，縮短受熱階段，降低製程中的電解氧化作用。克萊瑟電氣公司採用的新方法不僅於此，也發展出先進的電池冷卻系統，加快電池的充放電速度。

有研究分析特斯拉 Model S 的 500 顆電池，結果顯示，行車累積里程超過 5 萬英里（約 8 萬公里），電池電容量只降低了 5％；行車累積里程超過 10 萬英里（16 萬公里），電池電容量只降低了 8％。[48]一群特斯拉車主自行做充電次數紀錄幾年，也得出類似結果。[49]反觀日產 Leaf 的電池，在三年期間的電容量降低了 20％。[50]

未來，電池技術將朝什麼方向發展，仍不明朗。我們的目標是優化製程,改善溫度管理,一方面有新的電解液,另一方面則是有新材料。一種頗有前景的方法涉及可用於陽極的材料,名為石墨烯(graphene),[51]這種蜂巢狀的碳化合物能把能量密度提高至四倍,顯著加快充電速度,提高電池壽命。目前,這種抗拉強度比鋼鐵高一百倍的材料,生產仍然很複雜、很昂貴。電池的能量密度在1995年至2005年間提高了一倍,特斯拉希望把Model 3使用的電池能量密度再提高一倍。[52]

好東西得花錢

　　一輛電動車的電池得花上幾千美元,麥肯錫管理顧問公司(McKinsey & Company)2017年初發表一項調查報告指出,電池每一度電(每千瓦時)的價格,已經從2010年的1,000美元左右降至2016年的227美元。特斯拉的電池成本實際上自2016年初起,已經降低至每一度190美元。[53]隨著特斯拉千兆工廠一號開始投產,該公司預期可進一步降低成本約30%,每一度電約為125美元,但現在似乎已經降到接近每一度電100美元了。[54]一旦成本降低至每度150美元的門檻,成本就相同於燃油引擎。麥肯錫的這項研究,並未預期價格可以在2025年前降低至每度100美元,但其他人更樂觀相信將可更早降低至這個門檻。史丹佛大學教授東尼・賽巴(Tony Seba)估計,2022年就能夠降低至這個價格。若你用特斯拉的成本降低速度來推測,賽巴的估計應該是正確的。過了這個門檻之後,不論在購買或使用上,燃油引擎車都將不如電動車來得經濟。

回收利用很重要

　　一輛電動車的壽命終結，不應等同於電池壽命終結。
一顆電池縱使在八年的「使用期限」後，也未被用盡，拜
其模組結構所賜，若只有個別模組或電池受損，還可以修
復。當然，你無法妥適地使用一顆只能達到70％或80％電
容量的電池，因為這會導致電動車的最大行程縮減，不過
電機工程協會（Association of Electrical Engineering）估計，
超過使用期限的電池可以繼續作為家裡或公司的電力儲存
器材，最長可能續用達二十年，因此電池可以回收利用。[55]

　　特斯拉正在製造家用儲電系統，可儲存來自太陽能板
的多餘能源。位於德國施威林市（Schwerin）的新創公司
銳沃（ReeVolt），把來自輕型電動機車的退役蓄電池轉變
成家用能源儲存系統。美國新創公司FreeWire則是把這類
「退役器材」，轉變成移動式小型充電機台Mobi Charger，
電動車車主只要使用行動應用程式呼叫，就會自行移動到
車子所在位置，幫車子充電。

　　不過，電池當然終究得報廢處理。首先，它們必須從
所在地移走，加以處理──使用熱處理（熔化）或壓碎處
理。在此之前，回收人員必須確定電池已經充分放電，否
則若引燃電解液，將有極大的火災危險。[56]

　　電池系統的種類繁多，使得拆解作業的自動化相當困
難。蓄電池彼此以螺絲拴連，並用冷卻線圈包覆，凡此種
種，拆解都需要高度的人工作業。把這些拆解開來後，再
以低溫或高溫的熱處理熔解電池的各部分，分煉出元素。
不過，把鋰元素區分出來的工程相當困難，並不符合經濟
效益，至少目前來說如此。由於目前市面上沒有足夠的回

收電動車可供研究電池回收技術，只能根據極少的實際資料來估計這些分煉元素工程需要的成本。[57]

大體而言，這類回收利用流程的經濟效益，取決於電池內含元素的當前市價，昂貴的電池成分（例如鎳及鈷），回收利用是值得的。若電池製造商為了降低生產成本而直接以較便宜的元素取代，這對想要購買電動車的消費者是好消息，對資源回收利用就不是好消息了。

儘管如此，目前的退役電池處理方式大多令人充滿疑慮。不久前，一家中國公司向德國製造商展示電池掩埋場，德國人婉拒了這項提議。

充電知識入門：插頭、標準規格、可能障礙

電動車如何取得電力？當然是使用電源插頭。那麼，這種插頭長什麼樣子？電動車新手會有此疑惑，因為有種種的充電系統——CHAdeMO、Type 2、SAE J1772、直流電或交流電、50千瓦、130千瓦，還是你偏好350千瓦？這對新手而言是很困惑的選擇，就像燃油引擎車的新手駕駛必須選擇柴油、彈性燃料或87、89、91號的汽油。前述這些究竟是啥意思呢？

凡是仍處於早期階段的技術，通常都存在這種情形，因為何者最終會成為標準規格還不明朗。不過，成為標準規格的技術未必是「最佳」的——什麼是「最佳」，得看你如何定義。Betamax和Video 2000都被認為是優於VHS的技術，但VHS仍然成為家用錄影系統標準規格。目前，電動車駕駛人面臨了幾種相互競爭的充電站充電系統插頭，最好的境況是駕駛人有得選擇，最糟的境況是他們無法找到符合電動車插座規格的充電系統插頭，必須使用轉接

頭，或是尋找下一座充電站——此時，還得默默祈禱剩下的電力足夠，能夠找到符合的插頭，充電裝置沒壞，也沒有其他車子擋住。

規格標準不一致最明顯的就是插頭，不同車款用的可能都不一樣。日產 Leaf、三菱愛咪芙（Mitsubishi i-MiEV），以及起亞靈魂電動車（Kia Soul EV），都使用日本規格 CHAdeMO。Type 2 插頭來自德國製造商曼奈柯斯（Mennekes），主要使用者是德國製造公司，而 SAE J1772 規格主要使用於北美地區。此外，還有針對各種系統的轉接插頭，縱使你的車子的插座和充電站的插頭不符，仍然可以充電。這整個情形令人想起旅行到各國時的不同規格插座，兩孔、三孔，還有不同角度和不同形狀的，使得國際旅行變成一場充電的冒險之旅——不小心帶錯了，要如何刮鬍子或吹乾頭髮呀？

碰到這種情況，你就會知道充電效能有多重要了——充電速度快，真的很有價值。電力是「一滴一滴」慢慢充到車子電池去的，還是像消防水管的水那樣直接灌進去？下列是個簡單公式：千瓦值愈高，充電速度愈快。不過，較高的充電效能有個缺點：充電線及插頭會發熱，必須包裝於冷卻系統裡，這麼一來就比較厚重、不靈巧。

目前，快速充電站使用 50 千瓦，這意味 21 分鐘可以充滿夠開 60 英里（約 97 公里）的能源；若提高至 350 千瓦，充滿相同行程的能源只須花 4 分鐘。保時捷 2017 年 7 月設立第一批 350 千瓦的公共充電站，為第一款電動跑車保時捷泰康（Porsche Taycan）的問市做準備；不幸的是，如此高速的充電所需要的電源供應，等同一整個市區所需要的電源供應，而且如前所述，充電插頭必須冷卻。此外，極快速充電對電池而言並非沒有風險，要是出了任何差錯，甚或只是太常如此快速充電，就可能損毀電池，而這再次凸顯了熱度管理很重要。

比起公共充電站，更重要的是家裡的充電設備。當然，你可以直接用家裡110伏特或220伏特的電源插座（充電時間可能會花一整晚），但專家並不鼓勵這種做法，因為你家的電線可能不夠新，很可能會發生悶燒。若保險絲是為16安培電流設計的，相同於一輛電動車的充電容量，如果你同時在這個電路使用其他器材或車子充電線，保險絲會立刻熔斷。最好是有新的電源線並安裝一個獨立的充電樁，充電樁（或掛牆充電座）可以應付長時間的充電及高電流，確保充電的速度和安全性。

位於矽谷聖卡洛斯市（San Carlos）的新創公司eMotorWerks，供應一種受歡迎且平價的充電樁JuiceBox，但有愈來愈多公司提供新的解決方案。另一家新創公司ChargePoint已經募集了1.6億美元的創投資本，在全美各地設立超過57,000座充電樁，該公司預期充電站數目將快速成長，尤其是在那些打算把車隊都電氣化的城市。ChargePoint公關主管安‧史瑪特（Anne Smart）提到設立充電樁後出現的問題，主要不是跟惡意破壞行為有關，而是技術差勁的駕駛人在停車時撞上充電樁，導致充電樁無法運作。

充電系統的擴展不僅限於一般電動車，卡車、輕型機車、堆高機、甚至飛機，也朝向電氣化，充電系統供應商有很多機會在各處安裝、營運產品。有些城市現在使用頂部裝有集電器的電動巴士——就像纜車那樣，巴士可以在每一站或僅在終點站伸出頂部集電器，連結高架電纜，進行充電。

另一種稍微不同的系統使用混合方法：在高速公路的特定路段架設高架電纜，當卡車頂部的集電器感應到電纜時，就會伸出集電器，連結電纜，對卡車供輸電力，這樣卡車就可以長途行駛不必充電。在沒有架設高架電纜的高速公路路段，卡車使用電池或柴油引擎供輸動力。這種方法甚至能夠超越其他車輛，[58]這項技術的優點是節省能源，可以節省達50％的成本。

電動車充電介面倡議協會（CharIn e.V.，全名Charging Interface Initiative e. V.）致力於協調充電規格，這是由福特、通用、特斯拉、BMW、戴姆勒、福斯，以及充電站營運商共同支持的倡議。[59]第一步是建立統一的插頭標準規格，名為聯合充電系統（Combined Charging System, CCS）。接下來的行動包括製作一份規格型錄，以及制定認證流程，以促進各製造商的產品採行CCS標準規格。電動車充電介面倡議協會的第三個行動領域是傳播及推行聯合標準規格，旨在對抗日本的CHAdeMO規格。

這將發生得多快、能否成功，目前還不知道。從日本目前已經在運作的充電據點數量來看，電動車充電介面倡議協會面臨相當艱巨的挑戰。2016年，日本各地已經設立運作的充電站（包括家中的）比加油站還多：充電據點超過40,000個，加油站34,000座。[60]反觀美國只有9,000座充電站，加油站有114,500座；[61]德國目前有超過6,000座充電站，瑞士有800座，奧地利有超過2,000座。[62]不過，相較於中國，這些數字都是小巫見大巫——2017年初，中國有27萬座充電站。[63]

荷蘭皇家殼牌石油公司（Royal Dutch Shell）2017年

初作出驚人宣布,將在它經營的加油站設立充電樁。該公司並未明確指出此項行動的時間框架,但是提到了實行國家,瞄準殼牌英國及荷蘭國內市場,德國並未包含在內。[64]

縱使現在充電站的數目一般仍少於加油站,我們或可有信心地預期,在未來幾年這將有所改變。首先,設立充電站的成本介於3,000美元至7,500美元,遠遠較為便宜,而且幾乎任何地方都能設立。[65]設立充電站不需要任何全面性的環境影響評估,不像設立輸送液態燃料的加油站時,必須確保那些燃料不能汙染環境,或是必須取得社區其他營運商的同意。

不幸的是,德國在這方面表現得有點外行。德國的汽車製造商及電力供應商顯然不相信電動移動力,否則要如何解釋令人困惑的收費系統?這再一次顯示德國的數位知識缺乏:不同的無線射頻辨識(radio frequency identification, RFID)卡,收費系統的資安標準令專家嘆氣,公共充電站只能在白天上班時段使用……凡此種種,絆住了電動移動力。

除了外行者,還有搞破壞者。樞紐與大都會快速收費網路(Quick Charging Network for Axes and Metropolis, SLAM)言明,為研究目的,目標是在2017年中之前,在公路及較大的城市提供600座快速充電站,每一個充電點供應150千瓦的充電力。蒐集到的資料將提供科學家作為模型研究的根據,讓模型研究指出應該在何處設立充電站、了解人們如何使用充電站,以及可以設立怎樣的付款系統等等。[66]這項計畫由納稅人的錢資助,從一項細節特別能夠看出它的特殊:只安裝三種充電規格中的兩種。或者,更確切地說,製造商出廠的充電設備中包含所有這三種充電規格，其中的CHAdeMO規格雖被日產等公司使用，但德國的汽車製造商不使用此規格，因此SLAM計畫安裝的充電樁便不啟用此規格。不過，這項計畫最終反正也沒有多大建樹，到了2017年3月，只安裝了大約50座充電站，之後繼續安裝的充電站並不多。這裡提供一點作為比較：到了2016年底，特斯拉在全球經營近5,000個超級充電座（supercharger）；到了2019年初，數目已經翻倍，在1,441座超級充電站設有12,888個超級充電座。SLAM計畫的夥伴包括戴姆勒、BMW、保時捷、福斯、萊茵集團（RWE）、安能集團（EnBW），以及德國聯邦經濟事務和能源部（German Federal Ministry of Economy and Energy），亦即被稱為德國經濟「精英中的精英」的所有公司都包含在內，但是這些夥伴結合起來的力量，僅做到一家美國新創公司的1％。

維也納市的管理當局正在研究這項替代方案：把交通號誌燈和路燈延伸成為充電點。這個構想使用153,000座路燈的3,400個配電盤和安裝相同數量配電盤的14,000個交通號誌燈作為電動車充電的基礎供應網絡，規劃中的成本是4小時行駛120英里（約193公里）的成本為7美元——至少目前的計畫如此。[67]

開放充電聯盟（Open Charge Alliance）旨在為充電站發展出共同的開放標準，截至目前為止有兩種標準，包括：充電站和中央系統之間交換資料的協定，以及預測24小時預期充電量的系統標準。[68]這個聯盟的夥伴有許多新創公司、研究機構、產業組織，以及萊茵集團之類的能源供應商。也有計畫瞄準國際性收費系統標準，德國的電動車充電服務公司哈布傑集團（Hubject）打算在歐洲建立一套制度,讓駕駛人可以在任何充電站使用他們採用的支付系統。[69]

假設我們根本就不必考慮充電問題的話,那就太好了!「感應式充電」（induction charging）此時便派上用場。星巴克在美國許多門市提供無線的手機充電系統,桌上設有多款環形USB插頭供你插入（較舊款的）智慧型手機——較新型的甚至不必使用這些環形USB插頭,你可以把手機放在桌面鑲著的耦合線圈上充電。這是一種慢速充電,充電時不能使用手機,因為它還擺在耦合線圈上,但總比你得拿著沒電的手機繼續行程的好。

感應式充電帶來了雙重改進:一、你把車子停放在車庫地上鑲了線圈的位置,通常是一片帶有電磁場的墊子,不需要其他步驟,也就是不需要再插入電線,就能直接充電。車子本身也必須裝有耦合線圈作為接收器。這可以避免你早上發現自己昨晚忘記接線幫車子充電了,結果車子電池沒電動不了的窘境。另一項可能的改進是:在街道安裝感應線圈,所以你可以在開車同時幫車子充電。理論上,任何在這些道路行駛的車子,應該不用停下來充電。果真如此,那只剩下一個「未解」的問題了——何時要停車上廁所。目前,感應式充電這個解決方案,仍然受阻於柏油路和停車場裝設耦合線圈的成本,以及目前仍低的充電性能。車子和車庫地墊上裝的耦合線圈最好也要很接近,相距至多一英寸,盡可能降低充電損失。

一如新車輛產業中的其他領域,在感應式充電這個領域,也有數家新創公司正在努力,包括動能動力（Momentum Dynamics）、一帆通集團（Evatran）旗下的免插接電力（Plugless Power）、汎通城（WiTricity）,這三家新創公司已經募集超過4,200萬美元的創投資本。谷歌母公司字母控股旗下事業、自駕車領域的要角Waymo，視感應式充電為自駕電動車的一項要素。新創企業西沃公司（HEVO Inc.）和動能動力公司已為谷歌的無人車Koala（現已退役）供應感應墊，不過這類感應墊的充電性能仍然很低。新創公司展望可在近期的未來，把充電性能提升至200千瓦特，媲美快速充電站的水準。[70]

英國比歐陸超前一步，已經在測試無線充電系統，想在更多街道安裝這種設施。[71]以色列的新創公司電利昂（ElectReon），也開始在特拉維夫市的電動公車測試它開發的感應式充電系統。[72]邊用邊充的系統使車子可以使用較小的電池，這是藉由減輕電池重量以減輕車子重量、進而提高最大行程的另一項嘗試。

那麼，那些無線充電系統會不會成為電磁輻射的新源頭，對人體健康有害呢？研究尚無定論，正反意見不一。歐盟委託的一項研究調查，未能確定低頻電磁場和白血病之間的關連性，[73]但另一項研究則是確定老鼠身上的癌細胞生長，和牠們暴露於電磁場有關。[74]

電池市場與電力網

電池已經成為一門大事業，根據一項調查，到了2020年，這個市場將成長至100億美元的規模。六家製造公司可能囊括90％的需求，特斯拉生產的電動車將占用市場供應的過半數電池，緊接其後的另五大需求者依序是比亞迪、福斯、通用、雷諾＆日產、BMW。[75]這個龐大的需求將由幾家電池製造商供應，包括比亞迪、樂金化學、恩益禧（NEC）、三星電管（Samsung SDI）、特斯拉在內華達州雷諾市的千兆工廠一號，但松下（Panasonic）以46％的市占率位居龍頭。電動車是電池製造商的最大客戶，占能源儲存解決方案的需求高達80％。

數十萬、甚至數百萬輛的電動車，也將對電力公司構成影響，一來是它們需要充電，再來是因為電動車被視為分散式的能源儲存器。大量電動車把電池連接至電力網，或可幫助解決電力過剩問題，讓過剩的動力輸回電網。但是，若大量的人同時為車子充電，可能會導致過荷，電力網會變得不穩定，就像一天中所有空調或爐灶突然間同時啟用的用電尖峰時段可能會發生的情形。所以，智慧型電網能向車子溝通，分散一特定時段的充電性能，[76]這種系統稱為「車對電網」（vehicle-to-grid, V2G）系統。[77]

直到不久前，德國製造商在電池生產方面一直猶豫不決——應該自己生產呢？或是最好交由他人生產？一些製造公司的員工代表明確表示，他們贊同建立自行生產電池的能力，尤其是這可以避免德國流失工作機會。戴姆勒已經宣布在德國薩克森自由州卡門茨（Kamenz, Saxony）興建第二座電池廠，[78]福斯和BMW也想跟進，但發現這可不是件容易的事。首先，生產電池所需之稀土金屬元素和重要成分的取得實在是太難了，幾乎目前所有源頭都已經產能滿載，被先發者包走了。其二，就算福斯和BMW能夠取得這些必要原料的供給，也得花上好些年興建並開始運轉一座工廠。這意味的是，今年和明年計畫產出的車子，需要的電池必須由前述電池製造公司供應。若福斯規劃自建電池工廠，那些電池製造商將威脅取消和福斯的原電池供應合約，對於福斯這樣一個慣於支配合約條件與價格的汽車製造商來說，這是一道相當棘手的難題與全新的經驗。

監管與緊急解決方案：意圖很好，但執行很差！

　　請容我再說一次：德國汽車製造商和德國政府現在陷入一個困境，它們的外在動機和「年輕鬥士們」的內在動機相抵觸。下列兩者是有差別的：藉由作出承諾或提供誘因來激勵某人去做某件事，例如：「只要爭取到五個新顧客，就讓你多放一天假！」，或是「如果你超速，就得罰款80美元！」；以及一個人高度自願自發去做某件事，例如：「我去上課，是因為我真的很有興趣，想去那裡認識有趣的人，不是因為有人承諾我去上課就給我100美元。」

　　基本上，人類的行為是相當不理性的。若我們是受到外部誘因驅使去做一件事，我們的「工作品質」會變差，或者興致會降低或喪失。這是許多實驗已經證明的事實，成年人、小孩、甚至猴子在這樣的情況下，將投入較少的時間，將犯更多的錯，工作品質較差。[79]

　　假如你想激發你的八歲孩子對閱讀產生興趣，你承諾他每讀完一本書，你就給他一張籃球卡或夢可寶卡牌。試問：可能會發生什麼事？他會讀哪些書？當然是那些薄的、字體大的、內容最少的。如果你問他內容在講什麼？他大概只能說個大致零散的內容。如果你不再發出獎勵呢？他可能就完全不看了。也就是說，我們達到的成果正好與我們想要達成的相反。「閱讀真是件有趣的事」這樣的內在動機，被「收藏卡片」這個外在動機取代了。

　　為何我要小談這個行為科學呢？因為這個事實：錯誤的誘因已經把我們帶入電動車及油電混合車傳統製造商目前的可悲狀態。這從現今車商供應另類動力車輛的種類繁多就可以看出，儘管由歐盟及其他監管當局推出的測試程序，例如：「新歐盟行車型態測試程序」（New European Driving Cycle, NEDC）及「全球調和輕型車輛測試程序」（Worldwide Harmonized Light Vehicle Test Procedure, WLTP），理應使得車隊一旦符合標準，就能降低燃料用量與廢氣排放量。這是很好的構想，意圖使車輛產業建造更多的油電混合車和電動車，但是在極度缺乏努力之下，一個更宏大的願景連開始都啟動不了。雪上加霜的是，公司短視近利聚焦於當前的成功——對管理階層及股東而言，下一季的績效比公司的未來更重要，創新技術的成果無法在五年內看到，屆時董事會成員早已不是現在這批人了，或者他們早就賣掉手中持股了。

所以說，意圖良好並不會自動得出良好的結果，這就是馬斯克評價合作對象豐田和戴姆勒時的含意。他的內在動機是讓這個世界擺脫化石燃料，但傳統汽車製造公司的外部動機是遵守測試程序，試圖美化事態。這種行為絕非只存在於車輛產業，石油業早已知道應該捨棄石油，但業者並不認真投資其他種類的能源。

在矽谷，時鐘走的方向不大一樣，傳統規則很多時候並不適用。一位德國經理人沾沾自喜的笑容，很快就被驚訝取代：「特斯拉不是還沒真正賺錢，剛宣布重大虧損呢！但股價持續飆高，真是難以理解。」沒錯，據路透社報導，2015年中，特斯拉每賣出一輛Model S，就虧損約4,000美元。[80] 以尋常公司來說，這會立刻導致大規模的成本刪減、組織改組、裁員，可能必須關掉一直燒錢的個別事業單位。但是，特斯拉不是尋常公司，它的產品也不是標準產品——因為汽車市場正面臨重大分裂。所以，特斯拉適用的規則不一樣，矽谷以外的人難以理解。傳統商模問一個很基本的問題：「如何能夠創造收入？」矽谷或許是世上唯一不必回答這個問題的地方，在矽谷，你有餘裕思考如何為顧客創造價值。

透過德國聯邦經濟事務和能源部德國加速器計畫（German Accelerator Program）的安排——我在這項計畫擔任指導顧問，前往加州帕羅奧圖（Palo Alto）觀摩交流三個月的德國新創公司代表，經常在簡報中驕傲提到它們已經賺錢了。[81]但是，這在當地創投家看來，卻是個壞徵兆。因為這意味的是，這家新創公司沒有作出足夠努力，使公司變得更大，在潛在競爭者展開行動之前占據市場。而這就是特斯拉正在做的事，過去幾年，它幾乎每季虧損幾億美元，主要是因為擴張基礎設施——投資千兆工廠一號量產特斯拉Model 3和家用電池，在全球建設特斯拉充電站，以及為了生產電動卡車Semi、Model Y和皮卡車所做的準備，這些全都需要花大錢。[82]這些全都是投資於預期中的成長，特斯拉準備為電動車建立業界標準，準備制霸電池市場，準備為消費者供應強大的量產電動車。

馬斯克2015年接受德國《商報》訪談時，清楚表示他對盈虧的態度。他提到，戴姆勒公司執行長迪特・蔡徹（Dieter Zetsche）曾經說過，沒有公司能靠電動車事業賺錢。他這麼說：

> 我同意，我們不能永遠都虧錢。今年，我們將大舉投資強化Model X，長期而言，也會強化Model 3。所以，從明年起，我們的目標是變成正現金流量，但不會為了獲利而減緩成長。[83]

就像西洋棋棋手，馬斯克落下了他的棋子，願意犧牲一些兵。若一切照著計畫走，最終棋子會落在正確位置，將死他的對手，制霸市場。這項策略似乎奏效了，特斯拉在2018年下半年轉虧為盈，開始搶走內燃引擎車的市占率。

卡爾‧賓士頭幾年也沒賺到半毛錢，他那打造不用馬匹拉動的車子的瘋狂點子其實很燒錢，生活日常開銷和支持瘋狂點子的錢來自他太太的嫁妝，她在財務上支持他，成為他的「創投者」。貝莎‧賓士之所以帶著兒子開啟首趟汽車旅行，主要是因為她變得沒耐心了！卡爾‧賓士很是猶豫不決，她想把車子的測試延伸至僅屬於他們的財產之外，向世界展示汽車能夠做什麼。她決意進行這趟旅行，不管任何禁令，也沒有事先向地方當局申請必要許可，不顧安全措施的不足。她這趟開車旅行引起了大眾注意，也獲得改進汽車的一些重要洞察。一百年後，賓士汽車執行長違逆了當年促使這家公司誕生的開創性精神。

德國《經理人雜誌》2014年2月刊登一篇有關BMW i3的試駕報導，述說因為充電站問題，導致試駕失敗的故事，再度凸顯在德國推出電動車的窒礙難行。[84]種種阻礙，包括簽帳卡行不通、充電站只能在白天上班時段使用、不接受信用卡，以及限制電動車進入及充電的建築障礙等等，這篇報導顯示能源供應商根本無視於新趨勢及事業模式的發展，敷衍行事，或是試圖為自身的不作為找藉口。此外，關於充電站還有一個無法預料的部分：充電價格變化甚大。能源供應商按時計費，或是索取基本費外加從量費。目前，駕駛電動車仍然令人想到「攔路搶劫」，因為太貴了！沒有一方覺得有責任為顧客提供愉快的整體體驗，汽車製造商認為責任在能源供應商，不考慮顧客及潛在顧客的流失，只想到初始成本。最後，每個人都把責任推到政府身上。

電動車很危險嗎？

2015年冬，一張特斯拉在冰天雪地的挪威起火燃燒的照片成為新聞焦點，這輛特斯拉在充電時過熱而著火。這個例子是否證明電動車多麼不安全、多麼危險呢？統計數字顯示，這是錯誤的結論。光是在美國，每年有15萬件火燒車事件，相當於平均每小時有17件發生。[85]在德國，這個數字只有美國的十分之一，但意味著每年有15,000件火燒車事件，相當於每天有40件發生。[86]

內燃引擎起火率至少是電池動力車的五倍，[87]但這並非指電池起火不危險，其實電池起火對消防員構成新挑戰，起火的電池是無法只用水滅火的，因為燃燒行為不同於汽油車的燃燒。電池起火時，沒有易燃液體可能外溢或自然熄滅，意外發生時，滅火者也必須使毀損車輛的電池無法繼續運作，必須把特別標記的電線連結斷開。

在最早幾樁特斯拉火燒車事件後，公司檢查了安全措施。其中一例發現，車子底板被一金屬部件刺穿，損壞了電池。針對這項發現，特斯拉做出的補強是安裝強化的底板。其實，特斯拉對於電池起火事件非常焦慮，以至於起初對車主非常大方，儘管不知道電池起火是不是人為疏失導致。直到一位客戶的全新Model S才剛交車不久就在公路上起火，後來調查發現，起火肇因於一顆子彈從車內後座射進電池組。比起汽油引擎車火燒車事件，電動車火燒車事件自然更容易成為新聞，因為這類事故仍然比較罕見。但若因此認為電動車很容易起火，那是錯誤的結論。馬斯克曾經眨眼妙問：「若你想要縱火，你會帶一桶汽油，還是一顆電池？」

更乾淨的未來：碳足跡、動力混合、排放量

動作片電影明星、加州前州長阿諾・史瓦辛格（Arnold Schwarzenegger）對車子的熱愛也是出了名的，擁有多輛好車，包括一輛很吃油的悍馬（Hummer）、一輛豪華賓利（Bentley）、一輛保時捷、一輛復刻賓士古董車的神劍（Excalibur），以及一輛特斯拉，全都是愛車者的心頭好，史瓦辛格經常開著這些車。錦上添花的是，他還有一輛坦克，據說是他在奧地利聯邦軍隊服役時開的「終結者」（Terminator）。他向軍隊買下，運送至加州，開著好玩，也用於慈善目的。[88]

儘管在對車子的熱愛之下，史瓦辛格過去未必以環保人士自居，現在他也堅決擁護電動車。他曾在臉書上貼文，標題很聳動：「我才不在乎我們是否認同有氣候變遷這個事實呢。」[89]全世界其他地區大多認同，我們正在經歷全球氣候變遷，但是美國的情況不同，所以阿諾才會這麼寫。他用一個邏輯例子，為使用電動車或另類動力車提出甚具說服力的論述：

我還有最後一個疑問，這需要用點想像力。

有兩扇門，1號門背後是一間完全封閉的房間，房裡有一輛普通的汽油車；2號門背後是一模一樣、完全封閉的房間，房裡有一輛電動車。兩輛車的引擎都火力全開。

　　我想請你選擇其中一扇門，進入房間，關上門，在你選擇的那個房間待上一個小時。你不能關閉車子的引擎，你也沒有口罩可以戴。

　　我猜，你選擇的是房裡頭擺放電動車的2號門，對吧？1號門是致命的選擇，誰會想要吸進那些廢氣呢？

　　這就是全世界現在要作出的選擇。

　　……我希望你們加入我的行列，選擇2號門，進入更明智、更乾淨、更健康、更有益的能源未來。

　　奧地利聯邦環保署以一項調查得出的硬事實來支持電動車的環保效益，這份報告比較汽油車、柴油車、油電混合車及電動車的溫室氣體排放量和能源需求，專家在這份報告中把車子從生產、使用到報廢處理的整個生命週期對環境的影響納入考慮。[90]相較於柴油車和汽油車，電動車的整個生命週期的溫室氣體排放量低了75％至90％。在排放氮氧化物方面，柴油車最糟糕，是汽油車的9倍，電動車不會排放氮氧化物廢氣。在塵埃逸散方面，所有種類的推進力相似，約50％發生於車輛生產過程，另外的50％產生於電動車的蓄電池及電力生產過程和內燃引擎的能量預備過程。

　　無論哪種推進力的車子，生產過程中的能源投入與材料使用都相似，但在整個生命週期中，需要最多能源的是車輛使用階段。電動車整個生命週期需要的能源投入，比內燃引擎車低了3到4倍，電動車需要的能源比內燃引擎車少了50％至70％。

美國科學家關懷聯盟（American Union of Concerned Scientists, UCS）也得出大致相同的結論。[91]在生產階段，比起內燃引擎車，電動車的生產階段需要使用較多能源，因此氣體排放量較高——生產每次充電後最大行程84英里（約135公里）的中型電動車，比生產類似體積與最大行程的內燃引擎車約高出15%的排放量；生產每次充電後最大行程約250英里（約400公里）的電動車，比生產內燃引擎車約高出68%的排放量。但是，在電動車使用了6到18個月後，對環境的影響就會開始平衡，亦即行駛電動車時的碳排放明顯少於行駛內燃引擎車，於是開始抵消電動車在生產階段的較高排放量。這種抵消遲早都會發生，取決於能源產生方式。在車子生命週期終點，以最大行程84英里（約135公里）的車子來說，內燃引擎車的排放量將是電動車的2倍。

美國科學家關懷聯盟比較電動車與內燃引擎汽車在使用階段的碳排放量情形，調查地區是美國各州。[92]專家想要解答一道疑問：以行駛62英里（約100公里）來說，內燃引擎使用多少燃料，碳排放量與類似體積及最大行程的電動車相同？在西部陽光充足的州，內燃引擎車平均一加侖的燃料能行駛97英里（約156公里）；以整個美國的平均值來說，不能超過每68英里（約109公里）使用一加侖的燃料——但這是一個夢幻值，現今沒有任何汽油或柴油引擎能夠接近這個數值。你可以透過美國科學家關懷聯盟的二氧化碳當量網路計算機，看看各品牌的車子在美國各州的環境衝擊情形。[93]

歐洲的情形也大致相似，至少在二氧化碳排放方面如此。[94]發電類型被納入評估，發電重度依賴化石燃料的國家,例如波蘭、希臘、保加利亞、愛沙尼亞及拉脫維亞,落在減碳足跡較落後的水平;挪威、瑞典、丹麥、冰島及奧地利使用再生能源減輕碳足跡;仰賴核能的法國及瑞士,也減輕它們的碳足跡。德國的減碳足跡水平居中,德國目前使用的混合能源,將無法明顯減輕國內的碳足跡。

不過,只看汽油消費量,不足以衡量排放量的情形。燃料的開採提煉、運送和生產,也得使用大量能源,這些流程本身也是顯著的排放源頭。

1900年左右,石油開採仍然較為簡單,為了開採100桶油,只需使用1桶油,1桶油是42加侖(約159公升)。現今,容易開採的油礦都已經被開採了,必須愈鑽愈深,或是先從油頁岩提煉原油,這種開採提煉的過程增加了對能源的需求。現在已經無法用1桶油開採出100桶原油,大約只能開採到約12至17桶。若是從油砂中提煉(例如加拿大和委內瑞拉),使用1桶油只能開採提煉出5桶原油。[95]顯然,提煉「恐龍汁液」的困難度及成本愈來愈高了。

一桶原油提供約31加侖汽油或柴油燃料,外加一些其他的石油產品。[96]因此,生產效率85%左右的煉油廠,每生產一加侖汽油,需要約6.4度(千瓦時)電力。[97]這裡提出一點作為比較:一加侖汽油有32.1度電力的能源量,[98]也就是說,一加侖汽油有20%能源量被用來從原油提煉出這一加侖的汽油。

在開採提煉、運送及儲存原油,以及煉製石油產品的過程中,都會耗用能源,造成溫室氣體排放。輸送帶工廠不僅排放廢氣,也會漏失部分原油。數百萬英里的管線,有成千上萬的閥門與連結管可能造成滲漏──原油滴漏,或是揮發於空氣中。汽油及石油槽也不是完全密封的,購買加油站附近房地產的人可以在相關文件中看到評論與警告。

在計算生命週期時，有一點很容易被忘記，那就是為了確保能源供給所涉及的軍事成本。落基山研究所（Rocky Mountain Institute）科學家盧安武（Amory Lovins）相信，美國每年的國防預算6,380億美元中，有一大部分是用於保全美國的能源供給。為了在中東與近東的軍事行動，美國政府用了約5,070億美元，大約是美國人支付來自該地區的原油總價的10倍。儘管軍事費用中直接用於保全石油供給的比例較小，但這一小比例仍是相當大的金額。[99]

國際能源署（International Energy Agency, IEA）估計，世界各國每年約花5,000億美元，保持石油、汽油、煤及天然氣的價格便宜或支撐產業。國際能源署署長法提・比羅爾（Fatih Birol）表示，相關補貼是再生能源補貼額的3倍。[100]

因此，我們可以認為，運作一部內燃引擎的隱藏性環境成本遠高於一般認知，遑論在燃料產國的人道成本——很多時候，我們的燃料錢支持了一切，就是沒能支持那些國家的民主政權。每個國家的條件左右了轉換成電動車能夠幫助環境的速度，例如，在高度仰賴煤炭供應能源的中國，縱使轉換成電動車，短期也將不會對環境有多大的幫助。[101]電動車能夠改善生態平衡，尤其若電力需求來自再生能源。對德國來說也是一樣，無法因為計畫在2022年前去除核能，就期望在排放總量上獲得改善，但可望降低核廢料總量。

內燃引擎無法改變使用的能源，畢竟汽油引擎只使用汽油，柴油引擎只使用柴油，但電動車就能有所選擇了。電力沒有標籤，就中程及長程而言，用來發電的能源可以改變。電動車車主起初可能透過插座充電，使用尋常能源組合發電而供輸的電力，但日後可以改用自家的太陽能板產生的電力，或是電力公司可能增加使用低排放量的能源，使得電力組合更環保。就電動車而言，關鍵是電源組合，電力可以由各種能源產生，不像內燃引擎，只能使用一種能源，例如汽油或柴油。

在近年愈來愈遠離汙染性特別高的化石能源（例如煤），以及鼓勵風力發電及太陽能板等趨勢下，能源生產過程影響總排放量的程度漸漸降低。這也是交通導致的氣體排放量占總排放量的比重相對提高的原因，因此電動車對排放量的降低有相對較強的正面影響。[102]

現在擁有電動車的人，使用能源的行為不同於其他車種的車主。光是在加州，60％的電動車車主接受電力公司提供夜間特別優惠的電力方案選項，他們在白天使用必須支付較高的費率。[103]他們之所以接受，是因為有32％的電動車車主運用太陽能發電自用。[104]

公司：誰的手放在電池電力的操縱桿上？

德國電池產業的發展如何呢？這得回溯至一百多年前。生產都德蓄電池（Tudor accumulator）的布希穆勒（Büsche & Müller oHG）工廠創設於1887年，後來成為華達公司（Varta AG），是西門子（Siemens）及AEG一個強大的競爭者。長達多年期間，德國的電池技術是非常先進的，主要應用於軍事領域（潛艇），以及車用電池與閃光燈，如今這個產業已經大不如前了。華達之類的製造商在過去幾十年艱難維生，智慧型手機、攜帶式電腦及其他電子裝置的電池，以及成本優勢，使得電池生產能力轉移至亞洲，如今領先製造商是樂金、松下和三星等公司。夫朗和斐系統與創新研究所（Fraunhofer Institute for Systems and Innovation Research）一項調查研究清楚顯示，德國仍非車用電池的領先市場，要追趕起來還有相當差距。[105]我們可不能小覷這個事實，尤其是在這個領域的專門知識與技術將可得之下，畢竟電池及電池管理的專門知識與技術，未來將取代內燃引擎的專門知識與技術。儘管如此，我們也不能期望電池工廠可以緩衝總生產工作機會的流失——電池的生產高度自動化，需要的員工人數只有一般引擎生產作業所需人力的十分之一。

德國製造商雖然宣布興建自己的電池工廠，但並非全心全意投入相關發展。如前所述，賓士的確投資5億美元在卡門茨興建第二座電池工廠，該公司自2012年就生產鋰電池了，但也同時宣布將投資相同金額興建一座新的汽油與柴油引擎工廠，[106]這就好像卡爾・賓士把太太嫁妝的一半投入於養馬。

推進技術的比較：馬達、設計與效率

我們在談論、比較電池動力車和內燃引擎車時，彷彿改變只發生在為了推進系統而儲存或產生的能源，其實整個車身設計都在改變。一輛內燃引擎車當然有一部內含許多可動部件的馬達，但也有儲存能源（油箱）、供輸能源（油管）、把產生的能量轉移到輪胎上（離合器與聯軸器、變速箱、飛輪），以及清除產生的廢氣（排氣系統）等等必要的零組件。

電動車的運作，基本上是不同的機制，可以去除油管、油泵、油箱、濾器、聯軸器及飛輪。傳統馬達通常笨重、形體相似，但電池的形狀就很有彈性了，可以是塊狀，也可以是扁平狀作為底部，或是安裝於行李廂中，甚至安裝在拖掛車上。[107]內燃引擎車把引擎動力傳輸到輪胎上的變速箱需要很大的空間，如果你不是汽車專家，是否發現到前座兩個座椅中間的中央控制台區呢？這是另一個電動車不需要的部件，而且改變了開車的整體感覺，扭力可以直接平順地轉移到輪子上，不需要齒輪組，凡是試駕過電動車的人都可以確認這點。

　　凡此種種，騰出的空間為車體及內部設計開啟了全新的範圍。以往由引擎、油箱、排氣管及變速箱占據的空間，現在可以讓設計師自由發揮。我們可以回到「福斯金龜車的感覺」，因為可以再次像金龜車那樣，把行李廂移到引擎蓋下方作為置物空間——這稱為「frunk」（前車廂），有別於一般的「trunk」（後車廂）。這一切釋出的空間提供了許多新機會，誠如義大利車子設計師安德里亞・扎嘉托（Andrea Zagato）接受德國《經理人雜誌》訪談時所言：

> 電動車再也不需要一部大引擎，也不需要變速箱。由於電動馬達不一定要安裝在前面，散熱器格柵板及通風口也不需要了。我們甚至不需要傳統儀表板，因為一切都是電動的。這一切使我們可以嘗試完全不同的車子結構，我們可以自在施展設計工作。[108]

　　凡是試乘過特斯拉的人，都會注意到座椅間的大空間，這些空間可被乘客及行李使用。大量的金屬及可動部件都不需要了，內燃引擎車必須確保馬達四周有足夠空間，以防萬一發生衝撞時，不會移動得太遠，進入乘客艙；電動車設計師可以在這個部分規劃一個新的可變區域，這麼一來，車子對乘客就變得更安全了。

此外，沉重的電池安裝於車子底部，可以降低車子的重心，穩定車體底盤。因此，在美國進行安全性測試時，特斯拉Model S或較高的Model X幾乎不可能翻個四輪朝天。在現今的麋鹿或駝鹿測試中，這類車子的測試結果遠遠較好。

電動馬達相對較小，只需要數十個部件，而一部八汽缸引擎有1,200個部件。電動馬達比較輕巧，可以直接安裝在軸上，動力可以直接傳輸，使得加速快到讓許多人嚇一跳，開始覺得跑車好像也沒什麼了嘛。此外，電動馬達的使用期限較長，保養維修相對較少，因此成本較為節省。

不過，雖然電動引擎包含的零組件較少，並不表示它的技術很簡單——有很多種，有使用直流電或交流電或強力磁鐵的。電動馬達的性能受到材料、銅線品質、鐵的層壓法等等影響，這些需要專業研究。

電動馬達可以像發電機般運作，煞車時，電磁場創造出電流，電流可以回充到電池，這個流程稱為「能量回收」（recuperation）。當駕駛人的腳離開踏板時，電池便停止產生能量，馬達不再驅動輪子，煞車作用來自電動引擎本身，這有助於維護煞車片，所以更多零組件會歷經較少的磨損。

電動馬達還有節能的功效。內燃引擎在轉換能量時，因為熱與摩擦，導致一大部分的能量流失，只有一小部分被實際用於動作，但電動馬達不會有這樣的能量流失，效率可達97％，視電動馬達的種類與性能而定。[109]汽油引擎的效率不到30％，柴油引擎及油電混合引擎的效率最高只有40％。[110]不過，我們不能這樣直接比較，還得把發電機的效率納入考量。若我們談的是太陽能、風力發電及水力發電，必須減去電力輸送過程導致的流失。若使用的是燒煤的火力發電站（效率為35％）供應的電流，電動馬達的效率自然會降低。[111]

汽車零組件供應商博格華納公司（BorgWarner），檢視了幾種推進系統及效率，去除跟車子體積、重量有關的因素，還有一些其他因素，以便正確評比各種推進系統。這項調查獲得的效率結果相似於前面的調查結果：油電混合車的效率為38％，內燃引擎最高效率為25％，柴油引擎的最高效率為28％；相較之下，電動車目前的效率為80％。內燃引擎的效率在過去十年間改善了14％，但立法當局要求在未來十年間改善超過30％，這勢必需要漸漸轉換成油電混合車和電動車。

博格華納使用調查結果及相關預測，建議汽車製造公司階段性轉換技術，保持先前投資的安全性——也就是說，每年製造出一定比例的汽油引擎車、柴油引擎車、油電混合車和電動車。這樣的建議非常可理解，但是也有點危險，因為它假定電動車的市場需求是一種線性發展，但破壞式創新是指數型發展，起初發展得很緩慢，然後呈現爆炸性成長。博格華納的研究結果與建議在矽谷提出時，被聽眾嗤之以鼻，其中許多人以往在其他產業歷經類似的顛覆，因此非常懷疑博格華納的建議。

一些供應商已經從訂單發現這股遠離內燃引擎、邁向電動車的趨勢了。德國的變速器製造商采埃孚（ZF）宣布，在薩爾布魯根（Saarbrücken）和什文福（Schweinfurt）的工廠將減少生產變速器，側重生產電動車的動力系統。該公司管理高層表示，這兩座工廠8,500名員工的工作將不會受到影響，但事實會告訴我們，把變速器生產線員工重新訓練成電池化學家是否真有那麼容易。[112]

重型電動車需要抓地力更好的輪胎

然而，在一些意想不到的零組件方面，電動車需要產品創新。我認識的一些特斯拉Model S車主提到，他們的輪胎磨損率較高，但這不是因為他們經常得向朋友展示車子的加速性能所致，而是因為推進能量的直接轉換及高扭力，使得輪胎和輪圈的使用力度較強，磨損得較快。所以，輪胎製造商必須應付新的挑戰，客戶想要耐久、低摩擦噪音、性能更好的輪胎。遺憾的是，不能同時擁有這一切──抓地力強的輪胎磨損得快，耐久的輪胎噪音較大，摩擦路面時發出聲音較低的輪胎，抓地力較差。

但特斯拉等公司現在需要符合這些期望的輪胎──擁有最佳性能、最長壽命，低摩擦噪音，抓地力佳。為了調整出最好的產品，輪胎製造商結合了超過200個變數，包括煞車帶、胎壁、各種輪徑設計等等，並且專門針對個別汽車製造公司及車款設計。[113]

舉例來說，為電動車賽事和特斯拉生產所有輪胎的米其林，必須根據Model S的高重量及性能資料重新設計輪胎，才能讓輪胎支撐極大壓力，仍然符合所有其他條件。

所以，你願意花多少錢？

購車時的一個重要考量當然是價格。價格、使用成本、轉售價值，這些全都是汽車買主的考量。目前電動車的售價仍然貴得多，主要是因為電池價格相較於性能仍然頗高，但是這將改變。

瑞典的研究人員做了一項調查，分析2007年至2014年間的電動車電池成本，指出電池價格每年下滑14％。2007年，電動車電池平均每度（千瓦時）電力是1,000美元；到了2014年，這個平均成本已經降低至410美元，市場領先者甚至已經降到310美元，而且這個下滑趨勢可望持續。[114] 麥肯錫管理顧問公司所做的一項調查指出，目前的電池價格介於230美元至270美元，亦即在2010年至2016年間下滑了80％。[115] 千兆工廠一號開始生產電池後，特斯拉預期每一度電的成本將再降低30％，達到約125美元。[116]

如前文所述，一度電力150美元的價格，對電動車而言是一大突破，因為到了這個價格，就比內燃引擎車還便宜了。預期2020年至2025年間，這個成本將呈現線性降低。[117]

至於充電時的成本，取決於幾個因素：車款、在何處及何時充電，以及充電站是公營或私營的等等。特斯拉為Model S、Model X和一些Model 3的車主提供充電站免費充電，其他公司也這麼做，讓員工可以在公司停車場充電。若你想在公營充電站充電，費率將因能源供應商而異，價格可能差異甚大。有些購物商場或個別商店設置了免費充電站，作為吸引更多顧客的特別服務。若你在家利用夜間為電動車充電，或許能夠享有較便宜的費率；若你自家屋頂裝設了太陽能板，充電成本就會進一步降低。

電力產業有一個很明顯可見的趨勢：過去幾年，終端消費者的電力費率提高，但發電及電力供輸的成本其實只有稍微上升，甚至完全沒有上升（參見圖表5-3）。

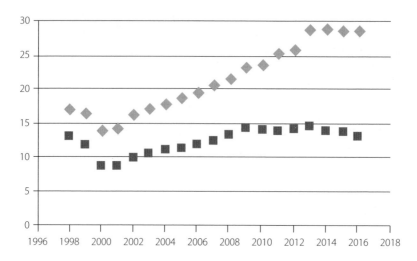

圖表5-3　1998-2016年每度電力價格的變化趨勢

　　在此同時，太陽能電力的生產成本持續降低。德意志銀行（Deutsche Bank）發表了一項研究調查，比較太陽能發電的價格和發電廠發電及供輸電力的成本，預期在愈來愈多的全球市場上，太陽能電力的價格將比發電廠供輸的電力更便宜。該研究預測，2021年太陽能電力的價格是每度5美分，這意味的是，光是把電力從發電廠輸送至消費者的成本就比較高。[118] 和家用電池結合起來，若想變得完全不仰賴能源供應商，在技術上是可行的，也變得愈來愈有經濟效益。

　　把電動車的電力成本和化石燃料的拿來比較一下，美國能源署提供了一個網路計算機，讓使用者比較各種車子的成本。[119] 電動車行駛100英里（約161公里），需要的電力成本大約是汽油成本的三分之一到五分之一。

　　另一個影響購車決定的因素，就是車子的轉售價值。一輛電動車的剩餘價值主要取決於電池，若電池壽終正寢了，轉售價值就比較低，就像一輛傳統汽車的車主總是把車子操到極致，那麼剩餘價值就不高了。電池耐久性提高之後，充電循環次數就會增加，我們或可期望電動車的轉售價值相似於或甚至優於內燃引擎車。事實上，初步經驗也指往這個方向。轉售價值也取決於車子的處理品質及充電站網絡的發展，德意志汽車信託公司（Deutsche Automobil Treuhand）和歐稅史瓦克公司（Eurotax Schwacke）都提供車子估價服務，預測在正常使用下，電動車的轉售價格高於相似配備的內燃引擎車。[120]還有一個因素可能影響轉售價值，那就是補貼，例如政府對購車者的補助。不過，這類補助通常提供給新車買主，使得更多車子流向二手車市場，在供給增加之下，形成了價格下跌的壓力。幾年前，德國聯邦政府推出「舊車換新車補助」，也發生類似作用，導致二手車供給激增，價格下滑。

在自駕車的技術成熟到可以上市之前，電力傳動車就已經改變了價格與成本結構。現在，如果你經常開你的電動車，大致上就可以說你花的錢值得了。視車款及你的計算方式而定，一輛電動車在行駛3萬至6萬英里（約4.8萬至9.7萬公里）後，它的低能源消費使它變得更經濟，所謂的「總體擁有成本」（total cost of ownership, TCO）使得內燃引擎車通常較不經濟。

汽車維修業者估計，由於電池及其他零組件幾乎不磨損，電動車的維修少了大約70％，這將使得他們的業務量也大約減少這麼多。[121]舉例來說，特斯拉甚至不給你保養週期，特斯拉車主要做的保養工作只有檢查輪胎，以及添加雨刷清潔液。維修保養中心另一項高利潤的業務——更換機油，電動車是完全不需要的。

　　所有這些因素，本來就已經對新的及二手的內燃引擎車的價格增添壓力，然後爆出福斯的廢氣排放醜聞，以及德國許多城市宣布禁行柴油引擎車，這些都是令車主感到不安的訊息，他們意識到購買這些汽車的風險。擁有中階車的人比較可能賣掉車子，以便把錢拿去買另一輛新車。至於豪華車的車主，轉售價值對他們的換車決定就有很大的影響了，二手汽油及柴油引擎車在後來出售時，可能會有嚴重落價。

　　現在，看看所有的成本因素，以及電動車獲得的補助，把電動車拿來和內燃引擎車相比，前者使用起來確實更加經濟。不過，到目前為止，在購買後的頭五年，電動車的成本較高，因為購車成本較高，這是由於電池價格所致。[122]若特斯拉能夠按照計畫增產，每年生產超過50萬輛，將有助於降低生產成本。拜規模經濟效應之賜，汽車製造公司的產量每增加一倍，通常成本就降低20％。[123]一輛Model S現在的生產成本約為5萬美元，平均售價約85,000美元，仍有相當高的利潤；Model 3的起價是35,000美元，加上其他配備，平均售價是42,500美元，年產量必須達到16萬輛，才能維持這個起價。若年產量達到27.5萬輛，成本就能降低至27,500美元。《富比士》雜誌指出，若不計研發成本、千兆工廠一號的投資金額，以及其他費用的話，這個產量是損益平衡點。

　　在此同時，其他製造商仍然猶豫於以更負擔得起的價格，或是充足的量來供應首款電動車。BMW i3的售價太高了，以至於一開始幾乎沒有市場需求，後來每月租賃價格從800美元降至229美元。通用汽車則是把雪佛蘭Bolt的產量限制在年產3萬輛，儘管顯然有更多顧客對這款車感興趣。保持低產量是因為美國的一些州，要求汽車製造公司供應所謂的「零排放車輛」（zero-emission vehicle, ZEV），例如在加州，汽車製造公司出售的車輛中，至少得有14％是ZEV。如果未達這個標準，通用汽車必須向其他汽車製造公司購買ZEV額度（ZEV credits），主要是向一個競爭者購買：特斯拉。基本上，通用汽車是刻意接受低產量導致銷售雪佛蘭Bolt的損失，只為了遵從那些法規。

BMW及通用都擔心它們的電動車車款會競食目前很賺錢的車款，但如果不留塊餅給自己吃，最後什麼都吃不到。自從特斯拉2017年9月7日開始出貨Model 3，我們朝向電動車的跡象就已經很明顯了，日後聲稱沒能看出這股趨勢的人只是自欺欺人。

所以，我們可以大膽預測：內燃引擎車將在2018年至2025年間喪失經濟優勢，電動車將成為主流的交通工具。電池容量及充電站基礎設施，將會進步到車主不用太擔心會開到中途沒電。

保時捷那麼帥，真要選醜陋的電動侏儒？

為何那麼多的電動車那麼醜，或起碼長相很怪異？不是只有顧客有這樣的疑問，設計或許真的是嚇跑不少潛在車主的原因之一。特斯拉率先展示，電動車也可以看起來很時尚酷炫，無損效率。

許多早期、甚至現在的電動車車款，有著未來主義、有時古怪的設計，或許是想讓觀察者注意到新技術吧，卻讓真正的買主退避三舍。很多人是喜歡改變，但不能改變得太猛。用電動馬達和電池取代舊的推進技術已經夠新奇了，車子不需要長得像《星艦迷航記》（*Star Trek*）的太空船才能啟動，謝謝。

電動車車隊營運商上路

一些車隊營運商是最早對新的推進技術感興趣的人，這不是什麼新現象了。早在1900年左右，公共服務、郵政服務、消防局，以及計程車服務供應商，全都是一般汽車、甚至電動車最重要的購買者。[124]

有些客戶再也不想等製造商履行承諾，自行走向電動移動力。例如，德國和奧地利的郵政服務分別是該國規模最大的電動車車隊營運者，[125]這對德國汽車製造業巨人的衝擊尤其嚴重，因為德國郵政服務的電動車是德國郵政DHL集團（Deutsche Post DHL Group）2014年收購電動車製造商StreetScooter GmbH後自行研發生產的。[126]

非驢非馬：油電混合車這個過渡性解決方案

若卡爾・賓士當年的思維相同於現今汽車業經理人的思維，最終問世的大概是「前方有馬匹小跑步拖行的混合車」（Trotter-Hybrid）──裝有馬達的車子，但配上一匹緊急時可以上陣效勞的馬，這會需要汽油、秣料、馬轡、方向盤和踏板。

說到油電混合車，不論什麼形式的油電混合車，就是這種模樣，非驢非馬。除了馬達，它們也有電力驅動；除了油箱與排氣系統，它們也有電池；除了油箱蓋，它們也有充電插頭。因此，油電混合車變得更重，技術上更複雜，增加了維修需求，因此變得更貴──增加的重量與效率理論相背。油電混合車起初的成本更高，為了容納兩種技術，內部空間也減少。

　　汽車製造公司總部的人以為這種多功能的車子會暢銷，但顧客似乎比那些領高薪的經理人還聰明。2016年，德國總計有48,000輛的油電混合車註冊領牌，在新註冊領牌的340萬輛車中僅占了1.4％。這也難怪，因為比起純種的內燃引擎車，油電混合車貴了大約10,000美元至17,000美元。[127]

　　那麼，汽車製造公司的經理人，怎麼會有供應油電混合車的念頭呢？有兩個理由。第一個理由跟粉飾或掩飾燃料消費量有關，例如在「新歐盟行車型態測試程序」中。實驗室環境模擬短的行車型態測試，評量燃料消費量及廢氣排放量，車商玩的花招是在測試的一開始，先使用充滿電的電池來運轉車子，等到電池用罄才啟動馬達。市面上供應的油電混合車的電動最大行程無法超過30英里（將近50公里），這個數字是根據BMW集團2008年對BMW Mini Electric進行的實際測試。BMW發現，人們90％的日常行車單程不會超過30英里，來回總計不超過60英里（將近100公里），這是目前多數油電混合車的電動最大行程不超過30英里的原因。

　　結果，這彷彿變魔術般，讓油電混合車的平均燃料消費量及廢氣排放量看起來很低。還有其他的「優化」方法來幫助美化這些數字，例如：在測試時，不開冷暖空調，以及其他用電的操作如雨刷和車頭燈。輪胎稍微超壓，可以降低滾動阻力，最高時速可達80英里（約129公里）。這類車輛只不過是「遵法車」，用來取悅立法者。

　　第二個理由是需要的投資金額。若車商突然全面轉向發展電動車，將需要巨額投資電池技術及電動馬達，在此同時，已經砸在製造內燃引擎的投資將會損失掉，金額大致上相同。此外，就算能對員工實施電池化學方面的再訓練，仍有三分之一的員工會變成冗員。

這些就是油電混合車成為德國汽車製造公司經理人眼中西施的原因，你可以徐緩地從一種技術轉移至另一種技術，不致發生勞資糾紛，或是過於觸怒業主。若非下列這個小缺點，這一切可就太完美了：這世上可不是只有德國、德國的汽車製造商或所有的傳統型汽車製造公司。特斯拉填補了高級車市場區隔，它的電動車有足夠的最大行程，在價格較低的市場區隔，則有雷諾—日產、路晰汽車、蔚來、拜騰，以及無數的中國製造商緊追在後，全都在努力占據一個被近乎所有傳統汽車製造公司繼續忽視的市場，因為他們不相信這個市場的前景。

燃料電池的發展困難重重

談到另類推進方法時，不能不談談燃料電池，理由並不是這項技術將在近期出現突破，很快就能供應給顧客，而是多年來，這項技術一直是車輛產業青睞的計畫之一，主要是因為它提供汽車製造商能夠了解的模型。不同於引擎在控制反應下燃燒汽油或柴油，把燃料轉化成動能，燃料電池是在控制反應下燃燒氫，轉化成動能。液態氫儲存於槽箱中，再注入車中，就像液態的化石燃料一樣。

這種方法遭到埋怨的一點是，燃料電池需要的部件不像內燃引擎那麼多，因此需要較少員工。所幸，這個未來仍然相當遙遠，車輛產業現在無人擔心那些不再有公司需要的失業勞工該怎麼辦。

燃料電池的背後原理相當有前景。燃燒氫，得出的是水，因此車子排放出來的只有水蒸氣。遺憾的是，現實以一連串的實際問題橫阻我們。首先，純氫容易爆炸，呈現化學家所謂的「強度放熱反應」，1937年德國興登堡號（Hindenburg）飛船空難事件清楚顯示氫氣的易爆性。當年，飛船使用的是氫氣，因為氫氣比空氣輕，可以讓飛船升空。氦氣是惰性氣體，和氧氣或其他物質接觸時，不會燃燒，是飛船能夠使用的最安全氣體。但是，當時氦氣非常稀有、昂貴，德國沒有任何氦氣儲備，迫使德國齊伯林飛船興登堡號只能選擇使用氫氣，我們全都知道興登堡號的最終命運。

所以，我們了解，必須以適當的安全措施來儲存氫氣。最早是以合成方式生成氫氣，亦即使用能量來產生，因為它不以純粹形式存在於地球上的任何地方。化石燃料載體，例如原油、天然氣、煤等等的提煉，是最常被用來製造氫氣的途徑——分解碳氫化合物得出氫氣，但是這種製程並未更環保。另一種氫氣合成法是電解，直接電解水得出氫氣，但是這種製程需要使用更多能量。

製造氫氣的效率不超過60％至70％，在電解過程中，有近一半的能量流失，而且由於必須保持氫氣冷卻，需要更多的能量儲存及運送。燃料電池本身的效率也只有60％，氫氣轉化成動能需要花些時間，整個過程需要使用的能量為注入車中的氫氣能夠提供的能量的三倍。[128] 反觀電動車的效率超過80％，在只有熱與摩擦導致能量流失的理想狀態下，內燃引擎的效率或可達到40％。

燃料電池的另一個缺點是缺乏供給的基礎設施。跟現今的化石燃料一樣，必須有一整個網絡的燃料站及管路來供應氫氣，但這是必須從零建立起來的網絡，至今還無動靜，維也納工業大學教授漢斯－彼得·蘭茲（Hans-Peter

Lenz）認為這是最大的障礙之一。2010年的估計是，興建一座氫燃料站大約得花200萬美元。[129] 若這些燃料站真的蓋好，而且氫氣不是那麼貴，車子就能像我們現今使用的液體燃料般快速補給氫燃料，不過傳統燃料每英里的價格是氫氣價格的三分之一。現在完全不存在燃料電池的基礎設施，但家家戶戶都有電動車需要的電力。電動車的充電網絡已經存在，而且逐步擴大，快速充電站的設立成本較低，因為要考慮的環境法規不像化石燃料或氫能源載體那麼多。此外，電動車的充電速度也愈來愈快。

這一切使我們看到了一個弔詭現象：汽車製造公司的經理人告訴我們，由於沒有充電站，所以電動車不適合日常使用；可是，當他們談論起燃料電池時，又不想承認欠缺燃料站的問題，話都挑對自己有利的講。從畢馬威企管顧問公司（KPMG）2017年提出的一項調查結果可以看出，汽車製造公司經理人抱持這些想法的普遍程度。調查發現，78％的受訪者認為，燃料電池是電動移動力的真正突破；62％的受訪者相信，基於基礎設施問題，使用蓄電池組電池的電動車一定會失敗。地區差異真的是大得驚人，在歐洲，70％的車輛產業經理人預期電池電動車將會失敗，持有相同觀點的中國車輛產業經理人只有34％。[130]

當然還有更多挑戰。燃料電池能夠穩定釋放能量，但是車子在加速時，需要更多的峰值能量（peak energy），因此車子必須安裝更多電池，以應付能量尖峰需求，這使得車子更重、更複雜、更貴。車輛產業經理人仍然緊抓著燃料電池的前景，有幾個理由。其一，這些經理人可能真的相信燃料電池的前景；其二，這是有趣、富有挑戰性、有大好前景的技術；其三，也許這些經理人已經投入非常多金錢及心力於燃料電池的研發計畫，若計畫停止將被解讀為失敗，可能損及本身的聲譽。

但就算燃料電池模型誘人、有前景，仍然存在太多的開放性疑問。例如，目前看來，以燃料電池為推進系統的車子，不大可能在2030年前成熟得到處奔馳於路上。難怪賓士公司現在想放棄燃料電池車的研發計畫──在2017年作出此考慮的幾週前，該公司才剛驕傲宣布已經進入發展階段了。另一方面，電動車在技術和經濟效益上，都已經超越燃料電池。[131]

2019年發生的事件，可以看出燃料電池的技術有多脆弱：舊金山灣區的一座化學工廠爆炸，導致氫燃料短缺；挪威一座氫燃料站爆炸，導致政府關閉所有氫燃料站，Toyota甚至暫停銷售燃料電池車。

太貴、太不可靠、太安靜了：人們仍持保留態度

對於電動車的據理或非據理推測及意見，扭曲了這項技術的易用性與潛力。有些爭議被粉飾，有些爭議是過於危言聳聽，有些論點被賦予過度重要性──因為內燃引擎的技術執行經驗被錯誤地完全套用於電動車。

由於迄今一直不願正視電動車商機的傳統汽車製造商刻意提供錯誤的資訊，加上政府當局光是嘴巴上說說這項發展有多重要，實際作為卻是畏頭畏尾，導致相關爭論不斷。但是，特斯拉的成功已經令人愈來愈難再繼續貌似有理地聲稱電動車是糟糕、不理想的移動方案了。

德國的車主還未能真正擁抱電動移動力，部分得歸咎於多年來的遲滯發展與不實資訊。汽車製造商詆毀電動移動力多年，現在又抱怨購車者懷疑看待電動移動力的發

展。[132]麥肯錫管理顧問公司對美國、挪威、中國及德國7,000名消費者進行調查，發現他們對電動車的價格、車款的可得性、最大行程，仍然持有保留態度。[133]

我們來看一些常見論點，仔細分析一下。

1.「最大行程不夠！」

99％的日常行車距離不超過75英里（約120公里），德國街上跑的4,300萬輛車子，每年總計跑3,810億英里（約6,134億公里），相當於平均每輛車每年跑8,875英里（約14,289公里），或者每天跑24英里（約39公里）。[134]這些德國的車子實際上平均時速38英里（約62公里），平均每輛車每天只跑38分鐘。美國的情形也差不多，2.6億輛註冊的車子每年總計跑3兆2,000億英里（約5兆1,520億公里），平均每輛車一年跑12,300英里（約19,800公里），或平均每天跑34英里（約55公里）。[135]這些美國的車子平均時速相同於德國，平均每輛車每天只跑54分鐘，有23小時6分鐘處於閒置狀態。

所以，我們好像可以用「stand-o-mobile」這個字取代「automobile」了。現在就算是最小的電動車，也能在中途不充電的情況下行駛完前述這些日常距離，對最大行程的焦慮根本是不必要的。

2.「充電站網絡不夠大！」

這倒是事實！充電站網絡既未普及全國，數量也不如加油站，不過只有在你計畫來趟長途旅程時才會真正需要。在公路及公共場所設置充電站的行動早已開始，速度也許不如我們的期望，但整體情況已在改善中。貝莎・賓士決定她的首趟開車之旅時，並不擔心沿路沒有加油站。

關於充電站方便性的討論有點誇張了，但是這可以理解，因為德國的汽車製造商尤其供應最大行程算得很緊繃的電動車。有個未被適當考慮到的層面：電動車已經不再主要於公共充電站充電了，而是在家裡或工作地點充電。所以，工作場所的充電站不能只有一個插座，這樣就可以在工作時讓車子充電。

技術持續進步，我們可以預期電動車充滿電後的最大行程每年增加5％至15％。特斯拉 Model 3 把中型車的最大行程提高到超過300英里（約483公里），其他製造商還追求更大的續航里程呢。

3.「電動車太貴了！」

這也是事實，但不會持續太久了。現在，電動車在購買之初仍是比較昂貴，但使用時的成本較低，若以整個使用期限來平均，電動車開到一定程度後就會變得比較便宜。一些模型已經計算出來，過了這個引爆點後，電動車和相近的內燃引擎車成本大致相同，後者甚至可能更貴。最遲到了2022年，中型電動車將比內燃引擎車更便宜，屆時購買汽油或柴油引擎車將變得不划算。

4.「有二氧化碳排放量，電動車並不環保呀！」

若電動車使用的電力來自化石燃料發電廠，這句話就成立。但是，我們愈轉向使用環保能源來發電，二氧化碳排放量就愈少，電動車對環境的傷害就愈低。一種可以立即排除的汙染是廢氣中的微細粉塵及其他汙染物比重，化石燃料發電廠也可以使用廢氣淨化系統與過濾器，更有效率地處理能源及廢氣排放，而且有專家監管排熱量，這意味的是，能源效用遠優於許多體積較小的內燃引擎。

5.「電池對環境有害！」

生產電池鐵定對環境有影響，但是生產引擎和燃料也一樣呀。使用時，汽油和柴油引擎產生更多對環境有害的物質，機油和機油濾心都必須定期更換，否則可能會外溢汙染環境。還有，別忘了！電池的壽命週期更長，材料可以回收利用，汽油就只是被燃燒揮發到空氣裡了。

6.「需要的那些電力從哪來？」

柏林兩位科學家做了一些計算，測量德國現今車子跑的里程，拿來和電動車消耗的能量相比。[136] 德國街上跑的4,300萬輛車子，每年總計跑3,810億英里（約6,134億公里），若你用平均每跑100英里（約161公里）使用29度（千瓦時）電力來計算，這相當於用了近1,150億度電力。2016年，德國生產6,480億度電力，也就是說，讓4,300萬輛電動車每年跑相同里程（3,810億英里），需要使用德國現今電力年產量的17.6％左右。[137]

我們現在就能夠供應這麼多的電力，更何況不是所有電動車都在同一時間從電力網充電；相反地，電動車有助於調節電力尖峰，因為電池可以作為臨時的電力儲存器，可以主要在夜間充電。使用智慧型控管，例如智慧型電網（smart grid），可以在難以使用煤或化石燃料發電廠、太陽能發電廠及風力發電產生的電力的用電尖峰時段，使用電池中的蓄電。這麼一來，電動車就能變成電力生產者的電能緩衝器。

別忘了，提煉汽油也需要使用電力。效率85％的煉油廠每生產1加侖汽油，需要使用6.4度電力。[138]請和這個數據比較：1加侖汽油代表32.2度電力的能量。[139]也就是說，生產3加侖汽油需要使用19.2度電力，而電動車可以用19.2度電力跑將近60英里（約97公里），若我們不須再提煉汽油，就能省下這些能源。

德國現在輸出約500億度電力至其他國家，考慮這些數字：若德國人突然把車子全部換成電動車，將必須增加電力生產16％。但是，這不會在一夕之間發生，會歷經幾個階段。

所以，我們可以得出什麼結論？我們不僅已經有足夠電力可以供應電動車，還可以透過電動車解決電力供應問題。

7.「電動車太安靜了！」

對，你沒看錯，很難相信「太安靜」也會被視為缺點，但確實有人這麼認為。電動車絕對比內燃引擎車更安靜，你只會聽到輪胎滾動摩擦地面的聲音。這種安靜經常被拿來提出一項論點，聲稱這會使得視力障礙者承受較高的危險，但其實這類人的聽力通常優於無視力障礙者。初始階段，比較可能是那些視力正常、但倚賴聽力而不去觀察交通狀況的人比較危險。

相信我，我們會習慣這些近乎無聲的車子。就像現在絕大多數的人已經不再懷念噠噠噠的打字機聲音或嘶嘶作響的蒸汽火車頭，等到內燃引擎和柴油引擎的嘈雜聲不復存在時，我們也不會噙淚懷念的。我們已經知道，噪音危害健康，街道上的噪音導致壓力升高以及附近居民的過早死亡，75歲以上的老年人因為暴露於噪音而早死7年的風險增加了10%。[140]

8.「但燃料銷售占了稅收的一大部分！」

足智多謀的立法者，總是能夠找到方法對人民課稅。十九世紀的英國財政大臣威廉・格萊史東（William Gladstone）問：「『電力』有什麼好處呢？」物理學家暨電磁學家麥克・法拉第（Michael Faraday）回答：「閣下，有一天，您可以課稅。」

顯然，伴隨著更多電動車上路，燃料稅和石油稅的稅收將會減少。德國2015年的能源稅收超過440億美元，[141]奧地利2014年的燃料稅收約為46億美元出頭，瑞士2015年的燃料稅收是48.6億美元，[142]美國2016年的聯邦燃料稅收是364億美元。[143]這些稅收的一大部分被標記用於道路維修和其他交通基礎建設計畫。

為了應付更多電動車上路後導致的稅收損失，方法之一可能是改變能源稅的計算方式。歐盟執行委員會提出一項草案，建議根據能源內容來課稅，取代根據能源量來課稅。

本章結論

十年內，計程車將完全改為電動車，公車巴士全面改為電動車的時間可能稍微久一點，至少在歐洲如此。儘管有中國的比亞迪、美國的普羅特拉（Proterra）及德國的賽里歐（Sileo）等公司供應電動巴士，歐洲的交通主管當局仍然猶豫不決，反觀倫敦已經向比亞迪訂購電動巴士，中國深圳市的16,400輛電動公車和史丹佛大學的接駁車也是比亞迪製造的。比亞迪在匈牙利設有工廠，2018年起也在法國的上法蘭西大區（Hauts-de-France）設廠生產。[144]

　　德國繼續在電動移動力領域落後徘徊，一些德國人甚至試圖粉飾油電混合車的數據。中國走在前頭，囊括了街上所有電動車的近半數，美國緊追在後。現在，全球四分之一的蓄電池組電池及37％的電動馬達是在中國生產的。[145]

6

未來奔騰而至
自動駕駛車

去他的自駕車，我們需要的是自動打掃屋！

——很多人的肺腑之言

我必須坦承一件事：在YouTube上觀看車禍影片是我的祕密喜好之一。我可以花幾個小時看那些模糊的車禍影片，總是希望無人傷亡，同時訝異於本來明明正常的交通情況，竟然能在幾秒內發生末日災難般的情境。多數車禍顯然是駕駛失誤導致——有人忽視優先通行權，或是衝入對向來車、車子開得太快、逆向行駛，或者號誌燈已經轉紅了，仍然強行通過等等。視季節而定，冰雪可能導致狀況，阿拉伯國家的年輕人還喜歡故意甩尾或用兩輪側行，彷彿希望車禍發生一樣。

從很多影片中得出的這種印象，一點也沒錯——全球每年發生上千萬件車禍，導致120萬人喪命，5,000萬人受傷。[1]根據美國國家安全委員會（National Safety Council, NSC）統計，美國每年有超過4萬人死於車禍，2016年及2017年的車禍件數比2015年增加2,000件，比2014年增加5,000件，車禍受傷者超過130萬人。[2]車禍是小於39歲的美國人的頭號死亡原因,也是更年長世代排名第五的死亡肇因,僅次於癌症、心臟病發作、非故意的服藥過量或中毒,以及自殺。[3] 根據統計,平均每112個美國人有1人死於車禍,平均每一個生活於美國的人——包括男性、女性、小孩,為道路事故後的醫療支付784美元的稅及保險費。[4]

據估計,2010年,車禍導致的經濟與社會成本高達1兆美元。[5] 此外,94%的車禍導因於人為失誤,[6] 但是鮮少有駕駛人受到懲處。《華爾街日報》2014年做的調查指出,95%的死亡車禍無人受到任何刑事處分,[7] 奧勒岡州的調查分析也得出相似結論。[8] 車禍顯然被視為一種無可避免的命運,只要駕駛人不是重大疏失——亦即酒後駕車或邊開車邊玩手機,就顯然不被認為有嚴重過失。

2014年,英國有1,854人死於車禍,185,540人因車禍受傷。德國有3,377人死於車禍,374,142人受傷,車禍傷亡人數大約是英國的兩倍(參見圖表6-1)。[9] 為了讓你對這種每年車禍死亡人數有一個概念,這裡提供一個類比:這就相當於每個月在德國發生兩次全員死亡的空難,或是美國每天發生一次全員死亡的空難。假設人的平均壽命為80歲,被閃電擊中死亡的機率是1:13,000,[10] 因車禍死亡的機率是1:112。資料顯示,60%的死亡者喪命於鄉間道路,29%的死亡者當時的駕駛速度在城市速限之內,11%的死亡者死於公路上;70%的受傷者在市區受創,24%在鄉間道路,6%在公路上。

2006年進行了一項為期12個月的研究,調查車禍和有驚無險的事件分布。研究人員計算69件車禍(accidents)、761件有驚無險事件(near misses)及8,295件事件(incidents),車禍:有驚無險:事件的比例是

圖表6-1　各國各年車禍死亡人數

國家	2015年	2016年	2017年
奧地利	479	432	413
比利時	732	637	620
保加利亞	708	708	682
加拿大	1,860	1,898	1,841
克羅埃西亞	348	307	331
賽普勒斯	57	46	53
捷克	737	611	577
丹麥	178	211	183
愛沙尼亞	67	71	48
芬蘭	270	250	223
法國	3,461	3,477	3,448
德國	3,459	3,206	3,177
希臘	793	824	739
匈牙利	607	597	624
愛爾蘭	162	186	157
以色列	322	335	321
義大利	3,428	3,283	3,340
拉脫維亞	188	158	136
立陶宛	242	192	192
盧森堡	36	32	25
馬爾他	11	22	19
荷蘭	620	629	613
挪威	117	135	107
波蘭	2,938	3,026	2,831
葡萄牙	593	563	624
羅馬尼亞	1,893	1,913	1,951
塞爾維亞	599	607	579
斯洛維尼亞	120	130	104
斯洛伐克	310	275	276
西班牙	1,689	1,810	1,827
瑞典	259	270	253
瑞士	253	216	230
英國	1,804	1,860	1,783
美國	35,485	37,806	37,133

資料來源：https://etsc.eu/12th-annual-road-safety-performance-index-pin-report；
https://www.statista.com/statistics/191521/trafiic-related-fatalities-in-the-united-states-since-1975

1:8:90。[11]半數車禍發生於離家僅半徑幾英里的範圍，對地區的熟悉使得人們疏忽——因為你對住家附近的道路瞭如指掌，因此變得漫不經心，結果變成最危險的地區。

影響車禍發生的可能因素

駕駛人的實際駕駛經驗，會影響車禍發生的可能性。新手駕駛的觀察型態不同於經驗豐富的老鳥，通常主要是查看車子前方及周邊的鄰近區域，不看車子外側的後視鏡——縱使在查看後視鏡為絕對必要的情況下，例如變換車道時。[12]經驗豐富的駕駛知道必須注意什麼，從我們的專業領域就能了解這點：比起新手，專家看事情要更為全面。[13]但是，有一個令人驚訝的數據跟公司車司機有關，他們發生車禍的可能性增加49％，儘管他們身為專業司機，駕駛里程數自然更高，但還有其他因素。[14]

有一項研究調查1,700名十幾歲的新手駕駛，在車內安裝相機錄下他們的開車行為，結果真是嚇死人！這些年輕駕駛89％把車子開到衝出路邊的車禍，以及76％和其他車輛相撞的車禍，都是因為不注意導致的。為什麼？你一定想到原因：他們邊開車邊看手機，或是跟其他乘客講話，或是顧著看其他地方，沒看車子的行進方向。[15]在8％的事故中，駕駛正隨著音樂唱歌，在6％的事故中，駕駛正在化妝。

2014年，發生了一個引人注目的例子，32歲的美國人寇妮‧山佛（Courtney Sanford）在開車上班途中，衝向對面車道撞上一輛卡車，當場死亡。聽到她發生車禍的友人，比對車禍發生時間和她在臉書上傳最後一則貼文的時間，簡直難以置信。她最後上傳的是自拍照，當時她正在開車，並且一邊發文：「這首high歌讓我很開心。」（The happy song makes me so HAPPY.）就在死亡車禍發生的幾秒鐘前，她上傳了幾則臉書貼文，導致自撞卡車。[16]

車禍頻率也受到開車時從事的活動影響——一般人聽到這個，反應通常是：「對呀，沒錯」及「那當然。」很多令人分心的事情，對我們的駕駛技巧有不利影響，例如：把音樂開得很大聲、和乘客討論事情、充滿各種活動與狀況的繁忙城市交通……這些似乎都是「車禍等著發生」的情境，但是枯燥乏味的長途駕駛發生車禍的頻率也高得驚人。「耶基斯－多德森定律」（Yerkes-Dodson Law）確認這點，根據這項定律，在一定範圍內，認知表現與刺激及（或）激活程度呈正相關。認知表現曲線在低刺激與高刺激範圍間呈現一個倒 U 形，若你沒有受到刺激，抑或受到過度刺激，你的認知表現都會低於期望值，理想的認知表現水平是介於兩種極端刺激程度之間。[17]也就是說，對你挑戰性太低或太高的交通狀況，都對你的交通安全性有不利影響。

不專心看向其他地方，是導致車禍的第二大主因，僅次於疲勞。[18]我們全都有這樣的經驗：對面車道發生車禍，救護車駕到，焦急或受傷的人在路上走著，到處都是殘骸，禿鷹在殘破的屍體上方盤旋……所以，你這個方向的車流減緩下來，許多人好奇望向對面車道，追撞就是在此時發生的。一個方向的一樁車禍變成兩樁，雙向都堵塞了。

有些人相信，一輛車子的顏色會影響事故發生的頻率。就連三十年前，我一位友人的母親在被另一個駕駛撞到之後也提到，禁不住覺得她新買的銀色車子常被其他用路人忽視，打從她把先前開的那輛鮮紅色車子改為銀色雷諾後，有好多次都差點發生車禍。她的感覺是對的，新加坡16,700輛計程車不是藍色、就是黃色的，一項調查評估指出，平均每1,000輛行車里數相同的計程車，藍色計程車發生車禍的件數比黃色計程車多6件。在這三年研究期間，總計藍色計程車發生車禍的件數比黃色計程車高出9％，黃色比較顯眼，就容易被其他用路人看到。[19]

近年，美國有一個令人擔憂的趨勢：車子愈重，車禍死亡率愈高。這並不是因為駕駛或乘客的體重增加，而是因為人們已經喜歡較重、較大的車子。弔詭的是，人們購買較大、較重的車子，通常是因為想要更高的安全性，這其實是對的，但只適用於搭乘較大、較重車子的乘客，萬一發生車禍的話（不論肇事者是何方），乘客受重傷的可能性降低29％。不幸的是，當較大、較重的車子和較輕巧的車子相撞時，後者乘客受傷的可能性提高42％。這一增一減之下，整體而言，乘客受傷的可能性反而提高了。[20]若我們也考慮其他車禍受害人，平均每一樁涉及運動休旅車或皮卡車的死亡車禍中，有4.4名較小型車的乘客、行人、腳踏車騎士及摩托車騎士死亡。車子重量增加1,000磅（約454公斤），其他用路人的死亡風險提高47％。[21]此外，那些聲稱安全的重型車輛，產生的嚴重汙染更高。根據研究人員的計算，若我們禁止這些重型車輛，改善安全性的成效將等同於安全帶剛推出時的成效。

自駕車的濫觴

若你沿著加州山景市的聖安東尼路行駛，穿越橫跨當地鐵道的橋梁，你有很大機會看到谷歌慧摩（Waymo）的自駕車出行。谷歌的自駕車研發中心設在這裡，一棟有兩層車庫的辦公樓裡停放了超過60輛車子，以往你可以看到凌志（Lexus）運動休旅車，這些車的車身及車頂上安裝了各種感測器，另外還有一些稱為Koala的小車，它們是谷歌和Roush工程公司合作建造的。那些兩人座的小車現在已經退役了，它們的外型玲瓏可愛，沒有方向盤和踏板，以及我們預期會看到的其他控制裝置。現在，谷歌的車隊包括數百輛加裝自駕技術的飛雅特克萊斯勒（Fiat-Chrysler）Pacifica多功能休旅車，很快就會增加到數萬輛多功能休旅車，再加上捷豹（Jaguar）i-Pace電動車，甚至還有貨櫃車。谷歌現在正在測試第四、第五及第六代自駕車。

當《紐約時報》2010年率先報導關於谷歌的自駕車時，[22]這新聞就像一顆炸彈般引起大眾注目。沒人預期谷歌這麼一家網際網路公司會做這樣的事，沒人料想到技術已經如此進步了。當時，谷歌研發出來的車子，已經跑了超過10萬英里。

計畫背後的推手是美國國防部高級研究計畫署（Defense Advanced Research Projects Agency, DARPA），數十年來，該機構為美國軍方進行研究計畫，偶爾也舉辦大挑戰競賽──順便一提，該署執行的研究計畫之一為世人帶來了網際網路。2004年和2005年，DARPA分別舉辦了兩次與自動駕駛有關的競賽，[23]2004年的獎金為100萬美元，頒給能在無人互動下於沙漠地區行駛150英里（約242公里）的車子，可惜沒有勝出者。2005年舉辦的第二次競賽，獎金提高為200萬美元，由塞巴斯蒂安・特龍（Sebastian Thrun）領導的史丹佛大學團隊達成任務。該團隊使用一輛福斯帕薩（Volkswagen Passat），裝上感測器，對它進行編程。這輛名為「Stanley」的車子上路，贏得了挑戰賽。

對美國國防部高級研究計畫署大挑戰賽（DARPA Grand

Challenge）的一些參賽者來說，自動駕駛技術是一個非常私人性的關心課題。特龍在一場TED演講中提到，他有個朋友十幾歲時死於一場車禍；[24]曾在谷歌自駕車事業單位和特龍共事的安東尼‧李萬多夫斯基（Anthony Levandowski），其懷孕的未婚妻某次開車時，因為前方事故緊急煞車，被一輛車從後追撞，所幸她和胎兒平安無事。[25]

　　大衛‧史塔文斯（David Stavens）當年還是史丹佛大學學生時，是特龍那支競賽團隊的成員，他向我講述他們遭遇到的困難。特龍當時剛成為史丹佛人工智慧實驗室（Stanford AI Lab）的人工智慧學教授，聽聞還無人獲勝的這項大競賽，開車穿越沙漠之路，申請參加第二次挑戰。對人類駕駛來說，那條路都算很難開的。接下來十九個月，特龍和包括史塔文斯在內的5到10名學生組成團隊，對車子及演算法下工夫——我們現在知道成果了。他們發現，聚焦於軟體是最有希望的方法，而其他團隊則是繼續認為主要的挑戰在於硬體。特龍的勝利，以及第二次競賽時已有五輛車能夠行駛更長距離而抵達終點線，被視為自動駕駛技術的「小鷹鎮時刻」（Kitty Hawk moment）——小鷹鎮是萊特兄弟試飛最初打造的馬達動力飛機的地點。

　　2007年，DARPA舉辦城市挑戰賽（Urban Challenge）。這次，車子不僅在沙漠中行駛，也要行經加州維特維爾市已廢棄的喬治空軍基地（George Air Force Base, Victorville）軍營建築區。不過，在這次競賽中，發生了第一樁兩輛自駕車相撞事件——康乃爾大學團隊的車子和麻省理工學院團隊的車子輕微擦撞。儘管發生了這起意外，資金很有限的康乃爾大學團隊最終獲得第五名，某種程度很值得自豪了。[26]

　　城市挑戰賽後，谷歌快速聘用特龍，讓他從競爭團隊中挑選最優秀的人才。李萬多夫斯基專門研發感測器及光學雷達（LiDAR）系統的公司510 Systems，後來被谷歌收購，併入谷歌的自駕車發展計畫。[27] 谷歌祕密研發自駕車好些年，直到《紐約時報》的報導把它公諸於世。這個搜尋引擎巨人對自駕車的興趣，不僅受到其他幾家新創公司的激發，也突然迫使所有既有汽車製造公司加強這個領域的努力，或是促使一些汽車製造公司朝這個方向邁出第一步。現今，在實現自駕車夢想這個領域中奮鬥的領先要角，大多不是傳統的汽車製造商，而是許多財力佳的數位型公司和新創企業。目前，有幾千家公司投入自駕車組件與解決方案的研發行動。

研發自駕車並不是新憧憬，德國的慕尼黑聯邦國防大學（Bundeswehr University Munich）、卡內基美隆大學，以及戴姆勒公司早在1980年代就已經進行最早的實驗。聯邦國防大學1985年展開實驗，被視為這個領域的先驅。在恩斯特・迪克曼斯教授（Ernst Dickmanns）的領導下，於1987年把一輛賓士轎車改裝成「電腦視覺自駕試驗車」（德語簡稱為「VaMoRs」），在一段公路上進行試駕。[28] 卡內基美隆大學1983年用一輛名為「Terragator」的原型車進行測試，再於1986年以名為「NavLab」的系列車進行測試。[29] 賓士公司1994年開始「普羅米修斯」（Prometheus）計畫，把兩輛賓士SEL 500加裝許多攝影機及電腦，其中一輛在前往巴黎的大眾運輸公路上行駛超過600英里（將近1,000公里），後來再從慕尼黑行駛至斯德哥爾摩，全程超過1,000英里（約1,600公里），最高時速達110英里（約177公里）。[30]

儘管這些實驗成功，後續研發卻有限。汽車製造公司不願把這項新技術交到顧客手中，而且新技術太昂貴、太棘手，還未經過足夠測試。等到電腦科技、軟體和感測器足夠進步，相關成本降低，為大眾供應自駕車的目標似乎變得可行時，才再次獲得機會。

車輛的自動化程度

那麼，怎樣才算是自駕車或無人車呢？自動推進車（automobile）一詞，指的是車子彷彿會自己移動，不需要動物或人去拉動或推動，只不過是由人類控制。自駕車或無人車的行駛工作則是由電腦執行，不需要人類控制，人類變成乘客。國際汽車工程學會（Society of Automotive Engineers International, SAE International）把車輛的自動化程度分成六個等級：[31]

- **等級0（Level 0）：非自動化。** 由駕駛人完成每一項駕駛活動，即便安裝了警示或干預系統。
- **等級1（Level 1）：輔助駕駛。** 在特定情況下，車子可能輔助操作方向盤或調節速度，但駕駛人仍然全權操控。
- **等級2（Level 2）：部分自動化。** 在特定情況下，車子可能接手操縱方向盤及調節速度，但駕駛人仍然完全負責整個操控。（也就是說，駕駛人可以放手！）
- **等級3（Level 3）：有條件的自動駕駛。** 由車子操縱方向盤、調節速度、觀察路況。當系統需要輔助時，駕駛人必須接手。（也就是說，駕駛人可以不用從頭到尾關注路況！）
- **等級4（Level 4）：高度自動化。** 車子能夠實際作出每個決策，縱使駕駛人並未對系統發出的輔助請求作出回應，車子也能自行決策。（也就是說，駕駛人不須注意！）

- **等級5（Level 5）：全自動化。**車子全部接管、完全操控，取代駕駛人，完全不期望乘客對車子發出的請求作出干預。

最高程度的自動化設定是：車子不期望乘客接管，就連出現技術性瑕疵的狀況，例如：爆胎、重要的系統失靈或其他類似情況時亦然，車子都必須能夠安全停止自駕。

谷歌自駕車計畫顧問布萊德・坦普利頓（Brad Templeton）批評國際汽車工程學會這套級別制度，提議另一套自駕車分類方法。[32]他舉自動接駁車為例，因為經常用於公司或大學校園，這類車子能在無方向盤或駕駛人的情況下行駛，但僅限於行駛特定街道或路段。這意味的是，儘管這類車子技術上屬於前述分類中的等級4（高度自動化），但實際上遠遠達不到這個程度，因為行經道路的交通情境太受保護。坦普利頓建議一種不同的子分類，那就是根據車子行駛的區域，以及規定准許的行駛速度，這樣就可以針對特定種類的自駕車可能行經的街道和地區進行分類。這種分類可能包括下列標準：

- 只允許行駛指定的街道和十字路口。
- 以時速約19英里（約30公里）行駛於街道。
- 只允許行駛於公路。
- 只允許在夜間及交通流量少的時段行駛。
- 早上8至9點或放學時段，不得行經學校附近。
- 只允許在有足夠電信及網路覆蓋的地區行駛。

不論自動化程度的分類最終是什麼模樣，有些人對新技術的實行已經迫不及待。臉書、谷歌及其他公司使用的交通車顯示，較年輕世代其實對自己開車完全沒啥興趣。天天有數以百計、通常是白色、不被特別注意的雙層巴士行駛於國道上，載送員工上下班。拜WiFi之賜，他們可以在巴士上工作或進行各種娛樂。

已經在路上跑的無人車

目前，任何一家公司在自駕車領域做出的努力都遠不及谷歌。2016年，谷歌的自駕車已經在公路（主要是在都市交通中）行駛超過50萬英里（約80萬公里）了，還在模擬系統中行駛了10億英里（約16億公里），這使得谷歌占了全加州自駕車總測試里數的97%。[33]到了2018年，谷歌自駕車的道路試駕已經超過1,000萬英里（約1,610萬公里），絕大部分都是在都市交通中行駛。目前，谷歌自駕車每週實路試駕25,000英里（約40,250公里），每天在模擬系統中行駛近300萬英里（約483萬公里）。

2016年7月，谷歌自駕車試駕了88,000英里（約14.2萬公里），全都是在包含種種複雜路況的繁忙都市交通中行駛。這些試駕的主要原因，不是純粹為了累積試駕里數，而是為了經歷並分析大量不同的駕駛情況，從行人穿越馬路，到卡車從死巷倒車出來，到沒有清楚設置路標的建築工地，以及突然變換的交通號誌等等，自駕車都必須試駕看看。有一次，谷歌自駕車上的感測器偵測到一位老婦人，當時正坐在她的電動輪椅在路上到處轉，她在做什麼呢？谷歌自駕車計畫前負責人克里斯‧厄姆森（Chris Urmson）在一場TED演講中笑著回憶，那位老婦人拿著一支掃帚在趕一隻鴨子。[34]

截至2019年8月，有63家公司獲得加州車輛管理局發給在公路上使用無人試駕車的許可證，[35]除了知名汽車製造公司，還有很多一般人沒有聽過的公司：

* 福斯汽車集團美國分公司	* 法雷奧北美分公司 （Valeo North America）
* 賓士公司	* 蔚來汽車美國分公司
* 慧摩公司	* 泰為公司（Telenav）
* 德爾福汽車公司 （Delphi Automotive）	* 輝達公司（NVIDIA）
* 特斯拉公司	* X汽車科技 （AutoX Technologies）
* 博世公司（Bosch）	* 速霸陸汽車（Subaru）
* 日產汽車	* 優達學城（Udacity）
* 通用巡航公司（GM Cruise）	* 納夫雅公司（Navya）
* BMW集團	* 雷諾佛汽車（Renovo.auto）
* 本田汽車（Honda）	* 智加科技（PlusAI）
* 福特汽車	* 新路科技（Nuro.ai）
* 祖克斯公司 （Zoox，已被亞馬遜收購）	* 第一汽車（CarOne Auto）
* 法拉第未來（Faraday Future）	* 蘋果公司
* 百度美國分公司	* 小馬智行科技（Pony.ai）
* 圖森未來公司（TuSimple）	* 英特爾
* 景馳科技公司（JingChi）	* 安霸公司（Ambarella）
* 上汽集團創新中心 （SAIC Innovation Center）	* 蓋提科技公司（Gatik AI）
* 人工智慧機動公司（AImotive）	* 滴滴研究美國公司 （DiDi Reserch America）
* 奧羅拉創新公司 （Aurora Innovation）	* 托克機動公司（Torc Robotics）
* 紐勘科技（Nullmax）	* 箱車機動（Box Bot）
* 三星電子	* 法國易邁（EasyMile）
* 德國馬牌汽車系統 （Continental Automotive Systems）	* 萬都美國公司（Mando America）

* 航程汽車（Voyage Auto）	* 小鵬汽車（Xmotors.ai）
* 新精公司（Cyngn）	* 映像公司（Imagry）
* 星行科技（Roadstar.ai）	* 來得賽公司（Ridecell）
* 長安汽車（Changan Automobile）	* AAA北加內華達猶他公司（AAA NCNU）
* 來福車公司（Lyft）	* 索爾自駕車（ThorDrive）
* 幻象人工智慧（Phantom AI）	* 領航科技（Helm.ai）
* 高通科技公司（Qualcomm Technologies）	* 亞果人工智慧（Argo AI）
* 賽力斯公司（Seres）	* 輕舟智航（Qcraft.ai）
* 豐田研究所（Toyota Research Institute）	* 寰宇機器人（Atlas Robotics）
* 艾佩斯科技（Apex.AI）	

　　這些公司在加州有超過600輛測試車，在全美各地街道上有超過1,400輛測試車，由上千名註冊的非駕駛人（又稱為安全駕駛員）隨行，但他們不操控方向盤。擔任隨行的非駕駛人，感覺無聊的程度超出你的想像，福特汽車注意到，一些隨行的非駕駛人在觀察行車時乏味到打瞌睡了。[36]谷歌及福特安裝了鈴鐘、蜂鳴器、震動座椅及警示燈，以幫助非駕駛保持專注，也安排第二名隨行工程師確保主要監控的非駕駛人不致睡著。這種現象使得包括福特在內的一些製造商瞄準乾脆跳過等級3（有條件的自動駕駛）——車子「期望」在發出警訊後，駕駛人能夠隨時接手。不過，測試顯示，駕駛人需要車子提早20秒或甚至更多的時間發出警訊，就算如此，也未必能夠確保駕駛人充分察覺狀況；這意味的是，他們可能身陷更多的危險之中。

　　除了前述這些在加州持有試車許可證的公司，還有十幾家製造公司也在加州測試自駕車。這些公司使用的是試駕場、私人道路，有時使用聯邦土地（這不屬於加州法律管轄範圍），也持有測試自駕車的許可證。[37]

2018年4月，加州車輛管理局開始核發車上沒有駕駛人也可以在公路上試駕的無人車許可證，[38]不久Waymo成為第一家取得這種許可證的公司，可以在包括山景市、帕羅奧圖、桑尼維爾（Sunnyvale）、洛斯奧圖斯（Los Altos）、洛斯奧圖斯丘（Los Altos Hills）等地區試駕三十多輛沒有駕駛人的無人車，縱使在小雨天候下試駕也行。

無人駕駛測試並不僅限於地面，山景市附近的美國航太總署艾姆斯墨菲特機場（NASA Ames Moffett Airfield）有一架黑鷹無人直升機，美國空軍正在訓練它作戰型態。

內華達州2012年發給谷歌第一張官方試駕許可證，現在有五間大公司在該州進行這種試駕，註冊的自駕車為30輛：[39]

- 谷歌
- 德國馬牌汽車系統（大陸汽車系統）
- 福斯汽車集團美國分公司
- 德爾福汽車公司
- 戴姆勒／福萊納集團（Daimler/Freightliner）

內華達州早在2011年就立法允許在一定條件下測試自駕車，[40]條件包括：必須投保500萬美元的責任險，必須符合最低安全標準，只能在指定試駕的特定區域運作等等。安全標準包括：車上必須至少有兩個人，而且已經完成操縱車子的訓練計畫。車子必須設有關閉功能，可以關閉運行中的自動駕駛模式系統，把車子交給駕駛人操控。此外，車子必須能夠記錄最後30秒的感應資料，在取得公路行駛的許可證之前，必須證明已經在測試道上以自動駕駛模式開了至少10,000英里（約16,000公里）。

自駕車領域的其他新創企業，包括匈牙利的人工智慧機動公司（AImotive，前名AdasWorks）、帕羅奧圖的腦圖公司（Nauto）、波士頓的紐托諾米公司（nuTonomy）。[41]德爾福及紐托諾米這兩家公司在新加坡測試自駕車，順便一提，新加坡是靠左行駛的國家中第一個測試自駕車的國家。日產汽車2017年2月在倫敦開始測試自駕車。[42]

大眾在2016年8月發現自駕車的發展已經有多進步了。當時，紐托諾米公司開始在新加坡用一段短期間測試無人駕駛計程車載客，四個月後，也在波士頓測試這些「機器人車」。[43]Uber同年收到第一批使用自駕技術的富豪XC90，服務匹茲堡的顧客。[44]由於一輛Uber發生致命車禍（詳見後文），所以大大縮減了採用自駕車的行動，改採明顯較為緩慢的步伐。[45]

想要試乘自駕車的人，可以在幾個地方這麼做——至少可以試搭到有限版本的無人接駁車，它們大多在公司停車場、大學校園及醫院院區等私有土地測試，包括加州的大型商業園區主教牧場（Bishop Ranch）、瑞士的西昂市（Sion）、柏林夏里特醫學院（Charité-Universitätsmedizin Berin）等等。

中國的網際網路巨人百度公司和BMW集團合作，在北京進行自駕車測試。[46]BMW計畫2017年起在慕尼黑用40輛自駕車進行測試，但似乎已經延後。[47]百度則是正在武漢測試無人駕駛計程車隊，富豪汽車2017年開始在瑞典哥特堡市（Göteborg）測試無人駕駛計程車隊。但這些地區全都無法和加州超過60家持有測試許可證的公司所做的測試規模相比，矽谷是自駕車技術的全球熱點。

那麼，無人車的發展詳情如何？

各家公司在發展自駕車方面採行的方法不同，有些公司自行研發系統，其他公司則是等待收購完整的解決方案，整合到自家的車子上。[48] 公司未必都遵從當局的規範，例如，後來被 Uber 收購、但後來關閉的內華達州自駕卡車生產公司奧托（Otto），最早的測試是在未申請取得許可證下進行的。[49]

傳統汽車製造公司從駕駛輔助系統起步，一步步前進。反觀顛覆破壞者則打算一步到位，谷歌、Uber 及紐托諾米，全都從一開始就研發完全自駕車。谷歌自駕車計畫前負責人、後來共同創立奧羅拉創新公司（Aurora Innovation）並擔任執行長的克里斯・厄姆森，形容傳統汽車製造公司的方法是藉由一次跳高一點的方式來學飛。

從製造公司必須向加州車輛管理局提供的報告中，可以看出各家公司在研發自駕車方面的投入程度。[50] 相較於其他公司，谷歌的巨大優勢非常明顯。2015 年到 2018 年的四份報告顯示，在這些年間，谷歌 Waymo 自駕車累積的測試里數，至少是所有其他製造公司加總起來的十倍，而且它有更多數量的自駕車，所以就不必多說了。

這些報告被要求提出各種資料，其中最重要的數據之一是「解除自駕模式」（disengagement）的次數。根據車輛管理局的法規，把「解除自駕」定義為：因下列兩種情況而解除自動駕駛模式：

（1）「研判自駕技術失靈」，或

（2）「為了安全操作車子，需要駕駛人立即關閉自駕車的自動駕駛模式，接手以人工操控車輛。」

而且,「這項說明為必須:製造商不得回報有任何其他情況或任何例行的解除。」

第一份解除自駕模式報告日期為2016年1月1日,總計有7家公司提供總共71輛車子截至2015年11月30日為止的性能表現。2016年的性能報告有11家公司,2017年的性能報告有12家公司,2018年的性能報告有28家公司,相關數據參見圖表6-2。

2018年的解除自駕模式報告顯示,這些公司使用超過400輛車子,在加州的公路上測試自動駕駛技術。谷歌Waymo在期間行駛了1,271,587英里(約205萬公里),是最接近對手通用巡航公司(GM Cruise)447,621英里(約72萬公里)的近三倍。自谷歌開始研發自駕技術的2009年起,已經累積了超過1,000萬英里(逾1,600萬公里)的自駕模式里數。

比較解除次數和行駛里數,可以看出安全駕駛員必須多頻繁干預。比較結果顯示出驚人的差距:Waymo的安全駕駛員平均每11,154英里(約17,847公里)才須干預一次,里數比2017年增加了一倍。若美國的駕駛人平均每人每年開車8,000英里至12,000英里(約1.3萬公里至1.9萬公里),Waymo自駕車可以行駛一年都無須人類干預。通用巡航、舊金山的新創公司祖克斯、新路科技和小馬智行,也可以在行駛超過1,000英里(約1,600公里)後才需要駕駛員干預。

從圖表6-2可以看出,名列前茅者和墊底者的差距,再顯著不過了。Uber的自駕車平均行駛不到1英里(甚至不到1公里)就需要駕駛員作出干預,蘋果的自駕車每走1.1英里(約1.8公里)就需要駕駛員干預,自動駕駛先驅賓士

圖表6-2　各公司向加州車輛管理局申報解除自駕模式的數據

2018年	平均每1,000英里解除次數	平均每走多少英里解除一次	平均每1,000公里解除次數	平均每走多少公里解除一次	測試車輛總數
Waymo	0.09	11,154.3	0.06	17,846.8	111
通用巡航	0.19	5,204.9	0.12	8327.8	162
祖克斯（Zoox）	0.52	1,922.8	0.33	3076.4	10
新路科技（Nuro）	0.97	1,028.3	0.61	1645.3	13
小馬智行	0.98	1022.3	0.61	1635.6	6
Nissan	4.75	210.5	2.97	336.8	4
百度	4.86	205.6	3.04	329.0	4
人工智慧機動（AIMotive）	4.96	201.6	3.10	322.6	2
X汽車科技（AutoX）	5.24	190.8	3.27	305.3	6
星行科技（Roadstar.ai）	5.70	175.3	3.56	280.5	2
文遠知行（WeRide，前稱景馳科技）	5.76	173.5	3.60	277.6	5
奧羅拉創新	10.01	99.9	6.26	159.8	5
智駕科技（Drive.ai，2019年被蘋果收購）	11.91	83.9	7.45	134.3	13
智加科技（PlusAI）	18.40	54.4	11.50	87.0	2
紐勤科技（Nullmax）	22.40	44.6	14.00	71.4	1
幻象人工智慧（Phantom AI）	48.20	20.7	30.13	33.2	1
輝達	49.73	20.1	31.08	32.2	7
賽力斯（Seres）	90.56	11.0	56.60	17.7	1
泰為（Telenav）	166.67	6.0	104.17	9.6	1
BMW	219.51	4.6	137.20	7.3	5
第一汽車〔CarOne，後改名優遞夫（Udelv）〕	260.27	3.8	162.67	6.1	3
Toyota	393.70	2.5	246.06	4.1	3
高通	416.63	2.4	260.39	3.8	2
Honda	458.33	2.2	286.46	3.5	1
賓士	682.52	1.5	426.58	2.3	4
上汽集團創新中心	829.61	1.2	518.51	1.9	2
蘋果	871.65	1.1	544.78	1.8	62
Uber	2,608.46	0.4	1,630.29	0.6	29

資料來源：https://www.dmv.ca.gov/portal/dmv/detail/vr/autonomous/testing

的自駕車平均每走1.5英里（約2.3公里）就需要駕駛員干預。[51]也就是說，基本上，這些公司的自駕車無法在沒有駕駛員的干預下，安全無虞地從一個交叉路口行駛至下一個交叉路口。

雖然很多發展自駕車的公司都不在「解除自駕模式」數據報告之列，相關數據也存有一些解讀空間，但是在加州進行測試的公司甚多，再加上申報義務，使我們能夠比較很多公司的進展，一窺無人駕駛技術的發展現狀。如果在美國其他州和其他國家進行發展測試的公司，也必須申報這類資料的話，我們就能夠獲得更全面的綜觀。此外，我們也應該考慮到，一些持續對自駕性能發出豪語的公司（如特斯拉），並未出現在報告中。

此時，很明顯的一點是：我們必須制定比較自駕技術的標準。車輛管理局的標準仍然太模糊，無法讓我們作出更正確的比較，而且各公司並沒有提供原始資料的義務。此外，各公司使用不同「解除自駕模式」的定義，可能要求在更早階段解除自駕模式。由於自駕車尚未正式問市，測試機構與監管當局還無法購買這類車子進行獨立測試，驗證各公司提供的數據。

還要考慮一項因素會扭曲車輛管理局的「解除自駕模式」報告：它們只涵蓋在加州測試的自駕車，但很多公司也在不要求每年申報這類數據的其他州或其他國家進行測試。可以推想得到，有些公司為了不讓商業機密外洩，不讓其他公司得知自己的技術發展狀態，有可能只在加州測試較簡單或已經測試過的情境，把可能導致更頻繁解除、更具實驗性的測試，安排在不須申報的其他地區或測試場進行。

若想提高技術發展的透明化，一個可能的解決辦法是設立獨立組織，由相關組織定義重要數據與情境，要求公司使用標準化評量程序及報告，不再受限於州或聯邦的規格。儘管前述種種局限，我們仍然可以說，Waymo 顯然是自駕技術領域的領先者，而且具有巨大的領先優勢，即便許多公司已經增加這個領域的投入。當特斯拉之類的車商公布自駕功能，Uber 及紐托諾米多揭露一些研發資訊，並且開始提出報告，Waymo 啟用加裝自駕技術的飛雅特克萊斯勒 Pacifica 多功能休旅車進行測試，一舉將自駕車數量加倍時，這些都是非常令人振奮的發展。

若把測試活動拿來和各家公司申請的專利數目相比，你會發現，兩者似乎不大對得起來。根據自駕車技術的專利統計數字，單純以數字來看，傳統的汽車製造公司居於領先地位，名列前茅者依序是：Toyota、博世、電綜（Denso）及現代汽車（Hyundai），谷歌只排名第 26。[52] 但是，專利數目並非公司創新能力及新技術發展進度的絕對指標。

谷歌向加州車輛管理局申報的報告中，也列出了「模擬碰撞」（simulated contacts）的數據，平均每 74,000 英里（約 11.9 萬公里）發生一次。所謂「碰撞」的定義，並非只有和其他車輛的實體碰撞，也包含車子開上人行道或壓上路緣之類的事件。根據交通事故報告，人類駕駛平均每行駛 50 萬英里（約 80.5 萬公里）會發生一次這類碰撞，但這只包含報警的碰撞事件。據估計，沒有報警的交通事故件數至少是報警件數的兩倍，而碰撞路邊石及類似狀況的事件完全未被包含在內。[53] 以交通事故統計數字來看，我們或許應該更關心如何避免自駕車不被人類開車撞上，而不是保護人類不被自駕車撞上。

舊金山灣區有個獨特的試車場，名為「哥門頓測試站」（GoMentum Station），這是前康科德海軍武器站（Concord Naval Weapons Station）的部分區域，現在仍是受管制的軍事區域。這個試車場有19英里（約30公里）的測試道路網絡，是絕大多數製造公司在測試車子時都會考慮的一個場地，Honda、謳歌（Acura）、奧托（Otto）、法國易邁（EasyMile），全都在這裡測試自駕車。

各界對自駕車抱持很高的期望，就算只能避免人為失誤導致的交通事故傷亡的一小比例，使用這項技術仍是值得的。但是，這項新技術能否達到我們的期望？目前仍不明朗。密西根大學所做的一項研究指出了並不令人意外的結論——車禍將永遠無可避免。這些研究人員也無法確定自駕車比經驗豐富的駕駛更好，尤其是在自駕車和人駕車必須共用道路時，發生車禍的件數甚至可能增加。[54]

有關自駕車優點的調查，結果如下：43.5％的受訪者說，以後就不需要再找停車位了！39.6％的受訪者說，可以在車子行進中做其他事；53％的受訪者喜歡能在自動駕駛和輔助駕駛兩種模式間切換；三分之二的受訪者從油電混合車和電動車之類的新車種脈絡發展來看待自駕車。[55]

若把自駕車和共乘服務結合起來，絕對可以減少在路上跑的車輛數目，更有效率的駕駛型態能夠幫助節省燃料。路上車輛減少，使得對昂貴交通基礎設施（包括停車位）的需求降低。此外，自駕車將使目前無法自行開車上路的弱勢族群，得以再度參與各種社會活動及發展，包括行動、社交與經濟方面，這包括年邁者、視力受限者、小孩，這也將讓必須為這些人提供開車服務的人減輕負擔。

從線上大學優達學城（Udacity）分支出來的獨立事業航程汽車（Voyage Auto）就在做這件事，這個位於帕羅奧圖的新創公司為居住大量退休人士的門禁社區，提供了無人駕駛計程車的服務，乘客平均年齡76歲。該公司執行長奧立佛・卡梅隆（Oliver Cameron）原本預期，這個人口結構的族群會比較保守看待自駕車，沒想到他們很喜歡！為這群人提供自駕車服務，使得他們能夠參與社交生活。

傳統的汽車製造商及新進者，分別從不同角度展望車輛的未來，使用的語詞定義也反映出這個事實。富豪汽車和雷諾日產汽車的經理人，對那些未來仍帶有方向盤和踏板、但符合等級4「高度自動化」標準的車子，使用「自主駕駛」（autonomous）一詞。傳統的汽車製造商相信，未來的顧客將繼續想要一輛他們偶爾會想自己操控駕駛的私家車。那些完全沒有人控元素的車子，例如主要由計程車隊及共乘服務公司使用的車子，他們稱為「無人駕駛」（self-driving）。[56] 反觀市場的新進者對這兩個用詞無分差異，預期在近未來車子將不需要任何人控元素，因為這些元素將會增加車子的成本，而且若乘客必須干預車子的操控，可能會造成不安全的情況。

本書後文將討論自駕車對其他經濟部門及我們的社會造成什麼影響，接下來我們先看一下自駕車的實際運作原理、它需要什麼，以及我們必須為哪些疑問尋求解答，再討論一輛Uber自駕車2018年發生致命車禍的事件對該公司及這個產業的含義。

自駕車視覺：攝影機、雷達及光達系統

這根本辦不到，太難了，完成了。

—— 矽谷口頭禪

雖然無人車這個夢想已經存在數十年了，真正的突破似乎現在才出現可能性，這是源於下列幾個領域的技術進步：電腦運算力、資料儲存容量、機器學習、機器人學、演算法、寬頻網路、感應技術。自駕車通常裝備許多感測器，讓車子能夠「看到」所在環境。並非所有製造商都倚賴相同技術，有些製造商完全跳過一些特定的技術步驟，或是試圖藉由其他的得出相似結果。接下來的討論根據Waymo自駕車，目前它被認為體現了最先進、最廣的方法，包含：光學雷達（LiDAR）、雷達、攝影機、圖形處理器（GPU）。[57]

最突出的性能是車頂上安裝的光學雷達系統，用一個體積如小教堂鐘的玻璃圓頂罩保護，圓頂罩內有一組32、64或128個輪轉雷射，用來衡量車子和其他物體的距離，生成半徑達約0.2英里（約0.3公里）的周遭3D圖——這裡所謂的「周遭」，指的是車子周圍360度圓圈。這項功能的基本原理相似於雷達，差別在於發出的是雷射光，而非雷達波，用雷射光光學測量車子與周遭物體的距離，每秒生成30組3D圖。

來自光達系統的資料可讓車子覺察到物體、進行分類，並且藉由比較測量的物體位置，計算它們的速度及方向，讓電腦可以預測例如另一輛車將朝往什麼方向，據此作出反應。自駕車可藉此了解掌握一尋常交通狀況的基要，反射的雷射光密度也讓電腦解讀出街道號誌。

　　光達系統不僅被用來偵測環境及其他物體，也被用來生成高精準度的3D圖。一套光達系統蒐集到的資料量非常龐大，它能夠識別出一條尋常街道上的許多物體。帕羅奧圖附近300英里（約483公里）的公路車道全景，就可為地圖新創企業市區地圖（Civil Maps）提供1兆位元組（terabyte, TB）的資料。[58]該公司可以使用智慧型過濾，把這些巨量資料減少至8百萬位元組（megabyte, MB）。不過，生成的3D圖需要大量作業維持更新，這是光達技術帶來的挑戰，也是一些新創公司及企業試圖不用光達系統的原因。

　　最早的光達系統很像一個會旋轉的爆米花桶，幾年前的售價是幾十萬美元，現在一些較新版的售價已經降至十分之一了，預期仍會降低。2007年，一套這樣的光達系統得花上40萬美元；到了2015年，相同的系統已經降價到4萬美元——真划算！[59]但是，只要光達系統的價格仍然超過數百美元，體積也未能變得更小，就不適合大眾市場。舉例來說，在每一台掃地機器人和DIY商店販售的雷射測距儀中，都有簡單靜態、因此很平價的光達系統。先前自駕車光達系統的雷射布列是每秒自軸旋轉幾次，但現在所謂的「固態光達」（solid-state LiDAR）系統不需要可動部件。[60]它們的視野與測距固然比較受限，但需要比較少的維修，也比較便宜。[61]

　　Waymo執行長約翰・克拉夫席克（John Krafcik）在底特律汽車展中提到價格的下滑。Waymo自己研發的光達系統成本，只有幾年前要價的十分之一，從最早的75,000美元，降至不到8,000美元。對於安裝在大眾市場車輛而言，這樣的價格仍然太高，但一些公司如以色列的英諾偉（Innoviz）已經宣布，光達系統的售價將可持續降低至100美元，甚至大約10美元。[62]

由於幾家汽車製造公司計畫在2020年及2021年讓自駕車問市，光達系統的需求可望成長。位於聖荷西的光達製造商威力登光達（Velodyne Lidar）估計，公司在2017年售出約12,000件，2018年售出約80,000件，2022年將銷售170萬件。[63]許多風險資本雄厚的新創公司瞄準了這個預期榮景，其中之一是年僅22歲的奧斯汀・羅素（Austin Russell）創立的路明科技（Luminar Technologies）。[64]傳聞金主已經投資該公司1.5億美元，使其估值達到10億美元。另外，量能系統（Quanergy Systems）也獲得大約相同的資本投資。從Waymo對Uber提起的訴訟（已於2018年和解），可以看出光達市場霸位的競爭有多激烈。Uber被指控從轉任該公司的谷歌前任員工那裡，取得超過14,000件有關光達技術的文件及供應商名單，爭議的核心人物是參與最早的光達技術發展的安東尼・李萬多夫斯基。自駕技術對於共乘服務業務的未來成功太重要了，任何官司的失敗，都將導致幾乎不可能克服的技術缺失。

不論如何，每秒向每個方向發射數千道雷射脈衝的光達系統都持續快速發展。Waymo的長距離光達系統能看到700英尺（約213公尺）遠處——如克拉夫席克解釋的，這套光達系統能夠辨識兩個美式足球場外的一具頭盔。至於「短視」光達系統，則是辨識手勢及姿勢訊號（例如警察或單車騎士的）與行人的視角，因此能夠估計預期的行進方向或動作，讓車子作出適當反應。[65]現今領先的公司已經從辨識、分類物體，進步到下一個階段——解讀其他交通參與者的意圖。

　　所有的光達系統公司都在研發更強大的系統，一些情境及道路狀況對研發人員構成更大的挑戰。比方說，陽光直射、雨滴，以及別車的光達系統發出的雷射光，都可能造成干擾雷射訊號。雨滴可能困擾光達系統，因為可能會反射雷射訊號，疊映在其他物體的反射上。此外，感測器把前車滴下來的水滴視為固態物體，所以車子會煞車，這必須使用很先進的演算法過濾情況，幸好現在的光達系統已經有可能對細雨、小雨滴和雪花做到這種過濾。[66]反倒是柏油路上的積雪會蓋住路上的標記，導致攝影機無法發揮效用，因此麻省理工學院林肯實驗室（MIT Lincoln Laboratory）一直在研發一種「局部透地雷達」（localizing ground-penetrating radar, LGPR）系統，用高頻雷達記錄來自路面的反射，以便「看到」路面的標記。[67]

　　光達系統還有一個問題必須克服：車子的顏色。前文提過對新加坡藍色和黃色計程車所做的研究，人們更容易辨察鮮豔的顏色，較少和顏色鮮豔、因此更醒目的車子發生碰撞，感測器也是一樣。暗色吸收更多的雷射光，因此反射較少有用的訊號。塑膠材質的零組件及複合材料，也會吸收更多的雷射光，而金屬漆則會擋住超音波，所以車上安裝的感測器無法穿透金屬。最後、但並非最不重要的是，雷射光也可能被一些特定的漆料成分阻擋。[68]這可能也延伸至建築物，街道設施、運輸工具，以及街道上其他物體的呈現，不能只考量美學，也必須考慮對感測器「能見度」的影響。針對這些問題，已有解方能夠過濾特定的波長與角度，發出多雷射脈衝，計算群集，區分散射光與訊號。[69]

除了光達系統，也需要布署攝影機，提供車子周圍360度景象。攝影機照視行人、摩托車騎士、其他車輛、道路標誌、交通燈號、道路邊界等等。現今，低於每秒每36景象2百萬像素（亦即總計每秒60-70百萬像素）的攝影機解析度優於光達系統的解析度，後者只有每秒2百萬像素。攝影機是目前市面上可得的感測器的一個必要部分，因為它們能夠辨識其他物體的種類及狀態，例如：路上那個物體是一片木材，還是一個塑膠包裝？攝像通常是2D的，但是多台攝影機結合起來，可以形成立體視覺，為電腦提供3D圖像。只要有適當的攝影機和演算法就能做到，這也是一些研發自駕車的公司相信最終將完全不需要光達系統的原因。

雷達測距儀被安裝於車子的保險桿上，用來辨識其他車輛，以及車前車後穿越的物體。當然，這些雷達系統並不是我們尋常看到的旋轉式雷達天線，而是鑲在一張郵票大小的晶片上。[70]

在安裝光達系統的車子真的能夠自動駕駛之前，必須有3D地圖呈現車子的周遭環境。提醒你，這可不是只要製作一次3D地圖，因為環境持續變化，這點必須納入考量。車子後方的天線區接收來自GPS衛星的地理定位資料，至少有一個車輪安裝感測器，追蹤輪子的行進，感測器上有陀螺儀（用以測量加速度）和計速器。還有一件事：加州這個全球最大的自駕車測試地的路況極差，舉凡沒有道路標誌或標記褪色、道路坑坑洞洞、交通號誌被茂密的植物遮蔽等等，全都為相關公司增添了挑戰。

攝影機不僅被用來觀看車外，也被用來觀看車內。夫朗和斐系統與創新研究所（Fraunhofer Institute for Systems and Innovation Research）正在和福斯、博世及其他製造商共同合作，調查車輛上有多少人一起搭乘、他們是誰、他們的姿勢，以及他們手上拿著什麼。研究人員試圖從這些資料得出關於乘客活動的結論。[71]

從攝影機拍攝的車內情況，也可看出駕駛是否覺得煩躁或乏味。麻省理工學院林肯實驗室研究特斯拉的駕駛在自動駕駛狀態下都在看什麼，以及情緒狀態如何。[72]令人訝異的是，駕駛露出微笑並不是代表很滿意，而是代表沮喪或不滿──對導航系統、對車子或對周遭其他車輛的不滿。滿意的駕駛往往看起來相當枯燥乏味，不滿的駕駛通常用苦笑表示他們對身處狀況感覺荒謬。

需要很強大的電腦運算力來評估、解讀感測器蒐集到的資料，難怪矽谷的電腦晶片製造商認為這是一波重大商機。由於各家公司的專家在地理上太接近彼此，因此發展速度很快。輝達就是為自駕車供應特殊處理器的公司之一，現在許多元素安裝在可能比手掌還小的處理器上，一個處理器的售價僅幾百美元，在十年前要幾百萬美元，而且體積大到填滿一整個房間。

首先要了解為何車子需要這麼強大的電腦運算力，讓我舉例說明一下。谷歌的影像資料庫包含形狀數以萬計的移動物體，例如：一個成人、一個輪椅使用者、一個拄著拐杖的人、一個用皮繩牽著狗的人、一個孩童、一個在地上躺著或爬著的人，甚至是一位坐著輪椅趕鴨子的老婦人（谷歌自駕車真的遇過）。針對這類資料，車子只有不知多少分之一秒的時間可以評估感測器偵測到的眼前情況。當辨識到這麼一個物體時，車子可以繼續安全行駛通過嗎？還是最好停下來呢？

　　自駕車更常做的工作是正確辨識街道、道路標誌、交通標誌與燈號、建築物、其他車輛、人、樹等等，為此演算法分辨「語義分割」（semantic segmentation）與「物體辨識」（object recognition）。[73]「語義分割」指的是把個別像素分類成「物件類別」（object classes）──我看到的這個東西，屬於「樹」這個物件類別，還是「人」這個物件類別，或只是路上的一個指示呢？「物體辨識」更為詳細，試圖了解這是一個靜態或移動中的物體，若是移動中的物體，它朝何處移動？是否需要對它的移動作出反應？[74]有些東西是軟體開發者可以預測、編程的，但有些無法，例如那隻鴨子。自駕車必須運用所有感測器，經歷所有事實，這就是人工智慧和機器學習施展之處。

7

人工智慧
美國發明，中國複製，歐洲管制

被問到人工智慧時，特沃斯基回答：「我們研究的是天然智障。」

——阿莫斯・特沃斯基（Amos Tversky），
已逝認知心理學家

我們的頭腦是一個自然奇蹟，現今沒有任何電腦完全匹敵人腦的運算技能，而且人腦消耗的能量只是電腦消耗能量的一小比例而已——人腦只需要大約50至100瓦特，相當於一顆燈泡的耗電量。所以，當有人說某人「不是很亮眼」時，你或許可以把這話視為一種恭維。

在深入探討人工智慧，了解為何未來的車子需要人工智慧之前，我們先來看看車子到底需要知道和學習什麼——頭兩大疑問就是：「我在何處？」，以及：「我要開往何處？」

GPS非常擅長查明你此時此刻在地球的何處（精準度為5到30英尺，約1.5公尺到9公尺），但對一輛自駕車而言，這絕對不夠，為了在交通中安全行進，需要距離短到只有幾英寸的資訊。為了獲得如此的精準度，車子可以使用固定物體來定位，例如一扇門、一棟特殊建物、一棵樹或其他類似的東西，把這個定位拿來和GPS訊號比對，車子就能了解它身在何處。一旦車子開始移動，其他固定物體就進入其「視線」，有關於它身在何處及它朝往何處的計算就會變得更準確。

這麼想吧：某天晚上，外星人綁架你，稍後又把你放回地面，但現在你究竟身在何處呢？你看到遠處有光照亮一間超市前的停車場，字看起來是德文，因此你可能假設自己現在身處某個說德語的國家。停車場上停放的一些車子掛的是德國牌照，所以你現在身處德國某地的可能性增加。一間餐廳招牌上有一幅巴伐利亞啤酒品牌的廣告海報，這顯示你可能在德國的巴伐利亞邦。就這樣，你使用可參考的物件，縮小你身處地點的可能範圍。當然，也有小小的可能性是你身處中國一個巴伐利亞風村莊──中國人複製的，就像他們複製奧地利的哈修塔特鎮（Hallstatt）和巴黎一樣，不過你每多辨識一些細節，這可能性就降低一點。

很容易可以看出，自駕車需要夠詳細且處理過的地圖，才能回答這類疑問。正因此，谷歌及蘋果作出巨大努力，供應地圖及導航解決方案，一群德國的汽車製造公司聯合起來，以29億美元收購諾基亞的地圖服務業務HERE。

一旦車子知道它身處何處，以及它要開往何處，接下來還有更多的疑問需要回答：

- 我周遭有其他物體嗎？
- 它們是什麼物體？
- 它們會移動嗎？
- 它們移動得多快？

- 它們朝何處移動？
- 固定的物體呢？它們是否提供我重要資訊，例如：標誌、交通號誌或車道標記？

相較於這些疑問，頭兩個疑問——車子本身身處何處，它要開往何處——簡直是太簡單了。車子現在得解讀物體——哪些物體可以安全地忽視不理，哪些物體是必須觀察的，哪些物體很關鍵？

車上安裝的各個感測器接收各種事實的描繪，但錯誤資訊是有可能的——一台攝影機可能被陽光閃瞎了眼，光達系統可能因為雨滴及雪花失靈，GPS可能因為附近的金屬或大型建物干擾而顯示錯誤地點，更別提潛在的簡單瑕疵了，例如一個連結鬆動導致瑕疵。現在，車子面臨巨大的挑戰，必須作出明智的預測，根據現有的測量，作出安全駕駛。感測器蒐集到的資料被融合與解讀，這個流程稱為「感測器融合」（sensor fusion）。

一旦車子解答了所有這些問題——知道它現在身在何處、要開往何處、周遭有誰及什麼，以及所有這些物體是否在移動中，接下來它就可以開始規劃行車路線。哪一條可能的路線最有效率？並非所有路線都同等便利，而且評估可能在行進中有所改變。凡是用過谷歌地圖的人都知道，系統提出最短的路線，但可能在行駛中建議另一條路線，把你帶離原主幹道，進入支路及泥土路。舉例而言，在美國，需要很多左轉的路線是缺乏效率的，因為你必須等候直行車，將花更多時間。優比速（UPS）及聯邦快遞（FedEx）之類的快遞服務使用的導航系統把這點考量在內，建議主要為右轉的路線，儘管路線的距離可能更長。

最有效率的路線，未必是其他情況下的直線路線，你的行進方向有時不容許你選擇理想的路線。卡車堵在那裡不讓你轉彎，可能迫使你繞道，結果最後其實更有效率。或者，一條更快速的路線也許讓乘客不是很舒適，例如顛簸或蜿蜒的路都可能使乘客暈車。

所以，自駕車怎麼開呢？發動引擎，讓它上路，對嗎？這樣不行，就算是在筆直的道路上，也不行。路面可能是傾斜的，一個輪子的胎壓可能稍微不足，瞧，你的車子漸漸滑偏了。這種時候就必須採取對策。轉彎時，車子不能猛的右轉，應該減速，和緩平順地轉彎。路徑規劃者必須規劃平順的行進，畢竟讓馬匹看起來輕鬆平穩的顛簸路，對人車可能不是愉快的體驗，可能還會伴隨不良的副作用。

美國國防部高級研究計畫署大挑戰賽得獎人塞巴斯蒂安・特龍，在優達學城（Udacity）的線上課程中，詳細分析為這些問題做規劃的基本原則。[1]這些也只是一般原則，需要作出很多調整，參考實際經歷的情況，方能建立車子在行進中可能遭遇的所有情況的詳細資料庫。

為了生成這個資料庫，需要花極多的時間。但是，一旦自駕車獲得了特定經驗，幾乎可以立即提供給所有其他自駕車。每一個新取得駕照的駕駛人都必須從零開始，歷經時日累積豐富的駕駛經驗。反觀每一輛新的自駕車可以立即取得資料庫的所有經驗，這也是Waymo每天都有數百輛測試車行駛25,000英里（約4萬公里）如此重要的原因。Waymo的自駕車測試地點，早已不限於天候狀況通常是陽光普照晴朗的加州山景市，除了德州奧斯汀和亞利桑那州鳳凰城的炎熱天氣，以及華盛頓州柯克蘭市（Kirkland）的多雨天氣，Waymo自駕車接下來接受操練的地點，可能是靠左行駛的倫敦和幾個多雪的地區。

在此同時，其他車輛製造商仍然掙扎於有關安全行車的一些相當基本問題。為了縮減 Waymo 的領先差距，策略之一是特斯拉目前採行的空中下載（over-the-air, OTA）軟體更新。Waymo 自駕車內建的一些感測器，已經安裝在數十萬輛交給車主的特斯拉上。2015 年末，當 15,000 輛特斯拉在一夜之間透過空中下載安裝了半自駕功能後，僅僅幾天內就有數百支影片上傳，顯示特斯拉在無駕駛干預下行駛於公路上及切換車道。

自 2016 年 10 月起，特斯拉在每輛車安裝了「Autopilot Hardware Kit 2」，內含八部攝影機、超音波及雷達感測器，以及強大的 GPU。只要允許自動駕駛，就可以透過空中下載安裝更新軟體，這樣就一舉使得所有安裝硬體配套元件（價格幾百美元）的特斯拉變成自駕車。截至目前為主，總計有數十萬輛特斯拉安裝了這些硬體配套元件，包括 Model S、Model X 及 Model 3 車型。這些車子的行駛資料已被被動地擷取，傳輸給特斯拉，該公司使用這些資料訓練機器學習系統各種行駛情境與街道圖，匯集的資料將嘉惠所有的特斯拉車。縱使行駛的道路沒有明顯的道路標誌，或是道路標誌被雪覆蓋了，車子也可以受惠於整個特斯拉車隊的行駛經驗。

基本上，谷歌是自行辛苦測試以取得經驗，特斯拉則是以眾包方式，結合所有特斯拉車主的行駛經驗，讓車子從許多駕駛人的駕駛行為中學習。這麼一來，就能更快取得結果，可以產生更多不同的行駛情境，但這一切必須在小心監測下為之。例如，這種測試得出的結果之一是，存在入射光的問題，因為加州多數駕駛在日光下行車，因此大多會遭遇這種問題。[2] 儘管如此，我們可能會看到這種測試和學習方式激增，這將使得一些傳統汽車製造公司的試驗腳步顯得太老舊乏力，畢竟多數製造商迄今甚至尚未決定想要走多遠，遑論在自家生產的車上安裝任何相關硬體。

特斯拉和Waymo採行的方法是兩種不同的理念。Waymo和大多數自駕技術開發者的感測器套件中，總是有光達系統這個重要元件，但特斯拉（及其他公司）相信沒有光達系統也行，使用較便宜的感測器如攝影機和雷達，透過演算法填補缺少的光達資訊。特斯拉對這種方法太有把握了——反映在「Autopilot Hardware Kit 2」上，它沒有光達系統。一些開發者認為，沒有光達或許行得通，但演算法和攝影機技術真的進步得夠快，快到目前仍然昂貴的光達系統價格持續降低的速度都趕不上嗎？誰才是對的？時間會證明。

若你把一個不尋常的東西放在小孩面前，孩子通常會端詳它較久時間。研究人員用這種實驗來研判一些思想（例如道德行為）是小孩與生俱來的，還是社會化的產物，或者小孩是否具有幽默感。[3]研究人員發現，當有趣的事情發生時，例如：媽咪或爹地敲擊某物發出較大的聲響時，小孩通常傾向先看父母，這是為了判斷父母的反應及意圖，若父母開始大笑，小孩也會跟著笑。[4]開發者使用類似策略教導自駕車，[5]攝影機觀察駕駛人，辨識駕駛人是否查看車內外的後視鏡，或者直接轉頭往後看，這通常示意即將變換車道或超車。感測器蒐集到駕駛人向外看的各種動作資料，便可以用來幫助車子學習這種操作時的情況，車子就能了解這種操作的諸多相關情境。

你可以想像，處理這些可能需要多大的電腦運算力？所以，專業硬體就很重要了。我們來看輝達之類的供應商，該公司在市場上推出了運算力等同150台MacBook Pro或更高的處理器。[6]目前，輝達在自駕車用的一部電腦上使用4個這樣的處理器，已經在平台上和80個客戶合作。[7]特斯拉甚至自行研發圖形晶片，以處理車子需要的資料與人工智慧演算法。

車輛製造公司現在在車上使用大量的電子控制器（electronic control units, ECU），這種小型處理器控制感測器、煞車、車載電子娛樂裝置等等。差不多每一個感測器都有自己的ECU，因此車輛使用的ECU數量就快速增加，達到了三位數。雖然製造商多年以來，一直在爭論應該使用數量較少、更中央化的處理器，但這項議題真正被推上主議程，是在自駕車的發展起飛之後。中央化ECU不僅更便宜，也更容易編程，並且易於安裝軟體更新。由於車輛的生產仰賴深度垂直整合的供應鏈，這意味著製造商與供應商的關係非常密切，一旦改用中央化ECU，以往由供應商生產的元件局部處理的工作，將交給中央化ECU的領導開發者。這將涉及很多的變革，因為迄今的分權化向來支持製造公司內部各部門孤立狹隘的思維，也導致存在了許多冗員，這是先前試圖將ECU中央化推行未果的原因之一。現在，自駕車的發展迫使走向ECU中央化，這在個別事業單位遭遇到很多的阻力。[8]

輝達、高通及其他的晶片製造商已經超前英特爾，英特爾似乎已經錯失最大良機，正試圖藉由和德爾福（Delphi）、車眼（Mobileye）等公司的合作關係，冀望在這前景看好的未來產業保有一席之地。[9]2017年3月，英特爾以153億美元收購以色列的車眼公司，這是合理之舉。技術從早先電腦的中央處理器轉移至智慧型手機的行動中央處理器，再轉移至現在的自駕車圖形處理器，隨著逐步演進，產業霸位也由不同的晶片製造商搶下。

那麼，如果感測器失靈的話，會發生什麼情況呢？其他的感測器能否提供遺漏的資訊，確保行車安全性？劍橋的研究人員追蹤研究這個問題的一些解決方案，[10]想知道擋風玻璃後安裝的一個200美元的便宜攝影機，能否提供關於車子前方物體的足夠資訊？我們先前看過相關問題：我的前方有什麼物體？它們正在移動中嗎？若它們在移動中，正朝往何處？科學家只用攝影機就解決問題。拜聰明的演算法與機器學習所賜，只用一台攝影機，就可能彌補感測器失靈導致的資料缺失。特斯拉也證明了這點，在2019年初的特斯拉自駕日（Tesla Autonomy Day）上，馬斯克舉例說明演算法如何評估多台車載攝影機的資料，得出周遭環境的3D點雲（point cloud）。這項應用不僅限於自駕車，也可用於家用機器人，適當地辨識屋內物體、進行分類。

這件工作的專業術語是「語義像素標記」（semantic pixel labeling）——使用演算法，從影像像素群中找出意義。程式不僅使用光線、影子、輪廓、紋理的變化來辨識個別物體，也正確地分類物體。使用這項技術對個別照片進行分析辨識，就已經相當具有挑戰性了，把它用於影片，每秒得分析幾個、甚至幾十個影像，就變得更困難了。

人工智慧是未來車及許多其他產業的關鍵技術，軟體業公司很早就了解這點。Uber、特斯拉、谷歌、蘋果、輝達、IBM、百度及微軟都投資巨額於人工智慧，機器人領域的新創公司被快速以巨資收購，大學和研究機構的人工智慧專家屢屢被高薪挖角。舉例來說，福特汽車2017年初投資10億美元於谷歌及Uber前任員工創立的新創企業亞果人工智慧（Argo AI）。據說，Uber斥資7億美元收購奧托（Otto）及旗下90名員工。奧羅拉創新公司（Aurora Innovation）是谷歌自駕車計畫前負責人克里斯·厄姆森（Chris Urmson）創立的，他已經為公司募集了6.2億美元的創投資本，並且拒絕福斯汽車的收購提議。新路科技（Nuro.ai）是另外兩位谷歌前員工創立的。[11] 如前所述，英特爾以153億美元收購以色列的車眼公司及其600名員工，其中450人是工程師，這項收購價格相當於平均每位有自駕車技術專長的工程師是3,400萬美元。

在既有的汽車製造公司充分認知到人工智慧的重要性之前，專家市場將已經枯竭。德國新創公司聯邦協會（German Federal Association of German Startups）一員的法比恩·魏斯特海德（Fabian Westerheide），提出報告摘要例示許多政府普遍忽視人工智慧。2017年3月，在德國聯邦議院數位議程委員會的一場聽證會上，聚焦於討論「如何管制」人工智慧，而非人工智慧帶來的機會。[12] 美國發明，中國複製，歐洲管制。

熟能生巧：機器學習與深度學習

我年輕時，一個朋友來找我，神氣活現地說：「怎樣，我們來打場乒乓球吧。我看書學會了所有技巧，應該沒人打得過我。」我承認，我肯定不是世界上最優秀的桌球手，但是我朋友根本沒有機會，因為那是他第一次打桌球。

理論與實務有落差，這似乎是必然的。知道每一項理論知識——如何拿球拍、什麼角度最好、如何預測球的軌跡、如何移動等等，一旦你必須實際上場，以恰到好處的力道和速度擊球，讓球過網到剛好夠遠、但對手無法接到或接不好，理論無用武之地。

這同樣適用於其他領域。你從實際走路中學會走路，剛學習走路時，跌倒是絕對重要的一部分。動作的協調、理論的應用，以及特別錯綜複雜的東西，這些全都得藉由做而學會。

自駕車也是一樣，就算你把所有規則與法規、實際交通的諸多細節，以及沒有任何工程師能夠預料到的情況全都編入，機器仍得自己行駛，仍得在行駛中學習，這就是所謂的「機器學習」（machine learning）。跟人類一樣，人工智慧也得累積經驗，方能熟能生巧。

加州大學柏克萊分校的安卡·德拉根（Anca Dragan）副教授研究人機互動，她不是把行為編程到車子上——例如遇上四向停車標誌時該怎麼做（這在美國經常遇到），而是讓車子自行察辨必須怎麼做。自駕車知道遇上「停車」標誌時必須停車，挑戰在於知道何時再起動，而且不危及任何其他的交通參與者。遇到「停車」標誌時，人類駕駛往往不會完全停下車來——實際上，遵照法規，他們是應該完全停車的。谷歌的經驗是：自駕車會等到其他車輛完全停車，然後再等一下才起動。人類駕駛就把這解讀成這輛自駕車遲疑了，馬上取走先行權，結果以安全為念的自駕車，就永遠停在這四向標誌要停車的十字路口，動彈不得。

德拉根教授使用演算法，讓自駕車計算安全起動的最佳時刻。她發現，這麼一來，車子開始展現不同行為。車子採取的行動之一是，保持在路口幾英尺的距離，示意其他車輛應該取走先行權。Waymo的自駕車也展現驚人的行為，在狹窄的街道上無法直接掉頭時，人類駕駛學會使用三點式掉頭──先在右側轉向左邊，倒車回去右側，再往前把車打直駛向左側。但是，自駕車發現了不同的開法，它會先倒車或右轉進入私人車道。當然，機器學到的東西並非全部實際有用，重點在於它展現出不會令人類覺得困惑或不安的行為。

隨著自駕車持續學習，它就變得愈能處理新的行駛狀況，可以自行找到解決方案。但是，若出現它無法找到解決方案或無法脫困的情況呢？在美國國防部高級研究計畫署大挑戰賽自駕車沙漠競賽中就發生過這種情況，有輛自駕車卡在一道斜坡上，輪子持續轉動，直到輪胎起火。

日產汽車相信，一定會發生自駕車需要協助的情況，但車子可以不必自行設法脫困，結果卻一直卡在那裡，它可以打電話到服務中心求救，由觀察人員遠距評估狀況，協助車子脫困。新創公司祖克斯（Zoox）及豐田汽車，都已經申請遠距遙控協助處理遭遇意外狀況車輛的相關專利。[13] 新創企業幻象汽車（Phantom Auto）提供一種這樣的解決方案，遠距遙控受困的自駕車。率先在加州取得完全無人車（車內沒有駕駛）測試許可證的 Waymo，必須向加州車輛管理局提供解決方案，說明當車子遇上這種情況時將怎麼辦──在這種情況下，服務中心的操作人員將和車子溝通、提供指示，引導車子脫困。

淺談人工智慧近年發展

關於人工智慧，有一個令人擔憂的事實：研究人員並不充分了解一部機器如何執行某件事，以及它在過程中究竟學到了什麼。這項事實已經明顯呈現於谷歌的 AlphaGo，這部圍棋電腦不僅以 4:1 擊敗了韓國圍棋棋手李世乭，實際上是羞辱了他。觀察家特別震驚於AlphaGo走棋的方式，電腦走的是人類棋手從未見過的棋步。IBM的超級電腦華生（IBM Watson），當年使用龐大的電腦運算力——所謂的「蠻力法」，事先計算所有可能的西洋棋棋步，以研判勝算。AlphaGo使用的是機器學習，以及我們通常稱為「直覺」或「本能」的東西。圍棋的棋步比西洋棋的簡單，但圍棋涉及遠遠更多的排列組合，無法用蠻力來預測。[14]

AlphaGo首先和連續三年取得歐洲圍棋冠軍盃冠軍的樊麾對奕了幾個月，然後自己和自己對奕，為接下來和李世乭的比賽做準備。在對奕李世乭的第二局的第37手，AlphaGo下的棋步令所有圍棋專家震驚，連李世乭也很困惑，以至於他首次離席思考了15分鐘，然後走了關鍵的敗招，導致最終棄子認輸。人類棋手會走這第37手棋步的可能性是1:10,000，相反於專家的意見，AlphaGo以我們所謂的「直覺」走了這一步。

這是所謂的「奇點」（singularity）發生時——機器在一個領域變得聰明到可以反過來教我們人類。若人類教導猴子或猿，可以把牠們帶到比猴子教猴子更高的認知能力水準。研究人員教一隻名為「可可」（Koko）的大猩猩就證明了這點，牠學會美國手語超過1,000個詞彙。[15]現在是人類教導動物，會不會有更高的智能出現來教導我們人類呢？我們的認知能力可能會上升到前所未有的水準。

先進的人工智慧系統做到了這點，AlphaGo向人類棋手展示他們沒見過的棋步。樊麾在和AlphaGo對奕前，世界排名第600，和AlphaGo對奕後，排名已經晉升至第300。輸給AlphaGo之後的接下來幾個月，李世乭在圍棋賽中沒有再輸過，他在圍棋賽中發現了新的趣味，因為電腦向他展示了新的走法。

牛津大學的哲學家尼克·伯斯特隆姆（Nick Bostrom）在《超智慧》（Superintelligence）中，敘述讓人工智慧系統執行一些工作的幾個實驗。科學家起初認為，人工智慧系統建議的另類解決方案是錯的，並且視為系統錯誤。後來他們更仔細調查，發現一些令人驚訝的方法後，最終證明人工智慧系統建議的解決方案可能是正確的。

有些人可能會把這樣的結果視為獨特的新機會，其他人則可能對此感到憂心忡忡。我們對決策的了解與接受，往往是基於我們有能力去了解得出的結論——規則為何、做了什麼決定、哪些因素會影響結果？

人工智慧有點像「傳話遊戲」——在這個遊戲中，大家排成一列，你對旁邊的人耳語，此人再對下一個傳送這些話，就這樣一個接一個，最後一個大聲說出他／她認為的，但跟原來的可能南轅北轍，所有人哈哈大笑。假設是人工智慧玩這個遊戲，情況就變得很複雜了——每個人不僅接收到另一個人耳語傳送的訊息，也同時接收到幾個人耳語傳送的訊息，接收者必須把所有訊息結合成一個合理的訊息，決定要向誰傳遞什麼訊息。假設參與的人增加到1,000或甚至1百萬，在幾條長長的隊伍中交換資訊，幾乎不可能預測得到最後可能得出什麼答案。

使用機器學習來作決策的系統是基於機率——許多的機率！每一個節點都有一個小的、但可能重要的影響。這相似於混沌理論中的蝴蝶效應——地球另一端的一隻蝴蝶震動翅膀，可能會導致這裡的一場颶風，我們人類無法了解節點上的個別機率如何影響最終結果。人類難以接受這點，因為我們的整個科學體系及公眾意識是基於透明決策。

傳統車商的疑慮，新進者的衝勁

若自駕車作出一個我們不理解、可能使人陷入危險的決策，我們要如何反應呢？「電車問題」（trolley problem）之類的道德問題（後文會討論），對我們而言已經夠難了，我們還期望有明確的決策規則與標準，可以確保法律立場呢。政府可以針對可預見的情況通過法律，准許一致決議，但如同那位老婦人坐著電動輪椅追趕鴨子的例子所示，現實遠比法規更複雜、更出人意外，而人工智慧控管的自駕車必須能在任何情況下作出安全反應。

這些疑慮使得傳統汽車製造公司遲疑推動自駕車的發展，畢竟車子是人們購買的最大體積可移動物品，通常也是人們購買的次昂貴物品，僅次於房子。想像一輛兩噸重的機器人，能夠自主行動，不受人類直接控管？由於潛在的訴訟和可能很高的損害賠償，再加上以往的傳輸系統及加速器出問題的經驗——奧迪和Toyota都經歷過，所以傳統車廠小心翼翼。

在許多方面，這樣的理念都很明顯。傳統車廠打造的機器大多已經過試驗、近乎完善，在此邏輯思考下，沒有必要供應技術得等一段時間才能問市使用的車子。當你購買一支智慧型手機時，它的記憶體儲存空間裡近乎沒有什麼東西，但是一輛車子的電腦記憶體已是滿載，雖然可以更新修正，但無法更新升級至全新功能。不過，這跟提供免費記憶體的成本沒有多大的關係，主要是因為相關應用程式生態系將導致太多疑問，使人們擔心安全性、可靠性、成本、付費問題及外部開發者。關於這些，有太多問題他們沒有什麼經驗，所以認為風險太高、益處太少，不值得做。

車子通常被視為自給自足的機器，能在不仰賴其他機器之下可靠地運轉。自給自足的系統不需要任何網絡，不需要和其他系統溝通。縱使連結的系統起初需要更多的努力，才能開始順暢運作，但是這些努力很快就能產生回報。反觀為了移除福斯 e-Golf 或捷豹 iPace 的一個小小軟體錯誤，如果必須召回數千或數萬輛車，透過 USB 埠傳輸修補程式，那可是件大工程！更別提車主會有多煩了──又得再次和服務中心預約時間了，還要為此再做其他安排。

特斯拉及谷歌已經不再這麼玩了，它們根源於數位產業，這個產業的公司通常使用不複雜的程序傳輸改善及擴增功能。特斯拉使用空中下載的更新模式，從網路上大量展示的影片可以看出人們對於這種更新模式有多麼驚奇與熱中了。這個方法的益處並非單向的，從回傳特斯拉的資料可以看到駕駛人的一些關鍵行為，例如：有人在車子行進中睡著了，或是發生危險的情況，例如：特斯拉追撞另一輛車，該公司因此調整自動輔助駕駛的部分功能，或者直接關閉不用。

這種情況總是令傳統汽車製造商憂慮，它們非常害怕裝了有瑕疵的元件，必須面臨損害訴訟，傷害公司的聲譽及財務。所有交出去的東西必須是完美的；修正是耗費成本的大工程；更換安全氣囊或啟動開關將涉及龐大的後勤作業，更別提對車主造成的不方便。從這種思維來看，交出不完美的軟體簡直逆天悖理，把測試工作交給客戶做，背離了「零錯誤」文化。專業社群網絡領英（LinkedIn）的共同創辦人里德・霍夫曼（Reid Hoffman）如此形容：

「你跳下懸崖，在途中組裝一架飛機。」

　　但是，我們不應誤以為特斯拉及其他軟體公司採行的方法既草率又魯莽。橫向整合的系統無法像垂直整合的系統那樣，在實驗室環境下充分測試──就算能在實驗室進行充分測試，也得投入天文數字的努力。特斯拉的方法優點在於非常靈活，可以更快速取得車主的反饋。垂直整合的系統，製造商控管每一個部分，等到一切都測試完畢了，最終問市的元件可能也已經過時了，畢竟現在是快速變化的世界。BMW汽車上那被車主們認為很難操控的iDrive系統選單按鍵就是一個很好的例子，這是工程師認為完美的一項實驗室研發，但顯然沒人想過去問車主們的反饋意見。

　　《德國矽谷》（*Silicon Germany*）的作者克里斯多福・基斯（Christoph Keese）如此描述數位型公司和傳統型公司的文化差異：風險管理 vs. 防止錯誤；探索 vs. 守舊；持續改善 vs. 遞送完美。[16]

　　從電玩遊戲《精英：危機四伏》（Elite: Dangerous）中可以看出，整個課題並不如你以為的那麼抽象、遙遠，人工智慧系統的兩難情形已經發生了。在這款遊戲中，人工智慧系統突然有了強大的性能，可以發展出新的技能與武器，專門瞄準人類玩家搭乘的太空船加以摧毀。系統開始消滅遊戲玩家，直到管理者關閉遊戲進行更新。[17]

　　Waymo自駕車每週試駕超過25,000英里（約4萬公里），而且不只在加州測試，也在德州、華盛頓州、亞利桑那州不同路況及天候中測試。反觀特斯拉，從2015年10月推出自動駕駛輔助功能後，已經從車主那裡蒐集到了10億英里（約16億公里）的駕駛經驗。[18]由於這些全都是反饋資料，特斯拉可以從駕駛及車子的行為得出結論，持續改善系統功能。特斯拉在2016年決定把從車主那裡蒐集到的10億英里資料提供給美國運輸部，[19]讓美國運輸部可以自行從這些資料中得出結論，作出關於自動駕駛的立法決策。

在2016年7月發表的「終極計畫：第二部」（Master Plan, Part Deux）中，馬斯克提到，他預期主管當局將在達到下列兩項條件時准許自駕車問市：第一，自駕系統的道路安全性已經改進到為人類駕駛的十倍時；第二，當局有60億英里（約100億公里）的自駕系統資料時。[20]

在此同時，2016年5月一位特斯拉Model S駕駛人的死亡車禍，引發大眾熱議自動輔助駕駛系統和自動駕駛的利弊。這位駕駛是四十歲的約書亞・布朗（Joshua Brown），他的特斯拉在啟動自動輔助駕駛模式下，撞上正在左轉的貨櫃車，衝到貨櫃車底部。當時，特斯拉自動輔助駕駛系統的設計不會辨識處於直角位置的車輛，而且陽光強烈照射，系統大概也未能區分貨櫃車的白色車身及貨櫃車背後的天空。[21]但是，美國國家公路交通安全管理局（National Highway Traffic Safety Administration）的後續調查得出結論：錯在駕駛人，系統一再發出警告，提醒布朗應該遵照操作指示，把手放在方向盤上。美國國家公路交通安全管理局也判定，不僅錯不在特斯拉，根據呈報的資料，自動輔助駕駛系統已經把事故頻率降低了40％。[22]但是在之後，又發生了幾件自動輔助駕駛模式下的死亡車禍。

傳統汽車製造商以往的經驗是，若遭遇類似事故，往往被要求大舉召回車輛，並被處以巨額罰款，這起特斯拉事故使它們也採取了一些相應行動。通用及奧迪為了和特斯拉競爭，宣布2017年及2018年的駕駛輔助系統也包含了一台向車內拍攝的攝影機，目的是要查看駕駛是否注意交通狀況或分心，若發現駕駛分心，系統會提醒保持專注。此外，這些輔助系統只能在導航系統准許運作的路段操作。[23] 凡是能夠增進行車安全的裝置及措施，都應該受到歡迎。

除了有充足「戰備基金」的車廠和網際網路巨人，還有比較小型的新創公司也試圖分一杯羹，它們通常專注於安裝在標準車輛上、使車輛具有自駕模式的軟硬體。位於山景市的巡航自動化公司（Cruise Automation）和位於舊金山的逗號AI（Comma.ai）是其中兩家，前者已被通用汽車以大約10億美元收購，創立逗號AI的業界頑童喬治・霍茲（George Hotz）起初立意開發一套DIY工具箱，讓人們花不到1,000美元把車子改造成自駕車。[24] 17歲時因為解鎖iPhone而聲名大噪的霍茲，為他這家新創企業募到數百萬美元的創投資本，他開發軟體的方法是眾包機器學習，讓測試者在開車時用智慧型手機應用程式記錄行為，然後把資料輸入人工智慧系統，並且包在DIY工具箱裡。逗號AI在2016年夏天公布第一批資料集，以加速共同努力。[25]

德國新創公司哥白尼汽車（Kopernikus Automotive），也致力於研發一套可以把手控車改造成可切換成自駕模式的工具箱。該公司用保時捷做概念證明實驗，在工程師無須進入車內啟動駕駛下，讓車子從停車場自動開到維修站的車位上停好。這種改造工具箱可以應用在：讓車子從生產線尾端移動到停車場及出貨區。

面對新創公司推出這類方法，傳統車廠開始緊張不安。之前在戴姆勒擔任駕駛輔助與底盤系統部門經理，現在任職輝達自動軟體資深總監的拉夫・賀維奇（Ralf

Herrtwich）發現車輛各自學習的問題：[26]

> 我們現階段覺得，讓個別車子自行學習、修改演
> 算法嫌過早了。所以，我們在探討有關個別軟體
> 層級的控管，但是這有個問題：每當一輛車指出
> 一項錯誤時，我們幾乎無法複製，因為我們沒有
> 那輛車個別層級的知識。所以我當時說，我不期
> 待每輛車各自學習。
>
> 　不過，我們可以想像在後端匯集整個車隊的
> 經驗，再用這些匯總的資料訓練所有的車子、進
> 行更新，這樣所有的車子就能使用相同的邏輯結
> 構來駕駛。畢竟，在我們看來，讓車子持續以確
> 切的方式行為，亦即我們能夠複製的行為，是很
> 重要的。如果一輛車子自行根據經驗資料作出調
> 整，那麼每輛車的行為將會稍有不同。我知道，
> 這聽起來似乎很人性化，而且滿酷的。但是，在
> 我們看來，這意味著我們其實無法保證車子會展
> 現什麼樣的行為。

這是一個充滿抵觸的世界。一方面，傳統汽車製造公司小心翼翼、緩慢推進，因為不想危及多年來建立的安全品牌的聲譽，當然管理高層反對自駕技術的成見也是一種阻力。[27]另一方面，產業中不按牌理出牌者如谷歌、特斯拉及蘋果，都有雄厚資金作為後盾，使用龐大資源，還有逗號AI之類的小型新創公司，全都使用非傳統的方法，直接把它們帶到產業領先地位。此外，來自中國的幾個新進

者，試圖用巨大的財力和政治支持來加分，明顯加速了整個發展過程。在中國，政府很快就對內燃引擎祭出禁令或懲罰性課稅，或是強制公司設置充電站，百度和吉利汽車（2010年收購富豪汽車）也在競爭者之列。[28]

安全第一：各項研發加速啟動

那麼，監管當局的期望呢？美國國家公路交通安全管理局明列，核准自駕車的第一項標準是致命傷害必須降低50％，局長馬克・羅斯坎德（Mark Rosekind）表示：[29]

> 我想設定的目標是從好上兩倍開始。若我們期望安全性確實是自駕車的優點，就必須訂定更高的門檻，而非只是符合規定。雖然沒人想問：「怎樣才算是夠好？」我會說：「從兩倍開始，就從這裡做起吧。」

監管當局和專家都贊同，我們必須找出評估自駕車安全性與效率的新方法，他們的想法是從航空業汲取靈感，其中一個可以仿效的例子是匿名交流安全性資料的網路，讓機師、飛航管制員等等能夠交換關於系統性問題及差點撞機的機密資訊，旨在糾正錯誤、避免意外發生。

事實上，航空業的安全標準是用血寫出來的，每次空難都必須詳細調查，判定空難原因，監管當局具以作出反應。我哥哥是奧地利的航空公司機師，安全標準是他職涯的部分職責。世界任何地方發生的空難，產業期刊都會分析，調查結果也會傳送給所有航空公司，使它們能夠在自己的機隊中辨識相關的安全問題，並且推出新標準。順便一提，根據我的經驗，我不建議只有業餘知識水準的人閱讀這類報告，鑽研術語時，內含的細節會令你煩躁不已。有時候，空難是令你瞠目結舌的人為疏失導致的。

我們應該預期，自駕車也會發生類似情形。自駕車的陸續改善，將是從死亡車禍的情境中發現的，約書亞‧布朗的死亡車禍分析，已經促成自動輔助駕駛系統的幾項改進，儘管美國國家公路交通安全管理局並未把責任歸咎於特斯拉。

某次造訪谷歌辦公室後，美國國家公路交通安全管理局的代表也了解到，監管當局的現行規範並不夠，拜自駕車之賜，我們現在對駕駛行為有了更好的了解：

> 國家公路交通安全管理局的代表在停了幾輛車的附近試駕，一個代表在車子行進中打開一扇車門，導致谷歌的自駕車突然煞車。這事件若發生在公路上，而非發生在封閉的測試環境中，現行法規將要求谷歌向加州車輛管理局申報這起急煞事件。
>
> 也是該次造訪人員的羅斯坎德說，這將被標記為急煞，被嫌棄為——「哎喲，怎麼突然停下來！」，而不是被視為「避免車禍發生」。
>
> 所以，我們需要新的安全規範標準。[30]

為了加快自動系統的學習過程，分析的資料包含在模擬系統中行駛的數十億英里，以及在真實世界的道路上行駛的數千萬英里。Waymo執行長約翰‧克拉夫席克在2017年底特律汽車展中提到，Waymo自駕車在2016年於模擬系統中行駛了10億英里（約16億公里），這些虛擬行駛里數對未來的發展和改進車輛駕駛性能的主流形式是很重要的。[31]

模擬以來自實際試駕的資料為根據，系統可以修改資料測試各種情境，例如：車子是否也能在夜間辨識到那位坐輪椅的老婦人呢？若某架攝影機失靈呢？其餘攝影機是否仍能提供完整影像，正確解讀？若是下雨呢？實際試駕是基石，提供數百種在模擬系統中上演的測試境況。每天在真實世界試駕近25,000英里（約4萬公里），再加上每個月模擬約1億英里（約1.6億公里），一次的實際試駕可以創造出約6,000種模擬情境，幕後的人工智慧從每一種情境中學習，產生龐大的資料庫，以及深廣的決策樹。

其他的汽車製造公司及研究機構，也使用模擬來發展、改進自駕車。優達學城（Udacity）在其線上課程中提供駕駛資料與模擬系統；英特爾實驗室及德國達姆施塔特工業大學（University of Darmstadt）使用來自火紅的電玩遊戲《俠盜獵車手5》（Grand Theft Auto V）的資料，把它們加注，疊加來自真實世界的資料，為自駕車製作出訓練模擬；加拿大英屬哥倫比亞大學也採用相似的方法。[32]匈牙利的自駕技術新創企業人工智慧機動公司（AImotive）的創辦人暨執行長拉茲洛‧基尚提（László Kishonti），使用一款為微軟Xbox遊戲機開發的賽車遊戲作為首次軟體訓練，這套軟體被交付駕駛一輛賽車的工作，起初不斷撞上邊牆或衝出路邊，但是車子從每次嘗試中學習。經過無數次嘗試後，這套軟體能讓賽車在虛擬道路上快速、無誤地行駛。[33]更近期一點的發展是，中國的網際網路巨擘百度以開放源碼「阿波羅」（Apollo）計畫，加入自駕作業系統及模擬系統的賽局。

　　有些製造公司為自駕車提供完整的虛擬駕駛模擬，例如：巴塞隆納的電腦視覺中心（Computer Vision Center）擬出在一座城市裡行車的全部駕駛情境，[34] 該中心開發的模擬軟體「辛希亞」（Synthia），讓研究人員能夠快速檢查軟體是否對各種情況作出適當反應。[35] 在公路上行駛，對人工智慧系統來說是件相當容易學會的事，但城市情境和不是很常發生的情況，對人工智慧系統的學習是困難的。當出現交通事故、救護車抵達時，或是遇上工程車在工地或鄰近道路上操作時，自駕車該如何正確反應？相同的交通情況在不同的天氣狀況及不同季節下，可能會有什麼不同？模擬系統能以更好的方式再現這些情境，並且依據發生頻率進行調整，好讓人工智慧系統能夠遭遇這類情境，從中學習。

　　若碰上必須違反交通規則的境況，或是某種駕駛行為會影響到乘客福祉時，對自駕車也可能會有一些意想不到的影響。例如，有輛車子停放在路邊，但突出於車道時，或一輛垃圾車擋住車道時，這類情況會令自駕車苦惱──到底是該等到那輛車騰出車道呢？還是應該跨越雙黃線，避開前方擋路的那輛車？人類駕駛能夠很快理解這類阻礙是否可能停留在那裡好些時間，據以作出反應，自駕車必須能以同樣方式作出反應。

　　還有，自駕車該如何應付道路上的坑洞呢？若車子辨識到一個坑洞，應該直接壓過去，讓乘客顛簸，抑或最好繞開呢？若道路上滿是坑坑洞洞呢？事實上，自駕車遇上的一些最富挑戰的情境，是在購物商場前的停車場行駛，因為沒有確切的規則、停放了很多車、有的車子在倒車、到處都有購物車、還有很多的行人，人們把購物車上的貨品裝入自己車中時，需要等候的時間不一……這種情境，大概是自駕車的夢魘。

這就把我們帶入自駕車必須駕馭的另一個階段——了解其他交通參與者的意圖。有時候，自駕車能從其他物體的軌跡推論出意圖，例如：一輛朝特定方向行駛中的車子，可能會繼續朝該方向行進；穿越十字路口的行人有可能試圖和駕駛目光接觸，因此行人將把臉轉向那輛車。這就是自駕車試圖辨識的：行人的臉看向哪裡？這一切可以讓我們一窺自駕車經歷的辨識歷程：

1. 控制及指揮車輛
2. 辨識所在位置及路線規劃
3. 辨識、分類物體
4. 在這些周遭物體間安全行進
5. 辨識其他交通參與者的意圖
6. 人類如何使用自駕車
7. 舒適

看看自駕車目前的發展階段，前面歷程基本上已經解決，辨識其他交通參與者的意圖是現今最大的工作之一，自駕車必須能夠解讀數億種潛在情境，例如：兩位女士站在斑馬線上講話而不穿越馬路；預測一輛校車接下來的行動；停在右邊車道那輛閃著紅燈的警車想做什麼；一位老婦人坐著輪椅趕鴨子等等。

在此同時，車子應該以讓乘客舒適的方式行駛。前文提到富有挑戰性的行駛方式，例如：避開路上的坑洞，或是不要有太多走走停停的動作，但舒適也包含乘客想在何處上下車，而分析發現，在購物時，乘客想在超市入口下車，在歸還購物車之處上車。在車子的整體體驗中，必須考慮到這種種的細節，設想哪些細節是未來自駕車車隊的特色，使得搭乘自駕車更愉快、舒適、平順，而這些細節只能靠車隊在有真實乘客的真實生活中試駕數千萬英里來研判。

真實生活中的種種選擇，對人工智慧系統及機器學習構成巨大挑戰，要做的事情很多，這些工作需要具有各種專長的人員，由於人工智慧的應用領域很廣，這類專家與研究人員很搶手，因此我們看到「人才競標」（talent auction）的現象。卡內基美隆大學的機器人研究單位在2015年一舉流失了三十多位專家，因為Uber提供了令他們難以拒絕的優渥待遇。[36]

Uber在2016年8月以據說7億美元的價格，收購創立僅僅八個月的奧托公司（Otto），使得奧托公司每名員工的身價達到了750萬美元。英特爾以153億美元收購以色列的車眼公司（Mobileye），相當於對車眼的每名員工支付了2,500萬美元的價格。福特對新創公司亞果人工智慧投資了10億美元。現在，很多公司願意支付巨額，取得工程師投入於自駕車的持續研發，這些工程師的年薪也高得驚人：自駕車技術工程師的年薪介於232,000美元和405,000美元，平均年薪295,000美元。谷歌給這類工程師開出的年薪是283,000美元，還不包括30,000美元的簽約金及其他福利，估計每年總薪酬為348,000美元。[37]

正規大學還沒開設的任何自駕車技術相關主題課程，在線上課程都有傳授。塞巴斯蒂安・特龍創立的線上學習平台優達學城（Udacity），自2016年起提供奈米學位（nanodegree）的自駕車編程工程課程證書。[38]這套課程可不簡單,從相當容易的辨識道路標誌起步,很快延伸至深度學習及神經網路、開放源碼的機器學習軟體庫TensorFlow、道路交通標誌分類及辨識其他車輛、把人類行為轉移給機器人、決策樹等等,這還只是三部分課程中的第一部分。

這套課程的第一批學生在2016年10月開課,接下來,每個月有100名來自世界各地的人加入。我身為其中學員,親身經歷,知道課程有多繁重,需要學習幾種程式語言,處理大量資料,還需要取得運算所需的電腦硬體。多數學員每週隨隨便便都得花上30個小時,才能完成各項任務。

幾家傳統車廠和新創公司建立合夥關係,或是競爭投資於或收購整套系統,以求趕上新趨勢。例如,通用投資Lyft 5億美元,[39]飛雅特起初提供100輛車給谷歌,[40]福斯投資給搭(Gett),蘋果對滴滴出行投資10億美元,德國多家汽車製造公司聯手買下諾基亞的地圖服務業務HERE。[41]根據布魯金斯研究院(Brookings Institution)的調查,在2013年至2017年期間,投入於自駕車研發的錢超過800億美元。[42]

電車問題:關於自駕車的道德兩難

每當談論自駕車,遲早都會談到車禍事故的錯在誰,以及當無可避免遇上該把車子轉向或撞上誰的道德問題時,軟體該如何決定。德國《汽車與運動》(*Auto Motor und Sport*)雜誌引述保時捷與福斯公司董事會前主席馬蒂亞斯・穆勒(Matthias Müller)的話:「我總是自問……程式設計師在工作中如何決定自駕車在緊急情況下,應該向右撞上一輛卡車,抑或向左撞上一輛小型轎車。」

德國《明鏡週刊》(*Der Spiegel*)在2016年1月刊登一

篇標題為〈死亡彩券〉（"Lotterie des Sterbens"）的文章中，也提出相同疑問：[43]

> 有一天，將會發生這種情況，或是很相似的情況：一輛自駕車在路上奔馳，由電腦駕駛，乘客舒適地坐著看報紙。突然間，有三個小孩衝到路上，道路左右兩旁都是樹。此時，電腦必須當即作出決定，它會作出正確決定嗎？三個人的性命取決於此。

沒錯！誰能活下去，誰必須死？我們來更深入探討這些疑問及其他相關的道德問題，也分析一下提問者的認知，那就是：此人要不就是不了解自駕車及事故統計，要不就是知道事實，但沒有提出公正的問題。

首先，提出一些反問：

- 你本身開車嗎？
- 若是，你開車多久了？
- 若你對第一個問題的回答為：「是」，對第二個問題的回答是：「幾年」或「幾十年」，你可曾遇上必須決定你的車得撞死誰的情況？你可曾在操縱著方向盤時，遇上這種兩難的困境？你認識誰曾經面臨過這種矛盾——要不就是撞上一人或多人，要不就是冒著自己的性命危險，去撞一棵樹？你在駕訓班曾經遇過這類情境嗎？你受過這種訓練嗎？
- 若這是一個你可能會遇上、必須作出兩難決定的情境，你更信賴誰去作出正確決定？你會信賴一個從未面臨過這種情況，在駕訓班從不需要學習這種情況，但必須在瞬間決定這種道德問題的駕駛人？還是信賴有幾小時、幾天、幾週、幾個月的時間去思考問題、做模擬、從中學習、為此設計演算法的軟體開發師？

• 你是否知道，最終作出決定的不是程式設計師，而是透過機器學習及人類支援來作出決定的車子？

這種兩難其實太少發生了，對多數人而言，純粹是一種假設。不過，這種稱為「電車問題」（trolley problem）的兩難情境，經常被評論者及關心人士拿來作為例子，反對這種「不成熟的技術」。研究人員探索種種情境，試圖展示道德矛盾，辨識行為型態。[44]

「電車問題」的原始情境如下：一輛下坡行駛中的有軌電車煞車失靈，下坡一端軌道上有幾名工作者，從受訪者的角度來看，當時來不及通知那些工作者，但可以把電車轉向另一條軌道；不幸的是，那條軌道上也有一名工作者。現在，問題來了：你會啟動轉轍器，讓那名工作者陷入可能死亡的風險，抑或不作出反應，讓電車繼續行駛原軌道，最終可能導致那幾個人死亡？

這當然是個智性上模擬、道德上引人興趣的問題，真實生活中近乎從未發生過。更常發生的事故是，平交道號誌閃個不停，柵欄已經放下，行人或車輛仍然強行通過，或是列車工程師的疏失。這類情境更切題，因為更常發生，更多人因此傷亡。不過，我們還是一步步來看吧。

在實利主義的模型中，一項行為的評估是以對社會的最大利益為根據，儘管這聽起來似乎殘酷。舉例而言，若車子撞倒祖母，而非撞倒小孩，是不是對社會更有利呢？從實利主義的觀點來看，有人可能會說，一個老年人已經活了夠久，現在對社會而言是個「負擔」，一個小孩還有很長的一生呢！可能對社會的共同利益作出很多貢獻。但是，這種論述一定真確嗎？若這個小孩有嚴重疾病，只會花很多的醫藥費，而這位祖母即將出版她的第一本暢銷書呢？我們和車子如何能知道類似這樣的事，尤其是在別無選擇的情況下？安裝臉部辨識系統，連結至內含每個人的私人資訊的巨大資料庫，根據這些資訊來作出決定？當然不可能！

「電車問題」的其他變化版本，包括其他物體或人可以直接或間接干預。例如，有一個胖子，我們可能故意把他推到這列有軌電車前，防止悲劇發生，或是有一條繩子，你可能想讓這個胖子不小心絆倒，跌在車前，讓車子緩下來。第一個版本被否決，因為沒人想當犯罪者。第二個版本比較能被接受，因為是繩子絆倒胖子，離我們親自動手還是差了一步——不是我推倒胖子的，是繩子絆倒他的！在第一個版本中，你得直接負責；在第二個版本中，你的責任是間接的。在第一個版本中，你「殺了」某人，在第二個版本中，你「導致」某人死亡，但最終結果相同：胖子跌倒在電車前方。把「電車問題」應用於自駕車時，通常涉及隱藏脈絡——它是假設、人造的，是研究人員為了盡可能讓更多的因素保持固定而發展出來的，沒有第三種選擇，不承認有另一種選擇。例如，我們隱藏了一些資訊：自駕車總是有360度的周遭視野，在光達、雷達和攝影感測器等結合之下，可以看到200至300碼（約183至274公尺）的距離，因此能夠比人類更快速作出反應。

如圍棋對奕所示，如《星艦迷航記》寇克艦長在其中一集所證明的，總是存在另一種選擇。在《星艦迷航記》，科學官暨大副史巴克為星際艦隊學院的考試設計了一道測驗，要求應考人在訓練模擬器中作出決定，實際上，目的是要導致這些應考人失敗，未能通過測驗。寇克駭入訓練模擬器系統，修改了模擬器的參數，使他成為唯一通過測驗的應考人。抱歉，身為《星艦迷航記》的粉絲，我好像扯太遠了。

就算我們理論上會仔細考慮一個比較道德的決定，也不能保證我們在千鈞一髮的關鍵時刻真的會這樣作決定。[45] 但是，若我們了解，為了他人的性命，我們自己的性命將被犧牲，而且是在非本身作出的決定與行動下犧牲的呢？一輛自駕車應該為了挽救行人的性命而危及車上乘客的性命嗎？雖然在特定境況下，我們願意為了他人犧牲自己——例如：消防員和軍人，但我們想要自己掌控決定，不想讓機器為我們作出這種決定。

谷歌自駕車計畫前負責人克里斯·厄姆森說，谷歌為自駕車設定了非常防護的駕駛行為，對於應該優先考慮誰及考慮什麼，有一種優先順序清單。依照「順序清單」，自駕車首先試圖保護最脆弱的用路人，也就是行人和腳踏車騎士；接下來是較大的可移動物體，例如其他車輛和卡車；不能移動的物體擺在較後順序。[46]

自駕車本身必須體驗許多這類行為型態，這就引領我們來到許多人抱持的錯誤觀念之一——不是工程師作出決定，據此為系統編程，是系統根據機器學習而得的知識來作出決定。工程師一開始為車子提供一套規則，幫助它處理遭遇的困難情況，但是在試駕了數百萬英里後，人工智慧將發展出自己的行為。

谷歌使用貓的相片為例，證明這種可能性。程式設計師可以在軟體程式中，定義判定一隻貓的所有標準。你如何辨識這張相片中的物體是一隻貓呢？毛皮、輪廓、眼睛、耳朵、腳掌、鼻子、牙齒？但你如何向電腦描述貓掌？爪子會伸縮？所以，你從上方、下方或旁邊看貓掌，看爪子會不會向外伸露，或是往內縮，甚至整個閉藏。我們馬上就會遇到問題——要包含在演算法裡的東西太多了，就算這樣也不能保證電腦能夠辨識貓。因此，程式設計師只提供一些基礎構造的指示，然後讓系統去看數百張貓的圖像。起初，電腦做得很糟，它認不出貓，甚至把不是貓的東西辨識為貓。此時，人就介入了，檢查系統學習的東西及如何學習，修改演算法，加入標準及參數。歷經時日，系統辨識相片中的物體是否為貓的成功率進步了，每增加一張相片，系統的辨識成功率就提高一些。

自駕車的研發者也是這麼做的，他們輸入演算法及規則作為框架條件，然後讓車子試駕，先是在模擬器中辨識最基本的錯誤，爾後再小心翼翼地於真實世界中上路。機器將會犯許多錯，那些狀況將被輸入模擬器中，重複、修改參數，加入新情境，一再重複。漸漸地，機器能夠處理更複雜的交通情況，從中學習，繼續改進。就像 AlphaGo 精進自身棋藝，直到優於人類圍棋冠軍，自駕車也將持續改進駕駛技巧，直到最終優於一般人類駕駛。

這種方法顯示，基本問題不該是：「我將決定殺死誰？」，而是：「我可以如何『避免』殺死任何人？」檢視涉及客車的交通事故統計數字，你將會看到「人為失誤」是事故主因、占94％，每年造成全球經濟損害達5,000億美元。[47]

專家指出，在美國，有55％至80％的機動車交通事故甚至沒有呈報。[48]在西方國家，半數的交通事故受害人是駕駛人及前座乘客；在肯亞及印度之類的開發中國家，這個數字只有5％至10％，超過80％的交通事故受害人是行人、腳踏車騎士及摩托車騎士。[49]印度的交通事故統計數字最慘，平均每天有400人死於交通事故，每年有超過14萬人因交通事故死亡。[50]此外，印度每年有超過11,000人因為道路上的減速丘鋪設不當而死亡，減速丘原是為了防止交通事故而設計的。[51]

在美國，多數車禍發生於週六及週日深夜至凌晨3點間，週末這兩天這個時段因車禍死亡的人數多過週一至週五同一時段因車禍死亡的人數。[52]在歐洲，交通事故死亡人數分布得極不均勻，俄羅斯占了全歐洲交通事故死亡人數的三分之二以上。[53]交通事故往往也是貪腐的後果，賄賂金額夠多的話，警察及其他負責交通安全的官員往往網開一面。在墨西哥市，這種行為導致嚴厲措施：2007年，最後一名男性交通主管官員退休，換上一名女性主管，車禍件數減少，開出的交通罰單張數劇增300％。[54]

另一種減少交通事故的方法是運用「女友效應」（girlfriend effect）：[55]女性乘客作為一種矯正手段，尤其是對年輕男性駕駛而言，她們對男性駕駛具有鎮靜作用，使他們更小心開車，放慢速度。以色列軍方運用這種效應，指派訓練有素的女性同僚「護送」休假的男性軍人返家，因此她們被稱為男性同僚的「守護天使」。

這一切全都是事實，不是假設。現在許多人在車禍中喪命，主因是人為失誤。因此，最終的疑問仍然是：事故是「誰」的錯？誰為損害付出代價？誰為傷者支付賠償？不過，當涉事的是自駕車時，責任歸誰的問題就變得複雜了。富豪汽車早在2015年就宣布，該公司生產的自駕車導

致的任何事故都將賠償。[56]富豪汽車副總暨法遵部主管安
德斯・卡柏格（Anders Kärrberg）當時說：[57]

汽車製造商應該為車子的任何系統負責，因此我
們宣布在自駕模式下，若自動駕駛系統失靈，我
們將負起產品責任。

我們可以想像這類似於另一種民事案件：離婚。直到
1976年前，在德國，只有在「誰有過失」的疑問確定下，
才有可能離婚。這點是必要的是因為：要決定一方對另一
方的贍養義務。從1976年起，就算不判定婚姻無以為繼錯
的是誰，也可以離婚。

這樣的模式或可用於自駕車，自駕車車隊營運商或製
造商將自動成為責任方，預期的低事故頻率將確保任何受
害人可以更快速獲得賠償。根據感測資料，可以當場和
解，保險公司可以在事故現場直接轉匯賠償金。

好了，我們快速回到我們的討論起始點：實際上，我
們會遭遇多少次「電車問題」之類的道德兩難交通事故情
境呢？幾乎沒有。那麼，為何這個問題如此盛行，引起那
麼多的關注？技術專家、谷歌自駕車計畫顧問布萊德・坦
普利頓提供詳細說明，清楚解釋若你真的對這項新技術帶
來的機會感興趣，應該提出的問題是什麼。[58]

自駕車上路的終極道德問題

在有關機器人的疑問中，我們比教宗更像天主教徒，
根本就無法接受機器人的不道德行為，它們必須是完美
的。我們能夠勉強接受他人的這種行為，若我們自身展現

出不道德的行為，也會予以合理化，使它變成非不道德的行為。[59]行為科學家如杜克大學的丹・艾瑞利（Dan Ariely）研究人類行為，尤其是不理性行為，例如欺騙——什麼情況下，接受測試者會作出不大道德的決定？[60]這些情況包括：為了別人；將道德與金錢脫鉤（例如，在實驗中，研究人員在宿舍冰箱中放進6瓶可樂和6張1美元紙鈔，72小時後，可樂不見了，那些紙鈔仍在；實驗對象認為：「我沒有偷錢，因為偷了錢，我就是小偷。我喝了可樂，因為那些可樂放久了不喝會難喝，所以我喝了是在做好事。」）；不被其他人看到時；如果人人都這麼做的話；若沒人提醒什麼是道德行為、什麼是不道德的行為；較聰明的人認為，他們能夠更好地把行為合理化。

人們認為，機器是人類創造出來的，工程師應該進行適足的測試與編程，不能出錯。基於機械論的世界觀，這種態度持續了很長的時間。但是，在使用人工智慧與神經網路之下，機器變得更像人，會學習（跟我們一樣），必須累積經驗（跟我們一樣），作決策的方式近似人類直覺。AlphaGo下的那一手棋，令圍棋界為之瘋狂，被圍棋專家們視為純憑直覺。

道德疑問也許該朝往另一個方向：我們該如何分類機器人及自駕車？應該把它們視為獨立的法律實體嗎？是否接受它們可能犯錯、也會沮喪，擁有一定的權利，可以接受處罰？歐洲議會顯然這麼認為，一項民法草案中包含明確提案對機器人的分類，視機器人為具有種種權利及義務的法律實體。[61]

由於我們在機器人這個領域是新手，過去的立法可能不足，所謂「無法不成罪」，當沒有可以援據的法律時，便改以倫理道德為憑藉。理想上，法律、道德及倫理將總是趨同，但現實總是與理想不同。何謂「正確」的決定，為什麼？雖然這類問題似乎很有趣，但是在我們嘗試接受自駕車的潛力時──減少交通事故；為以往的弱勢族群提供更便利的移動力；減少路上的車輛數目，進而減少對交通基礎設施的需求，這類問題不是很有幫助。

我們先預期的似乎總是新技術帶來的危險。媒體總是傾向側重負面及潛在的危險，我管理的一個臉書專頁蒐集了德語系媒體的文章及論述，可以明顯看出自駕車的危險及風險如何被誇大。[62]操弄人們的恐懼──這種策略譁眾取寵的效果較佳，能夠吸引更多點擊，賣更多廣告，但長期而言，破壞了公正客觀看待新發展。

在德國雜誌《線上明鏡週刊》（*Spiegel Online*）刊載的一篇探討人工智慧的文章中，人工智慧科學家尤根・施密胡伯（Jürgen Schmidhuber）首先被問到，我們是否該擔心人工智慧的潛在危險？施密胡伯立刻直言不諱：[63]

> 我知道，你們不想跟我討論人工智慧和人工神經網路已經能夠幫助數十億人，例如：透過更高階的智慧型手機，自動作出早期癌症診斷。你們比較感興趣於中程未來的潛在危險。

概括地說，這就是社會與政壇面臨的問題──我們只討論新技術的危險性，從不討論新技術的潛力。最終，我們往往發現，風險已不再切題，因為新技術概念早以不同方式實行了。比起想以創造力來改變世界的理想主義者，批評者／警告者／否定論者的角色，似乎使我們顯得更有智慧。哈佛大學教授泰瑞莎・艾默伯（Teresa Amabile）探索這種思維，證明它的存在。她給學生看兩篇書評，一篇傾向好評，另一篇是批評，然後她請學生評價這兩個書評人的智慧。結果，學生評價那個負評者的智慧較高，但他們不知道的是，這兩篇書評其實都是艾默伯寫的。[64] 所以，艾默伯必須自行解答「誰更有智慧」的疑問——到底是哪個她呢？

當然，「電車問題」之類的情況必須仔細分析，採取適當對策。但是，用它來作為反對自駕車的主要論點，既危險也不負責，這種討論通常源自不夠公允的動機。

真正重要的辯論主題應該是別的，例如：當自駕車要超越單車騎士時，應該保持多遠的距離？側向保持3英尺的距離可被接受嗎（雖然事故發生的可能性高於保持6英尺）？但是這麼一來，自駕車就會開到對向車道，危及對向交通。或者，因為車子為了和單車騎士保持足夠的側向距離，必須稍微占用對向車道，導致對向交通受阻，這可以被接受嗎？

這種實驗可能已經受阻，因為某個試圖挽救人命的道德倫理委員會不准許。工程師不可能只把「正確」行為編程到自駕車上，道路寬度、交通狀況、障礙及天氣……這些都可能導致車子不遵守保持距離的規定，畢竟人類無法預測所有可能的情境組合，機器終究必須自行找到一個距離、速度都適當的安全組合，或是決定乾脆停下來。雖然這個關於單車騎士的例子，顯然不如「電車問題」那麼有趣，但絕對是更常發生的情況，因此更重要。

說到道德，德國有一個自駕車道德倫理委員會，在2017年6月提出報告。先告訴你，在實際可行的自駕車法規推出之前，德國對這類道德問題有很多討論。幸好，這個委員會的成員包括來自商界、大學、宗教與法律團體的代表，沒有落入「電車問題」的陷阱，而是看到健全的未來自駕技術擁有諸多益處。在美國，多數政界領袖立即想到的是進步，參議員忙著設法讓自駕車能夠儘快上路，同時也確保道路安全。

在檢視、評估交通事故統計數字後，我們應該討論的終極道德問題是：我們應不應該完全禁止人去操控車子？由於多數交通事故是「人為失誤」導致，一旦我們有了更好的技術，讓這種情形（「人為失誤」）繼續存在，從道德上來說，是不能被接受的，不是嗎？不想失去駕駛權的反對者，應該去問問車禍死亡者的家屬，什麼叫作「失控」（loss of control）。

不論如何，至少有一類交通參與者，已經獲得自駕車研發人員的關注──喔，當然不是「電車問題」那些在軌道上工作的人。在澳洲，已經有為了讓自駕車能夠辨識袋鼠、在路上避開牠們而發展的神經網路。[65]

若是其他用路人犯錯

現在，自駕車面臨的最大挑戰，不是交通規則或道路標誌不良，而是其他用路人犯錯與交通違規。例如：紅燈已經亮了，其他車輛仍然行進；單車騎士逆向；其他車輛在未先閃方向燈告示下變換車道等等，例子舉不完。人類的行為不理性，若理性的話，我們早就使用自駕車多年了，世界會變得更簡單，或許不再那麼刺激，但會變得更安全。

因此，英國交通當局預期，在自駕車和人駕車同時在路上跑的過渡期，交通狀況將會惡化。[66]身為行人，我想要一部慎重駕駛、對我有益、會注意到我的自駕車；但身為在自駕車後面那輛車裡的駕駛，我想要它換檔，因為我趕時間。

在推出後的第一個階段，自駕車在行進中會特別小心翼翼。基於這個簡單事實，英國交通當局才會預期交通阻塞將增加0.9％，因為周遭境況會影響自駕車的行駛行為。當自駕車占所有交通參與者的比例達到關鍵的50％至75％後，將可達到預期的交通效率。換言之，一開始，將有更多的交通阻塞，因此交通規劃者最好盡可能縮短過渡期，例如在特定區域逐步過渡，規定哪些種類的車輛不准再行駛，讓自駕車暢行。

可能的違規行為 —— 到底是誰的錯？

想像你在行人穿越道上，一輛黑色跑車緩緩停了下來，駕駛轟轟轟地一直發動著引擎，你會怎麼想？你一定心想：這個混蛋！但若這是一輛自駕車，我們會立即聯想到電影《魔鬼終結者》（*Terminator*），開始感到不安。Waymo的員工以此指出，外型設計之於自駕車的被接受度有多重要。谷歌最早測試的Koala外型可愛（有些人可能認為有點醜），目的就是要使它們看起來無害，好像很友善可親，讓人們更願意使用。

我們現在可以了解，機器人（自駕車也是機器人）展現出人類能夠信賴的行為型態有多重要。其中的要素之一是外觀，愛邏科技（iRobot）共同創辦人海倫・葛瑞納（Helen Greiner）談到測試顧客對最初的掃地機器人原型的反應。[67]顧客起初排斥這種新穎的概念，他們想要一個像人一樣的機器人，手裡拿著一部吸塵器。當海倫向他們展示外觀像個稍大飛盤的掃地機器人Roomba時，他們突然間都可以想像如何使用這台機器。很多用戶幫看起來無害的Roomba取了綽號，甚至還有販售Roomba貼膜的專門店。葛瑞納說，有些顧客還拒絕把出錯的Roomba送去維修，期望派輛「救護車」來接。

就連軍方的機器人，也不是送去「機器人聯合維修廠」（Joint Robotics Repair Facility）——這是正式名稱，而是送去「機器人醫院」。對於無法再維修、必須退役的機器人，士兵甚至以軍禮告別，包括禮炮，就像一場正式軍葬禮。[68]聽起來很瘋狂，對吧？

看來，傳統汽車的時髦設計將需要徹底改變，重要元素將不再是流線車身及顯眼細節，而是看起來友善又無害。一旦自駕車成為共享經濟的一部分，社會中許多階級將不再自己擁有車子，車子的外觀如何就漸漸不重要了，只要能把工作做好就行了。想想現在搭計程車的乘客，有多少一定要堅持車型或顏色——坦白說，你會嗎？

除了外型可愛，自駕車也應該彬彬有禮、禮讓行人，順應目前仍由人類駕駛主控的交通狀況，敏捷、安全地載送乘客。谷歌已經從痛苦中學到了教訓，光是遵守交通規則還不夠。舉例來說，整個交通行進得比速限稍快一些，任何遲疑的車輛將被卡在原地，沒完沒了；更糟的是，若行為和大多數的人類駕駛相反，就會惹惱他們，導致他們反應激動，成為交通風險。所以，谷歌的測試車容許在公路上人為增速，超過規定速限。

谷歌自駕車遇到的另一種危險是，其他駕駛看到它們，會立刻拿出相機拍攝或錄影（我承認，我也這樣），忘了自己應該專注開車，而不是顧著看谷歌的自駕車。[69]
所以，該是別再讓像我這樣的人操縱方向盤的時候了！

　　交通參與者也注意到其他交通參與者的微妙行為，例如：奧迪公司發現，打算切換車道的駕駛往往在還未打方向燈之前，就把車子開得更靠近車道分界線。[70]把這種駕駛行為編程到自駕車上，可以讓自駕車的行為變得更像人類的駕駛行為，但這是不是更好的駕駛行為，仍有待觀察。

　　另一個例子是等待交通號誌轉成綠燈時，谷歌注意到，在十字路口，橫向已經轉成紅燈了，但在直向轉成綠燈的頭兩、三秒鐘，橫向還是經常會有車子搶行通過。為了避免和這些「闖紅燈」的車子碰撞，谷歌的自駕車設定在綠燈亮起後，再等兩、三秒才起動，但這使得在谷歌車輛後方等候的其他駕駛不耐煩，不是按喇叭、閃前照燈，就是試圖超車，只為了趕快前進。別忘了，雖然只是兩、三秒，很多駕駛感覺就像永遠。[71]

　　不過，也有一些是必須不守法的情形，其中一例是，車子不應該跨越雙黃線，但若前方有輛車停在路邊擋住車道，例如一輛垃圾車，那沒道理等到那輛車動才能過。所以，自駕車必須能夠正確評估狀況，作出跨越雙黃線的決定。

　　若車主下令車子不遵守交通規則呢？若一個停車位最多只能免費停兩個小時，我得找新的停車位，於是下令自駕車每兩個小時去找一個新的停車位，這在道德上可被接受嗎？與其找不限時間的付費停車位，我下令車子刻意規避市政當局的規定。

　　當車商說它們生產的自駕車能夠自行作出符合道德的決定時，並非人人都相信。美國國家運輸安全委員會（National Transportation Safety Board）主席克里斯多福・哈特（Christopher Hart）認為，聯邦機構應該為道德疑問及安全系統制訂準則，類似於航空業現今很尋常的做法。[72]但是其他專家懷疑，根本不可能做到這樣的控管，因為自駕車可能碰上的情況遠遠複雜得多，無法準確預測。

　　總的來說，現在的用路人期望自駕車行駛得像他們一樣，不危及乘客及車外其他人的安全，不冒險，開起車來不會讓人暈車，而且開得比人類駕駛更安全，能夠用最快速、最有效率的方式抵達目的地。這想法不錯，怎麼達到還得想想。

Siri、擬真及符號：我們現在如何互動？

　　我兒子五歲首次使用蘋果iPhone的語音助理Siri時，開始問Siri下列這些問題：「耶誕節距離現在還有幾天？」，「萬聖節是哪一天？」，我們忍不住笑了出來。當時，Siri還無法提供任何有助益的回答，但我兒子仍然問個不停，最後他問Siri：「你為何這麼笨？」

　　雖然逗趣，他這種行為和以往技術改變我們時發生的情形很類似。現在還有人使用傳統撥號轉盤電話嗎？有點年紀的人可能會把單手舉到耳邊，縮起中間三指，只伸出拇指和小指作出電話筒的模樣，向他人示意：「打電話給我！」但智慧型手機世代可能看不懂這什麼意思，因為他們長大都用手指輸入簡訊。同理，老一輩可能會用手指點點手腕，表示詢問時間，但完全不戴手錶的年輕世代可能看不懂這什麼意思，因為智慧型手機上就會顯示時間，怎麼還會有人戴手錶呢？

　　較年輕世代的人可能也無法理解許多應用程式上以磁碟圖示代表的「儲存」符號，畢竟2000年代初期就開始漸漸不使用磁碟片了。我們現在使用的許多數位應用程式，是模仿衍生源的實物，例如：筆記本行動應用程式看起來就像筆記本，電子書就像能夠翻頁的實體書，目的是幫助用戶從實體順利過渡到數位應用程式，以可以接受的少量改變方式，向用戶呈現技術改變，這種設計原則稱為「擬真」（skeuomorphism）。[73]

一舉改變太多，大多數的人可能都適應不了，因此會排斥商品。這可以部分解釋特斯拉的成功，該公司沒有為了展示它採用完全不同的駕駛系統，太過迥異於現在的汽車設計標準。反觀那些試圖以大膽新設計強調創新的製造商，往往因為過度標新立異而失敗。先推出少量改變，等到使用者習慣之後再採取下一步，重寫之前的形式和形象的語言。

蘋果推出iPhone作業系統幾年後才改變外觀，捨棄應用程式形象中原本與真實世界實物相似的許多元素，在用戶已經適應並自在於新選擇多年後，才去除皮革或紙張的背景。這也讓應用程式開發者可以逐漸擺脫類比技術的限制，例如：數位行事曆及日誌比紙本版本更活潑。

我一個朋友的女兒（跟我兒子同齡），使用智慧型手機的方式和一般成人完全不同。我個人偏好在MacBook上撰寫較長的內容，她（以及我認識的許多人，尤其是較年輕世代）使用語音助理Siri，在吃早餐時或在車子的後座上，以西班牙語用唸的撰寫電子郵件給她的祖母，並讓Siri朗讀電子郵件給她聽，聽Siri讀出搜尋結果，用語音指令開啟應用程式。她的母親只用亞馬遜的語音助理Alexa來設定計時器或鬧鐘，這孩子用Siri做許多事。這對她和我兒子而言是很尋常的事，就像我們認為用鍵盤打字很尋常一樣，而我們的父母及祖父母使用「老鷹法」去找打字機上的字母——食指懸在字鍵上方，盤旋繞著尋找正確的字母，找到之後敲下去。此外，有些人則是偏好一律用實體筆墨書寫。

我們和機器溝通的方式正在改變中，僅僅三十年間，打卡機、旋鈕、開關、鍵盤、操縱桿、聲控、動作感應器之類的輸入器材陸續問世。現在，許許多多的機器方法伴隨著我們，和我們互動。這些機器必須了解我們的意圖，我們也必須能夠了解它們的用途。

開車是一種社交活動，你可能會覺得這句話很奇怪，因為看看人們的開車行為，彷彿道路是他們的私人財產！平常彬彬有禮、會為他人開門的人，在開車時，不會多想想別人的用路權，超車搶道時勇猛得很。交通規則是一碼事，自己的行為又是另一碼事，開車時的灰色地帶有一大片。去別的城市或國家開車，你會發現交通號誌或許跟你居住的城市或國家相同，但使用方法可大不同。例如，在土耳其和義大利，按喇叭是非常普通的事；在印度，要超車時，駕駛會先按喇叭示意。在美國，十字路口常有四向停車標誌，你必須仔細觀察是誰先抵達路口的，先到的有優先通行權。在奧地利，若你中指受傷了，那你就不適合開車了，因為你失去一項重要的「溝通工具」。

用路人彼此之間存在非常微妙的溝通：一個輕輕的點頭、瞥一眼、一個小姿勢，都可能決定用路人的優先順序。這令人聯想到探戈，在布宜諾斯艾利斯的米隆加舞（Milonga）中，你以目光接觸的方式，邀請舞池另一頭的某人共舞。對來自世界其他地區的舞者而言，舞池裡可說是充滿地雷，因為這種以目光接觸去邀請及接受或拒絕的方式太微妙了，非阿根廷人經常一不小心就失禮了。在非阿根廷的探戈論壇上，有很多人講述在阿根廷跳米隆加舞時發生的尷尬故事。在街道上的四輪舞——開車，也是類似跳米隆加舞的複雜社交活動，現在我們周遭還加入了機器。[74]瑞典和英國的研究人員製作系列影片，展示人們和自駕模式車輛互動的情形，以及導致的種種誤解。[75]

身為行人、單車騎士及駕駛的我們，如何與自駕車溝通呢？我如何知道那輛自駕車看到我了，並且會讓我優先通行？現在在用路時，我們通常試圖以目光接觸的方式和別車駕駛溝通，如果對方沒看到或避開注視，我們就會更小心一點，因為他們可能忽視我們——有些駕駛會用這種方法堅持自己的優先通行權。[76]但問題是，我們要如何跟自駕車目光接觸呢？應該看向哪裡？原來，讓自駕車車頭呈現友善可親設計的趨勢，並非只是一種花招而已。就像皮克斯製作發行的影片《汽車總動員》裡的那些車子，這種可愛的車頭，其實是為了讓人們和這些機器溝通：它們可以展示文字或符號，讓車子向行人溝通，表達意圖。奧迪在A7自駕車款的擋風玻璃後方有一塊LED顯示器，顯示器會告訴行人，車子已經注意到他們，這相當於人類駕駛做出手勢。[77]自駕車也可能在地上投射出一條斑馬線，向行人表示他們有優先通行權；更有趣的版本是自駕車對行人微笑，表示行人可以安全通過車子前方道路。[78]

矽谷的新創公司智駕科技（Drive.ai，由史丹佛大學人工智慧實驗室創立，2019年被蘋果收購）關切的就是這種事，該公司採取的第一步是設計一些文字及表情符號——大家都看得懂的那些，幫助行人了解自駕車的意圖。[79]行人是互動的核心，因為必須和自駕車互動的多數人大概不是車中乘客，而是車外的人或其他非自駕車的駕駛。智駕科技的測試車使用感測器，並且在車頭裝了一個顯示器，顯示的文字及符號向其他駕駛和行人表達這輛自駕車接下來打算做什麼。

Waymo自駕車運用聲響溝通，那就是傳統的汽車喇叭。[80]由電腦演算法決定何時使用，主要是研判情況是否危險？例如，若另一輛車在切換車道時，太接近Waymo自駕車，構成潛在危險，Waymo自駕車就會發出喇叭聲。或者，若另一輛車正要駛出私人車道或支路、進入幹道，但不清楚駕駛是否看到Waymo自駕車，或是車輛正從錯的車道接近，自駕車都會發出喇叭聲。若Waymo自駕車的前方有另一輛車倒車行駛，它會發出簡短兩次喇叭聲。

原本，喇叭聲只是在車內響起，通知測試駕駛員，由測試駕駛員告訴自駕車這訊號是否適當，或是車子誤解了駕駛情況。Waymo想模擬有經驗、有耐心的駕駛使用喇叭的方式。不過，喇叭還有一項用途：Koala是電動車，行駛起來沒有任何引擎噪音，很容易被忽視，有禮貌的輕鳴喇叭可以提醒行人和單車騎士。

自駕車不僅必須和其他用路人溝通，也必須解讀其他用路人的意圖，據以作出反應。一個例子是單車騎士以手勢示意，他們即將改變方向或變換車道。[81]我們應該記得的是，光是辨識手勢還不夠，還得作出適當的反應，才能保持行車安全。

以單車騎士為例，相較之下，他們的速度較慢，但是很敏捷的交通參與者，行動往往難以預測，尤其當周遭情況持續變動時。Waymo自駕車的經驗之一是，單車騎士行經一排停放的車子，必須閃開一扇開啟的乘客座車門，演算法必須辨識到那扇打開的乘客座車門，預料到單車騎士為了閃躲那扇門，可能得在未比出手勢之下，突然騎到汽車道上，所以Waymo自駕車必須保留足夠的空間，讓單車騎士完成行動。另一種情況是，手勢可能比得不正確，或是草率完成動作——有時候，單車騎士沒有比出手勢，只是稍微往肩後看一眼，就變換車道或轉彎了。

手勢訊號也可能來自指揮交通的警察，或是為了騰出車道讓工程車使用的工作人員，或是在叫車的乘客或旅館服務人員，或是車子出狀況而需要援助的駕駛，甚至是打算搶劫的人。自駕車必須了解看到的手勢是有意圖的訊號，或只是一個碰巧的姿勢。這裡講個我朋友的小故事：當時他任職Waymo，有一天，我們正前往山景市一座啤酒廠，打算過馬路時，遇上了一輛Waymo自駕車，他的同事在車上，我朋友便在路邊向他們揮手打招呼，結果那輛自駕車以為他在打手勢，便煞車停住。

一群英國研究人員為自駕車發展出一套手勢應用的語言，取名為「Blink」。[82] 目前，這套系統只能了解停止與繼續的手勢，但拜機器學習之賜，現在被訓練辨識數百種其他訊號，其中有些訊號是針對特定的文化。

柏林姿勢研究中心（Berlin Center for Gesture Research）的科學家發現，姿勢構成人們的行為。我們當然不只用姿勢和自主機器人溝通，在智慧型手機螢幕上滑來滑去，用手指點點手腕詢問時間或表達緊迫的意思，比出電話筒的模樣示意打電話，這些都是我們用來溝通或過去用來溝通的其中一些姿勢。

為了讓機器人了解人們的溝通姿勢，第一步是對姿勢作出分類。奧地利林茨市的電子藝術未來實驗室（Ars Electronica Futurelab）和賓士合作，分類了近150種互動型態及手勢。哪些是我們每天使用的姿勢？哪些姿勢可用於和機器人溝通？[83]我們是否需要發明新姿勢，或只要使用既有的就行了？哪些姿勢可能被誤解？視你所在的國家而定，同樣的姿勢在某些國家示意許可／確認，在別的國家卻會引起反感。在美國等地，用食指和拇指圈成〇代表OK，但在巴西，這手勢被視為一種排泄器官，是一種侮辱。在英國，手背朝向他人，用食指和中指比V，意思和舉出中指一樣。這類差異對我們人類而言已屬不易，更何況是自駕車的操控，也可能出無數的文化紕漏，導致人們排斥這項新技術。此外，縱使是在同一座城市的同一區域，在一天中的不同時段，人們的姿勢可能代表不同的意思。倫敦新創公司人性化自主（Humanising Autonomy）的共同創辦人暨執行長瑪雅·平迪爾斯（Maya Pindeus）編製了一份姿勢目錄，標記它們出現的時地。其中一例是，商業人士在早上通過十字路口時的姿勢含意，和深夜11點醉酒的酒吧玩咖不同。

機器知覺（Perceptive Automata）是另一家致力於協助自駕車解讀周遭用路人的意圖和行為的新創企業。有效預測人們在交通中的意圖，使所有人更安全。

在這方面，中國領先一步。南開大學的科學家正在研究如何用想的控制自駕車，乘客戴上安裝了16部感測器的頭罩，透過腦電圖訊號向自駕車傳達指示，第一回合的測試相當成功。這種解決方案或許可以嘉惠殘疾人士。[84]

不過，一輛Waymo自駕車的慘痛經驗顯示，「拳頭大的說了算」這句話也適用於自駕車上——這輛Waymo自駕車擦撞一輛行為出乎系統預料的公車。自駕車的系統原本預期公車司機在當時的交通狀況下會讓它優先，不料公車司機沒有這麼做，所幸只有一片葉子板撞凹了，以及一部感測器脫落。[85]從這個經驗學到的教訓是，比起體積較小的車子，體積較大的車子較不可能讓出交通優先權。因此，機器必須了解與接受人類的行為，無法只是編程一套固定的規則，讓它們總是遵循這些規則就算了。人們會打破規則，或是彈性詮釋規則，所以機器也必須知道何時可以這麼做，以及何時應該這麼做。[86]

人們信任自駕車嗎？

人們對自駕車的信任程度如何？2016年一項調查得出令人訝異的結果，不同年齡層對自駕車的信任程度明顯有別。56％的Y世代車主（1980年代至1990年代中期出生者，亦即千禧世代），以及55％的Z世代車主（1990年代中期至2000年代中期出生者）表示，他們信任自駕車。這兩個較年輕世代的車主，分別只有18％和11％表示絕對不信任自駕車。接受這項調查的X世代（年齡介於30歲至50歲），有23％表示信任自駕車，27％說絕對不信任；在嬰兒潮世代的受訪者中（1946年至1964年出生者），有23％表示信任，39％表示絕對不信任。[87]各州及各國的比較，也有差異。[88]在巴西之類的成長市場，絕大多數的受訪者（高達95％！）表示信任自駕車。在德國等市場飽和的國家，多數人不信任這項新技術。[89]在印度，86％的人表示信任自駕車；中國70％；美國60％；法國和英國只有45％；德國只有37％。

但是，真正的驚訝發生在實際使用自駕車時。網路影片顯示，許多使用特斯拉自動輔助駕駛系統的駕駛，懷疑心態只維持很短一段時間，爾後的信賴程度遠超過預期。

谷歌讓員工使用最初的自駕車原型進行測試時，也有相同的經驗──儘管不論是特斯拉的自動輔助駕駛系統或谷歌的自駕車，這種早期階段的信賴一點也不合理。[90]

對行人的測試顯示，他們欣然把自己交到自駕車的「手」中，毫不畏懼或猶豫地在這些車輛前方穿越馬路。在自駕車與人駕車共用道路的過渡階段，這可能導致危險情況，因為各方使用的手勢不同，或是交通參與者作出的反應出乎意料。

不過，人類並非總是最受危害的用路人，機器也可能受害──來自我們可能完全沒有意識到的源頭：小孩。日本大阪大學的研究人員觀察一部在購物商場回答購物者問題的自主移動機器人，這部機器人一再被小孩搗亂破壞，一旦沒有成人監管，孩子就會去踢、打或搖晃這部機器人。[91]由騎士視界（Knightscope）開發、專門用於一些場所──例如：史丹佛購物中心（Stanford Shopping Center）──執行保全工作的機器人，也遭遇到相同的命運。為了解決這個問題，日本的研究人員讓機器人一注意到小孩接近，就趕快移動到最靠近的成人身邊。在這類情況下，因為有成人在，可以減少或避免機器人被小孩欺負。

雖然小孩說他們知道自己的行為不對，仍然一再這麼做。根據一些研究，小孩學會用這種方式來感受移情作用。目前還未普及的新機器人世代，大概也會體驗到百年前發生過的類似情形：最早的汽車上路時，也被好奇的成人和小孩圍觀、觸摸、拆解零組件，駕駛必須好好保護車子免於遭受這類破壞。

但若一輛自駕車真的導致意外，該怎麼辦呢？當數百萬輛自駕車上路，有人受傷或死亡時，誰該負責？製造商？車隊營運商？乘客？事故受害人自己？安全駕駛員？
這再也不只是一個學術性問題而已，因為2018年3月在亞
利桑那州坦佩市（Tempe）發生Uber撞死人事故，這是第
一起自駕車撞死人的車禍事件。那晚，Uber當時100輛實
驗性自駕車之一，以自駕模式、時速43英里（約70公里）
行駛，撞上了一位正在穿越馬路的女子，當晚送醫不治。
這部自駕車的系統辨識到這位行人，但沒有啟動煞車，因
為煞車功能和系統失連，而當時在車上的安全駕駛員分心
了，她正在看手機。

　　這起事故不僅導致一人喪命，也使得Uber暫停在美國
多州進行的發展與測試活動。雖然該公司已經和受害人家
屬及美國國家公路交通安全管理局和解，美國國家運輸安
全委員會似乎也讓Uber部分免除過失責任，但在局內人
看來，Uber發生第一起自駕車致命車禍，並不令人感到意
外。該公司的文化及以往行為，使得它在專家認為可能發
生這種事故的公司名單上名列前茅。此外，公司的內部壓
力——想要迎頭趕上Waymo等公司，證明自家自駕車能
夠平均行駛12英里無解除自駕模式，可能導致該公司躁進
而釀出這起車禍。後來，Uber嘗試重啟自駕車測試活動，
但是推出一些新措施，包括測試車內隨時有兩名安全駕駛
員，並且對營運所在社區採取更合作的態度。

　　這起事故也對整個產業帶來一些後續影響。監管當
局、立法者，以及大眾更加監視相關的產業活動，現在任
何與自駕車有關的事故都被放大檢視。這也可以解釋這個
產業看似緩慢的進展，Waymo等公司對於宣布公開展示及
真正的無人駕駛活動都變得小心翼翼。

自駕車出錯時，誰該負責？如何負責？

接下來，我們來看看一些可能出錯的其他例子（虛構情節），以及必須思考的問題。

案例1：錯誤反應

一輛無人車前往載客途中，行經一個死角，有小孩突然衝出馬路，車子來不及煞車，撞上那些小孩。

我一個前同事曾經對我講述他六歲時和朋友玩的一種遊戲，他們躲在停放汽車的後方，當一輛車子行經時，他們會在最後一刻跳出來。他憶述這個愚蠢遊戲時，邊講邊搖頭——一如我們回想年輕時這類愚蠢行為時，總是難以置信地搖搖頭。所幸，他和他的朋友從來沒有出過比擦傷更大的事，所有駕駛都能及時反應踩煞車。

回到前述情境，製造商指出，自駕車現在碰到的情況是，在它學習的數百萬堂駕駛課中，從未發生過這樣的事，因此它並不知道會有這種情況。那麼，法官該如何判決？法官要不就是判定小孩的父母應負監督之責，因此自駕車的製造商或車主免責，或是要求製造商對自駕系統彌補漏洞。

案例2：感測器失靈

一輛自駕車上有非常多確保安全行駛的感測器，其中一個或數個同時失靈的可能性很高，這甚至可能不是技術瑕疵導致的。舉例來說，陽光低垂可能遮住攝影機，雨滴可能導致光達接收模糊影像，炎熱的溫度可能導致感測器的度量不正確。

在這種情況下，我們面臨到的問題是：自駕車的感測器失靈，是誰的錯？現今，車子未定期保養維修，或是車子的感測器故障，駕駛必須負責。若自駕車的一個感測器提供了錯誤資料，第一步是要辨識感測器提供錯誤資料的原因——是環境導致的嗎？還是程式有問題？或是調整不正確？車輛能否偵測到感測器失靈？

案例3：人類指令

乘客指示自駕車做出有違車子及周圍環境安全的行為，結果發生車禍。[92]我們必須承認，機器人也必須能夠拒絕人的指令。塔夫茨大學人機互動實驗室（Human-Robot Interaction Lab, Tufts University）的科學家展示這種過程：[93]一個人指示一部小機器人在桌面上前進，機器人走到桌邊，此人指示繼續前進，但機器人拒絕。服從命令的話，它就會跌落桌面，機器人反對人類主人的命令。有一種特殊模式可以防止機器人的這種不服從運作，那就是「超級使用者模式」（superuser mode），讓人類管理者可以下令機器人不理會安全措施，危及它本身或人類。在此例中，機器人將會繼續前進，走出桌邊，希望主人會接住它，不讓它跌落。機器人必須能夠信賴主人。

還有種種諸如此類的可能情況，例如：人類以管理者模式干預，繞過機器人預先編程的安全功能。人類漠視安全措施的情況一直存在，有時是基於良好的理由，有時是因為愚蠢，有時是基於邪惡意圖。在這類情況下，責任從機器人轉移至人的身上。

案例4：外部干擾

當某人從外部干擾自駕車時，事態就變得更複雜了。就如同魯莽與尋求刺激，常使一些人把雷射光束指向飛機，危及駕駛艙內機師的視野，人們也可能想嘗試干擾自駕車。比方說，在自駕車經過時，突然走到前方馬路上，或是費盡一番心血要遙控一輛自駕車。

當一部機器人無法執行動作時，它該怎麼辦？著名認知科學領域專家唐·諾曼（Don Norman）提議，應該讓機器人能夠表達沮喪挫折。[94]這乍聽之下有點奇怪，但確實有其益處。當一輛自駕車在交通圓環中迷路了，無法找到正確出口，可以向人類表達挫折，尋求人類的協助。若不這麼做，它會繼續使用相同策略，一再失敗。那麼，在人類看來，它就是一部非常蠢的機器了。若是能夠表達挫折，人們通常會嘗試幫助。

挫敗感常使我們放下一件事，改做其他事，相同作用也能夠幫助機器人。例如，前述在交通圓環迷路的自駕車，可能因為演算法受挫，停止尋找正確出口的工作，改做其他事，例如在下一個出口離開，嘗試走另一條路抵達目的地。

這麼一來，處於挫折模式的機器人就能夠避免完全陷入僵局──無法完成工作（抵達目的地），因為為了完成工作，它必須先完成另一項工作（在指定出口離開圓環）。機器人必須自問一系列的問題，以便獨立作出決定，這些問題可以分成五大類：

1. **知識**。我是否知道如何完成行動X？
2. **能力**。我目前有能力實際執行行動X嗎？我目前有能力「正常」執行行動X嗎？

3. **排序目標及安排時間**。我此時此地能夠完成行動X嗎？

4. **社會角色和義務**。基於社會角色，我有義務執行行動X嗎？

5. **可被接受的標準**。若執行行動X，我會不會違背任何可被接受的標準？

前三項疑問不言自明，第四項疑問與發出命令的人有關──此人是否有權向我下達指令？我應該對站在路邊每一個向我舉手、要求我停下來的人作出回應嗎？或者只要聽令於我的主人或警察？第五項疑問是在問，被要求執行的行動是否危及機器人本身或人類。

當發生事故或犯罪時，我們該如何評估責任與問責？前提是，一個道德主體（moral agent）──例如：能夠辨別一項行為在道德上正確與否的人──知道自身行動的後果，並且能夠執行適當的行動。

我們可以借重歷史，雖然乍聽之下可能令人反感，覺得風馬牛不相及。《我們不招人類》（*Humans Need Not Apply*）作者傑瑞・卡普蘭（Jerry Kaplan）指出，在美國內戰之前，奴隸法（所幸後來已遭廢止）曾經探討過類似問題。當時，奴隸是有形財產，有主人，奴隸法中載明了有關奴隸導致的責任及損害賠償，以及如何判定誰該受到懲罰──當然還有許多其他規章，通常都是不利於奴隸的。只有在特定情況下，主人才需要負責任；在許多情況下，受到懲罰的是奴隸。在判定誰應該負責任時，比較不關心法律，更關心的是奴隸主人的福祉──奴隸受到的懲罰，會不會使主人蒙受過度、不合理的損失呢？最後提一下，縱使在十七世紀和十八世紀，那些奴隸法並不像我們現今以為的那樣毫無爭議。

回到前述的待解問題：該如何讓機器人及其公司的錯誤或導致的傷害負責？我們應該懲罰負責人員、所有涉及人士、下指示的人，或是整家公司？我們衡量過動機、意圖及對整個社會的影響嗎？

當然，我們無法把機器人關進牢裡，但是可以處以類似懲罰。機器人及公司有其目的，它們的存在是為了實現這些目的。若判決它們支付高額罰款，若撤銷營業執照或公司許可證，公司就再也無法實現目的，法官甚至可能下令該公司關閉。這一切都褫奪了該公司繼續商業活動的基礎，可能等同於對它宣判死刑。這種情形的一個例子是：2010年發生在墨西哥灣的深海地平線（Deepwater Horizon）鑽油平台爆炸漏油事件。後來，當局強迫英國石油（British Petroleum）負擔清除油汙及其他補救行動的巨額成本，並且處以數十億美元的刑事罰款。

自駕車的目的是運輸人及貨物，若遭到巨額罰款，可能無法再完成被打造去執行的工作。傑瑞・卡普蘭主張，可以強迫自駕車車隊營運商，把每輛車註冊為一家自有公司（持有營業執照），而不是成立一家公司把所有車輛納入旗下。這樣就能避免整個車隊因為一樁事故而無法繼續營業，不致因為單一車輛及營業執照被懲罰、求償，使得其他車輛連帶遭殃。

艾西莫夫的機器人法則——或者，什麼仍是合法的？

著名科幻作家以撒・艾西莫夫（Isaac Asimov）早在

1942年就制定了他的機器人法則，它們是有層級順序的：

1. 機器人不得（故意）傷害人類，或是透過不作為（故意）坐視人類受到傷害。
2. 機器人必須遵從人類的命令，除非這些命令違背第一法則。
3. 在不違背第一或第二法則的前提下，機器人必須保護自己的生存。

後來，艾西莫夫又提出第0法則：[95]

0. 機器人不得（故意）傷害人類，或是藉由不作為（故意）坐視人類受到傷害。

我們是否應該覺點慚愧？這些機器人法則已經杵在那裡超過半世紀了，沒有任何更新。若你認真檢視這些法則，很快就會發現，它們不充足，不夠清楚——或者太精確了。那動物呢？不論是誰發出的命令，機器人都得執行嗎？若機器人實際上沒有能力去執行一道命令呢？[96]

其實，艾西莫夫在後來撰寫了草稿、但未能完成的一本科幻小說中，已經稍微修改了機器人法則：

1. 機器人不得傷害任何人類。
2. 機器人必須和人類合作，除非合作將導致它違背第一法則。
3. 在不違背第一法則的前提下，機器人必須保護自己的生存。
4. 機器人可以自由做想做之事，除非它所做之事將導致它違背第一、第二或第三法則。

這是首次賦予機器人自由意志。所以，我們應該讓機器人及自駕車想去哪裡就去哪裡嗎？若是的話，在什麼情況下呢？

南加大法學院助理教授布萊恩‧華克‧史密斯（Bryant Walker Smith）認為，在美國，自駕車打從一開始就不是不合法的東西，因為美國使用的基本法律原則是：「只要不是被明確禁止的東西，就是被允許的東西。」[97]美國准許人們最大可能的自由，反觀歐洲通常遵循相反原則：「不是被明確准許的東西，就是被禁止的東西。」

直到不久前，美國的幾個州才開始立法監管自駕車。此外，前總統歐巴馬下令交通安全主管當局制定對自駕車的規範，側重提供明確的「核准」規定，而非阻礙它們，原因在於加州當局最早提出的一個議案，令人想到英國在十九世紀後期頒布的機動車法案，又稱為紅旗交通法（Red Flag Traffic Laws）──要求汽車行進時，必須有一個人走在車輛前方，揮舞著紅色旗幟或是提著燈（法案名稱由來），以警示行人及馬車。[98]此法案頒布施行後，造成的影響自然是汽車的行進速度被限制於如同人的行走速度，這使得英國工程師偏好發展有軌機動車輛。

加州車輛管理局在2015年末提出的初始建議是：要求自駕車上路，必須有一名合格駕駛。[99]但是，在產業遊說人士及殘障人士協會代表的抗議下，這一條被刪除了。

提醒你們發生在1896年的一件事。當時，美國賓州主要考慮使因為車輛而受到驚嚇的牛及馬平復情緒，因此立法者提出議案，要求意外遇上牛或其他家畜的汽車駕駛：

1. 立刻停車。

2. 立即儘快拆解汽車。

3. 把拆解下來的零組件移到動物的視線外，例如：藏到灌木叢後，直到馬或牛的驚嚇情緒平撫為止。

當年，這項法案雖在賓州議院通過，但是州長動用否決權，因此未能成為正式法案。

監管當局的特許，以及「未明確禁止就等同准許」的法律原則，對創新也有幫助，這也是美國的製造商如此超前歐洲製造商的另一個原因。若我必須先等上數月或數年，取得特許後才能進行一次試駕，我將會失去技術優勢，或者我落後其他競爭者的技術差距將逐漸拉大。賓士直到2015年才取得在特定公路段測試自動駕駛技術卡車的許可證。2016年12月，賓士總部所在地斯圖加特市（Stuttgart）授予該公司自駕車測試執照。[100]福斯汽車集團旗下保時捷的起源地、皮耶希家族的祖國奧地利，在2019年3月頒布法規，要求公司必須在試駕自駕車的一個月前通知當地政府。此時，谷歌已經在美國的公路上測試自駕車超過1,000萬英里（約1,600公里）了。

機器人專家、谷歌自駕車計畫顧問布萊德‧坦普利頓建議，暫時延後對自駕車的任何極細節監管，因為在破壞式創新領域，通常難以預料最終採行的路徑，最初的趨勢後來可能只是死路一條，發展出意料之外的路徑。過度熱心的監管當局可能阻礙創新的發展，Uber及其他共乘服務公司的例子可茲為證。在德國、匈牙利及法國，過度熱心的監管大局在計程車業者的遊說施壓下，阻擋了這個原本能使消費者受惠的新產業擴展。[101]

不過，在另一方面——無監管或不從監管方面，Uber也是一個極端的例子。2016年耶誕節過後沒多久，Uber在沒有向加州車輛管理局取得試駕許可證之前，就逕自在舊金山試駕自駕計程車車隊。當時，加州已經發給三十多家公司這種許可證，並且正在研究修改自2012年以來仍舊相當寬鬆的法規。和監管當局的代表開了一些會議之後，在可能遭到處罰的威脅下，Uber 把所有自駕計程車從舊金山移到亞利桑那州，因為亞利桑那州州長歡迎他們，表示在該州不需要申請試駕許可。[102]

　　無論如何，監管遲早都無可避免。美國幾個州已經草擬法案，有的已經通過及頒布，有的被否決。[103] 推出監管條例及法規的歷程通常如下：

1. 這個產業從事一些可能有危險後果的活動。
2. 若不採取強制措施，這個產業沒有任何內在動機，把這類危險活動降低至無害的程度。
3. 政府推出監管條例及法規，強制要求這個產業把這類危險活動降低至無危險的程度。

下列情況並不常見：

1. 在這個產業還未實際出錯之前，我們設想它可能出錯，因此預先禁止。
2. 明確禁止新的發展，僅容許以很小的步伐，在經過廣泛測試與驗證之後推出新元素。

　　由於自駕車的技術發展在美國進步得遠遠更快，討論監管與法規的不只有直接涉及的各州，還有美國國家公路交通安全管理局。2016 年 9 月，該局公布一項內含 15 項安全考量的提案，獲得業界公司的肯定。[104] 該局在這兩者之間求取平衡：大眾安全（免於遭到技術尚未完成成熟測試的車輛的危害），以及新技術發展所帶來的公眾利益。當局很清楚，這一切可能在中程獲致較高的公路交通安全性——這正是它必須做的事，所以才取這樣的名稱。

　　歐盟早在 2017 年初，就已經開始跨國討論這個議題。後來，歐盟國家簽署了一項協定，自駕車的測試可以跨國合作；在此之前，28 個會員國各有各的規範。[105]

　　一些有關自駕車的營運規範構想，借鏡航空交通的管制。例如，美國聯邦航空總署禁止無人機遞送亞馬遜的包裹，或飛越住家上空拍照以提供相片給房地產網站，只准許私人無人機低空飛行，但這些無人機也必須完成註冊（自2016年起）。無人機能夠飛行的區域，也有所管制——航空站附近、通往航空站的空中走廊，或是有特殊重要性的地方，例如：核能發電廠或白宮，都禁止無人機飛行。監管當局不只仰賴無人機所有人的合作，無人機製造商必須在機上安裝內含關於禁飛區域資訊的微處理器，若無人機操縱者下令無人機飛入禁區，安裝了這種元件的無人機將會拒絕執行。[106]

　　在此脈絡下，我們可以思考一些關於自駕車的有趣疑問。若有人告訴我，我可以在哪些地區使用自駕車，哪些地區不能使用，我可以接受嗎？我的保險公司能夠下令我避開哪些地區嗎？以前，建築工地及封閉的私人物業區是不得進入的，現在有了新的可能性。

　　在巴西里約市，車主已經可以選擇安裝保險公司提供的追蹤裝置，這些追蹤裝置記錄GPS資料，知道車子行駛哪些地方。如此一來，保險公司可以知道駕駛是否經常去一個許多汽車被盜竊的地區，若是，保費就會自動提高，避免少去這類地區的駕駛，保費就會自動降低。這種做法具有潛在的負面政治影響，所以保險公司並不公布它們認為哪些地區是危險區。

　　電子屏障將被如何看待呢？或許就像那些開放進出的結構性措施吧。然而，這可能會開啟濫用之門，尤其是連網的車子。舉例來說，若我想以電子屏障封鎖我居住的那條街，不讓任何車子進入，以換得一夜好眠。於是，我設定特殊訊號，假裝這裡發生事故。試問：要如何防止這類濫用呢？

自駕車的銷售，也帶來了有趣的疑問。例如，若車主不支付車貸，該怎麼辦？銀行可以為了收回車子，下令自駕車自行開回製造商哪裡嗎？律師認為，這是不法干預財產。他們認為，以契約條款要求購車者事先同意這種車貸違約時自動收回，在法律上是行不通的。[107]

縱使現在的車子已經蒐集到很多資料，也記錄了種種的移動型態，顯然監管當局仍將推出類似黑盒子的規定──德國聯邦交通部已經公開考慮實施這樣的規定。[108]

自駕車的車輛設計

任何人第一次看到谷歌自駕車 Koala 時，都會注意到這個一體兩面的爭議元素：

1. 它有多可愛
2. 它有多醜

前文已經討論過，為什麼要把自駕車的外型設計得可愛的原因了。至於覺得「醜」的原因，那就遠遠較難理解。很多車主仍然表示，在考慮價格之後，車子的設計和外觀，是購買特定車款的重要考量因素。這輛車子引人注目嗎？夠好嗎？我想要買什麼顏色的？是哪家車廠製造的？不過，這些條件的前提當然是：我想要買一輛自己的車子。反觀計程車就只是一輛計程車，大多數人不大會考慮這些。同理，多數人無法說出自己正在搭的電車是西門子製造的，或是艾波比（ABB）製造的；這架飛機是波音（Boeing）製造的，或是空中巴士（Airbus）製造的。一旦自駕車的共乘服務商業模式發展成為主流（目前如此預期），自駕車的外觀或許就不是那麼重要了，車輛設計才是重要考量。

自駕車與人駕車的完全不同之處，不只在外觀方面，還有整個運作機制。下列這段文章節錄自德國汽車專家費迪南・杜登霍夫教授（Ferdinand Dudenhöffer）的著作《誰讓它們動了起來？》（*Wer kriegt die Kurve?*），清楚顯示這一步智性躍進對傳統車廠有多困難：[109]

> 一部機器人車子的第三個顧客價值成分是：數位智能美學所帶來的喜悅。蘋果公司展示如何為人工智慧找到設計詞彙，那是一種文風，用來表達 iPhone、iPad 及 MacBook 的優雅設計、高品質、簡潔及精錬。人們並非抽象思考，而是圖像思考。你腦海中聯想到的圖像，觸發了你的情感，因此設計的影響十分巨大。
>
> 　賓士執行長迪特・蔡徹（Dieter Zetsche）成功重新定位，與設計長高登・瓦格納（Gorden Wagener）塑造的新設計風格有密切關係。賓士網站首頁引用瓦格納的話：「清晰的感官體驗是現代奢華的展現，目的是創造清晰的外型與流線的外表，在展現高科技的同時，兼具情感層次。」所有賓士車款的一項重要設計元素是垂墜腰線（dropping line）——從車頭上升，滑順延伸整個車身，再下降至車尾的流線，塑造出緊緻感，完成整個車身雕塑。傳統車廠在設計自駕車時，也嘗試刻畫這種設計語言。純粹的軟體公司往往比

較缺乏車輛設計概念，這或許是谷歌自駕車為何看起來像是模仿玩具品牌摩比（Playmoil）的原因之一。

別忘了，也是要經過很多年，人們才理性接受在最早的鐵軌上行進、不須馬匹拉動的車廂——機動車輛所提供的新機會。在那些最早的連結列車上，列車長必須辛苦地跨越一個又一個的車廂連結器。車輛設計者花了幾十年的時間，才擺脫馬車車廂的外型，打造出有安全車鉤的一體式車廂。對於自駕車，專家目前還難以擺脫「方向盤及內裝看起來應該像內燃引擎車」的想法。然而，我們在前文也討論過，把整個底盤當電池而不只是車身框架的可能性。[110]

任教於麻省理工學院的社會學家雪莉·特克（Sherry Turkle），多年來研究日常生活中的人機關係。她每每訝於發現，人們很快就開始信賴機器，有時還和機器發展出比人更深厚的關係，甚至比家人更深厚。[111]我們在前文看過，iRobot共同創辦人葛瑞納描述主人如何把自己的Roomba擬人化，也看過硬漢士兵把無人機和拆彈機器人送到「機器人醫院」。[112]

杜登霍夫教授所說的情感連結，應用在機器人車子上時，主要不是指車子的帥勁或馬力，而是指使用者認為車子有多人性化、多值得信賴。設計當然還是很重要，但重要的元素全然不同於現在的汽車設計師和專家以為的。

谷歌的Koala自駕車需要很特別的設計，使感測器在絕大部分時間都能不受干擾、無盲點地觀測周遭環境。它是「智慧型車輛」（smart car），但是身為谷歌的試驗車輛，它也是很好的「行動廣告」。谷歌把幾輛自駕車的側門做了藝術裝飾，那些空間也可以用來裝上霓虹招牌，向周遭的人傳遞訊息。這是這類車子的全新應用領域，或許很多人都沒想到。

目前的自駕車技術與交通安全當局的監管影響到自駕車的設計：強大的光達系統太笨重、昂貴，使得谷歌決定只在車頂安裝一部這種系統，其他製造商則是安裝了多達八部光達系統——前後保險桿各兩部，車頂四角各一部。等到光達系統體積變得更小，成本變得更便宜之後，車輛設計自然就能改變。美國國家公路交通安全管理局針對汽車製造商製作的1,000頁手冊中，非常詳盡地載明車輛必須具有的控制元素。由於這本手冊的現行版本仍是針對有人駕駛的車子，因此車輛仍須裝有車外視鏡，儘管自駕車並不實際需要。

有關自駕車設計的討論，不能只討論外部，內部設計也將有所改變。目前陳列在加州山景市電腦歷史博物館（Computer History Museum）的谷歌Koala，座位之大令人驚訝。在路上，它看起來像部迷你車，實際上，你可以幾乎不彎腰就坐進去，就像坐進倫敦計程車那樣。由於它不需要方向盤、踏板或其他控制部件，甚至不需要變速箱（因為它是電動車），所以內部寬敞到令人有點陌生——空間太大了。

這為設計師及乘客提供了新的機會。BMW集團在2017年拉斯維加斯消費性電子展上發表一個概念：在自駕車內提供一個小書架——提醒你，是紙本書的書架。[113] 娛樂系統、工作站、舒適地睡個覺……都是有可能的，因為不需要操控方向盤，時間可以拿來做很多事，因此自駕車的內部設計將會更加重要，可能變成創造乘客的品牌忠誠度的主要元素。在後面的章節中，也會討論自駕車將如何影響城市的規劃設計。

射月及資料事業：談談谷歌的角色

汽車專家們迄今仍然未能滿意於回答的一項疑問是：為何谷歌 Waymo 在研發自駕車的領域中，扮演了如此積極、活躍的角色？自駕車的研發高度涉及資訊科技專長，這當然是一項重要因素，但是根本動機呢？谷歌主要是一家搜尋引擎公司，不是嗎？它的未來計畫是什麼？

我們的思考必須把兩項因素包含在內：其一，「射月」是谷歌的重要目標，它想要解決極富挑戰性的困難問題，為人類帶來重要的進步。甘迺迪總統在 1961 年 5 月 25 日宣布，美國尋求在十年內成功把人類送上月球，並且安全返回地球，這項宏偉的目標在 1969 年 7 月 20 日達成。谷歌創辦人覺得，他們有責任把從搜尋引擎事業賺到的大錢，投資於這類「改變世界的計畫」。

第二個理由更符合邏輯，與谷歌的核心事業有關。谷歌最早推出谷歌地圖服務時，我納悶這項服務如何契合該公司核心事業的其他層面——一方面是搜尋引擎，另一方面是地圖服務？後來，當我看到一個地產經紀人透過開放程式介面（「點擊這裡，取得更多資訊」），在地圖上展示待售房屋的位置時，我終於充分了解。搜尋引擎的自動機器人搜尋資訊的虛擬網際網路世界，是重疊在真實世界之上的，並且持續提供新的內容。谷歌街景車拍攝街景照片，其實只是實體機器人在為虛擬機器人做補充工作。若能從幾輛街景車進一步擴展到一大隊的自駕車，就能夠快速蒐集到全世界所有街道的資訊，把這些資訊和虛擬資訊結合起來。

　　谷歌的使命是：「匯整全球資訊，供大眾使用」，因此有了全新的面向，谷歌地圖與街景車有了新的應用目的。拜谷歌街景之賜，殘障人士可以更便利、妥善地規劃路線。例如，殘障人士能否無障礙地進入某個賣場呢？旅客可以在抵達 Airbnb 住房之前，檢視所在社區與周遭環境。比方說，當我抵達巴黎時，計程車司機對我投宿的那個地區不是很熟，我從先前的搜尋研究得知，我的住屋入口旁邊有一間巧克力店，所以一看到那間巧克力店，我就請司機停車。

　　那麼，打造自駕車，是否意味谷歌將來也會開始製造汽車？我不這麼認為。從該公司的夥伴關係來看，更可能的是，谷歌將嘗試成為供應商，例如：以套裝形式，向車輛製造商供應自動駕駛技術。現在的車子已經包含了數百個可以提供資料的感測器，未來數目將會增加，拜無線網路連結之賜，現在可以無線上網，線上讀取精確的地圖服務，下載軟體更新和地圖細節。谷歌也可能向車輛製造商免費提供這種服務，包括黑盒子，以換取它們製造的車子在行駛中的紀錄資料。

　　不過，自駕車是否將必須安裝黑盒子，目前還不明朗。也許，將來你可以在智慧型手機上下載一款應用程式，登入車子，用這種方式操控，這樣也就夠了。固然，現在的智慧型手機還沒有這種運算性能，但幾年後這將不成問題。

　　迄今，谷歌並未藉由銷售地圖資訊或收取谷歌文件（Google Docs）的訂閱費來賺錢，而是靠使用資料的其他服務項目來賺錢。在真實世界中，無數車輛讀取的環境與行為資料將變得極具價值，預估這些資料全球的潛在價值超過7,500億美元。[114] 2018年底，有分析師團隊估計，Waymo

的潛在價值高達2,500億美元。[115]

自駕車的優勢：能源效率及預防車禍

車隊俱樂部及公司經常舉辦研討會，教導行車的節能方法——保持正確的胎壓；車上裝載較少的行李；使用節能的換檔模式；以平穩的速度行駛，善用滑行，避免緊急加速或緊急煞車；避免空轉；善用氣流。當然，不開空調、暖氣和其他能源消耗裝置，可以幫助節省燃料。很多人不知道這些措施，或是做得不正確。

不過，如果我們把內燃引擎本質上缺乏效率納入考量，前述的能源節省就近乎可笑了。燃燒能量轉化成動能的過程浪費掉所生成能源的80％，最終在耗用的燃料中，只有大約1％真正被用來運輸乘客。

大眾已經知道汽車的高廢氣排放量，尤其是在福斯汽車的廢氣排放舞弊事件之後。大眾也再度注意到，每年有很多人死於汽車排放的廢氣；據麻省理工學院估計，每年約有53,000人因為汽車排放的廢氣而早逝。[116]若汽油價格中納入隱藏性成本，實際價格將是目前的三倍。

反觀自駕車，總是可以用節能的方式行駛——它「不會忘記」這麼做。事實上，一項研究估計，電動自駕車可以把現今的汽車廢氣排放量降低87％至94％。[117]車輛的運作機制更環保，直接省去駕駛人的重量。自駕車出車禍的可能性較低，這進一步使得自駕車可以使用更輕量、安全配置較少的設計。雖然現在的汽車可以使用遠比以往更輕量的材料來打造，但因為安全性機制的安裝增加，這些重量的增加抵消了輕量材料省下的重量。美國國家公路交通安全管理局估計，光是為了提高安全性，2001年平均每輛車增加了125磅（約57公斤），平均每輛車的價格提高了839.13美元。[118]更大、更重使得我們的車子變成致命陷阱，尤其是對任何車禍中受害的較小型車輛來說。車子的重量每增加1,000磅（約454公斤），發生車禍的可能性就提高約47%。[119]

所以，某種程度上來說，我們採用的方法其實是有悖常理的。我們裝備車子的方式，是讓人車在事故中有較高的機會安然無恙，而不是以避免事故發生為先。但我們應該側重後者，追求防止事故發生。現在的駕駛輔助系統已經朝著這個方向發展，而自駕車是從根本上解決問題的更好方法。安全帶、安全氣囊、保護區、強化車體和梁柱……這些全都是在發生車禍時，幫助保護乘客的設施，但實際上，到了發生車禍時已經太遲了。我們該做的，不是降低傷害，而是避免傷害發生。發展自動駕駛技術是一石三鳥之計：預防事故發生，從而降低成本；減輕車輛重量，從而降低環境成本；較少的損害與傷亡，從而降低總體經濟成本。

現在許多四、五人座的標準房車往往只載了一個人，絕大多數時候的用途是你獨自開車上下班，偶爾才用於和親友一起帶著很多行李和裝備去渡假。用Uber叫一輛電動自駕車來，我可以指明只要一人座或兩人座的車來載我前往目的地。

我們也不能低估塞車和尋找停車位時浪費的能源。每年，我在市區尋找停車位所耗費的能源，相當於來回舊金山與洛杉磯2.5趟耗費的能源。所有這些因素加總起來，若完全改用自駕車的運輸系統，將可以節省87%至94%的能源。

打開天窗說亮話：我們何時能買自駕車？

那麼，自駕車的發展到底到什麼階段了？我們何時能真正使用或購買？先說好消息：其實，現在就可以了。原型自駕車的測試已經證明，我們應該儘快不再讓人們操控方向盤，無數英里的試駕中發生的事件顯示，實驗性自駕車在路上跑的安全程度至少等同於人駕車。[120]谷歌的自駕車計畫已經達到公司內部訂定的里程碑，雖然保持預定進程並不容易，但有可能做到。谷歌2016年把原名「Google X Self-Driving Program」的計畫分支出去，成立獨立的Waymo公司，將自動駕駛技術商業化。

現在，全球有幾個城市在試營無人駕駛計程車隊，稍微幸運一點的話，你可以搭上一輛無人駕駛的計程車，例如：新加坡的nuTonomy計程車。nuTonomy自2016年8月開始，在新加坡的幾個街區試營，乘客坐在後座，工程師在駕駛座及前乘客座監視，以便緊急狀況時作出干預。Uber在2016年9月於匹茲堡開始試營無人駕駛計程車隊，同樣有工程師在駕駛座監視以干預緊急狀況，當時是免費讓乘客試乘。[121]

拉斯維加斯消費性電子展向來是體驗自駕車的好地方，因為這是近年此展覽的一齣重頭戲，很多自駕車公司不僅展示技術，還派自駕車到飯店接送與會者到場。2019年，Lyft公司就使用安波福（Aptiv，前身為德爾福汽車）自駕車接送與會者到場，X汽車科技（AutoX Technologies）也這麼做。

不過，這一切都相形遜色於Waymo 2018年11月在鳳凰城開始試營全球第一支商業性無人駕駛計程車隊的規模，數百輛自駕計程車在100平方英里面積的地區，為幾百名「早鳥乘客家庭」服務。[122] 這項試營持續大約一年，Waymo正式推出方案後，漸漸對更多居民開放，有些乘客搭的真的是無人駕駛車——沒有安全駕駛員在前方監視。預期2019年底或2020年，Waymo將在總部所在地舊金山灣區開始推出相似服務。*

事實上，為了營運無人駕駛計程車隊，Waymo訂購了62,000輛飛雅特克萊斯勒Pacifica多功能休旅車，以及20,000輛捷豹i-Pace電動車。Waymo也在日本及法國和雷諾－日產汽車合作測試自駕車。紐約市目前大約有13,000輛計程車，全美目前大約有24萬輛計程車，可想而知，Waymo在接下來幾年若把82,000輛無人駕駛計程車推到路上，將對此行業及相關產業造成巨大影響。

除了計程車隊，許多城市已經開始使用一些新創公司製造的小型及大型巴士或接駁車，例如：本地汽車（Local Motors）製造的Olli、法國易邁（EasyMile）和納夫雅公司（Navya）。瑞士洛桑市、阿姆斯特丹、柏林、奧地利的薩爾斯堡市（Salzburg）、澳洲的伯斯市、拉斯維加斯、法國里昂、瑞士的西昂市（Sion），以及其他地區，都已經推行測試方案，還有更多城市和地區即將開始。全球各地的城市正準備迎接自駕車，期待更具成本效率又安全的交通工具，同時能為以往服務不足的市區，提供更好的大眾運輸連結。[123]

自駕車也是所謂「最後一哩」（last mile）問題的解決方案，指的是：行程必須從公車站或火車站步行至家或辦

---

* 2021年8月24日已經推出。

公室的部分，這是大眾運輸中很重要的一個部分。若一個市區沒有大眾運輸工具連結，或是離大眾運輸工具相當遠，市民就別無選擇必須使用車子，但那些買不起車子或無法開車的人，就經常被排除在許多城市服務或選擇之外（影響包括：工作地點、社會機構、學校、醫院、購物中心等等），或者他們必須比別人辛苦很多才能參與。

在超過120萬英里（約192萬公里）的道路測試中，谷歌自駕車只出過12次車禍，全都是在低速下發生，其中只有2次錯在谷歌自駕車，這些車禍只導致輕微的防護板彎曲。這相當於平均每12.5萬英里（約20萬公里）只發生一件車禍，事故頻率近乎與人駕車相同。[124]

因此，谷歌的自駕車發展計畫最後「畢業」了，變成Waymo公司──這令人感到振奮，因為這意味著該公司現在正致力於把自駕車商業化，在市場上推出。起初只是一項聽來瘋狂的射月計畫，現在是一家將要賺錢的專門公司。[125]

儘管有這些好消息，真正的挑戰才剛開始，我們離解決所有問題還遠得很。牛津大學的科學家們展示前方還有多少困難必須克服，[126]他們在一整年間、無論晝夜任何時段，往返同一工作地點6英里（近10公里）的路程進行測試。他們驚訝地發現，同一路段上的交通狀況變化實在太多了，包括光線、天氣、施工等等因素，僅僅一年間，一個小交通圓環就被三度移動至不同地點。這些研究人員把種種變化區分為短期和長期改變──交通密度、停放車輛數、陽光、夜間街燈，這些是短期改變；灌木、籬笆、有葉子和沒葉子的樹木、建築工程、新的交通號誌，這些是長期改變。一些改變可能在特定境況下為自駕車帶來問題，例如：若一輛自駕車──像Waymo那樣，仰賴高度精確的地圖，那麼交通圓環突然改變到新地點，可能就會造成自駕車的困惑。反觀較倚賴攝影機的自動駕駛系統——例如：特斯拉，就更容易處理這種問題，不過大概也是會遭遇其他棘手的障礙。

所以，倘若同一地區因為不同季節和一天當中的不同時間而有重大變化，一個國家、甚至一個大陸內的較大城市的交通區及管制和規則可能大不相同。舉例來說，加州的信號燈或交通號誌是直排的，德州部分地區則是橫排的；美國某些州准許紅燈時右轉，其他州則不准許。要迎合所有這類不同情況，絕對是一大挑戰！

「可是，我喜歡自己開車！」

如果無論如何就是排斥自駕車，那麼縱使有最好的自動駕駛技術，也無用武之地。排斥自駕車的論點及理由是什麼？我們應該認真看待嗎？或者，只是不理性的反對？接著，我們來看自駕車懷疑論者一些常見的保留態度。

反對理由1：「可是，我喜歡自己開車！」

我絕對相信你，手握方向盤，開車行經美麗景觀，坐在敞篷車上，享受風吹過髮間的那種感覺，真的很棒。我自己在矽谷開車12年，每當要出門開車上路時，都非常開心，但可悲的現實是，我經常在早晚的尖峰時段塞在車陣裡，走走停停，穿插車間，錯過出口。在趕時間時，我焦躁地尋找停車位。至於出城渡假，就不提我自己的經驗了，很多人都有過這樣的經驗吧：公路變成綿延無盡的停車場。最後，當你終於抵達目的地時，比出發時更累。在這類情況下，自己開車絕對不是什麼有趣的事。

95％的時候，你只是需要從A地到B地，所以為了享受樂趣的成分為零。在美國，交通壅塞導致的時間損失，從1982年的7億小時增加到2015年的69億小時，估計成本為1,600億美元。[127]在歐盟國家，這項成本估計約為1,600億歐元，相當於歐洲國民生產毛額（GNP）的1％。[128]這類相關預測看起來都很糟，在英國，專家預測到了2030年，成本將增加63％，美國則是增加50％。[129]這些預測是基於幾項理由：首先，在許多國家，道路上的車輛數已經超過基礎設施的負荷；[130]其次，從目前的發展情況來看，接下來二十年，車輛數將會倍增。[131]

通騰交通指數（TomTom Traffic Index）年度排行榜上最壅塞的美國城市中，洛杉磯位居榜首，其次依序為舊金山、紐約、西雅圖及聖荷西。[132]在洛杉磯，平均每趟車程比交通順暢情況下多花44分鐘。[133]全球交通最壅塞的城市排行榜前五名依序是：墨西哥市（墨西哥）、曼谷（泰國）、雅加達（印尼）、重慶（中國）、布加勒斯特（羅馬尼亞）。在德國，交通最壅塞的城市是科隆（Cologne），其他依序為：漢堡、慕尼黑、柏林、美茵河畔法蘭克福。

老實說，到底有多少時候，你真的體驗到「開車的樂趣」？一名谷歌員工也這麼懷疑，他真心熱愛保時捷，但在谷歌自駕車計畫徵求最早的自駕車原型測試者時，他志願測試一週。此前，他真的無法想像自己會喜歡這種車子，但在開始測試後，他很快就發現，每天往返辦公室和住家的行車時間，他變得遠遠更輕鬆。一週試駕結束後，他很確定從今以後，他只想在週末出行時，才駕駛、享受他的保時捷，因為他真的不想和他坐的這輛谷歌自駕車分開。

反對理由2：「我才不想坐一台自己無法掌控的車咧！」

其實，我們每個人現在使用的，都是自己無法掌控的交通工具——巴士、地鐵、電車、火車、飛機，我們甚至無法真正掌控自己前往何處，火車或飛機一稍微偏離，就會把我們帶到另一座車站或城市去。

我們不安於將生死交由機器控制，喜歡握有決定權，這種欲望雖可理解，但其實不夠理性，因為現今許多交通工具就是機器掌控的，只不過我們不一定意識到而已。無人駕駛的地鐵、飛機的自動駕駛模式、空中交通管制，比起人為控管，這些自動化使得鐵路及空中交通更緊湊、更安全。就連安全氣囊也不完全是由我們控制的——何時會彈開、我們會不會喪命或受傷，或是在車禍中平安無事。在飛機的飛行途中，99％的時候是自動駕駛模式，火車的自動駕駛模式時間比例也相似。一些地鐵系統，例如：瑞士洛桑市和新加坡的，也不再有駕駛了。在法蘭克福、紐約及蘇黎世機場航廈間的旅客接駁車，也是無人駕駛。在一些飛行階段，實際上必須用自動駕駛模式控制，例如：必須在暴風雨中降落時，或是能見度低的時候。車子及卡車，遲早也會進入相似的情形。

以往的一個例子顯示，我們甚至不是在每一種情況下，都能夠信賴人類駕駛員。最早的女性電車司機和女性飛行員出現時，人們同樣持排斥態度。他們說：男性駕駛或飛行員的經驗更豐富。而今呢？不論什麼性別來駕駛都很尋常。

前文提過杜伊斯堡－埃森大學（University of Duisburg-Essen）汽車研究中心的杜登霍夫教授，他在《誰讓它們動了起

來？》一書中以安全氣囊之類的安全設備為證，結論道：[134]

> **如果我們夠誠實的話，其實已經對「究竟是否該讓電腦為我們的性命作出數百萬次的決定？」這個疑問作出回答，答案是肯定的。**

　　許多技術系統已經內含不讓人們干預及作決定的自控元素，防鎖死煞車系統（ABS）就是一例。當駕駛踩煞車時，這套系統自行決定是否啟動。在正常乾燥的道路上，它可能自行啟動；在結冰的道路上，它可能不啟動。

　　谷歌自駕車的內部參與者被要求總是聚焦於交通狀況，積極參與行駛過程，以便能在必要時作出干預，畢竟他們當時仍在監督尚未成熟的原型層級技術。車內攝影機拍攝的內容顯示，谷歌員工在頭一天十分嚴謹遵守指示，全程全神貫注；但第二天，他們變得較不那麼專注；第三天，他們開始更聚焦於車外景觀及車子周遭的物體，不那麼聚焦於交通狀況。最顯著的一個事件是，一名員工在車子行進中想幫手機充電，必須從放在後座的包包取出充電線。於是他轉過身，打開包包，抽出筆記型電腦，取出充電線，把這些東西放到乘客座，處理他的手機，讓它開始充電。整個過程大約15秒，之後他才恢復注意街道和交通狀況。

　　在起初的懷疑心態後，人們開始以驚人的速度信賴機器，儘管他們應該保持注意，就像前述這名谷歌員工。這意味的是，我們回到原點──某種程度來說，自駕車把我們帶回馬車時代，當時人們不需要時時注意街道及交通狀況。

　　其實，急停系統可能也有反安全作用。實務經驗顯示，人類並不是很善於辨察緊急狀況，我們反應慢、常犯錯，有時會因為震驚而愣住，可能有意或純粹因為粗心大意而關閉系統，使得自己和車子陷入更大的危險。專家指出，從人駕車過渡至自駕車的最危險期間，將發生於人和機器共同控管的時期。福特汽車所做的研究顯示，在這種情況下的風險有多大：當電腦把責任轉交給一個人時，此人需要花超過20秒鐘的時間來「了解」狀況。[135] 唯有完全不讓人類控管駕駛，我們才能真正享有自駕系統提高的安全性。

反對理由 3：「自駕車事故中，多數是由人類駕駛的車輛所導致的。」

這個反對理由接著會說：「但這會發生，完全是因為自駕車過度小心（就像年長者開車那樣），難怪其他駕駛會那麼緊張不安。」從這項反對理由，我們可以看出我們對自駕車的要求有一定程度的矛盾心理：一方面，我們指責這類車子太過猶豫不決；另一方面，我們又把它們視為不受控制、瘋狂的機器。這一刻，我們但願它們在綠燈或轉彎時能夠展現多一點的衝勁；下一刻，我們又不想遇到它們，或是想要大大限制它們的最高時速。人們常常抱怨其他駕駛開車太過魯莽，自己開起車來有時像在賽車。人們不耐煩那些偶爾上路的緩慢駕駛，閃燈嫌棄他們開車技術很差；然而，自駕車的編程是禮讓，尤其是對那些較脆弱的用路人而言——正是人類駕駛很快就變得不耐煩，會搶先、插車、不讓行人優先通過，或是貼近超越單車騎士的那些狀況。提醒你，這些可不是偶一為之，是經常如此。

該怎麼說我們人類的矛盾呢？開得謹慎而緩慢，我們說「龜速」；開得虎虎生風，我們說「危險」。若自駕車開得像現今許多「尋常」駕駛般快又狠，然後發生事故，這些人就會大聲說：「就說了吧！自動駕駛不安全。」事實上，谷歌在自駕車演算法中放進所有的安全行為，主要是因為自駕車是為了對人類的錯誤作出反應，加以矯正。

反對理由4：「人類駕駛一定會不假思索搶走自駕車的優先通行權。」

這個反對理由接著會說：「所以，自駕車就會停在原地，因為沒人會讓它們併入車流裡。」自駕車的友善禮讓行為相似於新手駕駛，可能因此被誤以為不可靠，若有駕駛因此認為他們必須以狠勁對待自駕車，那是他們的問題。但是，我們不應容忍這種態度，不論是對人類駕駛或自駕車，都不能容忍。

反對理由5：「恐怖分子可能會在自駕車上安裝炸藥，讓它們變成行動炸彈。」

事實上，2016年一項問卷調查訪查700人，其中43％的德國人及奧地利人、40％的美國人及41％的南韓人擔心，自駕車可能遭到恐怖分子濫用。[136] 這個問題的解方可能來自一個完全不同的產業，那就是區塊鏈──去中央化的資料架構。這個概念原本是為金融業設計的，已經證明用途極為廣泛。

這裡不談太多細節，簡單地說，區塊鏈是為了交易安全性而設計的一種技術，例如：從一個帳戶提款，轉至另一個帳戶。也可以應用於財產登記，把財產所有權從一個人名下轉至另一個人名下。區塊鏈的主要特性是去中央化，財產登記紀錄不是保存於銀行或土地登記處，而是人人都能公開看到，每隔幾分鐘就更新。由於物件的整個交易史保存於區塊鏈（交易區塊依序鏈結），所以可以即時看到交易的涉及人。透過區塊鏈管理的自駕車，可以呈現整個交易史、隨時看到，任何濫用將立即顯現。[137]

區塊鏈技術的一些特性，可能仍無法應用於車輛產業，但區塊鏈絕對是網路安全性問題的一個可能解方。

暈車問題

我的小妹還只是個小孩時，我們家開車出門時總會打賭：她會不會暈車？她那敏感的胃，可不是只有在坐汽車時才會翻騰。搭乘電車，她也會暈車，不是每次，但是經常。所以，我父母的移動力大幅受限。長大後，她自己開車就不再暈車了。自己操控方向盤，她的胃就不再翻騰了。

為什麼會暈車？當我們看到的和身體感受到的運動兩者不一致時，或是無法預測或掌控行進方向時，很容易就會暈車。暈車通常發生於乘客，駕駛不大會暈車。所以，搭乘自駕車很容易暈車嗎？

答案是：只有在行駛風格像行進中的馬匹時才會。我搭公司巴士或大眾運輸工具上班多年，頭幾個星期，我在車上根本無法閱讀，因為一閱讀我就頭暈。過了一陣子我才習慣，利用搭車時間閱讀就沒問題了。不過，有個例外：輪到某位司機開車時。他一下加速一下煞車，我很快就暈車了，就像我同事說的：「騎馬，都比搭他開的車更舒服！」

這從經驗中就知道了——我們獨自開車時的駕駛風格，和開車載全家人時的不同。車上有乘客時，我們會開得更小心、放慢速度，確保無人感到不適。如果其他人負責駕駛，我們的感受就取決於能不能適應這個人的駕駛風格了。自駕車必須以讓所有人都舒適的風格行駛。

密西根大學的科學家預期，當自駕車變得更普及時，將有更多乘客暈車，因為再也沒人操控方向盤了。[138]在車上閱讀或觀看影片等活動，也可能導致暈車。據估計，6%至10%的成年人經常暈車，12%的人偶爾暈車。

如何預防這種情形呢？車輛製造商可以設計較大的車窗、擴大視野，把螢幕安裝成讓乘客能夠直視，避免可旋轉的座椅以及需要很多頭部移動的動作，安裝可多段式調整靠背的座椅。

未來的賽車比賽

自駕車將完全僅限於在公路上行駛嗎？當然不是！荒原路華（Land Rover）正在實驗能夠越野的自駕車，亦即行駛於未鋪設柏油或沒有道路標線的路上。[139]

那些以為自駕車只能慢速行駛的人，一定沒見過無人跑車。自駕車絕對能夠快速行駛，甚至行駛得很快，奧迪就用RS7原型證明了這點，時速高達160英里（約256公里）。[140]矽谷創投家約書亞·夏科特（Joshua Schachter）甚至舉辦了自駕車賽車，[141]第一場賽事於2016年5月底舉行，地點在舊金山以北三小時車程的雷丘賽車場（Thunderhill Raceway Park），有十多支隊伍參賽。[142]雖然賽事不像一級方程式賽車，比較像發表及廣告活動，仍然令人想起汽車與航空業賽事的起源──當時，許多參賽的車子是拼拼湊湊打造出來的，有些甚至發動不了，或是在第一個轉彎就失靈了；當時，也沒有正式的汽車或飛機製造商，那些勇敢的駕駛和飛行員用自家打造出來的車子或飛行器上場。2017年，巴黎和布宜諾斯艾利斯也辦了自駕車賽車「Roborace Series」的最早測試賽。[143]

我們現今所知的賽車將會如何演變，難以預料。目前，賽車手仍然受到仰慕，身負觀眾、粉絲及舉國的厚望。未來，自駕車賽事活躍後，他們可能失去知名度，也可能不會。不過，看看粉絲在戰鬥機器人盃（Combots Cup）和機器人賽（RoboGames）顯露的熱情，我倒不大擔心這些。[144] 我兒子六歲時，我跟他去看了兩場競賽，現場觀眾喊得聲嘶力竭，遙控機器人用火焰噴射器、圓鋸、鐵鎚及種種工具相互攻擊，吸引觀眾——至少半數是小孩。若讓我預測的話，未來的賽車場看起來將更像系列電影《瘋狂麥斯》（*Mad Max*）那樣的風格，無駕駛人競鬥。未來的小孩可能無法理解一級方程式賽車或（較乏味的）全美改裝房車賽（NASCAR）曾經那麼風行。如同三度贏得一級方程式賽車世界冠軍的已故傳奇賽車手尼基・勞達（Niki Lauda）多年前說過的：「我厭倦了繞著圈子行駛。」

節能，對地球更友善

為研判車子的環保程度，我們通常檢視車輛的生產、使用及最終的回收。基於自駕車的特性，不少人已經對這類車輛生產過程的環保益處寄予厚望。專家們認同，自駕車問市後，將有助於顯著減少車禍數目，許多安全裝備可以不再使用。當自駕系統達到一定的安全程度，傳統手控車一旦被禁止上路後，車輛設計就可以使用較少、較輕的材料，車輛價格可望降低。若自駕車是電動的，較輕的重量使用較少資源，行駛相同里程需要的電池容量及重量降低。

若一輛車子平均每天超過23個小時都處於停放狀態，

是巨大的資源浪費，很不環保。電動自駕計程車可以24小時載運乘客及貨物，它們可以是一人座、兩人座或多人座。使用太陽能和風力發電之類的環保能源的電動自駕計程車車隊，將可分別減少溫室氣體排放量達87％及94％。[145]

如果選擇最佳路徑，不像一般人類駕駛那樣經常走走停停，就能節省高達15％的燃料成本。[146]在十字路口前方停車，起動、加速，相當消耗動能。若自駕車能夠彼此溝通，在十字路口前方就協調好，甚至可以不必停下來等彼此通過，這可能節省高達30％的燃料成本。[147]

此外，車輛也可以結合成「公路列車」般行進，形成一整條的車隊。以協調形式行駛的車子，不會造成交通阻塞，這可以消除數千億美元的生產成本及交通壅塞中的燃料成本。把來自不同運輸商的幾部車輛連結起來，彼此以相隔40至50英尺（約12至15公尺）的距離行駛，這種方法用於卡車，特別引人興趣，瑞典汽車製造商斯堪尼亞（Scania）正在新加坡進行測試。[148]透過這種方法，第一輛車的燃料成本節省4.5％，其餘車輛的燃料成本都節省10％。[149]考量到燃料成本占一家運輸公司營運成本的40％，這種方法可謂相當顯著的成本節省。雖然卡車數量僅占所有車種總數量的4％，氣體排放量卻占了25％，轎車的占了42.7％，皮卡、小型客貨兩用廂型車及運動休旅車合計占17％。[150]總的來說，運輸業占2017年溫室氣體排放總量的28.9％。[151]

幫助車子尋找停車位或最佳路線的智慧系統，還可以再節省燃料成本5％。只要想想現在一天當中，同時在某些特定時段尋找停車位的車子數量，我們就會更重視自駕車不須尋找停車位或車位導引系統的可貴性。

當然不是人人都認為自駕車是唯一的解決方案。一項研究得出結論，靠著減少交通壅塞，實際可能做到的燃料節省至多為5％。舉例來說，公路列車的效率，取決於個別車輛之間的距離和整個車隊的長度，[152]現有的基礎設施及法規可能會有限制。一旦我們可以透過行動應用程式叫車，不用擔心很多自己開車須注意的問題時，我們也許會用車子行走更多里數。

車子是回收利用度最高的消費性產品，近乎100％車子使用的鋼鐵（占車子總重量60％）都是可以回收利用的。[153]儘管鋁合金車體已經變得尋常，回收利用量也不會改變，因為這種材料的回收利用率更高，可以在不降低品質之下回收利用，回收利用也比新製的更便宜。

自駕車上路測試

在小孩的交通安全教育課程中，每個孩子都迫不及待想坐進車裡，不是扮演行人。有腳踏車、三輪車，但每個孩子都想坐進四輪車中，行駛於縮小版的城市模型裡。模型裡什麼都有：交通標誌、行人穿越道、交通圓環、縮小版的交通燈號等等。在可以自行上路、參與真實世界的交通之前，我們必須在一個較安全的版本中練習。

就像小孩不能馬上進入真實世界的交通中，自駕車的原型也不能立刻自行上路，畢竟它們是兩噸重的機器人，萬一出錯可能導致嚴重傷害。

以往，製造商在自己的場地測試車輛，例如：戴姆勒在霍肯海姆賽道（Hockenheimring）或伊門丁根（Immendingen）的測試中心進行測試，後者自2018年起擴大。[154]賽車場和以前的機場常被用來作為車輛測試場地，但是到了某個時間點，新車款仍得上路測試。專業攝影師和記者總是試圖辨識、拍攝這類偽裝的新車款，好在專業雜誌上向愛車人士報導。

現今的試車場已不再適足於自駕車的測試，在簡單路段做些測試是不夠的，製造商必須能夠找到有尋常交通流量、路況和天氣狀況持續變化，還有真實世界的各種建築、主題、街道物體、人行道，甚至各種意外狀況的實境。在美國，有幾個測試地區，例如：舊金山附近的哥門頓測試站（GoMentum Station）。這些測試地區雖然提供了各種境況，目前還在設計更多這樣的測試地區。哥門頓測試站的街道，是加州許多道路混合情況的典型代表，有坑洞、褪色的車道標記、鐵路平交道、公路匝道、橋梁、地下道、建築物、十字路口、磨損的道路標誌，以及其他車輛和行人等。換言之，這個測試站提供了自駕車設計師想要的一切測試境況。由於這個地點仍被視為軍事區、受到保護，不對外開放。這對於想要繼續研究、不被看到的製造商而言是一大優點，[155] Acura、Honda 和法國易邁都在這裡進行測試，還有其他十多家製造公司也在商談中。美國航太總署艾姆斯研究中心（NASA Ames Research Center）目前也被谷歌、Nissan 及派樂騰科技（Peloton Technology）等公司用作測試場。

前加州州長傑利・布朗（Jerry Brown）批准立法後，有兩條明確指定的路段供完全無人車行駛，分別是哥門頓測試站，以及東灣聖拉蒙市（San Ramon）附近的主教牧場（Bishop Ranch）商業中心。[156] 加州車輛管理局甚至進一步推動相關發展，自 2018 年 4 月起，取得許可證的公司可以讓完全無人車在加州的公路上行駛，Waymo 在同年 10 月成為第一家取得許可證的公司。許可證准許Waymo在山景市、桑尼維爾、洛斯奧圖斯、洛斯奧圖斯丘、帕羅奧圖測試完全無人車,這片地區面積約72平方英里,居民約34萬人。Waymo有40輛無人自駕車可以在白天、夜間,甚至細雨中行駛於這裡,但該公司必須先訓練應急人員在發生緊急狀況時協助車子。2019年3月,Waymo訓練消防員、警察及市府人員如何聯絡遙控員、關閉車輛,或向車子發出信號。

美國國會有一項涵蓋範圍特別大的提案,若此提案通過,將有多達10萬輛自駕車可以在不須維持現行安全標準下行駛於美國所有街道。為何美國國會要這麼做?因為要支持自駕車的發展,不是阻礙其發展。自駕車能夠提供的益處令國會議員太看好了,他們不想對自駕車的發展造成任何阻礙。[157]

密西根州安娜堡的M城市(M City, Ann Arbor)遠遠較小,有不同的發展重心。M城市由密西根大學打造,提供具有理想條件的人造街道情境,所有道路交通標誌和標線都是新的,街道被優化調整過。密西根州的天氣比加州的氣候更適合測試自駕車在惡劣天氣狀況下的行駛(例如:下雨或下雪),[158]自2016年12月起,該州就准許無人或無方向盤的自駕車進行測試。[159]

密西根州還在伊普西蘭提鎮柳樹大道(Willow Run, Ypsilanti)的前轟炸機工廠,規劃、興建另一個供連網車輛及自駕車進行測試的區域,破土儀式在2016年11月舉行。[160]相較於M城市,這個測試區規劃的交通情境容量將增加十倍,也是由密西根大學打造的,取名為「美國移動力中心」(American Center for Mobility)。[161]在密西根州的弗林特市

（Flint），凱特林大學（Kettering University）和通用汽車合作打造運作一個測試場；維吉尼亞理工大學在維吉尼亞州布萊斯堡鎮（Blacksburg）也啟用一座測試場。[162]佛羅里達州不落人後，2017年春季在波爾克縣（Polk County）開始打造SunTrax測試場。[163]

谷歌使用舊金山往東2.5小時車程、靠近美熹德市（Merced）的前堡壘空軍基地（Castle Airforce Base）作為測試區，這裡也是訓練那些在自駕車上觀察車子及周遭情況，以便作出應急干預的安全駕駛員的中心。[164]訓練人員提供個別試駕指導，以利蒐集資料、調整演算法。

測試中心有一個存放了很多物件的大型儲藏室，這些物件可被放在測試道上，或是用來模擬交通參與者。測試駕駛員幫助車子辨識、分類物件，以及正確解讀交通狀況。他們因此辨察出特定行為，把相關資訊告訴設計師。這件工作其實不如聽起來的那麼容易，因為在測試過程中，測試駕駛員及工程師偶爾會打瞌睡。[165]

美國運輸部2017年1月公布了一份清單，列出支持自駕車進一步發展的10個官方測試場及公共測試區、相關標準和法規的草案，以及資訊和經驗交流。這10個測試場及測試地區如下：[166]

1. 賓州匹茲堡市及湯瑪斯・拉森運輸研究所（Thomas D. Larson Pennsylvania Transportation Institute）
2. 德州自駕車驗證場夥伴（Texas AV Proving Grounds Partnership）
3. 美國陸軍亞伯丁測試中心（U.S. Army Aberdeen Test Center）
4. 柳樹大道美國移動力中心（American Center for Mobility

at Willow Run）

5. 康特拉科斯塔運輸管理局（Contra Costa Transportation Authority, CCTA）及哥門頓測試站（GoMentum Station）

6. 聖地牙哥政府協會（San Diego Association of Governments）

7. 愛荷華市區發展集團（Iowa City Area Development Group）

8. 威斯康辛大學麥迪遜分校（University of Wisconsin-Madison）

9. 佛羅里達州中部地區自駕車合作夥伴（Central Florida Automated Vehicle Partners）

10. 北卡羅萊納州收費公路管理局（North Carolina Turnpike Authority）

　　美國的每一州、每一座城市、每一個市政當局，都有強烈欲望成為這場競賽中獲得車輛產業青睞的一員。各地當局希望藉由提供彈性監管及公共基礎設施，成為測試地點所在，最終成為生產研發的地點。

　　那麼，德國在這方面的發展情形如何呢？雖然德國的製造商及研究機構早在1980年代就開始研發自駕車，而且自2010年，這個領域的所有專利有58％是德國機構持有，但仍然處於落後。[167]申請專利和推動技術的發展，兩者未必密切連動。美國已有許多正在運作中的測試場，還有更多測試場在規劃與打造的階段。美國一些州有條件地允許自駕車行駛於公路，並且準備核發測試許可證給完全無人車上路測試，美國國家公路交通安全管理局也正在研擬一套全面性的規範。反觀德國則尚未開始，雖然在2016年宣布將准許A9高速公路部分路段作為自駕車的測試道路，但是實行被延後。不過，現在行駛於A9及A93公路上，可以看到路邊裝設了一些寬約28英寸（約70公分）的標誌（參見圖表7-1），它們是為自駕車提供的定向點，可以讓資料和GPS訊號匹配小於0.5英寸（1公分）的誤差。

BMW集團在2017年宣布，它的自駕車將在慕尼黑市的交通中進行測試，以累積經驗。[168]賓士也在2016年底，獲得在斯圖加特市市區測試自駕車的許可證，[169]但迄今並未進行多少測試──這裡幾輛，那裡幾輛，進行得很膽怯。

在此同時，德國交通部宣布在柏林EUREF商業中心園區，測試美國新創公司本地汽車（Local Motors）的客貨兩用廂型自駕車。[170]此外，在萊比錫市也開始測試法國易邁打造的自駕車。這兩項測試計畫都是由德國鐵路（Deutsche Bahn, DB）運作的。漢堡市的交通規劃師也在準備一條自駕巴士路線，但最快要到2021年才會實現。布朗施維克市（Braunschweig）和卡塞爾市（Kassel）也被指定為測試地，變速器製造商采埃孚（ZF）總部所在地的腓特烈港（Friedrichshafen）也有一條公共測試道。

關於這類公共測試道應該能夠處理什麼狀況，才能夠開放使用？德國的專家和立法者，目前尚未有完全共識。至於

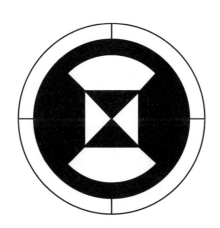

圖表7-1　德國的自駕車道路交通標誌

促成與車子溝通的感測器呢？在柏林，一條測試道裝設的感測器花了400萬美元的補助款，這項「DIGINET-PS」計畫的夥伴包括：柏林工業大學（Technical University of Berlin）、夫朗和斐開放通信系統研究所（Fraunhofer Institute for Open Communication Systems）、戴姆勒集團、思科系統、柏林公共運輸公司（Berliner Verkehrsbetriebe, BVG）。[171]

我們可以注意到德國與美國的用詞差異：德國人使用「測試道」（test track）一詞，美國把整個州拿來作為「測試場」（test field）；德國人說「自動化」（automated）或「高度自動化」（highly automated）駕駛，美國則說「自主」（autonomous）駕駛。從這些用詞的小小差異，就可以看出雄心程度。德國談的是駕駛輔助系統的下一個層次，美國談的是完全自駕車。

美國製造商不像德國製造商那樣，被這類懷疑及保留態度絆住。在美國，相對於任何既有業界試驗，政府可能就推出40億美元的計畫，把一整條公路改裝成可供自駕車行駛的交通路線——貫穿北達科他州、南達科他州、內布拉斯加州、堪薩斯州、奧克拉荷馬州及德州，長達2,000英里（約3,200公里）的83號州際公路可能就是這條道路。[172]美國的公司甚至已經建立一個跨產業平台，協助發展自駕車的框架條件與技術。Uber、Lyft、谷歌、福特、富豪等公司，成立安全街道自駕聯盟（Self-Driving Coalition for Safer Streets），由美國國家公路交通安全管理局前任局長大衛・史特利克蘭（David Strickland）擔任發言人，包括母親反酒駕組織（Mothers Against Drunk Driving）、全國盲人聯合會（National Federation of the Blind）、美國脊椎損傷者協會（United Spinal Association）、智庫R街研究所（R Street

Institute）、全員移動力服務公司（Mobility4All）等組織，都已經加入成為這個聯盟的夥伴。[173]

在此同時，歐洲那邊在做什麼呢？匈牙利宣布在佐洛埃格塞格（Zalaegerszeg）打造一座測試場，奧地利將跟進，但迄今什麼都還未實行。[174]法規問題、懷疑心態，以及完全沒有急迫感，這一切使得行動停滯不前。到了2016年末，只有汽車業供應商李斯特內燃機及測試設備公司（AVL List），在靠近格拉茨（Graz）的A2公路上完成一次試駕，法國新創公司納夫雅（Navya）在歷史悠久的城市薩爾斯堡市中心進行了迷你自駕巴士的試駕。[175]在瑞士，洛桑聯邦理工學院（EPFL）校園最早於2015年開始測試小型客貨兩用廂型自駕車，和車隊管理系統新創公司倍思邁（BestMile）及瑞士郵政巴士（Swiss Postbus）合作。[176]在瑞士西昂市，一輛測試中的自駕巴士載送乘客幾個月。

德國製造商目前只能在加州及內華達州測試自駕車，仍然難以在本國取得測試執照，但美國和日本的製造商已經把自駕車推到歐洲了。福特汽車2017年起在英國艾塞克斯郡（Essex）開始測試，接著又在德國的亞琛市（Aachen）和科隆市進行測試。[177]Nissan則是在2017年春季開始於倫敦進行測試。[178]

加拿大也在加快速度，儘管事實上該國沒有值得一提的相關產業發展。不過，安大略省通過法律，允許滑鐵盧大學、黑莓公司、通用汽車加拿大分公司，以及德國製造商厄文海默集團（Erwin Hymer Group）在公路上測試自駕車。[179]

就連交通混亂的印度也積極起來，已有兩個印度組織為這項「不可能的任務」申請測試執照，分別是塔塔集團旗下的塔塔伊利克西公司（Tata Elxsi）和印度汽車研究協會（Automotive Research Association of India）。[180]俄 羅 斯也迫切需要自駕車——別忘了！歐洲的總交通死亡人數有三分之二發生在俄羅斯。總部位於莫斯科的認知科技（Cognitive Technologies）和俄羅斯的網際網路巨人揚戴克斯（Yandex）正致力於解決這個問題。[181]

你想過怎麼使用自駕車嗎？

有一部有點黑色、但很有趣味的捷克電影《全是巧合》（*Knoflíkáři*，英譯 *Buttoners*）在1997年上映，裡頭有段情節如下：一對男女搭乘計程車，請司機沿著布拉格一條空曠街道行駛。人生閱歷甚豐的這名司機在專注於晚間交通之際，後座的兩名乘客則是在享受另一種互動，嘗試變換各種姿勢：先是把腿伸到前座之間，後來換成頭靠到前座之間。過了一會兒，兩人沮喪地坐著，最後女子開口了。她對司機說：「你開得太慢了，他做不來！」這名司機知道另一條街可以超出規定時速35英里速限，所以就把車子開過去，兩名乘客終於能夠好好享受了。

將來，我們會這麼使用自駕車嗎？會不會利用上班途中在自駕車上幽會，省去旅館開房間？自駕車會不會遭到濫用，當成移動妓院？風化產業會不會成為拓展自駕車技術及持續發展的主要驅動力，就像之前發生於影音串流技術或影像品質改進技術的情形？自駕車新創公司祖克斯（Zoox）的創辦人提姆・肯特利－克雷（Tim Kentley-Klay），似乎已經想過了這些可能。他在一場研討會上，開玩笑提到「關燈模式」——在自駕車上關閉所有錄影錄音裝置，好讓人們在車上「做點有趣的事」。[182]

所以，有人問：自駕車最終將減輕交通壅塞，抑或導致更多壓力，增加其他種類的「交際」？一方面，多使用自駕車意味的是需要的車子數量將減少，減輕交通壅塞。另一方面，人們也合理地擔心，因為使用自駕車行走更長距離變得更輕鬆了，都市可能會更加擴張。在研究的模擬中，這兩種副作用都出現了。[183]

現今的通勤限制是距離所需花費的時間，若你每天早晚需要花超過一個小時往返住家和工作地點，時間成本就太高了。若你能夠使用自駕車，聰明善用通勤時間來做點工作、閱讀或其他類似的事，那你就可以住在離工作地點較遠、有花園的家。

福特汽車做了一項問卷調查，想知道若人們在車裡有空閒時間，會利用這些時間來做什麼？儘管很少人實際有過搭乘自駕車的經驗，多數人很清楚自己會利用這些時間來做什麼：80％的受訪者表示，就只會輕鬆觀看車外景色，72％說會打電話，64％說會放鬆一下吃點東西。[184]

另一個引人興趣的層面是，把我載到辦公室或住家後，這輛自駕車（若我自己擁有的話）將會做什麼？它可以去載客，幫你賺點錢——這是馬斯克在2019年舉辦的「特斯拉自駕日」發表會上闡釋的概念。特斯拉計畫營運自駕計程車車隊，全部使用特斯拉自駕車，車主可以在不使用車子的時段，讓車子加入特斯拉自駕計程車車隊賺點外快，在主人下班之前再去接送。

從車禍成本來看，前景令人振奮，自駕車可以避免多數車禍發生。一項針對多國所做的研究顯示，自駕車的車禍率將比現在減少90％。就德國來說，這意味的是每年的車禍損失將從400億美元降低至40億美元，奧地利從120億美元降低至12億美元，瑞士從66億美元降低至7億美元。

以絕對值來看，美國節省的成本最大，從3,070億美元降低至340億美元。[185]

　　等到自駕技術可以在市場上推出，並且有共享模式的電動自駕車時，許多規則將會徹底改變。Nissan委託的一項研究估計，到了2050年，自駕車在歐洲的經濟重要性將達20兆美元。[186]摩根士丹利（Morgan Stanley）預期，在美國，自駕車將能提供1.3兆美元的成本節省，全球的成本節省可達5.6兆美元。[187]這些成本節省包括避免交通事故、生產力損失、浪費性駕駛導致的燃料消費，以及省去尋找停車位和交通堵塞中的浪費。[188]

車輛設計細節與各國交通狀況差異

　　那麼，車子只要能夠自動駕駛就夠了嗎？谷歌認為，自駕車還需要多點別的。設計師相信，人們的期望將使得其他功能變成必要，例如：自駕計程車必須有自動門，這也是谷歌選擇飛雅特克萊斯勒Pacifica多功能休旅車作為測試車款的原因，它的乘客艙滑門以電動方式打開。[189]這是有道理的，若自駕計程車的乘客在匆忙間忘了把門關好，將會造成問題。若車子不能自動關門，就必須等人把車門關好，車子才會起動。

　　人機互動涉及許多設計問題，自動關門只是其中之一，更重要的問題在於和性命攸關的安全細節。例如，汽車業的許多安全性能的研發，是用男性成人身材打造的假人來做撞擊測試，這導致女性駕駛與乘客的受傷風險高了47％，因為安全帶根本就不是為她們量身打造的，直到2011年起才在測試中考慮女性身材。[190]

　　智駕科技（Drive.ai）的共同創辦人卡蘿・萊利（Carol

Reiley），也在她的博士論文中例示一些性別問題。她設計了一部聲控手術機器人，使用的語音辨識軟體是男性開發給男性使用的，由於她的音調不夠低，所以軟體無法準確辨認。結果，每次她要展示這部聲控手術機器人時，都得請一位男性學生幫她說指令。[191]

若你在 YouTube 上看過其他國家的交通景象影片，你大概會納悶：死亡車禍的數目居然不是更高？印度、巴基斯坦、巴西的混亂十字路口，和歐洲相對較有秩序的十字路口截然不同，難怪自駕車必須先調適於國家的交通規則，才能實際進入繁雜的交通中和人類駕駛互動。[192]

在矽谷，車子往往在離人行道頗遠的地方就停下來，示意等候的行人可以放心穿越馬路。但在舊金山，以及每一座大都市都一樣，行人越過馬路時，穿梭在車輛之間。再看看巴黎凱旋門的大交通圓環或印度班加羅爾（Bangalore）十字路口的交通狀況，馬上就知道它們構成的特殊挑戰，觀光客首先得觀察學會如何應付。

自駕車可以行駛的區域，可能會逐漸擴展到必須包含建築工地。目前，這部分的條件仍然很複雜，難以應付。在建築工地區，每個道路標誌變成無效，或是暫時用不同顏色標示；用交通錐來指示車道；建築工人手持標牌，或是用手勢來指揮交通；重型車輛進進退退；街道骯髒。這些情況可能各國不同，就連在美國，各州也可能不同，難怪目前的自駕原型車難以應付。[193]此外，建築公司取得施工許可證後，建築工地可能在任何時候設立，這些資料未必即時提供中央，因此車子無法事先取得資訊。一個暫時性的解方是，自駕車先避開建築工地，選擇別條路線；或者，如 Nissan 建議的，由服務人員遙控車子安全行經建築工地。

現今，任何有閒錢、想要參與自駕車發展的人有大量的機會。2016年年中，已經有幾百家公司在研發打造個別技術元件或整輛車，涉入的產業甚廣，包括：感測器技術（雷達及超音波）、光達系統、攝影機、處理器、高精度GPS系統等等。軟體是十分重要的研發層面，包括：地圖解決方案、演算法、人工智慧及機器學習、網路安全性、車隊管理解決方案、共乘服務等等。[194]天使名單（AngelList）及創投雷達（VentureRadar）之類的投資平台，都列出各種技術領域的數十家新創公司。

成為開放源碼的工匠

若你想深入自駕車的設計細節，並非一定得具有像汽車公司及網際網路巨人那樣的龐大資源。拜許多開放源碼計畫之賜，有興趣的人可以用合理價格取得軟體及資料集，甚至硬體工具箱。

最突出的計畫是由優達學城主持管理的計畫，不僅讓學員在優達學城的車輛上進行研發測試，還提供測試真實交通狀況所需要的駕駛模擬器及資料。[195]逗號AI（Comma.ai）的創辦人喬治・霍茲（George Hotz）開放Open Pilot系統，它的源碼和3D列印檔案支援多款車輛，你可以用它來把智慧型手機變成駕駛輔助器。[196]開源車控制工具箱（Open Source Car Control, OSCC）支援有興趣把起亞靈魂（Kia Soul）車款改裝成自駕測試車的人。[197]德國布朗施維克工業大學（Technical University of Braunschweig）也計畫以開放源碼方式釋出資料和模擬器，近期還有一個新進者：基於安卓系統（Android）的一個開放源碼計畫。

　　最雄心的開放源碼計畫，來自中國的網際網路搜尋引擎巨人百度，它的阿波羅計畫試圖處理一套完全成熟的自駕車作業系統的所有部分。自2017年年中啟動後，進展相當快速，目前的重心擺在中國市場。百度阿波羅計畫的背後策略似乎是想仿效谷歌的策略，以開放源碼的安卓作業系統挑戰蘋果的封閉式作業系統iOS，但是這次Waymo的自駕車作業系統是封閉式的，百度則是開放源碼的作業系統。[198]

　　除了軟體，一些組織也提供街道交通場景的影像，例如：馬克斯普朗克學會（Max Planck Society）提供的「Kitti」資料集，這些影像顯示汽車、卡車、行人、單車騎士、電車，以及其他有加注解標示的物體。[199]「場景常見物體」（Common Objects in Context, COCO）網站有類似材料提供下載，位於帕薩迪納（Pasadena）的加州理工學院也提供這類資料。[200]不過，不是人人都相信這類免費可得的資料品質夠好，馬克斯普朗克學會的一群研究員在一份研究報告中批評帕薩迪納的資料。[201]牛津大學在「PASCAL Visual Object Class」計畫中提供標準化影像分類，這個資料集提供飛機、腳踏車、鳥、船、巴士、車輛、馬、狗、羊，甚至盆栽植物等等的影像和注解。[202]畢竟，盆栽植物也可能導致行車失誤！最後、但不是最不重要的，我想要提一下「城市景觀數據集」（Cityscapes Dataset），這個網站有50座城市5,000張加注的高品質影像，以及20,000張中等品質影像。[203]

　　雖然這些資料集全都可以免費取得，但不是全部可供商業使用，有興趣的人應該詳細閱讀使用條款。

還是安全第一，人工智慧也一樣

美國國家公路交通安全管理局和歐盟新車安全評鑑協會（New Car Assessment Program, NCAP）都進行車輛安全性檢驗，但兩者有明顯差異。前者側重結構及撞擊測試檢驗，主要關切發生撞擊時對（成人）乘客的影響；後者考量較廣泛的情境，包括車中孩童的安全性，以及可能和車輛相撞的行人等等。

自駕車為監管當局和製造商帶來安全性方面的新挑戰，例如：該如何測試、檢驗一套演算法或AI神經網路？畢竟，不再是程式設計師單方面給予安全行為指示，而是在人類的支援與監督下，由系統從經驗中學習。卡內基美隆大學菲利普‧庫普曼（Philip Koopman）副教授說：

> 機器學習模式本質上具有風險和錯誤。你檢視模型，想要了解內容，得到的只是統計資料。就像一個黑盒子，你不知道它究竟在學什麼。[204]

所以，很難了解系統是否作出應有的反應，以及它如何作決策。在富豪實地測試自駕車的瑞典哥特堡市，查爾摩斯理工大學（Chalmers Technical University）正在研議自駕車安全性測試與檢驗的程序。

8

「嗨！」當車子彼此交談
車聯網相關發展

真愛是，當另一個人在場時，你不會想看你的智慧型手機。
—— 英國作家艾倫・狄波頓（Alain de Botton）
的推文

開車時，你時時查看周遭，和其他用路人溝通 —— 看後視鏡，向另一位駕駛點頭，向行人比手勢示意，對一個魯莽超車的傢伙比中指。人類是非常多才多藝、有創意的溝通者，語言及姿勢已經演變了數千年，使我們的生活有規則、條理化，儘管意圖不一定總是清楚，我們通常能夠了解大意。

但是，無人控管的車子，要如何與身處的環境溝通呢？若車子本身是決策者、擁有控管力，那麼坐在車裡的乘客呢？我們已經學會一些溝通方式，包括向其他用路人溝通的外部數位顯示及語音訊息等等，並且設定非常防護的駕駛行為。

當自駕車能夠完美、自然地與其他車輛、用路人及周遭物體溝通時，一切才真正變得有趣。想像一下，你來到一個沒有交通燈號的十字路口，左右不斷有來車，你的車子何時能夠右轉呢？是否得等到某人心生憐憫，讓你通行？或者你應該強行前進，期望其他交通參與者注意到？這完全得看你在什麼國家而定，一旦做得不對，不是可能陷入極度的危險之中，就是得等到天荒地老。

連網的車子可以和其他車輛溝通，亦即交換資訊及意圖，使得交通順暢進行，這稱為「車對車通訊」（vehicle-to-vehicle communication, V2V通訊）。於是，在十字路口，情況可能變成：我的車子想要右轉，打算以某個速度抵達路口，而另一輛接近路口的車子宣布行駛速度，通知你的車子它會調節速度，讓你的車子右轉。行駛於中間車道的另一輛車，也可以溝通說它不打算變換車道，所以要右轉的車子可以安全右轉。這種車間通訊可應用的狀況範圍，大於感測器能夠提供的狀況範圍，畢竟感測器通常無法掌握全部的交通狀況與事件。

Toyota已經在Pirus、Lexus RX和皇冠（Crown）等車款使用V2V通訊，它們向周遭1,000英尺（約300公尺）範圍內的其他車子溝通自己的所在地、速度及預定目的地。[1] 車子也可以進行「車對基礎設施通訊」（vehicle-to-infrasturcture communication, V2I通訊），例如和交通燈號溝通，由交通燈號告知何時紅燈會轉成綠燈，讓車子自行調節速度。奧迪已經在拉斯維加斯展示這種程序，賓士計畫自2019年起對S系列車款裝備V2I通訊。[2]

應急人員、街道、燈、停車場或建築物，都可以和車子交換資訊，提供／取得最新交通狀況，或是提供指示。若發生事故而臨時封路時，可以透過訊號，以電子方式疏導交通。這樣的流程也可以用於舉辦活動時的交通調度，或者讓社區居家一夜好眠。地面感測器可用於示警，告知車輛路面結冰或濕滑──英瑞克斯科技（Inrix）及優泊（Upark）等公司提供這類解決方案。

當然，為了無縫運作，必須採行適當的安全措施，確保指示及資訊只能由獲得授權的主體發送和接收。為了獲得一夜安寧，我們不難想像，有人可能以電子方式詭稱，因為一樁事故，鄰近街道暫時封閉了，將交通轉往別的街道。不實訊息指出的路況安全程度可能不如實際；駭客甚至可能用電子訊號強迫連網車停下來，遂行搶劫。

舉凡種種，不難理解研究人員為何從一開始，就探討研議電子安全性協定，這是從購物網站汲取的靈感。涉及交換敏感資料的線上交易──例如：信用卡及銀行帳戶等詳細資訊，為了資安會使用安全套接層（Secure Sockets Layer, SSL）協定。此協定在傳輸資訊時把資訊加密，只有持有電子鑰匙的人才能夠取得資訊。系統會發出一個有預設時效的驗證碼，就像你房子的鑰匙只有一年效期，過了就必須更新才能用。這麼一來，所有人都知道，即將閱讀一SSL協定的主體，一定是一個經過認證的網站。

應用於車子的通訊，差別在於所有涉及的器材──不論是車子或地面的感測器，都必須能夠閱讀這種驗證，因為重要資訊的發送與接收者，會影響其他用路人的交通行為。此外，必須確保驗證是有效的，以及發出驗證者有權發送。最大的挑戰將是：驗證流程是否夠快。畢竟，在街道交通這種動態環境中，等候幾秒鐘的資料傳送是不能被接受的，網際網路連線不穩定也不行，而且必須能夠預測資料量及被授權方。若一個十字路口正在進行溝通的不只20輛車子，還有數百個感測器在收發資訊，將會需要一個很強大的網路。監管當局保留一個特殊無線電波長範圍，以供此應用，亦即所謂的「專用短程通訊」（dedicated short range communication, DSRC）頻道，舉例來說，這在歐洲被用於電子道路收費系統。

我們也應預期駭客攻擊。分散式阻斷服務（distributed denial-of-service, DDoS）攻擊，是最常被用來癱瘓網站的攻擊方法。數千台所謂的「殭屍電腦」（zombie computers）——個人電腦被惡意軟體感染後，受控於駭客——在短時間內，向被攻擊的網站伺服器發出大量請求，數量大到使網站癱瘓，但是這些電腦的主人並不知情，當然也沒有同意發出這些請求。想像這種攻擊也可能被用於連網的車子：它們可能在同一時間被來自太多服務的資訊轟炸，導致車子必須花太長的時間，辨識真正切要的發送者及資料。最後、但不是最不重要的，個人資料將必須獲得妥適保護，不是人人（尤其是公眾人物）都想讓自己的尋常行進路線及偏好被其他人得知。[3]

從下列這個例子可以看出攻擊可能有多危險。[4]《連線》（*Wired*）雜誌的一位記者，測試一輛以時速65英里（約105公里）行駛於公路上的吉普車。在事前徵得同意之下，讓兩位友善的駭客遙控這輛車。他們首先遙控打開車上的收音機，再打開通風設備，接著把車速減緩，然後加速，最後把車子引上一片草地。在整個被遙控的過程中，駕駛無能為力。

資訊科技專家克雷格・史密斯（Craig Smith）出了一本相關主題的指南，書名很聳動：《汽車駭客指南》（*The Car Hacker's Handbook: A Guide for the Penetration Tester*）。[5]此書原意是為汽車製造商提供關於安全性漏洞的啟發與資訊，但現在主要的讀者是技師及車主，他們研究這本書和維基資訊，因為他們感覺自己被電子系統與製造商嚴格解讀的保固規定給忽悠了。車輛的維修調整將與軟體愈來愈有關，車廠愈來愈怨恨來自第三方的干預。

一旦和網路斷線，車子的使用可能就會受限，也可能發生安全性的問題。2016年8月，特斯拉的資料網路故障，[6]雖然仍能手動操控車子，但不能下載車子行經區域的詳盡地圖。若車子以自動輔助駕駛模式行駛（或是在未來，完全自動駕駛），這尤其攸關要緊。

不過，連網的車子並不僅限於對外溝通，我們的智慧型手機已經和車子連線，很多人用作導航和娛樂系統。畢竟，我們已經隨身攜帶了所有音樂和聯絡人資訊，不想再複製到車子的記憶體裡了，未來這類系統將會變得更多、功能更充足。自駕車讓人們解除駕駛的工作，有更多時間放鬆、娛樂或工作。Uber已經讓乘客在車上的音響系統播放自己的音樂，同樣地，透過智慧型手機也可以控制其他設定，例如：調整座椅姿勢、喜歡的駕駛風格、變更目的地等等。我們還無法預測未來的數位客製化程度。

汽車製造商和數位型公司競爭每一個層面的第一名，何者是連網車的主流作業系統及標準，目前仍然未定。谷歌成立開放汽車聯盟（Open Automotive Alliance），旨在把安卓系統整合到車裡。[7]目前，包括福斯集團、吉普、馬自達（Mazda）及福特在內，多數的大型汽車製造公司已經加入這個聯盟。此外，汽車開放系統架構（Automotive Open System Architecture, AUTOSAR）聯盟正在研議電子控制器（electronic control unit, ECU）的開放標準，這包括：娛樂系統的電子元件、軟體測試例行程序、讀取資料和連結裝置的介面，以及自駕車需要的電腦容量。[8]

監管當局可能有興趣在車上安裝電子識別器，以便能夠進行「追蹤」。[9]中國的電子業中樞深圳在先導試驗計畫中核發了20萬張車輛電子牌照，包括卡車及巴士。這項計畫旨在追蹤調查，例如：調查危險物品運輸車輛及學校巴士的行駛路線，爾後這類牌照將對特定車輛指派特定路線，視行駛時間、天氣狀況及其他條件而定。

富豪汽車把連網車技術應用於貨品遞送服務。富豪的「宅配到車服務」（Volvo In-car Delivery）讓廠商可以把顧客訂購的東西配送至停放車輛的後車廂，應用程式將顯示顧客指定收貨的車輛停放在哪裡，再用手機應用程式打開後車廂取貨就可以了。[10]

車聯網（vehicle-to-X）通訊（亦即車輛與其他對象之間的通訊）需要的基礎建設，也吸引微軟等傳統軟體供應商進入這個事業領域。在交通中蒐集到的資料必須和他方分享，並且儲存在車子或物體內外，微軟把握這個機會，透過蔚藍雲端運算服務（Microsoft Azure）搶食這個不斷成長的市場。[11]顧能公司（Gartner Group）的分析師團隊預期，到了2020年，路上將有2.5億的連網車。[12]透過連網車蒐集到的資料，將創造出一個產值巨大的新產業。為駕駛、乘客、計程車隊營運商及他方提供種種服務，相似於智慧型手機問市後的發展情形。[13]

在連網自駕車和人駕車共用道路的過渡時期，連網車彼此間的資訊交換，可能看起來有點像耳語傳遞小道消息──連網車彼此告知，哪些駕駛車子開得很糟或很驃悍。加州大學柏克萊分校研究人機互動的安卡・德拉根（Anca Dragan）副教授，發現這種情景很有趣，但她相信這將影響資料保護的立法。

那麼，我們該如何傳送大型資料套件呢？在必須更新地圖、接收新的交通資訊或和其他車輛及物體溝通時，現今的網路受到限制。在iPhone問市前，AT&T的執行長曾經打算對特定資料服務的使用設限，例如：把YouTube影片長度限制在20秒以內，因為他擔心若不設限，網路會完全死當（結果被賈伯斯嘲笑）。為了容納那些新增的交通參與者（亦即連網自駕車），網路容量必須擴增，車輛產業的資料服務供應商，當然也必須確保不會以無用的資料量導致網路癱瘓。

無論如何，提供這類基礎設施的公司，已經開始擴增容量了。舉例來說，高通（Qualcomm）正在測試首批5G網路，這些網路每秒能夠處理高達45吉位元組（gigabytes, GB）的資料量，該公司計畫在2020後廣為建置。[14] 相較之下，德國目前的網路速度只有每秒13.7百萬位元組（megabytes, MB），慢了整整26,000倍。再提供各位一個參考：南韓的網速為高通5G網速的一半。[15]

歐洲對數位解決方案的反感，以及對資料保護的偏執，有可能是最大的劣勢。甚至到了今天，德國在最新款智慧型手機的銷量，以及公私WiFi節點數量方面都處於落後，因此數位經濟的經驗較少。當5G網路變成產品（例如：車子）的一項必要條件時，這種經驗欠缺所帶來的不利影響將會更加深刻。

一旦我們有了連網自駕車，感測器和晶片的需求將會大增。目前，170部感測器和100張晶片就能度量你所能想到的任何東西，從胎壓到車體的外部溫度等等。自駕車需要的感測器和晶片將遠遠更多，前文提到的光達系統，大概是最需要感測器和晶片的裝置。特斯拉發表 Model X 車款時，就已經暗示了感測器的新用途；一些部落客看出，簡直就是在為電動自駕車的駕駛服務功能做準備。[16]駕駛座門上的感測器辨識到乘客之後，會自動把門打開，再依照偏好調整座椅，座椅下方有足夠的空間放置包包或筆電。

針對全新車種，電力及電子結構將必須修改，不再是每部感測器及每個元件有各自的晶片，它們將會集結成幾群，這些系統必須牢固，因此得先經過大量測試，尤其是負責駕駛行為的那些系統。[17]在這些方面，最富經驗的莫過於有堅實軟硬體背景的公司，例如：谷歌、蘋果及特斯拉。傳統汽車製造商仍必須取得相關專長，整合成本身「系統」的一部分。

新時代精神：持續演進的共享經濟

我們站在舊金山市場街，德國一家製藥公司的高階主管造訪了一個新創企業育成中心後，打算返回投宿的旅館。此時是尖峰時間，舉目不見一輛空計程車，最終他們不大情願地屈服於我的請求──直接叫 Uber 來。下載應用程式後，他們按了叫車鍵，立刻就看到派給他們的車輛資訊。他們可以在地圖上看到那輛車正在街角，不一會兒，車子就停到他們的面前。他們目瞪口呆，因為車子不到 1 分鐘就來了，10 分鐘就把他們送達旅館。

近年來，共乘服務如雨後春筍般冒出：先是市內共乘服務新創公司，例如：Uber、Lyft、給搭（Gett）、Via、滴滴出行、挪威的 Haxi，後來又出現長途拼車服務商，例如：法國的巴拉巴拉車（BlablaCar）。現在，已經有二十多家共乘服務新創公司，其中一些資本雄厚，競爭共乘服務業的龍頭。雖然我決定在本書把它們歸為同一類，但實際上，它們至少有三種：第一種是真正的共享車子（點對點，peer-to-peer），例如：GetAround、JustShareIt、Turo；第二種是會員制租車服務，例如：Zipcar、Car2Go、WeCar；第三種是隨需叫車的計程車服務，例如：Uber及Lyft。

儘管在西方國家，當我們說到共乘服務時，通常會提到Uber，但Uber的中國對手滴滴出行的規模遠遠更大。根據該公司，2015年5月時，它在全球已有3億個用戶，1,400萬名註冊司機，活躍於400座城市——這還只是在中國境內的城市。[18]為了拓展全球市場，這家中國的共乘服務公司已和其他公司簽定合同，例如：對東南亞的GrabTaxi投資3.5億美元，對Lyft投資1億美元，對印度的歐拉計程車（Ola Cabs）投資5億美元。[19]滴滴出行在中國的力量太過強大，以至於Uber最後在2016年8月將中國業務賣給滴滴。[20]

共乘服務所到之處，幾乎都掀起衝突：打官司、禁止營運、揚言開罰，當地計程車業者覺得飯碗被搶而激烈抗爭。計程車業者覺得生計受到威脅，這是完全可以理解的。若你曾在美國城市路招（也夠幸運招到一輛的話），你一定會注意到車況品質有多差，更別提那種被關在籠子裡的感覺，司機和乘客只能透過一扇小小的滑窗進行溝通，想用信用卡付款也往往不行。我曾在下午的尖峰時刻，在《紐約時報》大樓前等了50分鐘，就是叫不到一輛計程車。但是，不是因為沒有空的計程車，時時都有空計程車經過而不載客，可能是因為乘客的目的地方向跟司機想去的不同，或是司機要換班、把車子開回交接站。你能相信嗎？在交通最繁忙的時段，有大量計程車不載客，因為他們要開往某處換班，把車子交給另一名司機。有報社記者納悶這種現象而進行調查，受訪的計程車司機甚至不覺得這有啥奇怪的。[21]

從計程車的牌照成本，可以看出共乘服務對舊勢力的破壞力量有多大。在美國，從事計程車服務必須有計程車牌照，由於各城市限制這些牌照的發放數量，每張牌照的價格在近年已上漲到超過100萬美元。過去幾十年間，大都會快速成長擴展的同時，計程車牌照發放數並未增加多少，直到Uber出現，導致計程車牌照價格大幅下跌。計程車牌照價值已經下滑了50％，紐約市的計程車公司和貸款提供業者，為此向紐約市當局提起對Uber的訴訟。[22]

不過，在投資人心中，從對一家新創公司提起訴訟的件數，以及對它的抵抗程度，除了可以看出這家公司的固有風險，也可以看出它對既有市場的破壞程度。等式很簡單：訴訟件數愈多，代表這家公司的破壞力量愈強，獲得高投資報酬的可能性愈大。

歐洲的新創公司屈從現行規則，矽谷的新進者質疑規則，加以修改。計程車業的規則行之有年，計程車服務業者和乘客之間的資訊不對等問題顯著，外地人對城市或地區不熟悉或完全沒來過，許多司機會利用這點占乘客便宜。我一個西班牙友人的經驗可以為證：她在拉斯維加斯參加完一場研討會後，在早晨搭乘一輛計程車前往機場。車子在一個路口紅燈前停下來時，一名騎摩托車的警察敲打車窗，詢問司機目的地。司機說前往機場，警察問：那你怎麼往反方向開？司機回答因為交通狀況，他必須繞路。警察不認同這個回答，因為當時是清晨六點，完全沒有交通流量增加的跡象。他記下這台計程車的牌照號碼和司機的駕照號碼，要求司機立即調頭，直接去機場。然後，警察把一張名片和電話號碼交給我那位吃驚的朋友，讓她有任何問題或車資超過20美元的話，就打電話給他。

拉斯維加斯的計程車司機跟別的城市不同嗎？沒有。維也納、慕尼黑或柏林的計程車司機也差不多。我有次講述這個故事時，我一位維也納友人也述說他本身的經驗。有一次，他和朋友共進晚餐後，和另一位來自瑞士的朋友一起搭計程車。他們在後座用英語熱烈交談，直到那位維也納友人注意到，在10分鐘車程中，他們已經走相同路線行經市政廳兩次了。那位計程車司機以為這兩名乘客對城市不熟悉，想趁機揩油。

為了阻止這類訛騙的商業行為，許多城市和地區採行監管及法規，核發計程車牌照，要求駕駛考試，並且經常查察遵法情形。用Uber叫車，乘客可以事先知道一趟行程的車資，以及其他乘客對司機的評價。司機也可以查看其他同僚對這位乘客的評價，透明度更高——這是誰，評價好嗎？

Uber盛行後，計程車服務業者嘗試使用約束他們的法規作為武器，因為共乘服務業者聲稱自己不受限於這些法規。突然間，監管當局面臨一個現實：原意為保護計程車乘客以制衡計程車業者的那些法規，現在被計程車業者拿來保護自己、對抗Uber。這種矛盾產生了一些有趣的情況：在社區會議中，Uber用戶大聲抗議，代表監督機構與會的官員必須回想，當初是基於什麼原因推出這些法規。新情況使得這些法規部分過時了，需要重新安排，例如：幫Uber的乘客保險。

事情有時會變得有點荒謬，新的計程車計費表檢定認證就是一個例子。若你去過阿姆斯特丹，應該會注意到大量的特斯拉 Model S 被用作計程車——事實上，該市有兩家計程車服務商的車隊合計使用 167 輛特斯拉，[23] 既環保又舒適。這在德國是不可能的，因為受限於檢定規定。在德國，為了防止人為操縱及錯誤計算，只有專用車輛可以用作計程車。特斯拉及雷諾供應的電動車當時並不符合規定，[24] 但德國政府注意到了這個問題，修改規定。

這裡一項規定，那裡一項規定，種種小麻煩緩緩但穩定地抑制了可能的發展。事實上，計程車計費表是歷史十分悠久的度量儀。它們計算行車時間，根據行車距離及所需時間，再加上一些令人困惑的起跳基本費、稅及附加費，乘客抵達目的地時，往往訝於價格比想的高。使用 Uber 的情形就很不同了，但是德國禁止 Uber。《德國矽谷》的作者克里斯多福・基斯這麼寫道：

> 德國是二十世紀的技術博物館，新事物恐懼症凌駕一切，敵視任何新的東西。

為何共享汽車及共乘服務如此受歡迎呢？理由很簡單：動機結構改變了，新世代有新的優先順序。現在的年輕人較不那麼渴望擁房擁車，更在意用生命去做合理、明智之事。不同於父母，較年輕的世代更願意放棄較高薪資，只要工作本身對他們而言重要就行了。基本上，電玩世代在他們的人生遊戲中尋找「史詩級的任務」。

這種態度對汽車產業是一個問題，但一個不想考駕照、認為沒必要買車的世代，一定想要一種不同的服務。[25] 共享汽車公司把數位技術變成行動服務的核心元素，滿足了這項需求。以往的主流模式是擁有者模式（owner model），現在這種模式被視為太浪費、太昂貴，整個經濟正從「擁有資源」的概念轉向「有管道取得資源」的概念。這影響了銷售數字，一項對美國10座城市所做的問卷調查結果顯示，共乘服務車隊每增加一輛車，車子的銷量就減少32輛。[26] 80%的Zipcar會員在成為會員後，就賣掉原本擁有的車子；這意味的是，一輛Zipcar就取代了15輛私家車。[27]

波士頓顧問公司（Boston Consulting Group）估計，一旦自駕車問市，共享汽車對汽車銷量的影響將特別大，[28]自駕車提供的舒適度將是空前的。在那之前，每一輛車加入共享汽車方案，汽車銷量就會減少3輛；在美國將減少1.2輛，在亞洲將減少4.6輛。

Uber提供不同商模，這也是非凡的發展。優步拼車（Uber Pool）以及現已結束營運的新創公司車瑞（Chariot）採行的模式──幾名乘客共乘一輛車，選擇一個大家都接近的目的地，相似於一些地區盛行的固定路線計程車，例如俄羅斯。事實上，Uber的這個事業模式非常成功，該公司在舊金山賺得的所有車資中，有超過50%是使用優步拼車服務。[29]我有些朋友若無法準時到學校接小孩，也會使用Uber。戴姆勒推出名為「Boost」的先導試驗方案，測試相似的事業模式。[30]

Uber顛覆計程車業，也有其他公司嘗試租車模式，例如：Zipcar和Car2Go。我在1990年代已是這類俱樂部的會員，該俱樂部在火車站及市內其他重要地點分別供應幾輛車，有三種：C級車、轎車、客貨兩用廂型車，你可以按時計費，租用你想要的車種。

飛車公司（FlightCar）採行稍微不同的概念：很多飛

行旅客往往必須把車子停在昂貴的機場停車場，飛車公司讓他們在旅行期間把這些閒置車輛出租。[31] 這對雙方有明顯益處，你的車子不必支付昂貴的停車費，還可以幫忙賺錢；你飛抵目的地機場後，也可以透過飛車公司租一輛私家車，不必再找一般租車。可惜，這個事業概念沒能成功，飛車公司在2016年結束營業。

汽車製造公司不想完全拱手讓出共享經濟，也推出自己的方案：BMW推出DriveNow和ReachNow，戴姆勒推出Car2Go及Croove。[32] 最近雷諾－日產也加入行列，宣布發展自駕車車隊服務，意在取代大眾運輸，將於巴黎進行測試。[33] 戴姆勒預測，一旦自動駕駛技術可以合法上路，Car2Go將變成Car2Come。[34] 令產業專家意外的發展是：戴姆勒和BMW在2019年宣布結合汽車共享服務行動。

奧迪也改變公司風格，成為豪車的共乘服務供應商。BMW集團旗下的BMW愛創投（BMW i Ventures）執行合夥人歐瑞奇‧奎（Ulrich Quay）預期，透過共享模式，更多人將有使用豪車的管道。拜共享模式之賜，若私人擁有一輛豪車的每年行動成本——歐洲6,500美元，美國近12,000美元——降低至十分之一，每年多花個幾百美元使用豪華品牌也不痛不癢。因此，我們或許有好理由相信，賓士、保時捷、BMW及奧迪等公司，也許實際上能在共享經濟中提升重要性。

但是，用戶會不會真的對豪車感興趣，這就不大確定了。Lyft公司負責運輸規定的愛蜜莉‧凱斯特（Emily Castor），在史丹佛大學舉行的一場移動力座談會上指出，共乘服務的用戶不大在意車子的品質，但很關心點對點連結的品質。[35] 她說，在10分鐘的車程中，手機能夠充電很重要，座椅是否為暖烘烘的皮椅倒不是很重要。

那些認為共乘及共享汽車服務帶來的顛覆影響，僅限於開車和計程車與租車服務公司的人，沒有看透背後的全貌。這些公司的數位性質，在一個地區生成一個極詳細的移動力需求及運輸型態樣貌，使得公司可以作出改善交通規劃和潛在問題解方的預測。任何擁有這類資料者形同擁有金礦，潛在應用廣泛，包括都市規劃、房地產價值提高、沿著交通路線的廣告預算最佳利用等等。難怪谷歌、百度、蘋果等數位巨人搖身成為淘金者，投資於這種技術。循著這個思路，Uber已經從純粹的行動服務公司，變成使用人工智慧來預測人類行為的公司，而傳統公司仍在嘗試設計複製Uber模式。我們已經從網飛和百視達的例子看過這種歷程，不創新的公司將從市場上消失。

由於Uber系統主要是基於數位應用，事業模式及服務可以快速擴展和調整。其中之一就是所謂的「尖峰動態訂價」（surge pricing）——在需求增加時，容許短期的價格調漲。這種方法只是遵循市場經濟的供需法則，對顧客而言似乎不利，但實際上可能為一些城市的乘客帶來一些好處。下雨時，紐約市往往很難叫到計程車。[36]研究人員在1997年進行的一項調查中發現，計程車司機實際上根據當天收入來調整工作時數。若這天生意不錯，可能就提早結束營業；生意不好時，可能會多營業幾小時，賺取設定與期望的每日收入。這種市場行為使得計程車司機在有許多乘客（對計程車需求增加）的日子，提早達成自己預設的每日營收目標，導致計程車供給減少。[37]Uber的尖峰動態訂價讓司機可以賺取幾倍於正常費率的車資，從而鼓勵他們營業更長時數，大大增加收入。

現在，共乘服務計程車車資中的50％是司機的工資，其餘營收用於支付共乘服務費用、攤銷、油費、保險、維修保養及其他費用。[38]儘管共享模式欣欣向榮，汽車製造商仍然抱持懷疑，經理人不相信私人擁車將會完全變成過去式，雖然一些經理人也承認，他們認識沒有車也沒有駕照、未來同樣不考慮買車或考駕照的年輕人。拜中國及印度等國家經濟興旺之賜，近年的車輛銷量增加，但我們不應推測這種情況將會持續下去。別忘了，早年汽車發明問市很久後，街上馬匹的數量才達到最高點。[39]

人口成長及大都會區持續擴展，值得仔細調查私人擁車的情形。截至目前為止，世界人口大多生活於城市地區。[40]1960年，居住於城市地區的人口占全球總人口的34％；到了2015年，這個比例已經達到54％，在德國及美國，這個比例高達近80％。現在，全球有28座居民超過1,000萬人的巨型都市，預估到了2030年，這種巨型都市將會增加到41座，其中半數在亞洲。[41]中國目前居民上百萬的城市有130多座，[42]預計到了2030年將超過200座。這裡提供一個比較：在歐盟國家，居民上百萬的城市只有35座。[43]

如同推特及其他社群媒體平台所顯示的，矽谷方法的爆炸潛力超越純粹經濟與技術領域。舉例來說，「阿拉伯之春」幾乎在同一時間推翻幾個國家的專制政權，社群媒體扮演了重要角色。沙烏地阿拉伯投資Uber 35億美元，有純粹好投資以外的重要理由：沙烏地阿拉伯不准女性開車，律法大大降低了女性的移動力，該國政府希望Uber成為交通解決方案，認為這比准許女性開車更容易也更好，前提是：准許女性進入一輛由陌生男性擁有的車子裡（在沙烏地阿拉伯，每個女性都必須有一位法定的保護人。）

不過，沙烏地阿拉伯的女性對此方案不大感興趣，她們的論點是：政府不但還是不讓她們自己開車，現在還利用這老舊禁令來賺錢。[44]杜拜的「粉紅色計程車」提供了另一種解決方案：這些計程車只由女性駕駛，只服務女性乘客。

共乘服務的經濟效益與便利性，可能產生一些良好的副效應，例如：減少酒駕人數。根據Uber，該公司開始提供運輸服務後，加州17座城市30歲以下的酒駕事故率降低了6.5％。[45]不過，其他研究卻得出相反發現。

加州大學做了一項調查，分析西雅圖、卡加利（Calgary）、聖地牙哥、溫哥華、華盛頓哥倫比亞特區Car2Go會員的出行交通行為。調查發現，比起自己擁車，使用Car2Go服務而減少自己開車，也可能使得廢氣排放量減少。[46]

共享模式不僅取代計程車，也取代大眾運輸──交通設施不夠便利的地區，首度可以取得公共運輸服務。佛羅里達州阿爾塔蒙特史普林斯市（Altamonte Springs）市議會推出了一項試營方案，使用Uber取代缺乏的公車服務。[47]該市先前嘗試設立一條彈性公車路線，後來發現Uber是更便宜、更靈活的服務。該市補貼Uber車資，讓所有人受惠。市民只須支付一般公車票價，還可以在住家門前下車，比公車更快速、更便利，而且比起建立營運一條公車線的成本，市政府補貼車資的成本更低。雖然不是所有的問題都解決了──例如：顧客得要有信用卡或智慧型手機，也沒有強制要求Uber提供殘障人士可用的車輛，但整體而言的益處是明顯的。

當私人公司取代地方上的大眾運輸時，我們該怎麼辦？現今許多運輸公司是完全或部分公營的，城市與地區提供一些社會性補貼，讓所有人能夠參與公眾生活。一旦這類運輸公司被完全免除大眾運輸責任，改而把運輸服務託付給私人公司，就必須避免人口中的特定族群可能遭受歧視待遇。例如，若共乘服務需要乘客持有信用卡，那麼沒有信用卡可能就會變成無解的障礙。又如，讓司機對乘客評分（例如：Uber的機制），可能導致不透明化的拒載。

對共享服務供應商的懷疑，也來自另一個源頭：Uber、Lyft等共乘服務商把司機視為自由業者，這是否會導致更多無法享有社會福利方案的低收入者呢？前文提到的德國製藥公司高階主管，雖然在舊金山獲得搭乘Uber的良好體驗，也指出了這項疑慮。我必須說，我贊同這個觀點，這個問題必須獲得解決。事實上，不是只有新型的運輸服務供應商有這個問題，傳統的計程車服務業者也有這個問題。維也納一家計程車公司因為逃稅證據而被起訴，該公司未誠實報稅，把旗下計程車司機假報為待業的臨時性工作者，因此不享有社會福利。[48]

中國政府目前考慮禁止非法城市居民擔任共乘服務的司機。[49]在中國，人們不能隨意入籍，若想遷居另一座城市，必須申請許可。然而，經濟結構變化使得許多農村人口非法遷移至大城市，當司機往往是他們少數的謀生之道。

還有一點值得想想，很多人及相關公司偏好稱這個產業為「共享經濟」（sharing economy），其實「economy of sharing」這個名詞指的是：不須涉及金錢的非商業性私人交易，例如：鄰居互助，人們取得先前未用的資源等等。[50]雖然一些共享平台一開始可能確實是從這種角度出發的，但後續發展已經非常不同於這個名詞的原意。起初，共享平台上的活動，確實主要是由個人提供住房或車輛乘坐空間給他人，但是這種交易關係已經變成偏重專業、營利導向的公寓供應商及車隊提供。Uber和Airbnb就是搭載服務與閒置房間的匯集經濟（aggregation economy）的明顯例子。哈佛大學教授尤海・班克勒（Yochai Benkler）就認為，將Uber視為共享經濟的一員，根本是無稽之談。在他看來，Uber其實是使用行動技術來創立一家為消費者降低旅行成本的公司，僅此而已。[51]

人們也往往忽視一項事實：Uber和Airbnb之類的平台營運商，愈來愈控制這些匯集的資源。拜網路效應之賜，它們不但有力量建議價格，實際上也有力量操控價格，決定供應方必須達到的標準與要求，並且決定接受哪些人參與。太常拒載的Uber司機，或是評價太低的司機，Uber可以逐出平台，司機不見得有管道申訴。這衍生出一個荒謬的結果，那就是Uber司機幾乎一律獲得五星評價，因為乘客想要保障他們，儘管未必對服務感到十分滿意。於是，評價制度變得沒有實質意義，並且留下不良餘波。

由於Uber並不把自己定義為計程車服務商，而是定義為搭載服務供給方與需求方的中介者，因此避開了保險費、附加價值稅、車輛檢驗及無障礙措施規定。但是，計程車公司必須遵守這些法規，必須有一定比例的車輛供應給殘障人士。Uber引用《美國通訊規範法》（U.S. Communications Decency Act）第230條，此法條原意為免除網站服務業者對連結網站的內容及網站用戶的評論和貼文負責。[52]就像無法要求電信公司為客戶的電話交談內容負責一樣，Uber引據此法條免除自身對司機可能錯誤行為的責任，畢竟它只是經營網站和應用程式，不直接參與司機和乘客的實際行為。

難怪《分享經濟的華麗騙局》（*What's Yours Is Mine*）作者湯姆・史利（Tom Slee）會說，Uber在其營運的城市裡的所作所為是一種「寄生」行為。該公司承受來自各方的壓力，例如：2017年被爆料存在性別歧視及性騷擾女員工；公司共同創辦人暨前執行長崔維斯・卡蘭尼克（Travis Kalanick）和一名司機爭吵時爆粗口；卡蘭尼克曾短暫擔任過川普總統的策略與政策論壇顧問團成員而遭到抨擊；Waymo指控Uber盜取智慧財產等等。Uber樹敵甚多，盟友無幾。

不過，就連Uber也不能免於遭到顛覆。谷歌前員工麥克・賀恩（Mike Hearn）提出「交易網」（TradeNet）的概念，試圖在一種服務競賣平台上（例如：取得自駕車載送服務），使用區塊鏈技術，把控管權還給車主。當使用者請求載送服務時，車主可以根據使用者的個人素描檔案，自動報價，不再由Uber決定價格與服務，而是平台上的使用者（供需方）自行敲定。[53]

區塊鏈新創公司以太坊（Ethereum）的創辦人維塔利克・布特林（Vitalik Buterin）說：「多數的科技發展會導致裁掉周邊做簡單工作的員工，區塊鏈技術則是使得公司總部變得冗餘。區塊鏈技術不會搶走司機的飯碗，但會搶走Uber的飯碗。使用區塊鏈，司機可以直接媒合到乘客。」[54]以色列新創公司拉助智（La'Zooz），嘗試解決中央化運輸網路供應者遭到的批評。就像比特幣是一種使用區塊鏈技術的去中央化貨幣，拉助智公司也是使用區塊鏈技術的去中央化運輸網路，非任何一方擁有，這應該會導致權力從運輸服務供應商轉移到司機手上。[55]

現在，車主主要還是把車輛提供給服務供應商，舊金山的司機大多透過Uber和Lyft。一旦製造商開始供應自駕車，擁車的人可能變少、改用車隊服務，車輛製造商可能也會開始自己營運這種服務，誰還需要中介商呢？

Uber和Lyft等媒合平台本身的事業模式，也是最大的潛在風險。它們本身不擁有車輛，只是市場上的中介者，一旦用戶和司機失去信賴，它們就沒有生意可做了。在「#刪除Uber」（#DeleteUber）之類的社群媒體運動中，以及爆出性騷擾事件後，有大量用戶刪除手機上的應用程式，該公司學到教訓，認知到身為中介者的脆弱性。

儘管許多人對共乘服務一直十分看好，當然還是有不少人支持私人擁車。在許多中年及老年世代的人看來，車子仍然代表自由——在不用特別準備、不須等待、不必走最後一哩去搭大眾運輸之下，隨時都可以去想去的地方。他們甘願接受伴隨這種自由而來的高成本，實際上限制了很多其他選擇，包括：汽車維修成本；需要尋找停車位及付費；在一些情況下，必須付費使用其他必要的運輸工具；必須忍受交通壅塞，以及發生事故的高風險性。這種自由的概念仍然盛行，可能是因為沒有其他夠好的替代選擇，或者至少沒有被試驗過的其他選擇。此外，要擺脫老習慣和舊思維，並不是那麼容易。非常有趣的是，有幾個彼此不認識的人給了我相同理由，說明為何他們認為必須自己有車——因為自己有車，才能時時把高爾夫球具放在行李箱，這樣就可以隨興驅車去打高爾夫球。對於這個理由，多數人聽到大概會搖搖頭笑出來，他們的問題真的很不一樣。

許多城市的停車問題，已經變得太嚴重。我個人總是盡可能避免開車進市區，或是會先規劃好在市內的行程，減少開車的行程。我有些朋友說，他們會自己開車到城市邊界，把車子停好之後，換搭 Uber 到市區。等到提供共乘服務的自駕車普及之後，好處將會不證自明，現在很多抱持懷疑看法的人也會信服。

9

研究、創新、顛覆
更多錢，更多性能

若一切看起來在掌控之中，那就代表你速度不夠快。
—— 馬里奧・安德烈提（Mario Andretti），
義裔美籍賽車手

　　想像你正在打造一輛車，這輛車有一些不會被用到的元件，這些多餘的元件使得這輛車的最終售價增加了幾個百分點。你告訴銷售人員別對外提及，也別在規格文件中列出。公司對你的這種做法，反應可以預期：你很快就會失去工作。

　　但這正是特斯拉做的事，它的軟體套件已經含有一些只會在後來的更新中增補或收取附加授權費的功能。舉例來說，特斯拉 Model S 就含有這種元件，在軟體更新後，車子的「自動輔助駕駛」（Autopilot）系統，可以輔助導航、轉向和停車，令原本沒有預期的車主大為驚喜。特斯拉還供應更強大、電池較昂貴的 Model S 車款，加價即可購得。特斯拉提供「一鍵啟用」的性能，反觀傳統汽車必須先到店改裝，才能取得新性能。特斯拉的 Model S、Model X 及 Model 3 車款都有自動駕駛硬體，但目前還無法啟用自駕功能，軟體更新尚在研發改良中，估計至少還要兩年才能下載到車上。

傳統的汽車製造公司不會這麼做——預先安裝一些不確定將來是否會用到的元件，它們不認為這樣做是合理的。特斯拉固然只在較高價、利潤較高而符合經濟效益的高級車款中採行這種做法，但是此方向的發展是一個明顯趨勢，尤其是在車輛數位化變得更重要的時代。基於經濟效益，共享模式是最早受惠於較昂貴元件者，車輛可以根據個別使用者的需要而調整。如果你支付較低費用，就無法享受一些功能；付得愈多，就能享受更多性能。這很像現今的航空旅行，不同艙等享受不同的娛樂及餐點選擇。

研發預算愈高的公司最創新嗎？

進步，源於那些尋求簡單方法把工作做好的懶人。
—— 羅伯・海萊恩（Robert Heinlein），
美國科幻作家

以研發支出來看，汽車製造公司相當先進。在研發支出全球排名前25的企業中，至少有7家是汽車製造公司。2015年及2016年，全球研發支出排名第一的上市公司是福斯汽車，分別為139億美元及142億美元。[1]

但是，若以研發支出占營收比來看，特斯拉以懸殊差距贏過所有其他汽車製造公司。特斯拉的研發支出／營收比為17.7％，居次的是福斯汽車，但只有6.4％，排名第三的BMW集團為6.0％，通用汽車為4.9％，戴姆勒為4.4％，Toyota 3.7％（參見圖表9-1）。[2]

歐洲的創新成就明顯遜色於矽谷或亞洲，《華盛頓郵

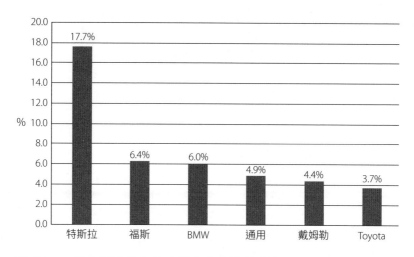

圖表9-1　汽車製造公司的研發支出占總營收比

報》2015年刊載的一篇報導指出，歐洲在創新上的落後無法很快就追上。[3]矽谷創投公司凱鵬華盈（Kleiner Perkins Caufield & Byers, KPCB）所做的一篇網際網路趨勢分析報告指出，2015年，15家最有價值的網際網路公司總市值已達近2.5兆美元，其中沒有一家來自歐洲，有11家來自美國，4家來自中國。[4]如前所述，這個差距不斷擴大。

　　2018年，美國市值最高的五家公司——字母控股、亞馬遜、蘋果、臉書、微軟，合計市值為4.2兆美元。德國股價指數（German Stock Index, DAX）的三十家公司，合計市值約1.4兆美元。這五家美國公司全都成立不到45年，其中三家甚至不到25年；DAX指數的三十家公司中有24家超過百年。德國唯一具有全球舉足輕重地位的數位型公司思愛普（SAP）市值最高，約1,400億美元，但這市值也僅為前述五家美國公司中市值最小的臉書的四分之一。

　　歐洲政府與經濟體系有意改變這種現狀，但提出的解方似乎都是耳熟能詳、沒什麼成效的老套：新的補貼方案;增加研發支出;撥款給大學。德國的最新行動是政府提出的「工業4.0」（Industrie 4.0）方案。

如果把經費給公司，或是提供更有力的誘因，會不會變得更創新呢？這是普華永道管理顧問公司（PricewaterhouseCoopers）提出的疑問。為了解答這項疑問，該公司分析上市公司的研發支出。[5]全球研發預算最多的前25家公司當中，有8家來自歐洲，其中4家屬於臨床製藥業，1家屬於資本財製造業，另外3家來自汽車製造業，參見圖表9-2。

普華永道想知道，創新力和研發預算是否存在著關連性，因此詢問經理人認為哪些公司最創新。結果發人省思：蘋果被經理人視為最創新，但2018年的研發支出額僅排名第六，參見圖表9-3。所以，研發支出愈高，未必代表更創新。在此問卷調查中，經理人評選最創新的前10名公司中，沒有一家是歐洲企業。請容我複述一次：沒有一家歐洲公司。

那麼，為何較高的研發支出，並未自然使一家公司變得更創新？這涉及了許多因素。

有學者探索與分析創新實際上是如何發生的，他們檢視「百大科技研發獎」（R&D 100 Awards）得主，發現2006年100個得獎者中只有6個名列「財星全球500大企業」（Fortune Global 500）。這些學者推測，較大的公司更致力於「漸進型創新」（亦即現有產品的創新），較不會投入於激進的新點子。[6]因此，許多聰慧的人離開這類公司的研發部門，偏好在國家研究中心、大學，以及較小的實驗室工作。[7]

研發部門傾向只研究與處理有起碼規模的問題，例如：寶麗來（Polaroid）傲於能夠處理涉及約5億美元規模

圖表9-2　全球研發支出最高的前25家公司

2018年排名	公司	國家	產業	研發支出 (單位：10億美元)				研發強度 (研發支出／總營收)			
				2015	2016	2017	2018	2015	2016	2017	2018
1	亞馬遜	美國	零售	9.3	12.5	16.1	22.6	10.4%	11.7%	11.8%	12.7%
2	字母控股	美國	軟體與服務	9.8	12.3	13.9	16.2	14.9%	16.4%	15.5%	14.6%
3	福斯汽車	德國	汽車與零組件	13.9	14.2	13.8	15.8	5.7%	5.6%	5.3%	5.7%
4	三星電子	南韓	科技硬體	13.9	13.5	14.3	15.3	7.2%	7.2%	7.6%	6.8%
5	英特爾	美國	半導體	11.5	12.1	12.7	13.1	20.6%	21.9%	21.5%	20.9%
6	微軟	美國	軟體與服務	12.0	12.0	13.0	12.3	13.9%	12.8%	15.3%	13.7%
7	蘋果	美國	科技硬體	6.0	8.1	10.0	11.6	3.3%	3.5%	4.7%	5.1%
8	羅氏控股公司	瑞士	製藥、生技	10.2	9.8	11.8	10.8	19.8%	19.0%	21.9%	18.9%
9	嬌生公司	美國	製藥、生技	8.5	9.0	9.1	10.6	11.4%	12.9%	12.7%	13.8%
10	默沙東藥廠	美國	製藥、生技	7.2	6.7	10.1	10.2	17.0%	17.0%	25.4%	25.4%
11	豐田汽車	日本	汽車與零組件	9.5	9.9	9.8	10.0	3.9%	3.9%	3.7%	3.9%
12	諾華製藥	瑞士	製藥、生技	9.7	9.5	9.6	8.5	18.0%	18.8%	19.4%	17.0%
13	福特汽車	美國	汽車與零組件	6.7	6.7	7.3	8.0	4.7%	4.5%	4.8%	5.1%
14	臉書	美國	軟體與服務	2.7	4.8	5.9	7.8	21.4%	26.9%	21.4%	19.1%
15	輝瑞大藥廠	美國	製藥、生技	4.0	7.7	7.9	7.7	16.9%	15.7%	14.9%	14.6%
16	通用汽車	美國	汽車與零組件	7.4	7.5	8.1	7.3	4.7%	5.5%	5.4%	5.0%
17	戴姆勒集團	德國	汽車與零組件	6.9	7.2	7.8	7.1	4.4%	4.0%	4.2%	3.7%
18	本田汽車	日本	汽車與零組件	5.7	6.2	6.5	7.1	4.8%	4.9%	4.7%	5.3%
19	賽諾菲	法國	製藥、生技	5.6	6.1	6.2	6.6	14.6%	14.6%	14.9%	15.1%
20	西門子	德國	資本財	4.8	5.3	5.8	6.1	5.6%	5.9%	6.2%	6.2%

21	甲骨文	美國	軟體與服務	5.5	5.8	6.8	6.1	14.4%	15.1%	18.4%	16.1%
22	思科系統	美國	科技硬體	6.3	6.2	6.3	6.1	13.4%	12.6%	12.8%	12.6%
23	葛蘭素史克	英國	製藥、生技	4.7	4.8	4.9	6.0	15.0%	14.9%	13.0%	14.8%
24	賽爾基因	美國	製藥、生技	2.3	3.7	4.5	5.9	31.7%	39.9%	39.8%	45.5%
25	BMW集團	德國	汽車與零組件	5.0	5.1	5.2	5.9	5.1%	4.5%	4.6%	5.0%

圖表9-3 根據對企業主管的問卷調查，最創新的前10名公司

2018年排名	公司	研發支出 （單位：10億美元）
1	蘋果公司	11.6
2	亞馬遜	22.6
3	字母控股	16.2
4	微軟	12.3
5	特斯拉	1.4
6	三星電子	15.3
7	臉書	7.8
8	奇異公司	4.8
9	英特爾	13.1
10	網飛	1.1

的大型創新計畫。[8]這種涉及巨資的計畫，使得研發人員太害怕於失敗及作出任何改變，於是他們繼續原計畫，直到可能對公司構成嚴重威脅。計畫存續期與創新速度沒有關係，計畫一開始時作出的假設，可能到了計畫結束時已經不再正確，最糟糕的莫過於必須承認最終產品已經被破壞性技術取代了。有個更好的方法是要求人人創新，讓每個部門及每位員工肩負起創新的責任。

破壞式創新的面貌

特斯拉自2013年起，就推出有足夠最大行程的電動車。Uber自2009年起創立及營運；谷歌致力研發自駕車已經十餘年了。你大概會想，傳統的汽車製造商應該有足夠時間迎頭趕上了，但它們仍然落後，為什麼？

一個德國家具業代表團的例子，能夠清楚說明這點。這個代表團的成員是來自家具製造公司和經銷商的15名經理人，這是他們的第三場說明會。一如矽谷的尋常程序，他們迫切想在簡報說明會上推銷潛在的新創概念，證明自己能夠如新創企業般運作及思考。說明會的目的是說服投資人挹注資金於一家新創公司或計畫，我從投資者的觀點來聽他們說明，對他們的點子提出反饋意見。

他們前兩場說明會提出的構想聽起來有趣，但顯然不怎麼有利可圖，因為市場太小，營收太少。第三場說明會提出建立一個平台的構想，讓經銷商及製造商可以在平台上，以優惠價格銷售過剩存貨或滯銷貨。他們說：「這個平台將會聚焦於那些喜歡購買便宜家具的顧客。」

但這不是事實，平台的主要受益人是經銷商及製造商，因為可以銷售積壓庫存賺錢，不必花錢做廢棄處理——當然，這是一個相當合理的想望。說明會進行到一半時，演講者順便提到了真正的破壞顛覆點，以及對終端顧客的實際利益是什麼。其實很常見：相同製造商為不同經銷商及品牌生產相同的家具品項，唯一的差別是，同樣一張椅子（產自同一個製造商、相同規格、相同設計、相同品質），在奢侈品牌的售價是200美元，但廉價品牌的售價只有30美元。在業界，這是一個公開的祕密，十分尋常。

所以，這裡的破壞顛覆概念是什麼？一個展示這些差異、將價格透明化的平台。這是真正的破壞顛覆點，是顧客最能受益之處，可以節省很多錢。但是，他們的說明並沒有提到這點，因為這個點子會破壞商業模式，對品牌、經銷商及製造商的關係造成持久的傷害。這是他們不想冒的險，也是他們無法冒的險，因為那些關係是歷經多年建立起來的。

諸如這類的利害細節，往往就是新創公司潛入之處。它們是產業的門外漢，沒有任何既有關係，不介意產業的祕密，沒有什麼可以損失的，不怕惹惱任何一方。點子的破壞顛覆作用愈大，抱怨的人愈多。這就是Uber、谷歌及其他破壞者所做的事，也是戴姆勒及BMW無法仿效之事。Uber與計程車服務業者並肩而行，賓士是德國計程車的主要供應商，不能冒然惹惱客戶。傳統汽車製造公司和供應商如履薄冰。

傳統汽車製造商當然已經辨察到時代訊號，但還不是很清楚能多快在市場上推出新技術。賓士在1990年代就已經開始研發自駕車，但到目前為止還沒有任何重大影響。奧迪宣布打算創立一家完全獨立的公司，名為SDS，和技術夥伴推動發展自駕車。[9]保時捷則是在軟體領域創立子公司，名為「保時捷數位有限責任公司」（Porsche Digital GmbH）。[10]福特汽車投入研發自駕車的賽局，雖然說得很有一套，你仍然能從負責人身上感覺得到，他們心不在此。通用汽車透過收購成立通用巡航公司（GM Cruise），似乎認真於發展自駕車。至於福斯汽車，由旗下的保時捷創立數位公司作為領頭羊，似乎也很認真發展電動車。

柴油門事件，對德國和美國其實都是契機

柴油引擎廢氣排放量醜聞及作弊軟體是相當戲劇性的事件，涉及數千萬輛福斯、奧迪及賓士的車子（或許還有

其他製造商的車子），餘波及後續處理包括全球規模的召回、數十種可能解決方案、懲罰、法律行動、銷售下滑、刑事訴訟、調查等等，迭有員工被解雇、辭職，甚至被拘留的新聞。有人以為不可能有更糟的情況了，結果後面又有新聞爆出來：五家德國汽車製造商聯合操控價格達數十年。造成柴油門事件的原因之一可能是，它們在技術上的自負傲慢——自以為比其他任何人都更懂什麼是優良技術、應該能夠做到什麼，結果為了提高自身獲利，不顧他人損失。短期而言，福斯汽車的舞弊行為，當然對整個德國經濟及聲譽造成負面影響；在此同時，這也許是促使迫切需要的新創業活躍起來的一個好契機。規模較大的公司，往往在認知到自己的規模下把創新高大化，運用為了大規模化執行而優化的流程。德國汽車業醜聞，或許提供了一個意外契機，釋放這些公司及其他公司的創新潛能。

發生於 1985 年的奧地利釀酒商弊案，是這種契機的一個例子。那年，主管當局發現，一些釀酒商非法在酒中添加二甘醇，以「改善」酒的口感，提高售價。二甘醇這種化學物質，通常被用作汽車冷卻系統中的防凍劑。此外，在酒中添加糖的做法也相當普遍。這些做法被公諸於世後，酒的銷量急劇下滑，奧地利釀酒業一敗塗地，不法業者被送進牢裡。

三十年後，奧地利葡萄酒是全球最佳葡萄酒產區之一，完全沒有非法手段。1985 年的弊案迫使立法當局採取更嚴格的規定與控管，釀酒商也花了些時間省思他們的心態，逐步踏實地回歸他們的根本事業，亦即生產高品質葡萄酒，用天然熟成的葡萄來釀製，不使用添加劑。

2016 年，福斯汽車全球員工數 61 萬人，年營收 2,200 億美元，是全球最大的汽車製造商，年產1,030萬輛，略多於Toyota的1,020萬輛。[11]福斯旗下有十多個品牌，包括：福斯、布加迪（Bugatti）、奧迪、保時捷、曼恩（MAN）、賓利。福斯的132億美元研發支出，也是上市汽車製造公司中最高的，可惜這並未提高創新力——除非舞弊也算是一種。

柴油門事件餘波中，福斯在美國遭到懲罰，同意在接下來十年，花20億美元建置全美的電動車充電站網絡，其中8億美元花在加州。這看起來像是福斯汽車倒大楣的事件，實際上對該公司及美國的電動車駕駛反而是件有利的事。福斯開始為其即將上市的電動車打廣告，指出它正在建置（其實是被迫建置）廣大充電站網絡。福斯為建設此充電站網絡而創立的電氣化美國公司（Electrify America），突然變成了一種競爭優勢。不過，這項懲罰雖然包括此充電站網絡必須開放給任何電動車，充電站裝設的插頭規格主要還是福斯偏好的規格——哎，一旦習慣取巧了，就不容易改變習慣。

現今的汽車業極似石油業，陷入所謂的「資源詛咒」（resource curse）。發現資源或原料，對一個國家而言往往既是幸，也是不幸。突然間，資源或原料為國家帶來大筆財富，推升通貨膨脹，匯率波動。在此同時，相關產業提供較高薪資、搶走人才，導致其他產業發展低落。資源及原料的發現與充沛也助長了浪費與貪腐，破壞民主與法治，激發與地主的矛盾衝突，迫使一些人群遷移。這一切啟動了一種不需要什麼智識、不怎麼涉及附加價值的「愚笨」產品。[12]汽車業製造的，固然是遠遠更含智識的產品，但內燃引擎之類的舊技術束縛了有才華的工程師，若他們改為投入研發別的東西，或許更能造福人類。若一個人把整個職涯浪費於研發打造一條密封環或一支活塞桿，這就是人力資本的浪費。

由於柴油門事件造成的損害，累計高達數百億美元。福斯、戴姆勒等相關公司，現在必須在其他領域省錢，使得許多員工變成冗員。成千上萬的工程師及創意人員遲早必須離職，尤其是因為即將進行的推進系統徹底改變。許多必須離職的員工將會獲得安頓，雖然德國的高就業率優於歐洲平均水準，離職的汽車業工程師或許會抓住機會、自創公司，實踐自己的構想。想像這些人的知識、才幹與技能將能帶來多大的潛在創造力，機器人、無人機、電子、可攜式技術、醫藥及數位轉型等等領域，可能創造出數千個新工作地點和公司，成為歐洲最重要的經濟引擎。

問題是，德國經濟體系為此做好準備了嗎？有沒有足夠的創投資本供給？政府與機構可以如何藉由提供有利的法規來幫助創業者？政治面的許多事情必須改變，盡可能移除更多的官僚體制障礙，方能創造下一個德國經濟奇蹟。德國汽車業醜聞是德國把經濟推向現代數位紀元的最佳契機，高素質的前汽車業工作者、相關安排設立、創投資本、友善新創企業的法規，這些結合起來，可以使德國變成歐洲領導者，創造就業機會與新產業。

經濟學家保羅‧羅莫（Paul Romer）說：「不要浪費好危機」，德國現在有個值得把握的大好契機！然而，德國汽車業醜聞或許是近年間發生於德國的「最佳」事件，專家及大眾懷疑汽車製造商能否抓住機會。到目前為止，汽車製造公司的經營管理階層、工人委員會及業主們的反應看起來並不好，雖然近來已經朝著正確方向邁出幾步，但可能太少、也太遲。

　　讓我們再思考令人氣惱的一點：在柴油門事件餘波中，光是福斯汽車就被罰款290億美元。把這個金額拿來和新技術領域的兩個領先者迄今所花的錢相比，也就是Waymo在自駕車上的投資，以及特斯拉在電動車上的投資。若我們寬大地假設，兩家公司或許投資了120億美元或140億美元，把新技術推進到現今的發展，而差不多的金額只不過是福斯必須支出的「罰款」。如果一開始就好好使用這些錢的話，福斯能夠建立兩家特斯拉或兩家Waymo，以驚人之舉推進整個產業（及環境）。可是，福斯選擇做了什麼？我絕對不會說福斯的行為是「商業上負責任的行為」——德國汽車業經理人在指出特斯拉的虧損時，就曾經說過類似的話。雖然德國汽車業者繳的罰款不是花我的錢，但是想到前述的比較與差別就令人氣惱。

10

時幅

將發生什麼，何時發生？

未來已經到來，只是分布不均，有些人還沒看到。
—— 威廉·吉布森（William Gibson），科幻小說家

一旦你有機會消化這些資訊，你就能理解傳統汽車的技術有多落後了 —— 雖然實際上我們每天都在使用。每年有數百萬人因車禍死亡或受傷，我們的移動力需要付出高昂價格，尤其是因為我們極其浪費資源。首先，我們必須打造高安全規格的車輛，因為我們是糟糕的駕駛，而高安全性能會增加重量，因此需要消耗更多燃料。結果，我們打造出更大的車子，但絕大多數時間在行車時，車上只有一人。車子的燃料鏈效率太低，我們最終只使用運輸一個人實際需要的能源的不到1％。內燃引擎的能源耗用分解如下：

- **開採**：光是開採能源這個環節就占了10％至20％ [1]
- **運輸**：把能源運輸至需要的地方供應占5％至10％
- **提煉**：20％ [2]
- **引擎的最大效率**：30％至40％ [3]
- **標準機動車輛中人體重量百分比**：5％

以一加侖的水來比擬，我們只用了一小口的水來運輸

載送人。沒有人能告訴我或說服我,我們有高效率的運輸系統。

切記,我們應迫切於用新技術取代舊技術,讓交通更永續、更環保、更安全、更便宜。立法當局和企業在這方面身處困境,所有相關團體及所有利害關係人必須了解,未來的移動將會改變、如何改變,以及改變將影響哪些其他日常生活領域。基本上,問題不是這會不會發生,而是何時發生;第二個問題是,我們能否在這場變革中走在領先地位,或是繼續把領先地位拱手讓人。

前面章節討論了當今最新的技術,以及各方所做的積極努力。訊號已經很明顯,選擇也存在,現在我們必須結合種種技術,利用它們的潛力。為凸顯行動的急迫性,我在本章以時幅說明事實與可能發展,幫助你了解這股趨勢的發展速度。

自駕車的研發,已經到了專家懇求製造商分享發現,以便更快達成目標、讓技術更安全的地步了。[4]如前文所述,特斯拉把自動輔助駕駛系統蒐集到的資料提供給美國運輸部,藉由創造龐大的資料集,提高自動駕駛技術的安全性。[5]監管當局現在必須匯集足夠的專業知識及反饋,提供給立法者參考,讓他們能夠儘快改善風險評估,制定、實施適當法規。

在美國,官方機構相信,未來十年,大眾將可取得自駕車及電動車,基礎建設計畫必須把這納入考慮與規劃中。如前所述,洛杉磯已經多少擱置大眾運輸系統的擴展,佛羅里達州正在規劃自駕車的行駛道路,全美城市有三分之二參與美國運輸部在2016年舉辦的「智慧城市挑戰賽」(Smart City Challenge),這些城市會繼續在發展規劃中把自駕車納入考量。

那麼，我們將會如何體驗到自駕車呢？大概是透過逐步於特定道路上推出，以及各種應用。最早的應用已經上路了，包括：美國、荷蘭、瑞士的大學校園自駕接駁車；力拓集團（Rio Tinto）在澳洲礦區使用自駕卡車。[6]接下來可能會有一些公路段容許自駕卡車上路；其實，相較於市區交通，公路對自動駕駛技術而言是較容易駕馭的，因為只有一個行進方向，沒有太多交通燈號，道路標誌較少，（通常也）沒有行人。下一步將是：在大眾運輸系統不夠便利的個別區域，讓自駕車合法上路。

這會慢慢開放愈來愈多的公共交通區域給自駕車行駛，同時排除人駕車。可能會有一段過渡期，自駕車與人駕車並行於街道上，但建議盡可能縮短這段過渡期，以實現電動自駕車帶來的充分益處。Uber 的對手給搭公司（Gett）創辦人夏哈‧魏瑟（Shahar Waiser）預期，在第一批自駕車註冊上路十年後，人駕車將被禁止，不能再上路。[7]

挑戰在於我們如何處理不再需要的人駕車及內燃引擎。或許將有一段過渡期，若有改裝工具箱可以把人駕車改裝成自駕車，這段過渡期可能延長。前文提過，德國新創公司哥白尼汽車和舊金山的逗號 AI，都在研發這種把車子改裝為自駕車的工具箱。

由於車輛現在已經可以百分之百資源回收利用，所以回收利用不是問題，人駕車將逐漸退役。福斯柴油門事件後，上千萬的柴油引擎車將必須早在自然服務年限到來前除役。柴油門事件是一起巨大的環境汙染事件，不僅是因為那些車輛的廢氣排放量較高，也因為要改造汰換的車子數量非常多。由於德國政府的處理進展緩慢，涉事的汽車製造商擺出種種抗拒姿態，歐盟執行委員會的耐心幾乎消磨殆盡，甚至揚言在整個歐盟區禁止那些車子上路。

大致來說，傳統的汽車製造商在發展自駕車方面採取兩種途徑。第一種途徑是漸進式，逐步推出新技術與功能，包括駕駛輔助系統，例如：特斯拉的自動輔助駕駛系統、賓士S系列的「Drive Pilot」，以及奧迪A8的中央駕駛輔助控制器zFAS（唸起來有點拗口）。至於第二種途徑，則是谷歌採取的革命性途徑。你可以熱議哪種途徑更安全，但兩種途徑都在推進中，最後大概殊途同歸。

專家對於自駕車的推出時幅，預測如下（部分已經發生）。

2019年

- 特斯拉及其他製造商供應可部分自動駕駛的駕駛輔助系統，協助變換車道、停車、必要時自動煞車等等。
- 谷歌、奧迪、Uber等公司在控制環境中測試自駕車，包括（部分封閉的）公路、測試道路、低速限市區。在進行這些測試時，車上仍有安全駕駛員，可在必要時接管車子。
- 第一批監管機構採行全國性法規。在美國，加州、佛羅里達州、內華達州、密西根州、路易斯安那州、北達科他州、田納西州、猶他州和哥倫比亞華盛頓特區對法規的解釋最廣、最寬鬆。[8]2016年8月，全美已有16個州即將實行自駕車管理法規。[9]法國也在8月准許自駕車上公路測試。[10]
- 在中國，示範城市如山西省太原市，在2016年把所有計程車換成電動車。北京市計畫在幾年內，把市內全部7萬輛內燃引擎計程車換成電動車。深圳已經在2018年12月把2萬輛計程車換成電動車，並在2017年12月把16,000輛公車換成電動巴士。

- 駕駛輔助系統將加入更多的功能延伸，讓更多操作自動化，包括能在公路上自動駕駛。公路將開闢自駕卡車行駛專用道。

- 交通監管當局將推出法規，管理自駕車的測試及營運。2018年4月，加州推出法規准許自駕車在車上無人控管之下行駛於公路，Waymo同年10月成為第一家取得此執照的公司。

- 製造商將增加測試里數，取得在各種環境、各種情境下行動的資訊與經驗，改善自動駕駛的根本技術及安全性。特斯拉在全球已經交給顧客的車子中，已有至少50萬輛裝有可以自動駕駛的硬體，只須更新軟體，就能啟動自駕輔助功能。從2017年春季開始，特斯拉蒐集數以萬計顧客所有車輛上的感測器匯集到的資料，在中央加速自動駕駛技術的機器學習，再透過上傳下載，安裝到顧客的車子。這是大型製造商縮小落差的最新做法。

- 感測器及電子零組件的價格將會進一步下跌，較低價格的車款可望能夠供應。

- 特斯拉的Model 3車款在2017年夏天開始銷售，這是第一款真正作出突破的電動車。

2020-2023年

- 從現在起，多數製造商新生產的車子，將裝有可供自動駕駛的技術（當然，這是指不同發展階段的技術），包括：感測器、攝影機、處理器、軟體、光達系統。有了這些裝備的車子，將能辨識交通燈號及道路標誌，據以採取行動。

- 共乘服務公司已經計畫推出商用自駕車車隊，在特定城市與街區服務。

- 街道上將可見到愈來愈多的自駕車，這同時也是一個轉捩點，因為立法者、監管當局，以及城市規劃師現在真的必須作出反應，推出相應合宜的改變。

- 共乘自駕車在很短期間內，以自駕模式行駛了數百萬英里。從這些資料得出的結論，將大大影響、可能也大大改變我們對於城市和交通如何運作的了解。

- 第一家大型製造商——福特汽車，宣布2021年將在市場上推出無方向盤的自駕車。[11]富豪汽車預期自家公司也有相似的發展，飛雅特克萊斯勒將與Waymo合作推出相似的車款。其他製造商也提出各自的概念、發表聲明，但到目前為止，我們只見到模糊前景。

2025年

- 都會區使用的所有計程車，將全都是由車隊經理人營運的電動車。在不少市區，計程車將是自駕車。如果需要充電，這些車子將在它們的等候站充電。

2030-2035年

- 此時，最後一批供應大眾市場的人駕車已經生產，而且將只有特殊車款。

- 最後一批內燃引擎在這段期間製造，最後的汽車內
  燃機工廠永久關閉。
- 過渡期法規推出，禁止人駕車行駛於公路上，只能
  行駛於封閉路段，例如：在一些週末，山區及沿海
  道路可以讓人駕車行駛，很像我們今天看到的典型
  賽車活動。人駕車將變成一種純粹的休閒活動。
- 世上最後一人取得駕照。

2045 年

- 最後一批人駕車將從公路上消失，這對城市和交通
  有巨大的影響。許多以往保留給車輛行駛的交通區
  將還給人們使用。
- 地方上的大眾運輸設施開始被拆除，電車、公車路
  線、市郊列車、地鐵等，將會逐步消失。將有更多
  人能以低成本取得運輸管道。

這些預測會不會過度樂觀，甚至有沒有可能發生呢？
什麼都有可能。有一些不錯的論點解釋，為何這些發展
可能不會發生得那麼快，甚至根本不會發生。人性傾向
一些習慣、行為和不理性，很容易破壞許多好點子，甚至
一些壞點子（這倒是比較幸運）。自然的阻礙可能比我們
想像的更難以克服。有可能發生黑天鵝事件──人類史
上罕見、無法預料的全球性事件，出乎意外、空前未有地
發生，影響到許多事情。2001 年的 911 恐怖攻擊和 2008 年
的全球金融危機，都是這種黑天鵝事件。川普當選美國總
統、德國柴油門醜聞，也算是黑天鵝事件。這類事件可能
推進或扼殺個別技術的發展，或是縮短或拉長改變發生的
時間軸。

車輛製造商必須考慮什麼?

任何關於未來的有用點子,起初聽起來都挺荒謬的。
—— 吉姆・達特(Jim Dator),未來學家

自 2008 年全球金融危機,以及接踵而來通用汽車與克萊斯勒申請破產(福特汽車倖免於相同命運),汽車製造商的整個境況已經再度改善,過去幾年迎來創紀錄的銷售佳績,可以說是充滿了愛、和平與快樂。但事實上,傳統汽車製造公司的股價下滑,整個產業充滿疑慮不安。會不會如同當年的「馬峰」敲響馬車運輸產業的末日警鐘,「車峰」已是內燃引擎車的終曲了呢?[12]

現今,德國有 4,300 萬輛車子,美國有超過 2 億 6,000 萬輛。德國的車子每年總計行駛約 3,800 億英里(約 6,100 億公里),相當於平均每輛車每年行駛約 8,800 英里(約 14,100 公里)。[13]美國的車子平均每輛每年行駛超過 13,400 英里(約 21,500 公里),總計美國所有車輛每年行駛約 3.22 兆英里(約 5.15 兆公里)。假設所有車子都是電動自駕 Uber,平均時速 35 英里(約 56 公里),這些車子平均每天被使用的時間,將遠長於內燃引擎車在德國平均每天被使用的 38 分鐘,以及在美國的平均每天 54 分鐘。這些車子每天可以在路上跑 20 小時,每天行駛 700 英里(約 1,120 公里),剩餘的 4 小時被用來充電和維修,因此一輛車平均一年行駛約 27 萬英里(約 43 萬公里)。若以現今每年的行車需求量來看——德國 3,800 億英里,美國 3.22 兆英里,德國只須約 140 萬輛車就能滿足目前的行車需求量,美國只須約 1,200 萬輛。

就算是抓得寬鬆一點，假設人們乘坐那些車輛的時間比以往還多，大眾運輸工具被那些車輛取代，平均每輛車每天只在路上跑10小時、不是20小時，而且除了電動自駕計程車車隊，還是有一些私家車，需要的車輛總數也絕對比現在還少。大約只需要現今車輛總數的10％至25％就夠了；在美國，以平均每輛車每天行駛54分鐘的需求量來看，需要加上約30％。

不過，顯然不是人人都將接受自己沒有車，即使是自駕車，即使共享模式更便宜，還是有人會想要或需要自己的車，這涉及太多因素了。例如，工作上有需求的人將會需要一輛車子運送工具，又如中國新創公司蔚來汽車自動駕駛技術部門前副總傑米・卡爾森（Jamie Carlson），就因為個人原因而不相信共享模式。他的車上總是擺放兒童座椅及玩具，無法想像每次從家裡出門，就必須重新安排一切。他明確表示，蔚來汽車將為私家車車主打造車子，不是打造共享車輛。

這對車輛製造商來說是壞消息嗎？或許是，或許不是。車子行駛的時間及里數較多，汰換頻率也較高。現今的計程車每隔幾年就汰換，這進一步增加需求，品質變得更重要，以防止更快速的磨損和汰換。若這些車輛被用於共享模式，而且增加新客群，豪車銷量可能會增加。每一種車款的生命週期將不再是四到七年，而是更短，或許就像智慧型手機的生命週期一樣。若車隊的車輛每年或每兩年就汰換一次，製造商也有可能更快推出新車款及完成更新。現在，技術創新的速度更快了，特斯拉就展示了這種可能性。不久之後，軟體將每月更新，車款將每隔幾個月就作出修改，硬體已經內裝於車上，等待日後更新軟體即可啟用。監管當局可以更快速因應情況變化而調整法規，在全國性車隊中實施。

自駕計程車的使用增加，也意味著車輛可以更快速、更容易維修，更快完成元件的更換。這部分對於車隊營運者最為重要，因為停放在車庫裡的車子賺不了錢。

這對使用者來說是好消息嗎？在共享模式下，使用車子行旅一定會變得更便宜，成本可以降低達90％。在美國，車主必須規劃每年花費近12,000美元於折舊、汽油、保險、維修及其他種種費用；在德國，中級車的這些費用每年約6,300美元（約5,600歐元）。[14]縱使是完全無法想像自己沒有車的中堅車主，若發現在共享模式下，在美國每年只須花費大約1,200美元，在歐洲每年只須花費大約630美元（約560歐元），而且可以使用的車種更多，大概也會重新思考了。如前文的數據，美國2億6,000萬輛車子平均每輛每年行駛約13,400英里，若很多人開始不擁車、改用共享模式，前述費用的節省將會極為可觀。[15]根據美國國家公路交通安全管理局的統計，2016年，美國所有車輛總計行駛了3.22兆英里。[16]

別忘了，這還只是成本而已，尚未計入便利性因素呢──不用再自己找停車位，不用自行安排車輛維修，不用再做清潔工作，不用自己為車子充電或加油，最後、但不是最不重要的，不用再承受開車的緊張壓力，車子會自己跑，乘客可以做其他的事。

傳統汽車產業將必須改變事業模式，未來的目標不再是增加對個人的銷售量，而是必須確保車隊提供充足便利的運輸服務。其他產業為這種改變提供了好例子，能源生產商已不再致力於盡可能銷售更多的電力，而是改為提供照明服務、加熱取暖服務、製冷服務、娛樂服務或行動服務。身為消費者，我想要房子暖和、冰箱正常冷藏冷凍、電視機和電腦如常運轉、電動車順暢行駛，一旦成本計算不再是基於使用的電量，而是基於各項服務，發電廠就會追求以更少能源供應相同服務。

車子的品牌將會變得較不重要。品牌固然是品質的同義詞，但事實上，在自駕計程車的時代，就連現在，我搭乘的計程車是賓士或Toyota Prius也完全不重要。重要的是，我能以合理價格、快速、安全地抵達目的地；此外，就算只是短程，我也能夠便利地在計程車上幫手機充電。不論在什麼城市，我真的不在意我獲得的是不是「奧迪體驗」。[17]我搭的是一輛Waymo或Uber，就像我現在搭乘聯合航空（United Airlines）或美國航空（American Airlines）的班機時，並不知道自己坐的是空中巴士或波音的飛機。

車業生態系：歡迎來到矽谷

在過去，想要一探車輛產業最新趨勢的人，必須前往重點車展，例如：在底特律舉行的北美國際車展，或是法蘭克福國際車展。但是，近年來，這些車展已被在拉斯維加斯舉辦的消費性電子展搶戲了。鍍鉻和車子引擎聲已不再是新潮看點，安靜無聲的電動車才是，而這些電動車比較適合在電子展上亮相。現在，一流車商都必須在電子展中秀點東西，例如，特斯拉就不參加底特律車展，尤其是因為基於密西根州的經銷商法規，該州不准許特斯拉直營銷售。

美國西部州的車業勢力，反映在矽谷及整個加州發展出來的車業生態系。在舉世最昂貴的地點之一，車輛製造廠如野草般生長。特斯拉在佛利蒙市（Fremont）生產，設在雷諾市的千兆工廠一號離佛利蒙市往北只有三小時車程。路晰汽車（Lucid Motors）所在地紐瓦克市（Newark）離佛利蒙市很近，電動巴士製造商普羅特拉（Proterra）位於貝爾蒙特市（Belmont），卡爾瑪汽車（Karma Automotive，前名 Fisker Automotive）總部設在洛杉磯附近的爾灣市（Irvine）。

車業的重大議程或發展速度，不再由底特律、斯圖加特、沃爾夫斯堡、慕尼黑等城市決定。近年來，所有車業製造商必須現身矽谷，那些想要參與「世界大賽」的公司不能再繼續等待，直到所屬國家終於准許測試自駕車和建立測試道路。在矽谷，這一切都已經存在——由科技公司、研究機構、合法環境、專家、有正確心態的適任人才等等構成的生態系。

曾經造訪過矽谷的人，可能參加過一些這樣的聚會：由私人籌辦、公司支持的非正式活動，通常是在晚上下班後舉行，有演講及討論。新創公司創辦人、投資人及其他有興趣者和大公司的經理人會面，例如戴姆勒及博世，特斯拉及派樂騰科技，輝達及凱鵬華盈創投，博格華納（BorgWarner）及史丹福大學，優達學城及日產。業界傑出人士齊聚一堂，塞巴斯蒂安·特龍、喬治·霍茲及其他人經常現身擔任演講人。所有與會者充分展現矽谷心態，敞開心胸參與公開討論，明顯有別於傳統汽車製造商傾向的那種有所保留的交談文化，不怎麼談論自身的活動——除非話題關於非法聯合操控價格或技術性欺騙。

派樂騰科技的研發經理艾莉森·柴肯（Alison Chaiken），是最積極舉辦這類車業聚會的人之一。[18] 這是矽谷在現代車輛產業的許多領域如此超前傳統製造公司的因素之一，在這些聚會中，與會者在演講後的討論，以及在小組討論會中出色、有論有據的貢獻，令我一再驚豔。可以明顯看出與會者提出的疑問進一步把限制往外推，驅動更前進的發展。

特斯拉在矽谷對車輛製造技術的發展，有著不容低估的影響。特斯拉有40個零組件供應商在這個地區設廠生產，全球總計有300個供應商，其中數十家其他供應商計畫在這個地區設立辦公室，它們想要、也必須貼近「母艦」。[19]

傳統的汽車製造公司，把愈來愈多的零組件生產交給一級供應商。博世、德國馬牌集團、麥格納之類的大公司，為汽車製造商供應整個元件系統，車廠再把所有東西組裝成最終成品的車子。車門及後車廂等，都是以零組件成品遞送至汽車製造公司，一輛車子有高達70％是由供應商生產的。[20] 簡言之，一家汽車製造公司的實際製造能力，僅限於設計、車身底盤、引擎、品牌打造及品牌行銷，福斯、賓士、BMW、歐寶（Opel）等公司在這些領域有優異技能。

其他產業的情形也相同。例如，耐吉（Nike）本身並不生產任何運動鞋或運動褲，該公司負責設計，再向供應商溝通生產規格，並且處理物流、品牌行銷、店鋪銷售等等事務。蘋果公司研發設計iPhone，把生產委託給別的製造公司，制定必須符合的嚴格規定。蘋果本身負責通路、品牌行銷、開發軟體，以及銷售最終產品。

蘋果公司的例子明示電子產品的生產情形變化，由此可一窺傳統汽車製造商的未來。直到1990年代末期，蘋果公司仍自行生產電腦，自有生產廠。提姆·庫克（Tim Cook）掌管物流及生產後，徹底改變了這一切。生產需要昂貴的機器，這對一間公司的現金部位有負面影響。跟易腐壞產品（例如牛奶）一樣，電子產品必須有快速的週轉率，而機器會占用資本。公司的目標是在短短幾天內存貨週轉，而非長達幾個月。所以，蘋果賣掉所有工廠，把生產及倉儲作業全部外包。

富士康之類的製造商，也為其他客戶進行生產，而非只為蘋果代工。因此，富士康的產量比任何單一客戶公司的產量高，元件價格較低。就算你加入其他成本，由這類製造商代工的總費用，仍然低於自行生產的成本。當蘋果開始在電腦產品以外推出iPod，以及後來的iPhone時，這種外包代工模式非常適合於擴大規模。車輛製造公司也朝相同方向發展，只不過速度比較慢。那些想在新車輛革命中生存下來的傳統汽車製造商，必須將自身專長「數位化」。引擎生產將會逐漸消失，軟體變成車輛的核心元件、驅動力及行銷重點。

已經上路的自駕車

戴姆勒、新創公司如法國易邁（EasyMile）、法國的納夫雅（Navya）、日本的軟銀自駕車（SB Drive），全都在研發自駕巴士。事實上，世界各地到處可見自駕巴士在實地測試了。

- 英國米爾頓凱因斯市（Milton Keynes）正在測試40輛小型自駕車，這些名為「盧茨探路者」（Lutz Pathfinder）的車輛可搭載兩名乘客，最高速限為時速12公里。
- 國際性研究計畫「城市移動2」（CityMobil2），正在法國西部城市拉羅謝爾（La Rochelle）測試自駕穿梭巴士系統。

- 子午線穿梭巴士服務公司（Meridian Shuttle）在英國格林威治及新加坡，積極進行自駕巴士的測試。
- 法國易邁在荷蘭的瓦赫寧恩（Wageningen）及美國加州的大型商業園區主教牧場測試 EZ-10 迷你巴士。
- 戴姆勒在荷蘭阿姆斯特丹測試自駕巴士。
- 納夫雅在拉斯維加斯測試自駕巴士。
- 瑞士郵政總局在西昂市測試運輸乘客的納夫雅巴士。

這份清單還可以一直列下去，德國、奧地利、瑞士洛桑、薩爾斯堡、柏林、杜塞道夫（Düsseldorf）及漢堡等城市，也都在測試自駕巴士。不過，這些目前都是試營，不是正規營運。

重型自駕卡車的發展

對於領頭的卡車製造商，如曼恩、賓士、斯堪尼亞、達富（DAF）等而言，成功的方法相當明瞭：卡車應該盡可能使用更少燃料、穩固可靠，舒適是使司機愉悅的附加優點。在美國，近似巴洛克風的鍍鉻裝飾，也是要考慮的一點。製造商都是著重這些性能及元素，所以市占率起伏不大，今年你多幾個百分點，明年換我多贏幾個百分點。

但情勢突然不同了。奧托公司（Otto，後來被 Uber 收購）之類的新進者，攻擊傳統的卡車製造商，推出自駕卡車，致令卡車司機未來的高失業風險。位於山景市的派樂騰科技，位於矽谷的英巴克卡車（Embark Trucks）、柯迪亞自動科技（Kodiak Robotics）、智加科技（PlusAI）、星空自動科技（Starsky Robotics），位於聖地牙哥及中國的圖森未來公司（TuSimple），以及中國的百度，都是這個領域的一些新進者。富豪、派樂騰科技及英巴克正在發展電控耦合，特斯拉想推出電動拖車頭，賓士的一項計畫正在進行測試，Waymo也一直在卡車上測試自駕技術。印度的FR8、總部位於以色列的卡車網（Trucknet），以及優步貨運（Uber Freight），則是對貨運業者帶來新競爭。它們把貨運空間和貨運檢驗結合起來，降低半空卡車上路的風險，減輕卡車需求增加的程度，但這可能惹得卡車製造商不高興。

貝恩策略顧問（Bain & Company）對2,000家歐洲貨運業者所做的問卷調查結果顯示，品牌忠誠度正在下滑。卡車製造商的品牌不再是決定性因素，被成本及可靠性取而代之。此外，包括數位服務及車輛維修等等的附加服務，也是重要因素。[21] 數位轉型再度發威，卡車彼此間的差異甚少，但數位服務可能決定誰勝出，而挾帶數位專長的新進者，在這方面具有明顯優勢。

在美國，22.8％的廢氣排放量來自卡車，客車則是占了42.7％。由於卡車總數少於300萬輛，遠遠少於客車的2.6億輛，可見卡車的廢氣排放量有多嚴重。[22] 卡車僅占美國車輛總數的1％，卻占了廢氣排放量的四分之一、總行車里數的5.6％，以及導致交通事故死亡人數的9％。[23] 司機過勞、注意力不足、緊張或路怒症，全都是自駕車取代人駕車的好理由——至少，某種程度而言。在第一階段，可能只有筆直的公路段會讓自駕卡車使用自動駕駛模式；到了出口、較窄小的路段、城鎮，以及接近裝卸區時，則交由人類駕駛。

檢視數據，就不難相信大公司及新創公司會研發電動自駕卡車了。只不過，有些人一想到路上有重達40噸的機器人正在行進，可能會脊背發涼。在美國，卡車司機每天最多只能駕駛11小時，每週最多只能駕駛60小時，必須休息。在休息時間，卡車閒置，不能為貨運業者賺錢。司機也占了一輛卡車營運總成本的三分之一，另外三分之一的成本是燃料，在歐洲燃料成本大約是每輛卡車9萬美元（約8萬歐元），因為多數卡車司機似乎都不會較放鬆油門，這可節省高達30％的燃料。反觀自駕卡車可以持續行駛，而且是非常有效率地行駛，可以節省很多錢。[24]普華永道管理顧問公司估計，自駕卡車每年的營運成本可以節省28％，因此每輛卡車每年的營運成本可從13萬美元（約115,600歐元），降低至93,250美元（約82,800歐元）。[25]

這種新發展也將影響就業及商模。美國目前有大約350萬名卡車司機，德國約54萬名，但未來需求增加的是嫻熟電腦的總部後勤人才。若卡車製造商和客戶開始直接合作，貨運業者可能會失去很多生意。

現在已經走入歷史的奧托公司，先前已通過最早的商業測試，和美國的大啤酒釀造公司安海斯－布希（Anheuser-Busch）合作。2016年10月，奧托自駕卡車在沒有司機的任何協助下，行駛120英里（約192公里），遞送了5萬罐啤酒。我不只一次向觀眾展示奧托公司發表的影片，當觀眾看到在卡車行駛間，司機解開安全帶、離開座位前往車子後方時，他們的反應總是令人印象深刻，瞠目結舌的表情流露了他們的驚奇。[26]未來，這種情形將恰恰相反，我們將對自駕車習以為常，以至於更可能在看到司機操縱方向盤時感到擔心，就像現在看到某人公開亮槍一樣。

矽谷新創公司英巴克卡車的首次自駕卡車商業運貨秀，是從加州長堤（Long Beach）拉貨至德州艾爾帕索（El Paso）。[27]位於加州山景市的派樂騰科技，在取得1,800萬美元創投資本的奧援下，聚焦於發展以隊列技術（platooning）行駛的自駕卡車。首批產品已經出貨，種種性能中包括車對車（V2V）通訊，以及使用雷達系統來保持與前車的距離。[28]位於舊金山的星空自動科技，也打算在市場上推出自駕卡車。該公司2019年在佛羅里達州進行首次的自駕卡車運貨秀，以遙控技術輔助。[29]

中國的百度和福田汽車集團（Foton Motor Group）合作，推出第一輛自駕卡車。[30]百度之所以對這塊領域感興趣，緣於它的車載資通訊系統（telematics），以及娛樂應用程式系統CarLife及CoDriver，已經有60家車輛公司使用這些系統，主要是在中國。百度也和另外三家公司合作推出自駕車：奇瑞汽車、比亞迪汽車、首汽集團。一些新創公司——例如：北京的圖森未來，蒐集儲存關於卡車司機駕駛風格的資料，提供發展自駕卡車。[31]

當然，傳統的卡車製造公司將不會拱手讓出這個領域的生意，富豪、曼恩及戴姆勒也忙於研發自駕卡車。富豪汽車已經測試「公路列車」，戴姆勒已經在德國高速公路上測試自駕卡車。

簡潔、俐落的迷你小車

前陣子，我的臉書出現了很多熱門車款與舊版的比較。例如，兩輛保時捷911並排在一起，一輛是1963年出廠的，另一輛是2013年出廠的。比起較寬的新版，1963年版可真是小家碧玉了。Mini Cooper也一樣，1959年出廠的，幾乎可以整部塞進現今版本的車身中。現在的福斯Polo更像30年前的福斯Golf，現在的福斯Golf體積大如早年的福斯Passat系列車款。也就是說，我們的車子變得愈來愈大，儘管車內通常只有一人。

電動自駕計程車提供一個把車子設計得更小巧、使用更少資源的機會，已經有幾家製造商採納這樣的概念。2010年，通用汽車和賽格威（Segway），在北京發表一款名為EN-V的兩人座電動小艙車。英國米爾頓凱因斯市計畫讓「盧茨探路者」小型自駕車在市區上路。[32]德國的產官學合作計畫「適合城市運輸」（Adaptive City Mobility, ACM），在漢諾瓦的辦公及資訊科技中心（CeBIT）展示了「CITY eTAXI」。這部車總重量僅550公斤，使用可換電池，可搭載三名乘客，或是一名帶了一塊歐規棧板的乘客（已成功展示）。想想，這其實滿實用的，我們通常很難找到一輛可以裝載木棧板的計程車。[33]

自駕摩托車──什麼？這有可能嗎？

四輪以上的自駕車獲得一些強烈支持，那麼兩輪的呢？也應該由電腦操作嗎？我們想要嗎？能做得到嗎？

做得到，美國國防部高級研究計畫署大挑戰賽上，就有一台自駕摩托車亮相。研發首腦是後來任職谷歌、然後創辦奧托公司的安東尼‧李萬多夫斯基，但很不幸地，他的摩托車在起點翻倒，因為他忘了啟動平衡穩定器。

舊金山的新創企業輕電動公司（Lit Motors Inc.）研發平衡、穩定的電動摩托車，這款可以乘坐兩人的摩托車，之後也應該能夠自動行駛。[34]這種車輛特別適合作為市內短程個人運輸服務用計程車，相當節能。北京的凌雲智能科技公司有相似的目標，BMW集團也是。[35]

BMW集團推出一款反映未來設計概念的電動自駕摩托

車：BMW Concept Link，反映時代精神。美國經典品牌哈雷戴維森（Harley-Davidson）陷入的困境，正是反映現代的時代精神。許多哈雷機車騎士已經上了年紀，每年的顧客逐漸減少。現在，美國自由夢車主的平均年齡為50歲，不是很久以前，平均年齡為35歲。一些年紀較長的騎士基於健康理由，必須放棄騎機車。自駕技術旨在防止錯誤及意外事故，而非為了寵溺騎機車的樂趣。在發生車禍的機車騎士中，有近30％的機車死亡車禍是在沒有任何外力因素下發生的，自駕技術可能及早辨察錯誤或其他車輛，或許能夠挽救那些騎士，讓他們有機會存活下來，繼續述說他們的故事。

車輛製造商應有的預期心理

> 自動化取代藍領階級的工作，人工智慧搶走白領階級的飯碗。
>
> ——班傑明・利維（Benjamin Levy），
> 創投公司鞋提實驗室（BootstrapLabs）
> 共同創辦人

你的電腦或手機的桌布是什麼？你家人的照片？你上次在海灘渡假時的照片？你的狗狗的照片？你大概不會使用你的工作場所的照片當作桌布吧？多年前造訪BMW集團位於德國巴伐利亞州丁格爾芬鎮（Dingolfing）的工廠時，我突然想到這個。進入組裝廠時，嗡嗡嗡的聲音縈繞，看起來混亂、但其實經過精心安排的工作人員和機器，圍繞著玻璃、金屬及塑膠材質的零組件運轉，舉世最令人傾心的車輛之一就是這麼生產出來的。當我們終於行經引擎貨架、爬上三樓，進入IT經理的辦公室關上門後，我們才恍然從夢中醒來。他的辦公室裝備甚少，他坐在這裡，從高處俯瞰整個組裝廠區，確保組裝線上的所有電腦系統順暢運轉。我們把注意力轉到他身上時，馬上注意到某個東西。

「這是新款的BMW 5系列的設計嗎？」我們當中某人問道。這位IT經理看著他的電腦桌布回答：「對。行銷部今天剛對外發布照片」，他停了好一會兒，仍然注視著桌布，深情地讚歎：「這部車好美！」

汽車業就是這麼特別，員工對工作充滿熱情。很多人對車子產生感情，我們對車子的情感與記憶近乎不理性，對許多人而言，他們的第一輛車是長久夢想的實現，代表獨立與自由。車內也是很多人第一次接吻的地方，不少人在車內發生性行為，這是許多媽媽受孕之地。有很多主題是車子的電影，影集中車子也常是要角，像是《霹靂遊俠》（Kinght Rider）裡的霹靂車「夥計」（KITT）、金龜車賀比（Herbie）、飛天萬能車（Chitty Chitty Bang Bang）、蝙蝠車（Batmobile）、大黃蜂（Bumblebee）、變形金剛（Transformers），誰不熟悉呢？

我們常說：「我的車停在那裡」，車子是我們個人的一部分，是實體的延伸，堪稱為一種先驗、超感知的體驗。許多人幫車子命名，多年前，我把我的福斯Polo取名為「Flitzi」，德語「快速」的意思。我們將車子人性化，認識它們的特點——我的老雷諾在達到一定速度時，就會開始「唱歌」，我朋友的特斯拉也有這個特點。失去車子或吊銷駕照，許多人傷心欲絕、快活不下去了，覺得活著沒有意思，有些人甚至真的因此自殺。

可是，這種情感連繫即將終結。對愈來愈多的都市年輕人來說，車子只是一種負擔，一個需要空間又花錢的怪物，一個需要他們把注意力從智慧型手機移開的東西。

那些受到直接影響的人，當然多少知道威脅逐步逼近，雖然不是一切都已經測試驗證、確定了，改變將會到來，而且是巨大的改變。繼續維持鴕鳥心態，心想：「情況不會那麼糟」，或「不會很快發生」，於事無補。就連那些不受車業直接影響的人——都市規劃師、醫院行政管理人員、交通標誌倡議者等等，也將必須重新思考他們的生活。

麥肯錫全球研究院（McKinsey Global Institute）所做的一項研究估計，在2025年前，新的自駕車技術帶來的經濟影響將達1.9兆美元（參見圖表10-1）。

圖表10-1　估計新技術在2025年前帶來的經濟影響

技術	低估計值（單位：10億美元）	高估計值（單位：10億美元）
行動網路	3.7	10.8
人工智慧	5.2	6.7
物聯網	2.7	6.2
雲端	1.7	6.2
機器人技術	1.7	4.5
自駕車	0.2	1.9
基因學	0.7	1.6
能源儲存	0.1	0.6
3D列印	0.2	0.6
現代材料	0.2	0.5
油氣探勘	0.1	0.5
可再生能源	0.2	0.3

資料來源：麥肯錫全球研究院

所有職業多少都會受到影響

你可能必須面對一個事實：你的工作將會改變。未來世代在整個職涯中，將可能不只一次改變工作，甚至需要改變專業領域。教育體制已經面臨挑戰，必須訓練人們適應於新的工作或自創工作。工會不能再用十九世紀的模式，試圖反應二十一世紀的需求。

在人類史上，社會動盪不是什麼新現象，但我們現今目睹的變化速度是空前的。請讓我再清楚說一次：我們正處於第二次自動推進技術革命時期，此時此刻，正在發生！

每一次革命成功，都劇烈改變社會與階級。貴族終結，實業家與工人興起，始於工業革命。創新帶來革命性的影響，紡織機使得織工變得無用武之地，貨櫃使得港口需要的工人減少，農耕機取代農工與擠奶女工；在此同時，愈來愈機械化的世界，對訓練有素的技術勞工需求增加。我們目前的教育制度基本上是奠基於工業革命時期，工廠需要能夠閱讀操作指南和操作機器的工人。

相較之下，農業的機械化發生得相當緩慢。大約兩百年前，多數人仍然從事農業工作。反觀所謂的工業化國家，從事農業工作者占勞動人口的比例不到2％。[36] 舉例來說，美國在1800年時，從事農業工作者占勞動人口的比例為80％，現今的比例為1.5％。當年，每年的失業率是0.5％，農夫、農場工人、擠奶女工不會突然失去工作。事件緩慢地發生，人人都有時間做準備，他們的孩子能上學，長大成為技師、電工及其他產業工人。

現在，工業部門的從業人數至多占總就業人數的30％。在英國、法國等國，服務業從業人數占總就業人數的比例高達80％。但是，傳統的就業模式也在式微。在美國，34％的從業者已經被視為自雇者，預期到了2020年，這個比例將上升至40％。[37] 在德國，這個比例雖然較低、只有3％，但自2000年起已經增加一倍，[38]人數從70萬5,000人增加至2016年的134.4萬人。[39]在奧地利，自雇者占就業人口的7％。[40]

汽車業是德國最重要的產業，員工近80萬人。[41]德國汽車產業公會估計，540萬人直接仰賴汽車產業，每年經濟產值約4,560億美元（約4,050億歐元）。一旦路上大多數車子是電動車時，受到最大衝擊的將是石油產業。這可能會在石油產國引發政治變動，這些變動之大，可能使得截至目前為止的所有其他變動相形見絀。前述數據清楚顯示，若傳統汽車製造商讓來自矽谷和中國靈活迅捷的新進者取得領先，未能並駕齊驅的話，第二次汽車革命可能對就業市場造成多大的衝擊。但影響還不止於此，如接下來的段落所述，還有更多職業也將受到行旅工具和方式改變的影響。

較年輕的卡車和計程車司機、修車廠業者及汽車維修技師，可能在整個職涯中受到影響。前文討論過的汽車產業和相關經濟部門的變動，可能在不到一個世代的期間內發生。我們即將失去的一些工作，是高資格、以往被視為穩當飯碗的工作。而且，我們不是慢慢過渡到新技術紀元，很可能是迎面撞上。

一百年前，馬兒輸給了技術變革。你可以說，馬兒失業了。若馬兒有投票權，必然會做出激烈的政治行動。在現今技術進步及人工智慧崛起之下，人類今日的處境相似於百年前的馬兒。很多人可能不再被就業市場需要，一大部分的人口將突然無法再找到能夠賺錢的工作，但這完全不是他們的錯。不要以為只有低階工人會受到影響，就連高度專業、高聲望的職業也不能倖免。IBM華生已經能夠作出比醫生團隊更準確的癌症診斷，戰鬥機飛行員在對抗賽中輸給人工智慧操控的戰鬥機，電腦在圍棋賽中打敗人類棋手。

牛津大學進行資料分析，預測702種職業群被自動化的可能性，現今近乎各行各業的受雇員工，有47％將或多或少受到影響，而且這項分析還未詳細考量人工智慧的進展呢。[42]特斯拉、Uber、谷歌、蘋果，並非只是這些職業群或汽車產業隨機發生的事件，它們是無法阻擋的未來。特斯拉及其他種種的新東西，只是人們的工具。知名意見領袖提姆·歐萊禮（Tim O'Reilly）說：[43]

> 最令人興奮的公司認為，科技是幫人們創造更多機會、而非減少機會的工具。最無趣的想法就是，把自駕車想成只是一種減少薪資支出的手段。我們應該思考它們將賦能新經濟活動的種種方式，例如：更便宜、更智慧的大眾運輸網絡；取得醫療照護的更佳工具等等。對於所有新科技，我們都應該這樣思考。以矽谷最熱門的新創公司之一Zipline為例，它使用無人機遞送藥品和血袋到有需要的地區，已經在道路有時無法通行、醫療基礎設施很差的盧安達做這件事。

至少有六十幾種職業群及行業，最可能直接或間接受到汽車產業變動的影響。它們不是將完全消失，就是以「精實」形式存活下來。接下來，我們探討一下各產業及職業群受到的影響。

各種司機

以開車為業的人，受到的影響最大，包括救護車及危險物質運送車輛的司機等等。在德國，專業貨運司機約為54萬人。[44]在美國，卡車司機約170萬人；美國勞工統計局預期到了2022年，將會增加到189萬人。[45]若再加上客貨兩用廂型車司機，貨車司機總數就達到350萬人。2014年，在美國50州中有28州，貨運司機是最常見的工作。[46]

考慮到網路商業帶來的貨運量增加，以及生產流程之間愈來愈緊密的連結，貨運司機的增加自然合理。問題在於：忽視了運輸業的變化，自駕卡車的問市，將會逐漸導致職業司機失業，就業人數可能逐漸往零的方向趨近，而不是往189萬人以上持續增加。由於卡車司機需要休息、睡覺、吃飯、娛樂，無數的旅館、休息站及小鎮仰賴他們，結果這些地方也將失去忠實顧客。麥肯錫的顧問們預期，到了2025年，平均每三輛卡車中將有一輛變成半自駕卡車。[47]

德國有36,000家計程車公司，客運牌照發放總數為25萬張。[48]2014年，奧地利發放的客運商業牌照為16,447張，其中7,469張為計程車牌照，174張為馬車牌照——給觀光客喜愛的出租馬車「fiaker」。我想，這類出租馬車將不會受到自駕計程車上路的影響。[49]

若卡車製造商及客戶（例如：超市或電子產品連鎖店）決定自行處理貨運事務，貨運業者的生意將普遍受到威脅。就這部分而言，下列職業群可能受到衝擊：

- 計程車司機
- Uber、Lyft等同業司機

- 私人司機
- 巴士司機
- 卡車司機
- 快遞司機
- 代客泊車服務司機
- 救護車司機
- 貨運業者

汽車製造相關產業工作

傳統汽車產業所有雇員的三分之一，和引擎及周邊生態系有關。不計其數的員工（在德國，約有12萬至18萬人），將被電池工程師與化學家、電腦科學家、人工智慧專家、機器人工程師、電腦視覺及電子專家取代，就像馬匹飼養人、馬具商、馬蹄製造者、獸醫及馬棚業主當年受到的衝擊一樣。一旦過渡至電動車的轉型完成，供應商需要的員工數將從31萬人減至22萬人。[50]德國汽車產業的81萬名工作者，將有21萬人失去工作，這是最好的情境了，在最壞的情境下，失業者將達27萬人。屆時，汽車產業將無法為三分之一的員工提供好工作。這裡以兩座工廠為例，代表德國及奧地利的許多汽車生產工廠。福斯在德國薩爾茨吉特（Salzgitter）的引擎工廠有7,500名員工，BMW在奧地利斯泰爾（Styer）的引擎工廠有4,100名員工，這兩座工廠與其他工廠將面臨大規模裁減工作。

不過，當然不是汽車生產業的所有製造專長，都將變得全無用武之地。電動自駕車需要的基礎設施將得益於這些製造專長，包括：電池、電池模組、充電基礎設施、電力供給、維修、車輛內部設計、特製車等等。但是，會特別需要一種不同的心態,願意發展新領域的知識、認識新的機會,而非只是聚焦於風險。

德國企業的福委會及工會代表,正慢慢覺察到可能後果。戴姆勒公司的監事會副會長米歇爾·布雷特(Michael Brecht)警告,切勿把電動車方面的能力拱手讓給供應商。[51] 在福斯汽車內部向來被視為強硬分子的德國金屬工業工會(IG Metall)代表,把中國建立電動車產業的抱負視為對德國製造業的直接威脅,呼籲必須趕快改變,脫離現今的內燃引擎車重點發展。[52]就這部分而言,下列職業群可能受到衝擊:

- 引擎相關製程工人
- 廢氣專家
- 燃料專家
- 變速箱相關製程工人

雖然這些領域有失去飯碗之虞,其他領域也將有新工作機會產生。感測器技術與軟體製造商預期到了2020年,每年營收可望增加200億至250億美元,[53]這預期值區分為導航路線圖及防撞系統每年營收增加100億至150億美元,攝影機、雷達系統、超音波感測器及光達系統每年營收增加約99億美元。

交通控管領域的工作

平均而言,德國每輛車為地區及城市創造約56美元至68美元(約50歐元至60歐元)的罰款。以現今使用中的4,300萬輛內燃引擎車來計算,相當於罰款收入超過22.5億美元。在美國,平均每天開出約12.5萬張交通罰單,平均每張罰款150美元,相當於一年的總計交通罰款近70億美元。若這些收入都消失,會怎樣呢?目前,美國的公路巡邏警察忙於處理交通事故現場，有80％的交通事故會通知他們前來協助處理，將來自駕車合法上路後，這類事故將減少。自駕車會遵守交通規則及速限，整天有大部分時間都在行駛中，不會有違規停車的情事，因此沒有這方面的罰款。交通警察及停車執法人員，將可被分派新的工作。就這部分而言，下列職業群可能受到衝擊：

- 交通警察
- 停車場管理員
- 拖吊服務人員
- 交通狀況播報員
- 交通法庭法官
- 專長處理交通違規事件的律師
- 酒測器製造商及相關業者

交通基礎設施領域的工作

現今的交通號誌及道路標誌的使用者是誰？人類及駕駛，而非自駕車，因為自駕車可以從即時路線圖取得需要的資訊。

在德國，有2,000萬個道路標誌及400萬個路標，每個成本介於90至225美元，再加上安裝成本。德國有150萬處交通號誌，一處交通號誌的成本介於4萬美元至28萬美元，不計入電力費用每年營運成本為5,600美元。就這部分而言，下列職業群可能受到衝擊：

- 交通號誌廠商
- 道路標誌廠商

駕訓工作

如果人類不再自己開車，誰還需要駕訓班及考駕照呢？駕照將變得無用，也不再需要現今特殊物品運輸車輛或特製車駕駛必須考取的職業駕照。德國目前有21,485名駕駛教練受雇於超過11,000家駕訓班，數目已經在減少中，剩下的駕駛教練也漸漸上了年紀。[54]

駕駛教練這一行逐漸式微，或許已經有了跡象。畢竟，電動車沒有變速箱，自駕車不需要駕駛。就這部分而言，下列職業群可能受到衝擊：

- 駕駛教練
- 駕照考官
- 駕照行政官員

研究機構及大學的工作

> 科學家說某件事有可能時，或許低估了此事需要花費的時間。若他們說某件事不可能時，大概都是錯的。
>
> ——理察‧斯莫利（Richard Smalley），
> 諾貝爾化學獎得主

現在，許多研究機構及大學，關心優化燃料與引擎的課題。德國的全部研發工作中，有40％是由汽車產業資助的。[55]這些研究機構將必須修正研發方向，才能保持競爭力。傳統汽車研究機構將喪失重要性，甚至可能關閉，但其他研究機構將歷經一番欣榮。那些研究感測器技術、電子、資料處理及電池化學的研究機構，將獲得更多資金湧注。就這部分而言，下列職業群可能受到衝擊：

- 相關領域的大學教授
- 相關領域的研究人員

汽車維修保養工作

電動車不需要內燃引擎、變速箱、散熱器、廢氣系統或燃料系統，它們不需要換機油，也不需要換火星塞、密封圈，甚至煞車片（至少就部分而言），因為這類車子主要使用馬達來煞車。自駕車導致的車禍較少，因此需要的修理作業較少。汽車維修技師現在負責完成的工作，有高達70％將消失。[56] 在美國，2014年在汽車維修服務中心及車體維修廠工作者有73萬9,000人，德國有39萬人。[57] 若私人擁車者減少、被車隊取代，那麼汽車俱樂部將必須從會員俱樂部變成B2B服務供應者。就這部分而言，下列職業群可能受到衝擊：

- 汽車維修技師
- 車輛排氣檢驗員
- 汽車道路救援維修人員
- 洗車廠業者

車輛銷售相關工作

若愈來愈多人決定不再自己擁車，改為依賴運輸服務供應者，那麼直接對消費者的車子銷量就會減少，對車隊營運商的車子銷量將會增加──對終端消費者（B2C）的車子銷售生意，將有一大部分變成B2B生意。這意味的是，車子將不再主要銷售給多數的個人消費者，而是銷售給少數的大型企業客戶。這些企業客戶可能要求減價，買方在議價時有較大的空間。

不過,目前的銷售數字尚未反映這種變化。德國的車輛經銷商雇用員工約7萬人,但未來將需要較少的銷售人員。在美國,機動車輛及零組件銷售商產業雇員約200萬人。[58] 就這部分而言,下列職業群可能受到衝擊:

- 汽車貸款業者
- 二手車經銷商
- 個人化訂製車服務中心
- 車輛銷售相關人員

建築與交通區規劃工作

先說好消息:公寓及房子將變得更便宜,我們可以把目前用於停車及其他用途的空間改作其他新用途,也別忘了出入車庫的引道能夠釋放的空間。市區的許多室內停車場,使得個別建物之間的距離增大,令行人較難輕鬆抵達目的地。現在的解決方案是更多的車子,結果又需要更多的停車位,而體積更大的車輛也需要更大的停車位。

未來,車輛減少後,需要的道路和停車位將會變少。自駕車能比人類駕駛更有效率地使用空間。就這部分而言,下列職業群可能受到衝擊:

- 停車場及車庫建築工人,以及停車場管理員
- 道路建築工人
- 停車場警衛

化石燃料供應相關工作

人人都知道,花在石油上的錢多到難以計數,而且大多進了並非總是堅定捍衛民主自由政權的口袋裡。光是為

了購買汽油，美國每分鐘支付612,500美元給這些國家，每年總計支出3,000億美元。[59]

美國每年的國防支出超過6,000億美元，據估計，國防預算的10％至25％是為了取得汽油供給。[60]這是美國及世界其他國家為了普遍依賴石油而願意支付的隱性稅，而這類支出可能大部分將變得無用。石油不僅得開採，還得提煉、運送，方能在車輛的引擎中燃燒。更多的電動車上路，可以提供更環保的替代動力。

在美國，煤業從業人員有17萬4,000人，德國的煤業從業者不到1萬人。[61]這些數字都明顯低於1950年代，當時德國的煤礦開採公司員工數超過30萬人，現在石油產業將步此後塵。

2016年，德國有14,500座加油站，總計雇員10萬人。[62]若我們不再需要加油站，加油站附設的小超市也將消失。提醒你，這未必是壞事，例如：在美國，大約半數的香菸銷量是加油站附設的便利商店賣出的。[63]2015年，在加油站附設便利商店的營收額中，香菸占了35.9％。[64]

不論如何，只要想想，運送數百萬噸的液體，繞過至少半個地球，只為了讓我們能夠燃燒大部分的這些液體，這是多麼落伍的事。就這部分而言，下列職業群可能受到衝擊：

- 石油產業雇員
- 煉油廠雇員
- 油罐車司機及相關業者
- 油輪及平台上的工作者
- 油管及儲槽從業人員
- 加油站業主及員工

- 相關環境影響評估專業人員
- 部分士兵

保險業工作

　　截至目前為止，保險公司並未替任何商業性自駕車承保。若預測正確的話，自駕車可避免90％的車禍，保險費也必須降低。較少的理賠，意味著收入減少，這將使得保險公司的年度財報變得不好看。專家預測，車險收入將減少至少40％。[65]

　　德國保險公司的保費收入中，有超過266億美元來自車險。美國的這個金額是2,000億美元，全歐洲的車險收入為1,350億美元，全球則是7,000億美元。[66]全部保費收入中有近半數來自車險，當資產負債表上這個收入項目劇減時，必然會嚇呆股東。目前，車險也是保險公司向客戶銷售其他商品的途徑，將來這條通路將大舉消失，屆時取得新客戶將變得很昂貴。

　　難怪特斯拉之類的製造商和Uber之類的車隊營運商，會自行申請保險營業執照。舉例來說，特斯拉已經在澳洲和香港推出「我的Tesla保險」（InsureMyTesla）保險方案，保障範圍涵蓋車子及充電站。[67]特斯拉也計畫在車子售價中直接涵蓋保險及維修成本，一旦做到這件事，特斯拉買主甚至不必再找保險公司。[68]

　　在安全相關設備推出後，保費的降低將比車隊實際改裝或加裝新安全設備的速度來得快。所有車輛達到最新標準，最舊車款退役，可能得花上三十年。舉例來說，安全氣囊在1984年推出，但直到2016年，美國路上行駛的所有車輛中實際裝備安全氣囊的車輛才達到95％，但保費在很早之前就已經降低了25％至40％，並且隨著安全標準的改善而調整。就這部分而言，下列職業群可能受到衝擊：

- 車險業務相關人員
- 相關理賠審核員及行政人員
- 電話客服中心車險服務人員

醫療照護業工作

美國每年有120萬人因車禍受傷，2016年有近4萬人因車禍死亡。德國每年因車禍死亡者超過3,200人，2018年有39萬4,000人因車禍受傷。奧地利每年約400人因車禍死亡。醫療照護系統接收治療車禍傷患，隨著車禍事故減少，這部分的容量也將減少。

你有沒有想到，車禍減少也將影響到器官捐贈這一塊？許多器官捐贈人是車禍死亡者，在美國，12.3％的器官捐贈來自車禍死亡者。[69]美國有超過12萬3,000人在等候一顆心臟或腎臟，儘管每年有28,000件移植手術，平均每天仍有18人因為無法等到這救命的移植手術而死去。[70]

但如果為了維持來自車禍死亡者的器官捐贈供給量，以及維持相關醫療照護的工作飯碗，我們應該維持（甚至增加）目前的車禍數量，那可就太本末倒置了。其他的技術或可填補這個缺口，提供解決方案。我們可能會加速發展另類方法，例如使用生物工程及3D列印來創造器官。就這部分而言，下列職業群可能受到衝擊：

- 相關緊急服務從業人員
- 外科醫生
- 護士
- 治療師

- 支援及照護殘疾者的人員

地方及長途運輸業工作

若自駕車變得十分便利、平價又舒適，就不會有很多人那麼麻煩去搭巴士或火車了。如果可以舒適安坐在Uber電動自駕車裡，又何必拖著行李去車站找車廂和座位，或是費勁走那些地鐵站裡的陰暗樓梯呢？女性會特別喜歡這種增加的安全感。

其實，鐵路及大眾運輸正面臨其他各種運輸工具帶來的競爭壓力：有了自駕卡車，就不需要把貨物轉交鐵路貨車運輸了；長途巴士變得更便宜了。現在很多地鐵已經可以自動駕駛、無須駕駛員，但廢除大眾運輸工具也符合經濟效益，畢竟建設地鐵很昂貴，也花時間。就這部分而言，下列職業群可能受到衝擊：

- 列車駕駛
- 列車長及檢查員
- 鐵路員工
- 相關櫃台人員
- 電車駕駛
- 地鐵及巴士駕駛
- 相關安全監督管理人員

部分旅宿服務工作

從慕尼黑到漢堡，或是從舊金山到洛杉磯，若使用自駕車通宵行駛，我可以在車上睡覺，省下旅宿費用。屆時，旅館或許可以改變服務項目，提供只有沐浴洗漱和早餐、不住房的服務。此外，如前所述，我們也將不再需要專為卡車司機服務的休息站及餐廳。就這部分而言，下列職業群可能受到衝擊：

- 部分旅宿櫃台職缺
- 部分旅館清潔打掃工作
- 休息站服務人員

部分娛樂業工作

就像現在在飛機上看電影，若我們能在自駕車行駛途中觀賞最新電影，對很多人來說，又何必前往電影院看呢？就這部分而言，下列職業群可能受到衝擊：

- 電影院業主及工作人員
- 驗票及帶位人員

未來新興職業

新科技創造新產業及新職業，這也將發生於第二次汽車革命。每隔一段時間，就會興起關於工作流失及未來新興工作的話題，其他產業可以為例：旅宿平台Airbnb除了和旅館民宿業者競爭，也為那些先前從未想過提供民宿服務的人創造收入。2015年，美國透過Airbnb提供房間的房東賺進32億美元的收入，歐洲的房東賺進30億美元的收入。[71]還有其他服務業圍繞著這個平台發展，例如：民宿、公寓或房子的清潔打掃和管理服務。智慧型手機製造商雖然排擠了非智慧型手機製造商，卻也為行動應用程式開發者創造了前所未有的發展空間。若沒有智慧型手機，就不可能有Uber和Airbnb之類的公司。

環顧周遭：公路上有休息站，到處都有旅館，渡假雜誌和旅遊指南介紹世界各地的景點，這清楚顯示汽車對我們的生活方式帶來多大的改變，只是你可能從未曾意識到。一些行業的前景是可以預見的，比方說，基礎設施規劃師、道路工程人員、停車場相關從業人員、汽車維修保養從業人員、加油站從業人員、休息站服務人員等等。其他領域的前景較不那麼可預期，包括市郊的購物商場等。創投家、前網景公司創辦人馬克・安德里森（Marc Andreessen）精闢總結：[72]

> 汽車帶來的最大經濟影響，並不是對汽車業本身，而是對市郊、商業、包裹遞送、電影院、連鎖旅館、冒險樂園、公路、服務站等領域的相關發展。簡單地說，我們現今的生活方式是汽車發明問市的結果；在此之前，行旅對人們實際上並不方便，你現在順利抵達的每一個目的地，都可以說是汽車直間接帶來的結果。

下列這份簡單版的未來可能新興工作機會，或許可以啟發你多一點思考。甚至在社交活動時，你們可以來點有趣的聯想遊戲，讓想像力奔馳，看看能否想到其他可能的工作機會。

- 電池工程師
- 人工智慧專家
- 道路工程及連網車輛的電子專家
- 車內娛樂系統設計製作研發人員
- 充電站經理
- 電池電力供應商
- 車內行動應用程式開發人員

- 車內廣告從業人員
- 廣告途徑優化人員
- 交通規劃師
- 資料服務供應商

11

波浪效應與信念躍進
「齊步走！」

報告：98％的美國通勤者偏好大眾運輸，勝過其他交通工具。

——《洋蔥報》(*The Onion*)

成千上萬的受雇人員每天通勤上班，平均而言，每個通勤者每天大約花50分鐘在交通上。以美國的工作者總數來算，總計每天花費60億分鐘。假設平均壽命70歲，相當於美國每天有162段人生浪費在通勤上。[1]

當過兵的人都看過這種景象：許多士兵排成長列，一聲「齊步走！」令下，整隊開始一起行進。每個士兵都知道前面那個會同時踏出第一步，這樣整隊行進成一列，就像單一個體。如果只有第一排的開始前進，第二排的稍遲一點才起步，第三排的再遲一點才起步……整隊就會形成波浪般移動，幾乎不可能同步。

你應該不曾期望過，在交通燈號前會有這種「齊步走！」的指令吧？當燈號轉綠，前方車輛開始移動，但後方車輛仍然停著等候，這種現象叫作「起動損失時間」(start-up lost time)。[2] 第一輛車必須確定路口沒有車輛闖紅燈，這種等候時間是頭號時間殺手，每一部後方車輛的等候時間都比較少，但還是會有大約2秒的起動損失時間。運動休旅車因為體積、重量和加速度較低，起動損失時間會增加20％。總之，起動損失時間不容忽視。

自駕車與連網車使我們更加接近同步，所有車輛將只須一個共同的起動期，或者甚至不需要停下來，因為它們將自身車速和交通燈號同步化。在沒有交通燈號的交叉路口，車輛必須調節車速，協調移動速度，使所有用路人都不用停下來。研究人員製作了一支概念影片，展示相較於有傳統交通燈號管制的十字路口，在這種自動路口管理系統下，交通變得多麼流暢，參見圖表11-1。[3]

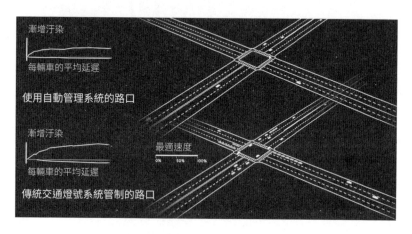

圖表11-1　模擬車輛在十字路口的協調

模擬顯示，兩者的差異相當驚人。傳統交通燈號管制的路口呈現波浪效應──車輛必須減速、停下來，一排一排地等候，循序再起動。反觀使用自動管理系統的十字路口，車輛與車輛之間的車距幾乎保持不變，不需要煞車與加速，也就幾乎沒有相應的能源消耗，以及煞車片的高耗損。交通流暢度提高，行車體驗更好。

　　不過，圖表11-1的模擬並未考慮到行人和單車騎士。圖表11-2是一支YouTube影片的截圖，[4]把所有用路人納入。這支短片用了一些影片編輯技巧，呈現用路人如何驚險避開碰撞，以及沒有任何明顯減速之下的交通流量。

圖表11-2　各種交通參與者在十字路口的用路情形

　　在真實情境中，總是必須考慮到自駕車、行人及單車騎士，調節各別的速度，讓人人都能安全行進，有必要才停下來。一旦行人信賴自駕車的反應，我們將能夠體驗到相似於已故荷蘭交通規劃師漢斯・蒙德曼（Hans Monderman）提倡的「人車共享空間」（shared space）。這種道路設計移除了街道上的交通號誌、信號燈，蒙德曼以倒著走的方式進入路口交通，藉此展示用路人如何對彼此展現體貼。我們的未來用路景象，將介於前述影片中的情景和蒙德曼提出的設計。

　　不只交叉路口，公路上也可以觀察到波浪效應。一輛車的速度慢了下來，迫使後方所有車輛的速度也慢了下來。好不容易可以加速一點，往往必須再次停下來，因為前方塞車了——大家心裡都在想：到底是為什麼塞車？[5] 不論基於什麼原因，第一輛車必須（或覺得需要）減速煞車，也很有可能在三十分鐘前就通過那個點了，但是波浪效應仍然持續。這種走走停停的情形，往往令路上所有人很不愉快（參見圖表11-3）。

圖表11-3　交通波浪效應（©The Mathematical Society of Traffic Flow）

目前，道路管理者嘗試透過動態調整速度來減輕波浪效應，但未來自駕車能夠彼此溝通，更快速掌握交通狀況與整體路況，波浪效應將會消失，所有車輛將更能夠像智慧群體般行動。另一種將會消失的駕駛行為是：對向車道發生車禍，駕駛行經時因為好奇而煞車減速。研究發現，就算只有少數原本由人駕駛的車輛改為自駕車，也可能大幅減少這種波浪行進。[6]

貨運也能叫 Uber 送

整個遞送及貨運業目前仍處於早期技術階段，許多新創公司聚焦於這個領域，企圖推出破壞式創新，顛覆這個領域。貨運領域的通訊主要仍然使用電話，提單仍然列印出紙本，只有偶爾會使用過時的軟體，但從未充分整合，許多標準使得軟體系統之間難以溝通。

在美國，53萬2,000家貨運業者處理170萬個客戶委託的4億件滿裝託運（亦即全卡車裝載貨物）。貨運業者處理的貨物總量價值7,000億美元，其中6,000億美元是滿裝，其餘則是包裹類。[7]90％的貨運業者的車隊少於6輛卡車，因此市場非常分裂。此外，有13,000名貨運經理幫助客戶尋找合適的貨運業者，他們的中介費用是託運貨物價值的15％至20％。他們的服務很有需求，因為這個領域有很多的小公司。

中國的製造商及新創公司對這個領域感興趣，不足為奇。在中國，有720萬輛卡車及1,600萬名卡車司機在路上跑。[8]中國有130座居民超過百萬人的大都市，創造出的運輸服務需求龐大到我們難以想像。據估計，中國的運輸業產值高達3,000億美元。

不好的一面是這個產業的效率差。首先，你一定知道，邊境站總是有卡車大排長龍，司機被迫等候車上貨物接受檢查。其次，他們往往得枯坐許多小時，等候下一車要運送的貨物被談妥。據估計，在美國，光是這段等候時間，就浪費了260億美元的經濟產值。

難怪多家新創公司嗅到了好商機。Uber成立Uber貨運（Uber Freight），玩起貨運中介服務。Uber已經透過計程車平台，在這塊領域取得了一些經驗，現在不只乘客叫Uber，貨物也可以找Uber運送。[9]或許，尖峰加成計費也可以套用在貨物運送上，使得需求量較大的時段運費提高。零售業巨擘亞馬遜也不想拱手讓出這一塊生意，已經在2017年宣布成立貨運中介服務。[10]

車輛大數據之戰

> 沒有資料作為根據，你只不過是另一個有看法的人罷了。
>
> ——愛德華茲・戴明（W. Edwards Deming），
> 　　　　　　　　　　　　　　　　統計學家

　　BMW、賓士、福特有何共通點？全都製造汽車？不，這樣太簡單了。它們的共通點是：全都拒絕與蘋果合作造車——神祕的iCar。事實上，協商失敗主要不是因為實際細節，而是因為一個問題：誰將擁有車子生成的資料——最重要的資料，第二次汽車革命中真正的金礦。現在，無數車輛上裝備的感測器已經生成巨量資料，每一部感測器每小時生成不計其數的測量數據，但它們究竟在測量什麼，為誰測量？

　　首先，攝影機、光達、雷達系統和超音波感測器蒐集運行數據；其次，車上的其他感測器生成種種資料，例如：胎壓、冷卻劑溫度、剩餘的電池電量等等。行車資料可供演算法與決策改進，讓自駕車的行駛性能更好、更安全。連網車與其他車輛及物體彼此連結通訊，因此也蒐集資料。每輛車的行車情境可被拿來分析後反饋，改善整個車隊的行車效能。個人資料提供關於誰在車內、選擇的路線、乘客在行車途中做什麼活動等等的資訊。此外，保險公司可能對車子是否行駛於不安全的區域，以及車子行駛得謹慎保守或輕浮魯莽等方面的資料感興趣。最後，

Uber、Lyft等公司透過運輸網路，蒐集巨量的資料。

英特爾前任執行長布萊恩・科再奇（Brian Krzanich）估計，若未來將繼續現今的行車里數，每輛自駕車每天將可生成高達4 TB的資料量。[11]門外漢可能會問，如此龐大的資料量，能夠儲存在哪裡？如何被存在外部資料儲存設備上？[12]其實，不是所有資料都會被儲存起來，有些資料一旦不再需要就刪除了。有些資訊，你可能會想要保留得更久一點，或是基於法律、維修、事故相關或管理等原因，必須儲存一定期間。

最終，任何一輛車大概不需要儲存超過1 TB的資料量，其餘資訊將上傳至雲端，而且這可能還只是製造商雲端儲存資料量的一小部分而已。頻寬可能很快就會出現問題，網路能讓我多快上傳資料，以及和其他物體溝通呢？[13]我們想要能從龐大的資料量中推測出重要資訊，[14]這需要適足的電腦容量。

資料究竟內含什麼？為何如此寶貴？商業上最有利可圖的資料，是那些描述使用者行為的資料──車子如何被使用？那些知道很多的廠商，可以提供更多服務或作出更多改進。

在德國，這類資訊大致上被不信任地看待：這有風險。在德國，資料保護擺在高優先地位，這是一個特別敏感的議題。有鑑於以往兩個極權政權經常侵犯私人資料領域，有時導致致命後果，德國這種資料保護的態度是可以理解的。基本上，凡是跟資料傳遞有關者，都會遭到嚴格審視。結果，人們甚至展現一種自我審查，不僅保護資料，連蒐集資料或創造資料都應該避免，工程師避免生成任何可能導致他們麻煩上身的資料。

　　我認為，這是一種錯誤的資料保護觀念，創造真正沒必要的問題。應該保護的是個人資料，而非機器資料。但現在大家都試圖避免任何風險，工程師及公司的法務部門認為，這個問題實在太燙手。

　　德國的汽車製造公司把數位化車輛生成的資料，定義為與個人或個體相關的資料：[15]

> **資料的個人性質：**一部現代機動車輛的使用，涉及持續生成及處理大範圍的資料。資料可以追查到車輛的所有人、駕駛及乘客，若把其他資訊也納入考量，這些資料含有一個可識別的個人的私人或事實關係的資訊。根據《德國聯邦資料保護法》（BDSG）中使用的定義，若一輛車含有與個人相關的車輛識別號碼或牌照，那麼這輛車在使用中生成的資料，絕對被視為個人資料。

　　早在第一批自駕車上路之前，在毫不了解自駕車將會測量、蒐集什麼資料，以及將可能如何使用這些資料，德國就已經考慮要制定管制規範了。然而，德國急於想要落實數位化或所謂的「工業4.0」，就是要利用資料的潛力。由於負責的人不聚焦於資料帶來的機會，只聚焦於危險性及潛在的資料濫用，德國及歐盟可能在這個領域落後許多其他國家。

　　我們正處於快速變化的法律灰色地帶，一如歐盟令人難以忍受的有關Cookies的規範。歐洲的立法太慢了，而且技術上落後於時代，採納的法規既不能滿足原始意圖，也未考慮到實際的重要性，更別提要付諸實行時已經變得過時了。美國也不例外，臉書執行長祖克柏在2018年4月出席的參眾兩院委員會聽證會顯示，國會議員太不了解重要的網際網路技術，以及它們背後的事業模式了。不了解這些，就很難適當規範。但不論如何，採取行動是必要的，最終必須對資訊自決權給予適當的法律框架。身為使用者，我想要能夠決定我的個人資料將發生哪些事。臉書及谷歌必須提供工具，讓歐洲的使用者能夠看到他們被蒐集的個人資料，並且在必要時能夠刪除這些資訊。

蘋果及谷歌這類新進者的核心能力正是在這個領域：辨識使用者的行為型態，設法迎合需求。舉例而言，蘋果的生態系展現對使用者的全面觀，包括他們的蘋果裝置、在iTunes的媒體偏好、使用哪些應用程式及使用情形、偏好的音樂及影片、購物習慣，把這些資訊全都儲存起來。谷歌全方位免費提供服務，全都是關乎透明化：哪些顧客在找什麼？他們當時身在何處？他們的聯絡人是誰？和其他人聊些什麼？這類資料使谷歌及蘋果成為舉世最有價值的公司。

難怪車輛大數據之戰如此激烈。自駕車促成更多的媒體消費，整個車用資訊娛樂領域每年賺進營收310億美元。[16]蘋果、谷歌等公司穩穩立足於這個領域，現在用戶已經使用安卓及iOS作業系統的行動資訊娛樂系統——我幹麼要用車輛製造商的作業系統，不用我自己的智慧型手機呢？尤其是前者在熟悉度及使用者親和性方面遠遠較差？因此，車子是矽谷要征服的下一個領域。儘管傳統的汽車製造公司正在研發自己的系統，例如：福特的AppLink或通用的MyLink，但可能已經輸了這場戰役。福特想把SmartDeviceLink發展成類似一種產業標準，作為智慧型手機與車子的連結介面，[17]但這一切起始於、也終結於圍繞著既有作業系統的外部應用程式開發者數量。

多年的作業系統設計經驗，以及由開發者與工具形成的一整個既存生態系，賦予谷歌、蘋果、微軟近乎無可撼動的競爭優勢。很多司機早已習慣使用谷歌地圖，不是車子內建的導航系統。他們直接從智慧型手機串流音樂，不是使用車上安裝的硬碟。

掌控乘客的移動行為資料，可以開發的商機範圍大到難以想像。埃森哲管理顧問公司（Accenture）估計，每輛車生命週期中涉及的資料處理，可以創造6,265美元的額外營收。[18]如今已結束的駕駛輔助技術新創公司卡魯瑪（Caruma）前執行長克里斯・卡爾森（Chris Carson）認為，一輛車每年在路上可以生成價值1,400美元的資料。[19]埃森哲管理顧問公司預期，未來有近三分之二的收入，將來自供應及銷售其他商品。麥肯錫管理顧問公司估計，到了2030年，汽車產業的整個資料服務部門，可能成長到7,500億美元的規模。[20]與此相比，智慧型手機應用程式的市場規模（約1,000億美元），可說是小巫見大巫了。

監管當局已經可以開始準備迎接很多的麻煩與機會了——不論是麻煩或機會，要應付的事總之很多。美國國家運輸安全委員會研擬的首批草案中，也包含關於取得車輛生成資料方面的課題。[21]在發生交通事故後，有關當局需要取得這些資料，以幫助判定肇因、釐清責任歸屬，並且採取措施，使自駕車變得更安全。為此，各方必須同意訂定標準，讓不同廠家之間也能交換資料，但目前尚不清楚要如何分享資訊而不致讓任何一方的商業機密洩露。[22]

另一方面，這意味的是，事故調查當局及其他官方機構（例如：警方），或獨立檢驗機構如德國萊因技術監護顧問公司（TÜV Rheinland），需要具備使用這類資料對車輛進行數位鑑識的能力，以便從可得資料中判定事故肇因。此外，這些單位都必須了解如何度量、評估這種車輛資料生成器的安全性。汽車俱樂部和維修廠，必須能夠判讀、解釋相關資料，以辨識和維修瑕疵。製造商可能會爭奪這個工作，這意味的是，前述監管當局與相關機構，現在應該已經提供這類工作與職務，以便取得相關專業知識與技能。資料分析師、資料庫專家、物聯網及人工智慧專家、軟體程式設計師，這些都是很好的起點。

看看飛雅特的作為，它現在似乎較不用擔心自己的命運將被數位產業宰割了──當然啦，這得取決於你如何看待。這家義大利籍的公司，在2016年5月和谷歌簽定一項合作協議，將在一項聯合試驗計畫中，打造100輛Waymo多功能休旅自駕車。[23]這是谷歌首度與汽車製造商分享自駕技術，以往這項新技術被谷歌列為高度機密。飛雅特已於2016年10月交付第一批車，後來Waymo陸續收到幾百輛車，並且選擇再訂購62,000輛。

自駕車的嚮導：高精地圖

澳洲在2016年有個不尋常的問題：必須調整經緯度，讓資料能夠正確符合全球衛星導航系統。之所以會發生這個問題，是因為受到大陸板塊運動的影響，澳洲每年會向北移動大約7公分。由於當地的度量是以澳洲大陸的固定點為基準，這些數據顯然會跟著變動，但經緯度沒有跟著調整，最後便形成落差。上一次取得與更新資料是在1994年，現在實際的經緯度和當時的資料已有1.5公尺的偏差，這樣的誤差對導航系統及特別是自駕車而言實在太大了。誠如谷歌自駕車計畫前負責人克里斯・厄姆森（Chris Urmson）說的：「開車時1.5公尺的偏差，可能會毀了一天。」因此，澳洲必須調整局部座標系，直到自2020年起，新的系統將自動考量這持續發生的偏差。[24]

GPS訊號對人類而言夠好用了，但是對車輛而言不夠好。對車輛而言，「精準到誤差只有1至2公尺」，可能使得車子朝對向來車撞過去。所以，誤差只有一英寸的高精地圖，例如：通騰科技（TomTom）、HERE、谷歌及蘋果提供的地圖，不僅對一般導航重要，更是自駕車的一項基本要求。這也是所有製造商都忙於發展高精地圖的原因，光是在美國，就必須度量超過400萬英里（約640萬公里）的道路。

谷歌2005年2月8日推出地圖應用程式，結合虛擬世界與真實世界——在那之前，只有網際網路的資訊。現在我們認為再尋常不過了，當時可是革命性的一步。歷經時日，谷歌在谷歌地圖中注滿資訊，加入街景（Street View）功能，使我們現在能夠瀏覽全世界的地點和街景。出發去渡假之前，我們可以先瀏覽住房所在地及附近的街景；殘障人士可以在家先查看商店或餐廳是否便於進出；要出門前往一家商店、餐廳或某機構前，可以先看一下營業時間。谷歌地圖的用處不勝枚舉。研究人員使用過去多年的谷歌街景資料來訓練機器學習系統，分析加拿大聯邦首都渥太華的變化，辨識在這些年間中產階級化（gentrification）的區域。

谷歌在2013年以9.66億美元的價格，收購以色列新創公司位智（Waze）。這間公司起初以眾包方式製作以色列街道數位地圖，很快就變成免費的導航應用程式，以匿名方式溝通使用者的行進速度。位智運用資訊，研判行車路線的前方是否有交通堵塞的地方，若有就建議用戶改走別的路線。現在位智開發的一些功能，已經整合到谷歌地圖裡，例如：通知用戶有關交通堵塞的狀況。還有一些其他應用程式整合位智開發的功能，包括：Lyft、西班牙的快比飛（Cabify）、巴西的99計程車（99Taxis）。[25]

蘋果苦澀體驗過開發高品質導航地圖的工作有多困難。當iPhone的代工製造商2012年在iPhone手機上以蘋果地圖（Apple Maps）取代谷歌地圖後，這個向來成功的科技巨人歷經了巨大的災難，它的地圖充滿錯誤，結果短短幾週後，iPhone就重新使用谷歌地圖。從那次慘痛的失敗之後，蘋果投資大量金錢改善蘋果地圖，派遣數十輛地圖繪製車，行駛於美國及其他國家各地，取得即時、精準的資訊。[26]就是這些密集的活動，助長了有關蘋果正在研發電動車／自駕車的謠言，計畫名為「泰坦」（Titan）。

德國汽車製造商奧迪、賓士及BMW聯手，在2016年以27億美元買下諾基亞的地圖服務業務HERE。HERE開始把用戶資料結合到服務中，裝備了高級輔助系統的車輛，將能夠傳遞路況資訊，向其他駕駛提供目前的交通狀況及路況。[27]200輛HERE地圖繪製車在超過一百國千座城市蒐集資訊，補充大量資訊。[28]

Toyota持有日本地圖服務商善鄰（Zenrin）的股份，善鄰從事種種與地圖調查製作有關的活動，為谷歌蒐集與生成資料。[29]Uber也想擺脫目前對谷歌地圖的依賴，主要是因為它致力於進入自駕車市場。Uber收購微軟Bing的部分地圖技術及相關資產，接收該部門的100名員工，再投資5

億美元於地圖調查作業。[30]

以色列的車眼公司（Mobileye）雇用800名員工為地圖加注，支援系統的道路標記解讀工作，並於近期宣布與HERE合作。[31]車眼公司使用縮小的3D定向點模型。蘋果在全球各地有4,500名員工做類似的工作。福特投資680萬美元於3D地圖新創公司市區地圖（Civil Maps）。[32]

許多新創公司緊跟著大製造商的腳步。位於德國道恩鎮（Daun）的TechniSat公司（TechniSat Digital）致力於研發導航系統；美國的地圖箱公司（Mapbox）提供軟體工具箱，讓開發人員取得道路地圖資料，把相關資訊整合到應用程式。[33]

現在，谷歌、蘋果及通騰科技提供的數位地圖，只容易被我們人類解讀，自駕車無法使用，因為太不夠精準，偏差大又多。可供車輛使用的資料，必須包含遠遠更詳細、人類駕駛不會需要的資訊，例如：緣石高度、人行道及自行車車道的寬度和精確位置、分界線、特殊路面標記等等。由於路況的實際變化頻率驚人──不僅僅是天氣或季節所致，工地、太陽位置或一天中不同時段的入射光等等也是影響因素，因此必須持續不斷更新資訊。在這方面，交通參與者也可加入眾包計畫，協助蘋果及谷歌在整個舊金山灣區使用的特殊地圖繪製車。[34]自駕車把行進路線的數位資料與實際路況相比，傳遞兩者之間的偏差，必須能夠傳輸足夠的資料量，不會用罄容量，所以資料必須壓縮，限制於絕對最低值。另一項要求是，不必再增加感測器，只用已經安裝好的感測器做到這一切。

特斯拉已經從中受益。舉例來說，它的系統能夠記住一塊減速丘，向總部回傳訊息，接著所有其他特斯拉都會收到一份更新地圖，讓車子在接近這塊減速丘時，能夠自動調整車底高度，指示駕駛減速。有位特斯拉車主在冬天錄製了一支影片，展示這套系統運作得多好：道路積雪，已經看不到路面標記了，但是特斯拉的自動輔助駕駛系統，仍能完美保持行駛於原車道，因為車子能夠仰賴大量先前行車記錄下來的資料，就算看不到標線，也知道行進在路面上的何處。[35]

數位體驗：自己先用，再來討論

> 最快贏得我心的捷徑，就是回答我這個問題：你的 WiFi 密碼是什麼？
>
> ——現代人的約會

在歐洲，人人都在談論數位轉型，這個話題已經被熱議多年，許多人試圖了解它究竟意味什麼，以及矽谷如何推動數位轉型。他們迫切尋找可能的應用，結果通常是直接在產品做一套應用程式。其實，這頂多只是數位轉型的一個小層面，這樣不過就像美國人常說的：「給豬擦口紅」，換湯不換藥。現在看起來雖然漂亮一點，終究是隻豬。「轉型」這個詞，意指從一個狀態轉變至另一個狀態，邁入另一種終端狀態。改變是持續的，永不停止，從一個改變到另一個改變。因此，數位轉型並不是一項計畫，而是一種過程，一種無止境的過程。

在矽谷，這個名詞本身也不是經常被提及，就像德國政府提出的口號「Industrie 4.0」。在矽谷，使用數位工具不是一種附加手段，往往是核心元素。以共乘服務業為例，Uber 起初思考的問題，不是如何挑戰現有的計程車服務業者，而是想要了解行動應用程式能夠如何幫助改善運輸服務。Uber首先開發出應用程式，接著說服車主提供服務與未用資源。除了以往不曾從事過運輸服務的駕駛，Uber也歡迎計程車司機加入，但主要著眼於個人駕駛及禮車服務。Uber從未自行購買車輛或雇用司機，它的核心能力是應用程式、背後的資料庫，以及提供高效率運輸服務的演算法。

推動數位轉型的公司，主要探討可以如何運用數位工具，更有效率地使用現有資源。共享經濟領域的公司，主要聚焦於如何為顧客提供最好的服務。這是迥然不同的經濟方法，能夠發展出本身的動能。這種方法讓公司在不考慮任何社會敏感性下，勇於質疑任何現況。既有企業因為歷史發展，以及和其他產業與利害關係方太密切關連了，所以在推動任何變革時，很容易遭遇類似內部審查的綁手綁腳，不容許某些觀點，因為害怕可能危及一些相當鞏固的關係，傷害到自家公司。

我想在此特別談論一點，這是一項重要細節，或許有助於了解德國在數位轉型上的問題——德國企業在推動數位轉型上的問題之一，可能是執行長本身不活躍使用或甚至不使用數位工具。眾所周知，馬斯克經常在推特和顧客與媒體直接互動、發表看法，有時還因此激怒股東或美國證管會。賈伯斯生前也常突然出現在蘋果零售店和顧客互動，或是親自透過系統發送顧客訊息。德國汽車業的三位最高階主管，全都沒有活躍的推特帳戶，或是因使用其他數位工具而聞名，這更加鞏固了一個整體印象：高層並未在數位轉型方面以身作則。

在接下來的段落中，要討論在第二次汽車革命中，數位體驗將成為要素的一些領域。

一鍵更新：無線更新，不必回原廠

美國國家公路交通安全管理局2016年公布福斯電動車 e-Golf的一個軟體錯誤：「由於電池管理系統中一個過於敏感的診斷，系統可能會錯誤指出電壓過高，進而可能意外關閉電動馬達。」[36]這是技術上的嚴重錯誤，在美國，有超過5,000輛e-Golf被召回，由技師安裝軟體更新。除了福斯要花費的成本，這也造成車主不方便。

當發生這類事件時，你不禁開始想：為什麼要這麼麻煩呢？為何不能透過網際網路處理好？想像一下，你必須帶著智慧型手機前往某個服務據點，只是為了更新軟體或除錯，你得排隊等候工程師幫你安裝和測試軟體補丁。還好沒有智慧型手機或電腦的製造商會讓顧客做這樣的事，歷經這樣的程序，但這在汽車業是普遍的做法。

特斯拉已經證明，無線更新的方法可行。新軟體可以在一夜之間安裝，解決錯誤或取得新功能。當特斯拉車主突然獲得「智慧召喚」的功能（車子可以在沒有人駕駛之下，自行停車或開過來），或是自動輔助駕駛模式或「狗狗模式」（車內空調保持舒適溫度，把你的狗狗留在車內），簡直是欣喜若狂。網路上有很多影片，展示特斯拉如何自行開出車庫，去接等在路邊的主人。《消費者報告》（*Consumer Reports*）報導特斯拉Model 3的煞車效能問題後，特斯拉很快就提供軟體更新，幾天後就解決了這個問題，就是這麼簡單。

在數位產業，這種更新的方法稀鬆平常，但在汽車業卻是革命性的，因此導致許多公司錯失更快速發展新功能的機會。最新版本的特斯拉Model S自駕系統更新,使得特斯拉馬上獲得一萬輛測試車,這些車子蒐集到的資料幫助改善特斯拉的資料庫,讓所有車主都受惠。

不過,這類軟體更新必須經過嚴格檢驗。一些影片顯示,儘管特斯拉已經指出限制,駕駛仍然太過信賴自駕系統。為了因應他們的過度熱情,特斯拉作出其他更新,再度限制一些功能,直到取得更多資料,作出改進。

德國萊因技術監護顧問公司董事會主席認為,經過這樣一次軟體更新的特斯拉,將和原先獲得行照的車子差異太大,所以必須暫時撤銷行照,就跟改裝車一樣。[37]

這是兩個互異而抵觸的世界:一個是變化快速、經常更新的數位產業,另一個是聚焦於避開風險的汽車產業。兩者都沒錯,誰都不想置身於一輛軟體更新中有錯或軟體仍是測試版的車子裡,冒著可能導致車禍的性命風險。可是,我們也想要不用回廠就能作出調整、擁有安全車輛的便利解方。由於數位功能對車輛愈來愈重要,數位功能是促成汽車業劇變的驅動力,我們必須找到既能確保安全又便利的方法。車輛製造商必須學習如何設計、管理有高度安全保障的軟體,或許可以從核工業或航太領域採行的程序中找到啟示,方法是有的,只不過成本仍高。

一種可能是:不是只能由車輛製造商安裝軟體,也可以由第三方安裝。類似蘋果的App Store或Google Play這樣的平台,為獨立軟體供應商開啟了新次元。車輛製造商若想充分受益於這個層面,必須取得必要能力,包括建立軟體開發者社群,由車輛製造商提供程式設計工具與介面。谷歌、蘋果及其他公司在這條路上走在領先地位,已經在行動裝置、電腦及物聯網的作業系統方面獲得很多經驗。

儀表板和娛樂系統是重點

　　未來車的霸主爭奪戰，在許多陣線上的贏面很明顯，有些就不是那麼明顯了，例如：車輛的儀表板。我之前開2014年版的富豪S60，有個數位顯示器。我的新車特斯拉Model 3沒有儀表板，但前台中央有塊觸控螢幕，可以顯示所有資料。不論哪家製造商展示或發表的每一輛車都有數位指示器，但一道尚未解答的疑問是：誰來發展作業系統，最終掌控生態系？

　　谷歌專為車輛設計的Android Auto居於領先地位，[38]提供多種應用程式如谷歌地圖及Spotify音樂服務，駕駛可能不再那麼期望或需要車輛製造商提供這類應用程式。就連車輛相關資料，現在都能透過軟體狗（dongles）傳輸到智慧型手機應用程式裡。

　　谷歌、蘋果、微軟有一大堆的軟體開發者，共同開發無數的應用程式，就算是財力雄厚的車輛製造公司也無法在這方面匹敵，況且車輛製造商的核心能力是造車，不是設計軟體、開發作業系統或建立軟體開發者生態系。軟體公司本身具有一些優勢，首先，它們能取得車輛行駛時生成的資料，在此同時，提高顧客對智慧型手機的忠誠度。若你平均每隔五年半換一輛新車，你應該就不是很想在每隔兩年換新手機時，改用與安卓系統競爭的產品如iPhone了。畢竟，你已經習慣既有系統，換別款智慧型手機意味著你將喪失對車子儀表板的熟悉度。

　　這也是蘋果著急的原因之一，它推出與谷歌競爭的Apple Carplay。現在，車輛製造公司如福特試著打安全牌，嵌入這兩種系統。[39]但最終的長期解決方案將是什麼呢？若一輛車子的價值在於資料，車輛製造商會不戰就直接把這塊領域拱手讓給科技業巨擘嗎？有沒有機會追上它們的發展？

「共享業者不合法！」── 數位創新的兩難

一旦車輛製造商也跟進Uber及Lyft之類的顛覆破壞者，進入汽車共享市場，將會無可避免與計程車業者起衝突。現在，賓士就受到這個事實的影響，德國有大約9萬輛計程車，其中過半數向來是賓士供應的。德國的計程車公司如今不免開始心想：自己向來偏愛的車廠，居然也變成競爭對手，是不是該換別的品牌了？這是一個重要訊號，讓賓士重新思考優先要務──建立專門的計程車服務業務，而不只是供應車輛給計程車公司，長期來說，這樣或許更有利可圖，更別說這是投資公司的未來了。[40]

Uber所到之處，都遭遇對抗與阻力，訴訟案件之多，可不是創投家樂見的景象。德國喜歡提倡數位產業和「Industrie 4.0」，甚至把相關主題擺上政治議程，卻是不一致性最明顯的地方。明明就有一家創新、革命性的公司（Uber），為顧客提供更好的服務，但法院之類的政府機關卻一逕保護傳統計程車公司的利益。拜計程車公司和監管當局及立法者的良好關係所賜，德國計程車公司的遊說活動除掉了一個惱人的競爭者。

引述一個特別自相矛盾的說詞，來自財務分析師安德列斯・穆勒（Andreas Müller）：「Uber的進取手法，甚至令潛在顧客卻步。」[41]穆勒出差芝加哥時首次使用Uber的服務，回到法蘭克福時再試Uber的服務。他說，他喜歡透過智慧型手機支付車資的便利性，但在得知Uber違反法庭命令繼續營業，而且並未直接雇用司機、司機都是獨立接案者之後，他就開始反對 Uber 了。穆勒說：「這在美國或許行得通，但在德國不能這樣亂搞。人人都必須尊重法規。」這是一個典型的例子：一方面喜歡改善的服務，卻未曾認真思考過法庭判決所依據的，是否真的仍然適用於 Uber 這樣的服務，或者應該進行適當修法了？他也許剛好忘了，計程車公司也有自由接案者為它們效力。

人們喜歡談論數位革命，但是當數位革命真正來臨時，他們又哎哎叫。結果，數位革命遭受打壓，未能持續刺激提供更佳的服務，這是消費者的不幸，也傷害了數位轉型的整體推動。

商業模式的革新

電動自駕 Uber 引發人們對許多不同事業模式的質疑，技術創新可以導致顛覆破壞，其他各種領域的創新也可以。舉例來說，新技術透過什麼通路、如何對我們進行銷售？品牌如何呈現？相較於以往的服務，帶來了什麼改變？提供什麼新服務及模式？主要的顧客有哪些？還未觸及哪些顧客？新技術是否能夠滿足需求？這份清單可以一直列下去。

舉個令人印象深刻的例子來說明，這可能對車輛產業帶來多大的改變。我們姑且假設，每輛車子平均的生命週期行駛 20 萬英里（約 32 萬公里），車輛製造公司每建造銷售一輛車，可以賺 2,000 美元，那麼每一英里的獲利就是 1 美分。過去一百年間，汽車製造公司基本上就是這麼計算的。但是，若經營自駕計程車車隊，每一英里能夠賺進 20 至 30 美分，這就明顯改變獲利公式了。這可以解釋為什麼特斯拉這麼一家相對較小的年輕公司，市值會高於通用、福特、BMW，甚至戴姆勒這些車輛產量高出十倍至百倍公司的市值。

「我想買電動車」── 經銷商及顧客

若你在德國買車，你到經銷商那裡通常只會做兩件事：試駕，選配你想要的車子。然後，你等候兩、三個月，車子送到你家，或是你到經銷商那裡取車。反觀在美國，通常在當天就會把你買的車子開回家。經銷商那裡通常陳列、庫存了很多不同性能與規格配備的車子，現貨銷售，庫存太久的車子往往售價有不少折扣。德國的車輛銷售商或許可以稱為「車輛選配顧問」，美國的就是「進取的銷售策略師」了。

兩種銷售模式都有壓力。若你能在網路上選配你想要的車子，直接向車商下單，誰還需要德國的經銷商呢？事實上，我就是這麼購買我的特斯拉 Model 3。當時，我去德國出差，在線上直接選配下單，支付頭期款，上傳需要的文件，兩週後車子送到我家，我的舊車換新車，直接開走。蓋洛普民意調查美國民眾對於多種職業人士的信賴度，汽車銷售人員墊底，這或許部分是因為美國汽車經銷商的進取銷售手法所致。[42] 技術變化對汽車經銷商構成壓力，車業新進者已不想或不能再倚賴傳統的銷售模式。

特斯拉有自己的銷售中心，銷售人員全都是特斯拉的員工，不像傳統汽車銷售業務那樣有銷售佣金，所以銷售人員在和顧客交談時比較放鬆，不急著成交，導致顧客往往有壓迫感。特斯拉偏好直接銷售，反正傳統汽車經銷商並不熱中銷售電動車，這有兩個原因：一，賣熟悉的東西比較容易；二，融資和保養維修服務才是真正賺錢之處。根據美國全國汽車經銷商協會（National Automobile Dealers Association），美國汽車經銷商賣一輛車的利潤是2％，但接下來幾年的汽車保養維修業務獲利是銷售價格的10％以上。[43]前文討論過，電動車需要的維修較少，這威脅到保養維修業務的前景。事實上，特斯拉並沒有太多建議的保養維修計畫，沒有說每1萬英里保養維修一次或一年一次，除了補充雨刷精及檢查輪胎之外，沒有什麼要特別常檢查的，不用更換機油、機油濾心或清理火星塞。

很多汽車經銷商不知道電動車如何運作，所以就繼續賣內燃引擎車。網路論壇上有一些有興趣購買電動車的人分享小故事，有人說他們無法試駕，有人說沒有充電站。在美國，一項調查造訪了308處經銷據點，顯示消費者購買電動車的購物體驗糟透了。[44]下列來自顧客的描述，有助於你了解汽車經銷商不樂意賣電動車的實況：

> 「我不能試駕，因為車子鑰匙不見了。他們鼓勵我買非電動車。」（Nissan經銷商，康乃狄克州）

> 「我打電話給經銷商，他們告訴我，他們沒有銷售電動車的執照，他們的銷售部門沒有處理電動車的能力。」（福特經銷商，緬因州）

> 「他們只有兩輛電動車，兩輛都不夠電，不能試駕。」（賓士經銷商，加州）

> 「他們根本沒有電動車，他說他沒興趣賣……只有福斯強迫，他才會賣電動車。」（福斯經銷商，緬因州）

德國電動車迷的線上論壇情況也很類似，下列是臉書粉絲專頁 Elektroauto 2016 年 12 月 30 日的貼文：[45]

> 德國，無服務的國家。今天，我們想要多了解一點 BMW i3，可能會買一輛……。我們等了 20 分鐘，接待人員請我們等到下午，因為唯一的接待人員出去吃午餐了。但我們剛好聽到後面有個聲音對另一個同事說：「我才不會為了 i3 超時。」
>
> 所以，我們去了特斯拉，買了一輛 Model 3，付了頭期款。一去到那裡，我們馬上就有好感，覺得受到歡迎，充分獲得諮詢服務。

這些臨場銷售快照顯示，傳統汽車製造商與經銷商將難以在電動車這個市場區隔贏得顧客，遑論留住他們。下列是同一個臉書專頁另一位用戶的貼文，內容相似：

> 我有次去 BMW 經銷商那裡看 i3，交談了大約 10 分鐘，那個銷售人員說：「你知道嗎？這種價錢，我可以賣你一輛真正的好車。」他們不是真的想賣電動車。福斯那邊的情形也一樣。

下列這則貼文的內容也很類似：

> 我詢問 Audi A3 油電混合車時，體驗完全一樣……。我寫 email 去問，六個星期後才收到回覆。他們回應：「若你仍然感興趣，我們可以在明年為你安排一次試駕。」他們還加了一句：

「但是，你必須真的感興趣，我們才會提供一次試駕。」……所以，我就去特斯拉，試駕了三次，每次1小時。我訂了一輛Model S，再滿意不過了。我為那些德國豪車品牌感到難過。

有一點值得討論的是，美國已經有幾個州，禁止製造商直接銷售車子。這有歷史原因，例如，1930年代經濟危機期間，福特把產量維持在危機前的水準，強迫經銷商購車，明知經銷商根本無法賣出那麼多車。經銷商那邊則是擔心，如果不從的話，會被踢出經銷商名單，一旦景氣好轉後就無法獲得供貨。當時，經銷商在產品特性及市場定位方面，完全仰賴製造商。

於是，經銷商成立協會，在所屬的州遊說成功，說服立法者訂定法規，保護經銷商，抗衡製造商，包括禁止製造商設立銷售據點，排除對經銷商構成直接競爭。在美國所有州，你需要取得營業執照才能賣車。這也是特斯拉因為直銷模式和許多地方政府陷入爭議的原因，一些州已經廢除相關法律，例如：麻州及馬里蘭州。[46]美國司法部估計，一旦車輛製造公司獲准直接銷售，經銷商的銷量可能下滑超過8％。[47]

德國尼爾廷根－蓋斯林根應用科技大學汽車產業經濟研究所（Institut für Automobilwirtschaft）指出，德國的汽車經銷商網絡也發生劇變。2000年，德國有18,000個經銷商；到了2016年，只剩下7,400個。該研究所預期，到了2020年，將進一步減少到只剩下4,500個。現在，車輛銷售業務漸漸轉移到線上，較小的經銷商已經消失，四分之一的經銷商虧損，半數經銷商的獲利率小於1％。儘管保養維修業務的營收增加，更高的技術複雜性及伴隨而來的投資吃掉了獲利。[48]此外，很多車子簡直是加了輪子的電腦，軟體服務由製造商直接提供。

汽車經銷商還承受其他方面的壓力。商業模式正在改變，比方說，特斯拉的營業據點設在市中心鬧區。如果將來愈來愈少人擁車，改用共享模式，經銷商直接賣給終端顧客的生意將會減少，有更多是賣給車隊營運商──前提是經銷商仍是銷售鏈上的一環，車隊營運商不是直接向製造商購買，或者製造商自己不是車隊營運商。BMW 推出的 DriveNow 和賓士的 Car2Go，就是製造商自營汽車共享服務的例子。如果你能在五分鐘內決定選購數萬美元的產品，完全不需要銷售人員，就像使用蘋果 App Store 應用程式那樣，點一下掃描確認付款就完成購買，誰還需要經銷商呢？

在這種可能性之下，特別跑到經銷商那裡，花上三、四個小時買一輛車，就變得完全沒必要。當然，花的錢會多一些，但是在經銷商那裡，他們得一再檢查我的資訊，人工輸入到系統裡，銷售人員得去旁邊房間用老舊印表機列印出幾十頁的紙本，你就會明白，到經銷商購車絕非好體驗。

沒有方向盤，稅更少？我們該如何支應？

車輛為城鎮、市政府、州政府及聯邦政府帶來持續的收入，例如：機動車輛稅、柴油稅、道路收費、交通違規罰款、停車費等等，政府機關在創造收入名目方面的發明能力似乎無窮盡，但是我們應該避免把駕駛當成國家的可憐搖錢樹。城市的停車費比市場價格水準低，而公寓價格則是貴上20％至30％，因為建築法規仍然要求必須包含停車位，這些價格由我們全體交叉補貼，包括沒有車子的人。車輛排氣汙染、車禍、噪音、交通堵塞，以及資源浪費，對國家造成的經濟傷害高於稅負及收費帶來的收入。

美國每年來自車輛生產及使用的稅收約為2,060億美元。[49]汽車業雇員超過150萬人，其中32萬2,000人直接受雇於大型汽車製造公司，超過50萬人受雇於供應商，超過70萬人受雇於經銷商及保養維修中心。[50]

德國平均每輛車每年為市政府貢獻56美元至68美元的違法停車、超速及其他交通違規行為罰款。電動自駕計程車會遵守交通規則，而且不需要泊車──哎呀！我們一下子將短少22.6億美元的收入。

更多電動車上路的後果之一是，燃料稅及柴油稅的稅收減少。如前所述，德國有超過440億美元的稅收是能源稅，[51]奧地利2014年的柴油稅為45億美元出頭，[52]瑞士2015年的柴油稅稅收為47.9億美元。[53]這些稅收的一大部分，被標記用於維持交通基礎設施。為了彌補內燃引擎車數量減少導致的稅收損失，歐盟執行委員會考慮改以對能源內容課稅，取代對能源使用量課稅。

電動自駕計程車也會降低我們目前的私人擁車習慣導致的全國經濟損害，各級政府在預算規劃中總是必須考慮這些損害。車禍減少、生態足跡改善、噪音減少、基礎設施成本及大眾運輸成本降低，這些是主要的節省。

不是很確定：誰將支付車禍事故損害？

跟一般計程車一樣，當自駕計程車出車禍時，乘客可以獲得保險理賠，保險費必須由車主支付，在許多情況下，計程車車主是一家公司。問題是，由誰支付車禍事故損害？車輛製造商或車禍涉事方？這得視誰是肇事者而定。當涉及半自動車輛（亦即自動化等級3，在特定情況下由駕駛接手操控）時，情況就有點不同。是駕駛操控方向盤、反應遲緩而導致車禍？或是在自動駕駛模式下，車子未能適當反應，或者並未及時警告駕駛？還是車禍是由種種其他原因結合起來導致？發生這種情況時，一些保險理賠將變得更複雜，有些保單將逐漸消失。

美國國家公路交通安全管理局保守估計，拜新技術之賜，車禍死亡人數將降低至目前的一半。[54] 若自駕車的安全行駛風格及更快速反應確實能夠做到這點，美國的車險市場規模可能劇烈下滑高達90％，從2,000億美元降至200億美元，德國的將從現今的220億美元下滑到只剩下22億美元。試著想像一下，要如何向股東解釋資產負債表上如此巨額的資產減少？由誰支付車禍事故損害，也取決於製造商。富豪汽車已經宣布，未來自駕車導致的車禍事故將由該公司負起賠償。[55] 在2019年的「特斯拉自駕日」上，馬斯克談到未來的特斯拉計程車服務，不僅特斯拉車隊將使用特斯拉，個人車主也可以讓車子加入車隊。當時，馬斯克被問及車禍賠償問題。他表示，若臨時加入自駕計程車車隊的特斯拉發生車禍，可能由公司負起賠償，而非車主賠償。

起初，我們大概會看到下列效應：第一批自駕車合法上路，車禍數目及車禍損害理賠將減少，使得保險公司獲利提高。在自駕車感測器及電腦系統仍然較昂貴之下，保險公司可能在保單及保險費中涵蓋高價格的技術。一旦自駕車的肇事／安全統計數字及風險評估計算出來後，我們或許會看到保費降低，對保險公司的營收及獲利產生影響。[56]

　　為了因應這個變化，保險公司可能重新評估人類駕駛相較於電腦駕駛的風險，把人類駕駛的保費調高到使得人類駕駛的保險成本高到基本上不划算。想像到了2025年，若人類駕駛導致車禍的風險比自駕車高10倍，這將立即產生影響──你的保費將不再是50美元，而是提高為500美元。車險新創公司路特保險（Root Insurance）是第一家為特斯拉車主提供降低車險保費的保險公司，若車子使用自動輔助駕駛模式，該公司將只收取50％的保費。[57]

　　若市場未來由Uber及Lyft之類的車隊營運商主導，保險公司將主要必須和公司客戶往來，而非個人客戶。美國目前的保險市場有三分之一營收來自個人客戶，[58]這樣的變化必將改變保險業務商業談判的議價力量。相較於規模較小的保險公司，規模較大的保險公司能夠提供較大的折扣及更多服務，因此我們可以預期，較小的保險公司將被逐出市場。還有另一件事：由於自駕車發生車禍事故的數量少，車隊營運商可能不再買車險，選擇直接用營業收入給付萬一發生事故時的賠償費用。

　　一些保險公司已經開始嘗試新的事業模式，初步的方法導因於一個事實：現在的車子基本上每天有23個小時處於停放狀態。已經取得2億美元創投資本的新創公司梅特邁（Metromile），記錄一輛車子的行駛里數，根據里數與駕駛人來決定收取的保費。[59]

　　裝備了許多感測器的連網自駕車，可以快速處理保險相關事宜，調整保費。一旦車子開進犯罪率較高的地區，保費就提高。發生事故後，可以在所有涉事人仍在現場時，根據感測器蒐集到的資料，處理損害賠償事宜。

　　不過，在自駕車時代，保險公司也有其他全新商機。

由於必要的交叉連結，若有一個瑕疵，可能出現涉及數千輛車的超大型事故。在這種情況下，誰或什麼導致事故變得次要了，駭客可能接管，讓他們掌控下的所有車輛同時右轉，或者一個演算法錯誤突然造成重大災亂。後面這種情境在其他產業曾經發生過：2010年，美國股市出現「閃崩」（flash crash），道瓊工業指數在幾分鐘暴跌了近10％。事實上，自2006年以來，各股票交易所已經發生超過18,000次這種小崩盤。現在多數「交易人」其實是演算法，只是很多人並未注意到這個事實。[60]

英國政府率先研議對自駕車的保單規範，[61]相關法律不僅延伸包含車輛，也修法讓保單適用於人類駕駛及電腦。保險公司必須對無辜的車禍受害人理賠，但若自駕車本身有技術瑕疵，可以轉而向製造商索賠，使保險公司免於承擔賠償責任。

當車子變成銀行客戶

2015年，美國銀行的車貸放款總額高達1兆270億美元，[62]這金額甚至沒有包含巨額的汽車租賃。汽車市場是排名第三大的貸款區隔，只小於房地產貸款及學生貸款。在美國所有銷售的車輛中，有高達86％辦理車貸，在中國只有26％。在德國，購買新車的人有50％辦理貸款，二手車買主有28％辦理貸款。[63]

在共乘服務領域，Uber曾經透過租賃業務Xchange Leasing，為司機提供車貸，讓他們能購買新車，維持車輛品質及乘客體驗。這產生一個很好的副效應：司機的忠誠度提高。Uber還提出另一個點子：它旗下有30％司機沒有銀行帳戶，因為美國的計程車車資大多用現金支付，很多計程車司機並不認為有必要再開銀行帳戶。[64]這樣較難活用在共享產業賺到的錢，因為主要透過數位支付。所以，Uber在招募司機時，提供開設商業銀行帳戶的選擇，使得加入Uber對司機更有吸引力。結果，這讓Uber在一夜之間增加了30萬個銀行客戶，比所有大型銀行合計取得的新客戶還多。[65]

如果自駕車把主人送到公司後，就可以開始去載客賺錢的話，車子本身可能也需要一個銀行帳戶，把賺得的車資存進去，並且用這個戶頭的錢來支付燃料成本及維修費用。這種銀行帳戶將不是個人戶頭，而是車輛的戶頭。在消費電子展中，德國的變速器製造商采埃孚、瑞銀集團及德商英諾吉能源公司（Innogy）旗下的創投公司英諾吉創新中心（Innogy Innovation Hub）聯手推出eWallet，就是在做這個業務。[66]這將進一步引發其他有趣的疑問：車子要如何出示身分，向銀行證明自己？它賺的錢需要納稅嗎？[67]

智慧城市挑戰賽：邁向沒有車、沒有停車場的城市

前文已經詳細討論了城市交通，以及交通規劃師如何追求盡所能保持交通順暢——瑞士的交通規劃師除外，他們致力於做到相反，並且以此為傲。美國城市規劃師傑夫·史佩克（Jeff Speck）提出城市的「可步行性一般理論」（general theory of walkability）。[68]他指出，從行人觀點來看，一座城市的可步行性，應該具備四個特徵：實用（useful）、安全（safe）、便利（convenient）、有趣（interesting）。實用，指的是讓這座城市的居民，能在合理的步行距離處理日常生活的方方面面。街道必須規劃得

夠安全，使行人不會被車輛危及。周遭環境及所有建物，應該讓行人感覺便利、舒適，彷彿在一個戶外客廳活動。史佩克以大廣場作為反例：那些廣場通常無法吸引行人。最後，公共空間必須有趣，沿著人行道提供一些變化，例如：受歡迎的購物街、形形色色的建築，整座城市散布著小公園，讓行人在所屬社區可以輕鬆步行往返。

若現今保留給停車場與街道的空間，可以供給其他用途，我們的城市會是什麼模樣？從汽車問世前的街景歷史照片，可以看到人們如何自然地使用整個道路空間──小孩玩耍、狗狗到處嗅來嗅去、成人在道路上駐足聊天。現今的我們，實在難以想像這些情景。自駕車對我們的城市生活的潛在影響，整個概念就像科幻小說一般，但其實不過是回歸以往的生活方式，汽車把公共空間還給人類。[69]共享模式中的自駕車，提供一個徹底改造現今城市的機會。自駕車有大部分時間在到處行駛中，因此需要的停放空間比較少，我們將需要較少數量的車，車輛占用的空間減少，新騰出的空間可以用於其他用途，現在已有一些先驅在做這種規劃。

以往，城市的建立只是「自然發生」的，現在城市通常是經過詳細規劃建立的。許多城市在毫無規劃的混亂下，建立、繁榮了數千年。羅馬帝國的邊城亞歷山卓（Alexandria）、法國城市規劃師奧斯曼男爵（Georges-Eugène Haussmann）規劃下的巴黎、巴塞隆納擴建區（Eixample）的住宅區，這些是例外。河邊、橋梁、磨坊或礦場附近，睡覺、煮食及洗漱的地方，在這類地方，住屋漸漸增加。現在，我們有都市發展計畫確保一切「井然有序」──但井然有序，未必等於獲得高品質的生活。

都市計畫並非只是思考哪條街道應該通往哪裡，或是決定公寓大樓和購物中心座落於何處，還需要考慮大眾運輸系統、下水道系統、電力網、托兒所及小學、街燈及長椅之類的各種街道設施。這個領域也有新技術，例如，洛杉磯開始試用會把開燈或關燈資訊傳回總部的智慧型街燈，以及能夠以燈號向用路人提醒有緊急救援車要通過或有危險狀況的智慧型街燈。[70]這類智慧型街燈，也可作為電動車的充電樁。英國的新創公司泰倫沙（Telensa）就是這麼一家供應商，在獲得1,800萬美元的創投資金挹注後，已經在莫斯科及深圳完成這種解決方案的安裝。[71]

別低估一個好地點對於企業成功的影響性。一家公司能否在市區設有辦公室，或者只在城市周邊設立據點，影響性可能相當大。市中心地點意味著更大的人才與顧客池，市郊辦公室租金較便宜。一項調查把38家原本位於紐約市區、後來遷至郊區的公司市值，拿來和決定續留紐約市區的35家公司市值相較，發現那些遷至郊區的公司市值，只有決定續留市區的公司市值的一半。[72]

通勤者的住家與工作地點之間的距離，也會影響經濟產出。美國環保局的研究發現，通勤距離愈遠，該州的生產力愈低。[73]

義大利威尼斯的物理學家切薩雷・馬凱帝（Cesare Marchetti），分析人們估算在住家與工作地點往返的平均通勤時間。他指出，不論工作者的通勤方式是步行、騎馬、騎單車、開車或搭火車，通勤往返時間都規律趨向一個近似數值：大約1個小時。也就是說，平均而言，工作者接受單程通勤時間為半個小時。在相關文獻中，這項發現被稱為「馬凱帝常數」（Marchetti's constant）。幾世紀以來，不論使用什麼交通工具，數值維持不變。

> 雖然都市計畫及運輸形式可能改變，雖然有些人居住於鄉村，其他人居住於城市，人們會漸漸根據自身境況（包括住家相對於工作地點的位置）調整生活，使得每天的平均通勤時間維持大約1小時。[74]

有趣的一點是，人們也會「故意增加」通勤時間。比方說，居住地點離工作地點近的人，往往會在咖啡店停留一下，延長通勤時間。[75]我自己就會這麼做，如果沒有為了顧問服務外出，我會待在家寫書。我前往工作的地方只有幾步路：從我的床到我的書桌。這實在太乏味了！所以，我有個習慣：會到附近一家咖啡店工作3到4小時，這樣就創造出一點通勤，總計20分鐘。這段時間可以讓我思考當天的工作和想法，然後開始工作、寫點東西。

當然，我們不可能預測到運輸工具推出及調整後的所有發展。一百年前，量產汽車問市後，相當可能預測到街道及停車場數目的增加。但是，有了汽車後，周邊地區出現大型商場、購物中心、沃爾瑪（Walmart）、德國真實連鎖超市（Real）、宜家家居（Ikea）之類的大型連鎖零售店，這絕對是出人意外的新技術效應。因此，我們應該知道，我們還無法預料到共享自駕車將帶給我們的所有實際改變，唯一能預料的改變是建築法規！

你必須在一座城市裡行走，仔細看看，才能了解汽車對城市的支配程度有多大。在一些城市，室內停車場、戶外停車場及私人車庫占用了三分之一的可用空間，原因在於地方建築法規規定相應於一棟公寓、一間商店或辦公室必須提供的停車位數目。研究人員分析美國四座小城市，想看看室內多層停車場及戶外停車場如何影響都市計畫，並在空拍照上標示這些空間，[76]結果不言自明。

哈佛大學所在地的麻州劍橋市，法規規定，每1,000平方英尺的建築物密集區必須有0.09個停車位，基本上就是每1,000平方英尺不到一個停車位。因此，在城市空拍圖上，這些以紅色標示的空間幾乎看不到。加州大學柏克萊分校所在地的柏克萊市，停車位數量是劍橋市的三倍（規定每1,000平方英尺必須有0.25個停車位），城市空拍圖上的紅色標示空間已經明顯可見，但沒有遍布該市。康乃狄克州的紐哈芬市（New Haven）及哈特福市（Hartford），情形大不同。它們的法規分別規定，每1,000平方英尺必須有0.6及0.86個停車位。這兩座小城市遍布室內多層停車場，半個城市空拍圖是紅色的。矛盾的是，這導致都市擴張（urban sprawl），由於公寓大樓和商業場所之間有停車建物，要徒步的距離更長，於是停車位需求又增加。若你碰巧熟悉這四座小城市，你馬上就能判斷哪座城市提供最高的生活品質，絕對不是停車位最多的那座。

離上海不遠、人口近400萬的安徽省蕪湖市已經在2016年宣布，將在未來五年過渡成全面使用自駕車。[77]蕪湖市和百度合作，計畫在全市推出自駕巴士、自駕卡車及自駕客車。

直到近年，美國只有6％的城市在交通計畫中納入考慮自駕車。[78]因此，美國運輸部舉辦「智慧城市挑戰賽」（Smart City Challenge），徵求參賽者提出連結使用自駕車、感測器及資料的新都市交通概念。[79]總計有78座美國城市推出構想與概念，運輸部研究與技術前任副助理部長、現任智慧城市實驗室（Smart Cities Lab）執行長馬克‧道德（Mark Dowd）特別指出，這些參賽城市中有三分之二認為，自駕車是未來都市交通解決方案中不可或缺的要素，包括在此挑戰賽勝出、贏得4,000萬美元獎金的俄亥俄州哥倫布市（Columbus）。哥倫布市計畫使用自駕市區公車，為該市較貧窮地區的居民提供改善的交通連結，讓他們能夠更方便前往該市其他地區的醫療服務中心。[80]

換言之，不僅多數的都市行政當局認為，自駕車是無可避免的趨勢，也切盼自駕車的到來，幫助解決迫切的交通問題。不論自駕車在何處、在哪個市鎮或自治市完成試駕，地方政府的代表已經競相爭取自駕車與地方合作，並且樂意剷除法律障礙。

現在，也有較小的社區打算推行自駕車。舉例來說，佛羅里達州的巴布科克農場（Babcock Ranch）新市鎮不僅使用環保能源，也計畫使用迷你自駕巴士及車輛作為當地交通工具，並且特意規劃與建設讓旅館及住家步行距離即可到達與使用的基礎設施。[81]這改變了房屋的建築——不再設有車庫，也不再規定必須在街道上設置停車位。

洛杉磯的塞車問題特別嚴重，該市的交通規劃師已經放棄規劃新的當地大眾運輸工具。1920年代，該市有一個營運的有軌電車網絡，後來被汽車業出資的虛設公司買下後關閉。你聽過《威探闖通關》（Who Framed Roger Rabbit）這部電影嗎？裡頭就附帶提到了這段歷史。任何曾在洛杉磯八線道公路車陣中緩慢前進的人都知道，這個城市的塞車問題很嚴重。在忽視大眾運輸工具多年後，該市已經決定乾脆不指望大眾運輸了，直接迎向自駕車。[82]洛杉磯在2015年提出「零死亡願景」（Vision Zero）行動，計畫在2025前達到交通事故零死亡——是的，零死亡，極富雄心的目標，而自駕車是最重要的要素。威斯康辛州也考慮減少投資昂貴的道路基礎建設，改為倚重自駕車。[83]光是節省經費這一點，可能就足以吸引政府加快准許自駕車上路，禁止人駕車。我們正面臨一種獨特的形勢：政府適應採用新技術的速度，將快於多數市民想要新技術的速度。

由美國國家公路交通安全管理局提出，獲得幾個道路安全組織加入且密切合作的「邁向零死亡」（Road to Zero）行動中，自駕車也可以扮演極重要的角色。[84]僅僅三十年後，美國的交通事故死亡人數預期降到零，人們將仰賴自駕車帶來的安全性。這又一次例證，一個願景或相關的情感觸發因子，可以如何促使政府當局及公司推動行銷破壞式創新。相同的情形也將發生於德國，至少德國交通安全諮詢委員會（Deutscher Verkehrssicherheitsrat）或德國交通協會（Verkehrsclub Deutschland）之類的組織將會這麼做。[85]

在美國，使用個人敘事或情感故事非常尋常，但德國人較難接受這種框架下的敘事。下薩克森邦經濟勞動與交通部前任部長歐拉夫・里斯（Olaf Lies）率團造訪谷歌Waymo，興奮返國。最令團員感動的是一支關於聖塔克拉拉谷盲人中心（Stanta Clara Valley Center）前任執行長史蒂夫・馬翰（Steve Mahan）的影片。馬翰本身是盲人，影片拍攝他獨自開谷歌自駕車去赴約的情形。[86]

德國的汽車製造商又是什麼訴求呢？廣告標語！福斯汽車：「這才是汽車」（Das Auto），奧迪汽車：「透過技術進步」（Vorsprung durch Technik），BMW：「開車的樂趣」（Freude am Fahren），可真是令人難為情。故事及敘事啟發我們，金·羅登貝瑞（Gene Roddenberry）創作的電視影集《星艦迷航記》的通訊器啟發了掀蓋手機的發明，也啟發許多新創團隊研發三度儀（tricorder）——監測幾項重要健康數據如體溫及脈搏的醫療裝置。電視影集《霹靂遊俠》也啟發了許多夢想：自動駕駛、像霹靂車「夥計」那樣能夠溝通的車子，以及你可以下指令、像Siri那種軟體的腕錶。可惜，這些故事及相應的技術都不是來自德國。

前網景公司創辦人、現任安德里森－賀羅維茲創投（Andreessen-Horowitz）領導人的馬克·安德里森，發現一種更激進的發展途徑：[87]

> 有些市長想乾脆宣布，市中心禁止人駕車。他們想要自駕車、自駕高爾夫球車、自駕電車等等，反正就只是一種服務，全部電動，全部自動駕駛。
>
> 想想看，若真的如此，他們能做什麼？他們可以取消所有路邊停車位和所有停車場，把整個市中心變成一座公園，使用那些很輕型的電動車，沒有汙染，沒有噪音，沒有一切亂七八糟的東西。就像去機場，你可以開車，然後下車，一輛自駕高爾夫球車把你載進市中心。有城市想要這麼做，不只在美國，世界各地都有城市想要這麼做，包括政府可以下令這麼做的一些國家。大學校園、退休社區、遊樂園、工業園區、一些大型綜合辦公大樓，這些地方全都可以從上而下推動這麼做。我認為，我們將看到像跳格子那樣的發展，不是突然間大量普遍採行。

　　柴油門事件及霧霾汙染，已經促使一些城市採行某些嚴厲措施。例如，巴黎先做了一次試驗，禁止特別「骯髒」的車輛進入香榭麗舍大道及塞納河邊的一段路，然後市長安娜・伊達爾戈（Anne Hidalgo）宣布，全市禁止。進入巴黎的車輛數目減半，大眾運輸工具及腳踏車優先。[88] 2021年6月起，大巴黎地區禁止老舊高汙染柴油車進入。

　　還有許多受害更嚴重的其他城市。2014年，我在印度班加羅爾，心血來潮，想要邊慢跑邊探索我的周遭及旅館綜合設施，但很快就精疲力盡，呼吸困難，因為極度骯髒的空氣所致。2012年，印度過半數車輛是柴油引擎車，政府取消激勵購買柴油引擎車的減稅優惠後，柴油引擎車占所有車輛的比例在四年內減半到只剩下26％。[89]

　　挪威首都奧斯陸首度於2017年1月禁止私人柴油引擎車進入市區（當時，柴油引擎車占了45％），理由是：霾害嚴重。[90]雅典、馬德里及墨西哥市，也想在2025年之前禁止柴油引擎車上路。基於有關汽油引擎的排氣及細塵汙染的最新研究發現，汽油引擎的實際價值並沒有比柴油引擎好多少，因此更有可能的是全面禁止內燃引擎車。[91]或許，該是時候考慮更猛烈的措施了（雖然成本高），全面消除由人操控的內燃引擎車（例如：向車主買回），加速電動自駕車的普及，盡可能縮短轉換成人駕電動車及電動自駕車的過渡期。[92]

　　一些專家提出警告，反對因為聚焦於無人駕駛客車，忽略了其他種類的車輛。我們也需要為垃圾車和貨車找到解決方案，它們在城市裡也需要很多停車位，而且現在經常並排停車，阻礙交通。[93]

自駕車在鄉間的應用

我們往往以城市作為自駕車的首要應用場域,其實自駕車也可以為鄉村地區的居民提供很多幫助。歐洲生活於這類鄉村地區的人口介於四分之一到三分之一,為這些人提供及維持地方大眾運輸工具,成本高且費神費力。鄉間的一個公車站,往往每隔幾個小時才有一班車。此外,大眾運輸工具仍未能解決「最後一哩」的問題。一些情況下,乘客下了公車之後,還是得步行幾英里,才能夠抵達最終目的地。

自駕車可以改善這種情況,好處非常多。首先,自駕車的體積較小,需要的能源少於經常半空或全空的城際巴士。第二,自駕車可以節省雇用司機的成本。第三,自駕車不必按照固定班表,需要時才叫車即可。而且,它們可以直接開車到你家門口讓你上下車,這對人人賦予移動力,尤其是家裡沒車的人。

就連拖拉機和收割機之類的農用機械車輛,也可以在無人操控之下日夜工作,農夫可望變成經理人和機械遙控者。有一支YouTube影片展示加拿大的一名農夫,使用一台加了掛車的自駕拖拉機,一旁有人駕駛一台收割機,把收割的穀物倒進那台掛車裡。[94] 遲早也會出現自動駕駛的收割機。

布雷斯悖論與其他道路相關故事

交叉路口非常容易發生車禍,在美國有50%的車禍發生在交叉路口,發生在交通圓環的只有16%。一個有趣的事實是,在交叉路口總計有56個衝突點,亦即容易發生撞擊的情況，其中32個衝突點是車撞車，另外24個衝突點是車撞人。[95]根據華盛頓州交通部，交通圓環使車禍減少37％，車禍受傷減少75％，死亡車禍減少高達90％。[96]交通圓環迫使車輛減速，而且只有一個行進方向，也沒有人會搶在最後一刻闖紅燈。

相反於普遍預期，人們覺得危險的交通境況，其實比看起來無害的交通境況更安全。因為比較危險，所以我們會更加小心；由於看起來很安全，所以我們就比較沒那麼注意。因此，道路規劃師可遵循一個基本原則：公路應該建設得每隔一分鐘左右就要通過一個小關卡，這樣有助於減輕駕駛的漫不經心。在美國，減速帶是道路中央及側邊的標準安裝設施，幫助避免70％因疲勞及不留心導致的車禍。[97]減速帶鋪在路面上，稍微隆起，當輪胎觸及時，會出現小但大聲的振動，穿入車內，提醒駕駛人，或許可以停車休息一下了。

主張建設道路的一個論點是，這有助於創造就業，但是我們應該小心區別在不同地區建設道路的影響。連通都會區及工廠的公路及橫貫全國的道路，俾使人們取得財貨與服務，間接創造就業。城市內的道路建設使市中心變得對行人較不友善，並且降低生活在市中心的人們的生活品質——這種情況下，負面影響比較大。使用大型機械及小工程隊興建公路，不同於鋪設馬路、人行道或自行車道，後者需要的人力比前者多60％至100％。[98]

政治人物嘴巴上儘管說著支持大眾運輸，分配給興建道路的預算仍是其他運輸工具的四倍。根據加州環保局，2011年這個數字達到400億美元，外加650億美元至1,130億美元的公開及隱藏性補助。[99]

　　已逝加州大學洛杉磯分校都市規劃特聘教授馬丁‧魏克斯（Martin Wachs）譏諷：「我們有九成的道路九成時間不堵塞。」[100] 弔詭的是，更多道路並沒有減輕交通壅塞。更多道路創造更多交通流量，結果可能導致更多交通堵塞，使得行旅時間反而增加。德國數學家迪特里希‧布雷斯（Dietrich Braess）早在1968年就證明此現象，現在稱為「布雷斯悖論」（Braess's Paradox）：若交通流量不變，增加一條道路，反而會使所有交通參與者的行旅時間增加。[101] 之所以如此，部分是因為若我們能有所選擇，總是會把自己的福祉優先於全體的福祉；若我們先追求自身福祉最大化，將使得所有人的福祉變差。我們常說「潛在需求」（latent demand），一旦興建更多街道，就會有更多人使用。[102] 你可能更常去拜訪別人，有更多包裹被遞送，更多人把嬰兒放進車裡，開車載他們到處晃，晃到他們睡著。[103]

　　從幾個例子可以看到「布雷斯悖論」的作用。洛杉磯的405號州際公路曾經因為緊急維修工程而必須完全封閉幾天，人們談到屆時的混亂局面，用「汽車末日」（carmaggedon）這個字來形容。但實際上的情形正好相反：交通堵塞較少，周遭社區的環境汙染顯著降低。[104] 同樣地，當紐約市第42街封閉時，附近街道的交通堵塞狀況減輕。新增道路使得交通情況變差，1969年發生在德國斯圖加特市的一個例子可以為證。[105]

　　若你想親身檢驗這些事實，但你沒有車，有另一個代替方法：使用電扶梯。倫敦一家顧問公司分析站在電扶梯上或沿著電扶梯往上走，如何影響電扶梯上的人流吞吐量。[106] 若40％的人在電扶梯上行進，那些站在電扶梯上的人平均運輸時間為138秒，行進者的平均運輸時間為46秒。

當所有人都站在電扶梯上、無人行進時，平均每人的運輸時間為59秒。這相當於那些站著的人運輸速度加快79秒，而原本行進者的運輸時間慢了13秒。若所有人在電扶梯上都站定、無人行進，則全體受益，但是人們不會這麼做。

交通選擇數目，尤其是我們如何使用，是一個成本問題。據估計，德國的市區道路價值為2,270億美元，[107]德國的道路網絡總計長約40萬英里（約64萬公里），其中8,000英里（約1.3萬公里）是高速公路，14萬3,000英里（約23萬公里）是區際道路。[108]2013年，德國的交通區域面積總計5,600平方英里，[109]每一平方英里一年的維修費用是1.46美元，但實際費用為0.84美元，[110]亦即一年的道路維修費用應該是大約214億美元，但實際上只花了124億美元。無論如何，這絕對是一筆可以更妥善用於別處的龐大金額，尤其考慮到九成的道路有九成時間未被使用。

道路也是收入的來源，實際上，道路創造的收入約為成本的三倍。2010年，德國的道路收入為560億美元出頭，成本費用則稍低於190億美元。[111]

驚人的停車成本

德國的4,300萬輛車子每年合計行駛3,800億英里（約6,100億公里），平均每輛車每年行駛約8,800英里（約14,100公里）。假設平均時速37英里（約60公里），那就是每輛車每天被使用38分鐘，亦即每天有超過23個小時是閒置的。這樣說來，「automobile」這個字倒不如改為「autoparker」更合適。美國的情形也好不到哪裡去，2億6,000萬輛掛牌的車輛每年合計行駛3.185兆英里（約5.1兆公里），平均每輛車每年行駛12,240英里（約2萬公里），每天行駛33.5英里（約54公里）。[112]假設平均時速跟德國一樣，那就是每輛車每天行駛54分鐘，美國的車輛每天有23小時6分鐘處於閒置狀態。

　　停車可不便宜，在美國，最便宜的市區路面停車場得花大約4,000美元，最貴的得花6萬美元（西雅圖市一座購物中心的停車場）。地面停車場的一個停車位，尋常成本約為2萬美元至3萬美元，地下停車場約為4萬美元。在德國，房地產經理人估計，興建一個室內地下停車位的成本介於34,000美元至45,000美元。[113]考量到每輛車有至少4個停車位（有些資料甚至計算出來每輛車有8個停車位），停車位總值已經超過德國所有車輛的總值。[114]

　　由於每座停車場還需要進出通道，可能也需要斜坡，一輛車子使用的空間大於一個停車位。停車位可能使一間公寓的價格增加達五分之一，一項研究顯示，在西雅圖若規定住屋必須附帶停車位，居住空間的成本將提高至少15％，儘管事實上在最需要停車的夜間時段，約有37％的停車位是空的。[115]我們不能沒有車庫和停車場，建築法規涵蓋新公寓或商業場所停車位數量的詳細資訊，這可能使得房子或商店變得很昂貴，很多人負擔不起。在一些城市，建築區有高達15％的面積被用於停車。最諷刺的是，政府當局在懲罰違規停車方面，比懲罰違反低工資收入者生活補貼規定的人還要嚴格。

　　不過，你可能會覺得真正不公平的，是接下來要討論的這個。首先，每一位納稅人，不管本身是否擁車，都必須支付停車成本。你可能只用大眾運輸工具，步行，或騎腳踏車，但你仍然得支付與車子有關的基礎設施費用。簡單地說，就是所有人支應那些開車的人。研究指出，因為停車法規，財貨多貴了約1％。低收入工作者的錢，被拿來支應那些較富有的人。而且，那些停車位的「出租」（以停車費形式出租），價格遠低於實際價值，不論是室內停車位或路邊停車位皆然。[116]這使得開車對駕駛人而言更便宜，所以他們更常開車，導致在城市裡步行或騎腳踏車變得更不舒服。美國「停車權威」唐納德‧肖普（Donald Shoup）提出下列這個類比：

> 若城市規定餐廳必須為每一份晚餐提供一份免費甜品，那麼每份晚餐的價格很快就會提高，內含甜品的成本。為確保餐廳不會偷工減料減少規定的甜品分量，城市必須訂定明確的「最低卡路里要求」。一些用餐者將支付他們沒吃的甜品，其他用餐者則是吃下含糖的甜品，若餐點和甜品分開付費，他們未必會點甜品。無疑地，結果將是普遍增加肥胖、糖尿病及心臟疾病發生率。一些對食物謹慎的城市，例如紐約和舊金山，可能會禁止免費甜品，但多數城市將繼續規定免費供應甜品。很多人只要細想自己吃了那麼久的免費甜品，實際上是花錢買的，應該會生氣吧。

研究人員相信，行進中的車輛有8％到74％正在尋找停車的地方。[117]為了尋找停車的地方，平均每輛車損失了3到13分鐘的時間。在洛杉磯市中心，下午一點到兩點之間，所有行進中的車輛有高達96％的車子，只是為了找個地方停車。考量平均每一個停車位每天被10輛車子停過，在最好的境況下，每天為尋找一個停車位而花的時間是30

分鐘。以平均時速9英里（約14公里）來計算，為尋找一個停車位而開車到處繞的里程，隨便就累積到4.5英里（約7公里）了。這當然會伴隨種種的副作用，例如：消耗汽油、排放廢氣等等。[118]每年、每個停車位，這些里程加總起來，等同於舊金山與洛杉磯距離的兩倍。

難怪停車高手（ParkWhiz）之類的新創公司致力於解決這個問題。停車高手的應用程式，向用戶顯示哪個公共停車場有空停車位，並且導引駕駛前往。[119]在舊金山，有一項專案嘗試以彈性費率來調配路邊停車位的供給，這項名為SFPark的專案使用智慧型停車收費錶，根據星期幾、時段及地點調整停車費率。這項專案的構想是維持約15％的空停車位，以減少尋找停車位花費的時間，因此減少汽油消耗量。[120]

尋找停車位的駕駛人的行為，與其他駕駛人的行為不同。在尋找停車位時，車子會開得更慢，這連帶降低了其他用路人的速度。一項估計指出，車輛碰撞事故中有近五分之一，是在執行停車操作時的駕駛人所致。[121]除此之外，還有性別上的差異——女性願意花更長時間尋找靠近目的地的停車位，男性則是在離目的地還有一些距離的地方找到停車位就傾向停車。不過，兩性都是糟糕的距離判斷者：女性往往高估從停車場步行到目的地的距離，男性則是往往低估。[122]

一項調查分析葡萄牙首都里斯本的通勤資料後發現，實際上只須使用十分之一數量的車子，就能夠達到相同程度的移動力。只要26,000輛自駕計程車，就能包攬目前里斯本20萬3,000輛車子行駛的里數。這將可以把相當於210座足球場面積的空間騰出來，轉作其他用途。[123]一項對新加坡進行的相似研究發現，使用自駕車的話，只需要三分之一數量的車子，就能應付新加坡全國的陸上交通需求。[124] 至於紐約市，麻省理工學院的人工智慧研究所使用一個模擬，計算出3,000輛自駕計程車就可以取代目前13,000輛計程車98％的載運。[125] 密西根州安娜堡現在有12萬輛車子在使用中，18,000輛共享自駕車就能夠取代。[126] 慕尼黑目前有70萬輛掛牌車，一項研究得出結論，20萬輛私家車可以被18,000輛自駕計程車取代，毫不減損移動力。[127]

美國平均每一家計單位擁有2.1輛車，有學者預測，自駕車問市後，這個數字將減少43％至平均每一家計單位擁有1.2輛車，每輛車每年的行駛里數將從現在的11,200英里（約1.8萬公里），增加到近20,500英里（約3.3萬公里）。[128] 根據美國汽車協會（American Automobile Association），平均每家美國公司每年的用車相關成本約為18,000美元，相當於一英里的行車成本約為0.6美元，是自駕車行駛一英里成本的四倍。[129] 改用自駕車，美國家計單位的用車成本總計可以節省超過3兆美元，相當於美國國民生產毛額的19％。[130]

全球而言，泊車業現今每年收入約1,000億美元。美國泊車業收入的三分之二來自室內停車場，其餘收入來自城市路邊停車費。[131]

問題是，我們將如何處理所有那些日後可能變得無用的停車場及設施？根據一項調查，在舊金山，這些騰出的空間可能多達25％，[132] 若是全部拆除，會是一個高成本的解決方案。也許，居住於室內停車場未來可能很夯？就像現在那些很酷的loft公寓——用舊倉庫和工廠改造而成的公寓，空的室內停車場將來也可以變成一種「時髦」的居住地？

　　未來一片光明，至少就停車位而言如此。車輛占據的空間將遠比現在的少，城市和居民終於重新獲得一些新鮮空氣。

令人迷失又花錢的路標叢林

　　時間是1970年代中期，地點在奧地利維也納郊區，我們就讀的小學放學了，我和朋友在回家的路上。我們全都走向電車站，我的朋友傑拉德和我邊走邊嬉鬧著，我們走得比較快，想比其他人更早到達電車站。我們緊盯著彼此，揮動手臂，大步前進，突然噹啷一聲，傑拉德撞上人行道上的一個路標。所幸，只有路標上出現一個小凹陷，傑拉德沒事。

　　類似這樣的事情，總是無可避免地發生。德國街道上有2,000萬個交通標誌和400萬個其他路邊標誌，奧地利和瑞士各有200萬個。交通法規中羅列區分500種交通標誌。[133]在馬里蘭州進行的一項研究結果顯示，在一般道路上，駕駛人每隔2英尺（約60公分）就必須接收一點新資訊。若行車時速30英里（將近50公里），相當於每小時接收1,320則訊息，等於每分鐘接收440個字，或是大約三個文章段落。所以，駕駛在開車時除了要多工並進，還要快速處理接收到的資訊。[134]

　　儘管有關當局努力嘗試減輕交通標誌形成的繁縟夢魘，但交通標誌仍然不斷增加。這可是得花錢的！每個交通標誌得花100至200美元，還要加上運輸、安裝、運作、照明等成本。[135]幾年前，為求經濟，瑞士亞高州（Aargau）平均每八個交通標誌就移除其中一個，每移除一個就節省1,000瑞士法郎（約1,000美元）。其他城市也有為了擺脫交通標誌叢林而推行的試驗專案，例如：前文提過，已故的交通規劃師漢斯・蒙德曼在荷蘭德拉赫登鎮（Drachten），移除所有的街道標誌和交通燈號，將這些交通區域定義為「人車共享空間」，[136]結果大幅減少車禍事故。「人車共享空間」的概念與試驗結果非常令人振奮，已被一些不同國家的城鎮採行。[137]我們或可預期，在愈來愈多自駕車上路後，許多城鎮將會出現更多人車共享空間。[138]

最早的交通標誌安裝，背後的概念其實是好的。交通標誌旨在幫助用路人辨識方位，提高交通安全。現今的反效果，是因為交通標誌的數量太多了。許多交通標誌令人困惑，甚至相互矛盾，干擾駕駛對實際路況的專注力。

除了交通標誌，德國有150萬個交通燈號，[139]最便宜的約為4萬美元，較複雜的（例如：單車或電車用的交通燈號），可能得花上30萬美元，[140]每年的運作成本高達5,700美元，再加上電費900美元。這些高昂花費是促使愈來愈多城鎮選擇使用交通圓環的原因之一。對用路人來說，還有更多的成本。在英國，駕駛的總行車時間中，有高達五分之一的時間花在等紅燈。[141]有研究人員計算，假設每天行車時間38分鐘，50年下來，我們每個人的生命有將近兩星期的時間，花在等候交通燈號。[142]

由於自駕車及連網車不需要安裝這些昂貴的交通標誌及燈號（它們以電子或數位方式接收資訊），交通標誌及燈號將從實體世界消失，以更摩登、較便宜的形式，重新出現在數位／虛擬世界裡。讓我們期待未來不雜亂、更開闊的視野吧！

輸送帶組裝線、垂直整合到 AI 設計：
生產模式的演進

亂生於治。　　　　　　　　　　——《孫子兵法》

自從亨利‧福特1908年推出組裝線生產模式後，汽車生產已經歷時被優化到極致，相關行話眾多，例如：垂直整合（vertical integration）、及時生產（just-in-time）、依序供貨（just-in-sequence）等等。每一顆螺栓、每一盞燈、每一扇門，都由供應商準時依照訂單要求遞送。我們不會在組裝線上看到一長排100輛黑色BMW 3系列在組裝中，而是各式各樣車種（例如：旅行車和敞篷車），依訂單順序排列，任何顏色，任何數量的配備。作業不再是整齊劃一，乍看之下顯得混亂，把這稱為「組裝線」，實在和高度複雜的機械裝置完全不相稱。一百多年前，汽車製造商建造出無比精準的機器，這些機器再打造出其他機器。組裝線上近乎每一個點位上，都有機器人在執行工作：焊接、安裝車窗、安裝座椅組件，從一個工作站把車身底盤運送至另一個工作站等等，不需要人的干預。

奧迪嘗試完全捨棄組裝線，只用機器人，以獲得更大的彈性，而且省錢。在這種生產模式下，人員可以繼續打造使用專門裝備、需要較長流程步驟的車子，而那些需要較少時間生產的車輛，生產速度可能會超越它們。[143]

用機器生產機器，這是特斯拉老闆馬斯克的夢想。生產成品的自動化作業的複雜度，遠遠高於產品本身，車輛這種涉及這麼多功能的產品亦然。馬斯克認為，比起優化產品本身的設計，優化一座工廠的潛力要大得多。他估計，這潛力大約是10倍。[144]

　　人工智慧系統已經會自寫一些程式，[145]整體而言，這種流程發展出一些和生物學中所謂的「繁殖」過程相似的特性。遺傳密碼排序，一個新生命開始。

　　製程中的人工智慧並非始於製程，而是始於車輛設計本身。在舊金山市場街的歐特克畫廊（Autodesk Gallery），你可以看到空中巴士委託的一款飛機設計，仿似一個生物有機體，有十字交叉的肌腱，顯微鏡下可見骨骼結構及葉脈，而不像我們預期在人造物中看到的結構元素的規則序列。由人工智慧系統計算產生的設計，例如：你可能看過的鉤子零件、腳踏車零件、車身底盤，看起來彷彿是偶然創造出來的，不但非常具有吸引力、生動，也可以更容易用更低成本生產出來。這些設計只須使用以往設計使用的四分之一材料，重量減輕了75％，但剛性不變。[146]

關鍵技術：高性能電池組

　　每當人們談論電池儲蓄系統及替代發電時，我們通常不會聽到以往稱霸市場的能源供應商名稱。談到綠色電力時，我們不會提到德國意昂集團（E.ON）、瑞典瓦騰福電力公司（Vattenfall）、德國萊茵集團（RWE）、德國安能集團（EnBW）、太平洋瓦斯與電力公司（Pacific Gas and Electric Company）或佛羅里達電力照明公司（Florida Power and Light Company）。能源產業也有新公司，汽車製造商（例如：興建千兆工廠一號的特斯拉），以及網際網路型公司〔例如：供應乾淨能源的安泰里歐斯（Entelios）〕，也涉入這個領域推動發展。起初，那些能源業巨人樂意把這個領域留給新進者，因為它們的願景顯得太不切實際且昂貴。但現在改變迫近了,那些能源業巨人幾乎已經太遲了,無法參與這場盛宴。德國生產的綠色電力中,只有約12%是傳統電力公司生產的。[147]

汽車製造商及網際網路型公司,提出在知識上更勝一籌的新方法和模式。比起大型發電廠的興建商及營運商,它們能夠更善用電力生產及消費過程中生成的巨量資料。歐電(OPower)及電網解方(Gridcure)之類的年輕企業介入電力公司及顧客之間,根據生成的資料提供種種服務,例如:對電力網做更好的規劃及利用,建議在何處設置新的充電站,使用電動車電池作為電力生產峰期的暫時性電力儲存器。

除了特斯拉,福特是另一家相信自己必須生產電池組的公司。事實上,福特把電池研發與對電池化學作用的了解,視為不應交給其他公司的核心能力。[148]這絕對不容易。Nissan早在1992年就嘗試研發生產電池,後來選擇和一家外面的製造商建立合資企業,因為對方的電池更便宜。不幸的是,更便宜的電池未必是好電池,最新款的Nissan Leaf選擇使用另一家廠商生產的電池組。Toyota在生產鋰電池方面也不成功。就連特斯拉也是因為和Panasonic合作,才得以把電池研發推進到沒有其他製造商可以匹敵的水準。

智慧城市的智慧型交通管理

交通預測有點像「雞生蛋,蛋生雞」的故事,若預測說明天一些公路將完全暢通,可能誘使更多人出行。畢竟,預測都說了道路會暢通,對吧?結果,更多人出行,交通狀況完全不同於預測。因此,值得聆聽的交通預測,也必須考慮到人們的反應。

未來，我們會不會必須支付更多，才能使用更快速的路段？自駕車會不會使我們變成一個多階級社會？歐洲及美國都曾經嘗試讓使用者多付費，以使用偏好（更快速）的網際網路流量處理。但是，這些計畫暫時被擱置了，因為這種偏好會限制意見與資訊的自由。在莫斯科，寬闊大道上有「公務」專用車道，通常是中間車道，保留給政府官員、應急車輛及車頂閃藍燈的車輛。很自然，一種影子經濟快速應運而生，由想要智取俄羅斯首都惡名昭彰惡劣交通狀況的富有付款人所驅動。

智慧型交通管理的意圖，不僅是保持交通流暢，也期望避免車禍。1977 年至 2015 年間，美國都市地區車禍死亡人數不斷上升，[149]因此洛杉磯及其他城市宣布「零死亡願景」目標，這是一個意圖靠自駕車及無數感測器蒐集到的資料來達成的目標。一輛差點撞上一名行人的自駕車，可以把這起事件告知中央資料庫，協助改善可能發生危險的地區。[150]這種智慧城市的概念，並非天馬行空或不可能，巴西里約市、聖坦德市（Santander）、新加坡及其他城市已經使用大量感測器。谷歌地圖和位智也生成資料，協助保持交通流暢，並且估算行旅時間，通知交通壅塞路段，建議替代路線。[151]

再見，汽車俱樂部？
從會員俱樂部變成車隊俱樂部

一個歐洲汽車俱樂部的代表團，前來矽谷造訪一週。團員會見二十幾家汽車公司及供應商的代表、創投家和專家之後，一名管理委員會成員承認，他們之前已經對自駕車、電動車、物聯網、無線軟體更新等等知道甚多，但無法拼湊成一幅完整拼圖。這次參訪，使代表團清楚個別部分如何結合成一體；那一刻，他們真正了解含義。他們意識到，他們的俱樂部在許多方面都變得有待商榷。

典型的汽車俱樂部向會員提供種種服務，例如：發生事故後的道路救援、團體保險、會員在海外受傷後運送回國、法律、契約與技術諮詢服務等等。俱樂部必須跟上時代腳步——增加這個、刪除那個。全德汽車俱樂部（Allgemeiner Deutscher Automobil-Club）發現，露營是很重要的成長市場，露營嚮導及陪同服務熱銷。美國汽車協會提供的免費區域地圖也曾經很熱門，後來谷歌、蘋果及其他公司推出數位地圖，以及導航裝置問市後，那些免費區域地圖就變得沒人用了。

但基本上，這不是決定性因素。在共享模式盛行下，汽車減少、電動自駕車增加，持有駕照及擁車的人自然會減少，汽車俱樂部可能將經歷大量的個人會員出走，提供給公司和車隊服務供應商的活動將增加。這將影響汽車俱樂部的價格模型，以及服務範圍和種類，因為公司和車隊的車子數量較多，會有較佳的議價籌碼。當企業客戶取代個人客戶時，汽車俱樂部作為會員俱樂部的自我形象必須徹底改變。

時尚科技：車輛技術帶動時裝變化

模特兒穿著一件布滿電子器材的緊身衣，雙肩上突出蜘蛛腳般的天線。這些天線可不是時裝配件，它們會動，有人靠近時就會伸出。若有人靠近這個模特兒的速度愈快、愈激動，天線感測到的威脅程度就愈大。這類服飾稱為「時尚科技」（FashionTech）。荷蘭時裝設計師阿努克・維普瑞特（Anouk Wipprecht），在她的設計中試驗融入電子元件，前述緊身衣讓外人看到陌生人的威脅靠近，對那名女性意味什麼。[152]

奧迪汽車請維普瑞特設計四件仿似 Audi A4 的衣服，這位年輕設計師從這款車子的車頭燈形狀及內裝的感測器獲得靈感。服裝上裝配的超音波感測器研判靠近的物體、發出聲音，若物體移動得更快、更接近穿著衣服的人，聲音就變得更尖銳。另一件會發光的衣服，則是對周遭顏色作出反應。

我們現在攜帶鑰匙或智慧型手機，用來與車子連結。我們的曾祖父或許曾經穿戴皮革兜帽和眼罩抵擋風雪，未來我們可能會用生物識別感測器或服裝，甚或倚賴體內植入電子裝置的仿生人。電視影集《霹靂遊俠》中大衛・赫索霍夫（David Hasselhoff）飾演的主角李麥克戴的腕錶早已走入歷史，未來你可能更需要的是能夠辨識你的臉孔、為你開車門的車子。

法規之前，所有車輛平等？

在大規模使用自駕車之前，必須先備妥法律框架。1968 年，七十多個國家簽署「維也納道路交通公約」（Vienna Road Traffic Convention），此公約把交通規則標準化，締約國相互承認各國發行的駕照。我們現今在歐洲國家看到的多數交通標誌仍然遵循此標準，因此到處的交通標誌皆相同。當我們在義大利、越南或沙烏地阿拉伯必須向交通警察出示駕照時，並不會遇上困難，這都得感謝這個公約。

2016年，「維也納道路交通公約」延伸包含自駕車。[153]早在2014年，使用駕駛輔助系統就已被視為可接受，只要駕駛能在任何時候關閉或接管系統即可。

除了「維也納道路交通公約」，還有聯合國歐洲經濟委員會（United Nations Economic Commission for Europe, UNECE）頒布的其他有關車輛配備的規範。這其中的一些規範必須作出調整，讓自駕車可被接受進入正規操作模式，而非只處於測試模式，但目前尚未完成。在實務方面，ECE R 13（歐洲經濟委員會法規）是關於煞車系統，ECE R 79是關於轉向系統，ECE R 48是關於照明及燈光信號設備。[154]舉例來說，ECE R 79明訂，駕駛必須能在任何時候藉由操舵動作，掌控轉向系統，維持對車輛的控制。截至目前，自動操舵（亦即自動駕駛），最高時速不得超過6英里（約10公里）。

美國也是此公約的成員，但法規並不在美國自動生效。相較之下，歐洲迫切需要採取行動，法規必須調整，把自駕車包含在內，除非歐洲人想要完全放棄這塊市場，仰賴美國及中國。我在談論這些的此刻，自駕車技術仍在發展當中，若沒有來自當局的善意，准許製造商在公共空間測試這些車輛，歐洲國內產業未來可能更落後其他領先國家。

美國運輸部在2016年夏末提出現行方針的修訂，截至當時，法規要求自駕車上必須有一位駕駛控管車子。官員認知到，自駕技術仍在發展中，還無法作出結論性的評估。方針中列出的15點，是關於安全性及批准準則、資料保護、網路安全、道德疑問、發生事故時的乘客保護等等。[155]如前所述，加州自2018年4月開始，准許自駕車在車上無駕駛人之下上路測試。三名美國參議員於是草擬包含六項原則的自駕車管理法提案，想在安全性與快速推出新技術之間取得適當平衡：

- 安全第一！
- 支持進步的創新，必須移除現有障礙。
- 技術上保持中立。
- 強化聯邦政府及各州的不同角色。
- 加強網路安全。
- 向大眾提供資訊，支持理性接受自駕車。

除了說明如何使用自駕車，還必須仔細思考當自駕車出事故時的過失與責任歸屬問題。未來，有可能指定自駕車行駛專門車道及路段，就像美國的共乘車道（或稱高乘載車道），車內超過一人的車輛或貼了特殊標示的車輛才能行駛。那麼，感測器呢？使用已停泊自駕車車上的攝影機及光達系統，監視或傳送關於路面坑洞的資訊，是否符合資料保護法？

鐵路公司的未來

德國鐵路公司也必須處理一些關於固有目的和高度優先發展的問題。德國鐵路說自己為運輸或移動力提供解決方案，但公司名稱可能會妨礙它領略真正的問題是什麼。

出生於英國的蘋果公司設計長強納生‧艾夫（Jonathan Ive），受邀至英國兒童節目《藍色彼得》（*Blue Peter*）解說，評價學童對多功能午餐盒（lunchbox）提出的設計提案。他的第一個意見是，使用的措詞必須小心，因為光是「box」這個字，可能已經影響、限制了創意發想。聽到「box」這個字，通常會想到方形的東西，有特定的形狀。所幸，孩子們並未受到影響，而是讓想像力飛揚。[156]

「鐵路」這個詞，也可能誘發我們停留在某個框架裡。

我們的心眼看到的是鐵道、火車頭、火車站等等。像我一樣出身鐵路工人家庭的人，也許會鮮明記得鐵路吊線，以及小時候很習慣聞到的金屬焦油混合鐵路氣味。物體本身——火車，總是處於核心，顧客的需求與目的擺在其次。儘管歐洲的鐵路公司非常關心為顧客提供更進步的服務，但對事情的整體看法仍然太機械論了。

人們選擇運輸工具的目的，是為了連結他人、存貨或地方，選擇種類有好幾種。從慕尼黑到斯圖加特，或是從舊金山到洛杉磯，我可以開車、坐巴士、搭火車或飛機。如果我有夠多的時間，而且身體夠強健，也可能決定步行、騎單車或騎馬去。此外，混合使用交通工具也相當合理（又經濟），例如：先搭計程車到火車站，再搭火車到目的地城市，然後步行一小段路抵達最終目的地。

如果我是一家鐵路公司的高階經理人，長途火車於我而言將會是整個移動力的主要核心部分，我總是優先想到鐵路，就算巴士和計程車服務也是標準服務的一部分，但是比較沒那麼重要，主要是為了解決「最後一哩」的問題。但如果我是乘客，真的不想搭火車呢？當你攜帶一定行李時，轉換火車真的是滿困難、辛苦的，而且火車經常誤點，下一班必須轉乘的火車已經開走了，座位調整也總是不夠舒適。鐵路（以及飛機和計程車）的交通體驗，有太多斷點必須銜接了。如果可以，我用應用程式叫自駕車來，遠遠舒適多了。車子可以一路把我從慕尼黑載到斯圖加特，或是從舊金山載到洛杉磯，不是只能載我到火車站而已，這將是鐵路業面臨的重大破壞性競爭。

這也帶來一個十分真確的疑問：未來，繼續根據運輸工具來區分運輸公司，仍然合理嗎？顧客想要的是無縫接軌服務的全方位交通解決方案，為何要再區分飛機的航空公司、火車的鐵路公司、車輛運輸的計程車呢？蘋果在所屬的領域，就提供了一個很好的例子──硬體、軟體、音樂、電影等等內容，全都由同一家公司供應。這也是蘋果多年前把公司名稱從「蘋果電腦」改成「蘋果公司」的原因，為了代表整個產品線。特斯拉打造車子，透過自己的經銷商銷售，提供廣大的充電站與技術支援網絡、電力儲存及太陽能屋瓦，這自然價格較高，但車主確實得到了無縫服務。結果，其他產業因此面臨到壓力，因為在其他產業，顧客也期望獲得像蘋果及特斯拉那樣的整合服務。

所以，德國鐵路（DB）、瑞士聯邦鐵路（SBB）、奧地利聯邦鐵路（ÖBB）的公司名稱，首先應該去掉最後那個「Bahn」（德語「鐵路」之意）的縮寫字母B，從心智框架去除完全以鐵路為中心的思考，簡稱美鐵（Amtrak）的美國國家鐵路客運公司（National Railroad Passenger Corporation）也應該刪除「Railroad」。想想，為什麼我得辛苦拉著行李穿越人群，在火車站裡奔波、上下樓梯或搭電扶梯，最後終於能夠鬆一口氣，坐上計程車或大眾運輸工具？為何不讓Uber或自駕車直接到下車地點來載我？

再看看現在自駕卡車的發展，就明白鐵路的境況確實值得令人憂心。鐵路有優點，能以較低價格載運重物橫跨較長距離，但仍有「最後一哩」的問題，必須再次把貨物從火車卸載到卡車上。自駕卡車不必雇用司機，車子不需要特別休息，能夠流暢節能地行駛，不需要從一種運輸工具卸載到另一種運輸工具上，鐵路的經濟優勢將會消失。富豪、奧托、斯堪尼亞及派樂騰科技，全都已經把公路列車開上道路了。[157]

德國鐵路前董事會主席顧儒伯（Rüdiger Grube）清楚看出這個問題，並且納悶為何還沒有完全自駕的火車。若火車失去優勢——速度與舒適，還有多少人會到火車站？誰會在火車站裡的商店購物？鐵路公司該如何維持重要性？[158]

無盡的網絡：受到審視的大眾運輸

在歐洲，城市裡的大眾運輸通常有良好網絡，雖然人們對此有不同印象，總是可以找到理由抱怨。瑞士尤其是準時與可預測性的模範，但人們總能找到理由不贊同接駁轉運的間距，以及步行到下一個運輸工具的可接受距離。用過Uber之類服務的人，很容易就會不想再回去使用大眾運輸了。舉例來說，在大眾運輸老舊、不可靠的舊金山，Uber承諾市內多數地方只要等候1到3分鐘，而且只要待在原地等車子來接你就好！Uber是安全的品質保證，它的數位資料足跡相當保護，尤其是對女性乘客而言。

電動自駕計程車迫使我們重新評估大眾運輸的目的與效能，我們也必須重新考慮保留給大眾運輸的車道及軌道，以及為大眾運輸提供的維修和基礎設施發展。不同於巴士及軌道運輸工具，自駕車服務供應商不必保持特定路線，不須遵循時刻表，可以優化等候時間。北卡羅萊納州夏洛特市（Charlotte）有80萬居民，市府官員正在辯論到底該不該花60億美元延伸輕軌和高速鐵路的連結，兩者都不會在2025年前完成，但是到了那個時候，它們甚至可能已經過時了，必須被自駕車取代。[159]

儘管歐洲和亞洲有發展良好的大眾運輸系統，城市裡仍有大批車輛。維也納有70萬輛車占據約2,200英畝（約900公頃）的面積，這相當於該市多瑙島休閒公園面積的一半。[160]紐約市第60街南方提供了10萬2,000個公共停車位，面積相當於中央公園的一半。[161]

搭乘自駕車長途旅行：
在車上過夜，開會前抵達就好

現今許多旅館能夠生存，是因為商務人士必須出席會議，得在旅館過夜。若旅客使用自駕車，就無須在拜訪行程或參加會議的前一晚抵達投宿旅館，可以無壓力地在自駕車上睡覺，抵達目的地後再前往旅館淋浴、吃早餐即可。若旅行的距離比較長，自駕車就會對鐵路和航空公司構成更大的競爭。

石油戰爭打了好多年，電池電力可以改變世界

改變成電動自駕計程車及自駕卡車，最明顯有損失的人將是石油產業。經過一百多年後，電動車被廣為接受，使得柴油及汽油的需求減少。在轉型成使用電動車的過程中，發電廠仍將繼續使用石油及天然氣一段時間，但丹麥、挪威及德國已經展示，在一些日子，它們能以替代能源滿足國內的整個能源需求。在全國致力於以電動巴士取代柴油引擎巴士作為大眾運輸工具之下，中國期望2019年年底做到每日節省27萬桶柴油。彭博新聞社（Bloomberg News）估計，每1,000輛電動巴士上路，每天就可以少用500桶柴油。[162]

鉑這項資源也可以被節省。現今有近一半的鉑礦，被用於汽車觸媒轉換器，因為這種貴金屬能夠減少毒性汙染物。[163]在此同時，生產電池所需要的稀土元素需求量增加，這很快就變成政治問題。現今世界最大的稀土礦藏在

中國，由於巨大的國內需求，中國把資源較大部分留在自家使用，導致世界其他國家取得的稀土元素更昂貴。然而，中國想減少稀土元素出口，滿足自身需求的企圖已經引致反效果。首先，中國的公司繞過出口管制；其次，人為限制供給導致價格飆高，使得其他國家開採自己的稀土礦藏變成符合經濟效益的選擇。[164] 不過，中國的公司在其他國家也很活躍，尤其是在非洲，已經取得很大的政治影響力。

紐約市可以例示，電動車能夠帶來多少能源節省。研究顯示，紐約市電動車車隊業主在九年期間的總成本節省了21%。這其中甚至包含電動車的購買價格高於油電混合車或內燃引擎車，以及需要設立充電站的成本，但總維修成本和燃料成本顯著較低。[165]

前文探討過發電成本，發電廠的前景看起來不大妙。預期到了2020年至2025年間，太陽能電力將變得比發電廠供輸給終端顧客的電力更便宜。特斯拉及其他廠商現在不僅生產車用電池組，也生產家用電池組。特斯拉收購太陽城，創造出令電力公司極其憂懼的情境。以往，家計單位通常只會從一家供應商取得電力供應，現在可以不再倚賴公共電力網。

隨著電動車愈來愈普及，發電廠將面臨新的挑戰。首先，大量的電動車需要充電，這將使得電力網的負荷增大；其次，使用蓄電池來儲備電力以防缺電的機會將減少。所以，這會需要什麼新技術及能源管理系統呢？縱使是老字號的能源供應商，也愈來愈受到「軟體入侵」，一如數位元件在其他產業創造附加價值的情形。

因此，電力供應商更勝以往將被迫質疑並重新思考公司的目的（其中有些是以製造家用電器起家的），它們的目的當然不只是供應能源而已。當一些電力供應商改變策略，選擇設立地區性的風力、太陽能及水力發電廠，而不是興建、營運大型火力發電廠和核能發電廠時，顛覆了整個產業。德國意昂集團及萊茵集團之類的電力公司近年虧損巨大，可以證明許多老牌電力公司太遲於察覺風向的變化。未來，能源供應商的價值，將不是那麼取決於發電廠的績效，而是更取決於能源管理方面的數位客服。很不幸，這剛好是傳統能源供應商欠缺訣竅與適任人才的領域，蒐集與處理資料這個領域由一些新創公司制霸，例如：2016年被甲骨文收購的歐電。

在歐洲，風力發電已經變成僅次於天然氣的第二大能源供應種類。2016年，總風力發電量為153.7百萬瓩（gigawatt, GW），煤及水力分居第三、第四，就連太陽能也贏過石油，位居第六，而核能仍然排名第五。[166]

減少使用汽油後的影響

我們絕不可以低估減用汽油帶來的政治影響與變化。多數石油輸出國拜石油生產與出口所賺得的龐大收入之賜，財力上得以支撐各個政權。屢次的油價波動，顯示那些國家有多不穩定。全球最大產油國之一的委內瑞拉，正受苦於石油導致的嚴重物資缺乏。石油價格高時，委內瑞拉可以靠石油出口收入，彌補整個經濟的弱點；石油價格下滑時，這脆弱的紙牌屋就垮了。俄羅斯的國家預算，也非常倚賴天然氣的收入，屢屢以外交政策伎倆及投合民眾的措施，掩蓋政治上的不適當。

我們有相當程度確定，在轉變為電力驅動系統的過程中，石油產國將會變得更加不穩定。就連挪威這樣政經穩定的石油產國，也憂心國家的未來選擇。挪威一方面支持使用替代能源，政府大方補貼購買電動車，但另一方面，許多挪威人任職於石油生產、輸送及提煉產業。建立替代產業需要時間，也需要不同的技能。

能源價格下跌的負面影響

車輛使用可能更勝以往

當電力價格下跌，電動車每一里的行駛成本變得更便宜。一旦自駕車變成主流，你更容易利用行車時間做別的事情。瑞典一項研究顯示，這麼一來，我們使用車輛的里數將多於以往。瑞典政府積極支持「乾淨技術」，因此瑞典人購買更節能的車子，但是行駛里數多於以往，實際上反而吃掉節能效果。[167]

都市可能更加擴張

自駕車及更便宜的能源，可能導致都市更加擴張。在使用自駕車之下，我並不在意是否多花一、兩個小時在路上，反正我能夠利用這段時間做別的事情，因此我可能想在市郊或更遠的地方買房或建屋。此舉將帶來種種的環境影響，[168]電動自駕車容許的生活型態，可能也會對環境造成不好的影響。

廢氣排放量可能增加

前文討論過生產一輛電動車及車用電池所需耗費的能源。為了描繪更公允的面貌，我們也必須納入更全面的考量，不偏頗任何種類的車子，進一步關注建造與供給能源載體和基礎設施，以及行駛與維修電動車的過程中所排放的廢氣。專家說，這一切可能使廢氣排放量增加50％。[169]

自駕車的資安防護

穿著黑色權力套裝的長腿金髮美女，在平板電腦上滑動點擊了幾下，混亂隨之發生。她剛剛遙控接管這個地區的所有自駕車，下令讓它們從室內多層停車場開出來。數百輛自駕車就像一群餓狼，追趕唐老大的「家人」，衝入民宅，無情撞倒前方的人類和物品。在電影《玩命關頭8》（*Fast & Furious 8*）中，莎莉・賽隆（Charlize Theron）飾演的這個網路恐怖分子、尖端科技犯罪集團首領「賽芙」，發動了一場夢魘攻擊。這個場景創作想像力真出色，只不過這是電影情節。但是，車子打電話給總部，車子隨時隨地連網，這樣的車子總是可能成為惡意駭客的攻擊目標。

車輛製造商必須預期其他交通參與者，以及外部人士可能試圖傷害或濫用自駕車的情況。便宜的超音波感測器、昂貴的雷達干擾器、雷射筆、用強光透鏡來屏蔽攝影機的LED閃光燈，近乎所有可能的干擾與破壞裝置都已經被嘗試過了。若駭客試圖混淆或入侵車子的感測器呢？在一場駭客研討會上，研究人員展示感測器可能被屏蔽而失能的種種方式。[170]強烈的雷射光可以屏蔽感測器幾秒鐘，延遲的雷射訊號使物體看起來比實際距離還遠。[171]更精細的攻擊可以欺騙感測器，改變它們對環境的感測，例如：指示車子可以通過鐵軌，但實際上不能通過。這些對行車安全的惡意攻擊，必須受到懲罰。

安全措施很多，從車輛使用權到防止車子被未授權控管等等，後者可以在車外施行，也可以在車內施行——乘客在車載自動診斷系統（OBD2）插上軟體狗，這種系統通常是在維修時由技師讀取車子的資料。[172] 說到網路安全，「密碼學」（cryptography）是關鍵字——不過，使用者當然也想要一切快速又便利。2008年，網路上的身分盜竊案，有超過50％涉及金融服務業。[173] 拜進步的防護措施及法規所賜，到了2014年，這個比例已經降低至5.5％。在此同時，駭客對其他產業的興趣提高。2014年，醫療保健業成為身分盜竊案件數最高的一個產業，占42％。自駕車可能是下一個被高度垂涎的領域，因此特斯拉執行長馬斯克把網路安全視為最優先議題，甚至祭出獎金，請駭客協助辦識安全漏洞。

我們應該寬厚看待任何種類的製造商，畢竟它們全都聚焦於所屬領域的專長。對車輛製造商來說，這些專長指的是機動領域的創新。辨察盜竊情事，對金融服務業、醫療照護組織及車輛製造業來說，是次要課題。儘管如此，金融服務業被駭的損失不過是錢不見了（當然，這已經夠糟），其他產業被駭，可能涉及性命。誰都不想受困於一輛被駭的車子裡，或是在交通中遇上這樣一輛車子，受其支配。犯罪者可能基於幾個理由對攻擊一輛車子感興趣：第一，車子本身有價值，再加上車子生成的資料，價值可觀；第二，若每輛車有自己的獨立銀行帳戶——如同 eWallet 業務的概念，那麼每輛車子就變成移動金庫了。

事實上，安全機構很重視這類情境。我在西維吉尼亞州的國土防禦與安全中心（Center for Homeland Defense and Security）對警長、消防指揮官、公路巡警、反恐專家及其他類似職務擔當者演講時，提到了這個問題。跟別處一樣，在這個領域，我們將需要懂得車輛數位鑑識的專業人才，防止遭劫持的車輛被用於殺戮或裝載炸藥。不過，我們不應被極端情境嚇阻，不敢利用新技術帶來的種種可能。我們的確必須確保車輛的數位安全，一如德國提供產品安全與環境安全檢驗服務的非官方機構德國技術監督協會（Technischer Überwachungsverein, TÜV），以及汽車雜誌對最新車款進行撞擊測試，我們也需要對車輛做數位撞擊測試。

美國司法部已經成立工作小組，研究所有產業可能遭遇的種種受威脅情境，甚至探索醫療器材（例如：心律調整器）或物聯網下的其他物品被駭而受到威脅的情境。[174] 大多數的這些器材在製造時，並未把防禦網路攻擊列為重要目的之一。就像許多網站起初都聚焦於展現核心能力，對於防禦數位攻擊並沒有專業。不論是政府機構或公司成立的車輛資安工作小組，都特別著重下列項目：

- 車輛該如何防禦未經授權的使用？人們不希望車子被偷，也不希望有人隨意進入車子，或是在使用車子時，有人自外遙控。

- 我們該如何防止自駕車變成移動炸彈，針對特定目標引爆——就像恐怖分子攻擊法國尼斯慶祝國慶的人群或德國柏林聖誕市集事件，凶手開著偷來的卡車，隨機衝撞人群？

- 我們該如何防止資料遭到濫用？初步考慮的方法包括匿名、加密及透明化。

法規的重要性不亞於技術性解方，例如：歐盟的《一般資料保護規範》（General Data Protection Regulation, GDPR）。最早的解方構想來自新創公司，例如：以色列的卡蘭巴資安公司（Karamba Security），這並不令人意外，以色列以傳奇特務情報機關和軍方的網路安全能力聞名於世。[175] 卡蘭巴資安公司把開發的資安技術直接安裝在車上，用車子所有的電子控制器（ECU）持續監視車子的內部網路，這些ECU負責啟動安全氣囊、測量胎壓、煞車系統、燃料噴射裝置等等。該公司開發的技術，也辨察企圖竄改這些ECU設定的惡意軟體，把它們改回原廠設定。由於來自駭客的威脅，Waymo採取積極動作，盡可能把自駕車測試保持離線操作。[176]大型汽車製造商聯合成立汽車資訊分享與分析中心（Automotive Information Sharing and Analysis Center, Auto-ISAC），共同合作對抗網路犯罪。每家公司都可能遭遇相似威脅，因此在這個領域，這些公司並不相互競爭。

我曾經是軟體開發師，太清楚程式可能有錯的事實了。除錯、測試程式、測試系統、測試資料，這一切的品質與成效取決於撰寫的人，以及生產出它們的程式。測試的環境條件，永遠不會相符於我們實際生活中的複雜性。軟體中存在錯誤是無可避免的，哪怕你使用的是昂貴的編程方法，例如：極限編程（extreme programming），總是有至少兩名程式設計師同時撰寫同一條程式。這種方法主要用於責任度極高的系統，例如：核能電廠使用的控制軟體。縱使是這種方法，也不足以預期到所有可能的交通情境，把它們寫入軟體程式裡。這是使用機器學習的原因，也是必須經常遠距更新軟體的原因。

不過，並非人人都想要一輛「無法被駭」的車子，畢竟想要改裝車子的技師，以及私家車車主可能想要有自行改車的選擇。以往熱中改車的人，主要是對車子的機械下工夫，例如：設法增強引擎馬力，未來這種改車技術將更偏向數位層面。是否允許車主和數位介面互動、進行修改，起初並不明朗。汽車製造商引用《數位千禧年著作權法》（Digital Millennium Copyright Act），認為車載軟體跟任何其他著作一樣，也受限於著作權法，但《數位千禧年著作權法》中有針對包括車輛改裝在內的情況而訂定的例外條款。[177]

區塊鏈可能有助於保障車子在使用與通訊時的連網安全。數位安全基礎設施系統中的非對稱式密碼學名為「公鑰基礎設施」（public key infrastructure, PKI），使用兩支功能不同的鑰匙。一支是公鑰，用於加密；另一支是私鑰，用於解密。區塊鏈的特性是為每一步的加密和解密，產生一個公開可見的交易鏈，記錄並儲存每一步。基本上，就是記錄誰在何時、如何使用這輛車，這將使得刻意操縱變得遠遠更加困難。

車子可能遭受侵犯的情境，可以區分為下列三大類：

- 攻擊來自移動中的車輛
- 攻擊來自路邊
- 在車上安裝硬體發動攻擊

第一種情境──車子遭到移動中的車輛發出訊號攻擊，可能會因此故障一段時間。來自路邊的干擾，可能影響更多數量的行經車輛。在一條路線上不同地點分別裝設的幾部干擾裝置，可能在一段較長時間內攻擊任何行經車輛。或者，攻擊者可以在車主停好車子離開後，在車身裝上干擾裝置。每一種攻擊都對車子及乘客的安全構成危險，或許其他未受影響的感測器可以彌補攻擊造成的故障，但是在緊急情況下，受到攻擊的車子必須停下來，此時車子可能遭到攻擊者直接搶劫。[178]

不只惡意攻擊，車子也可能遭受非惡意攻擊，幾隻海鷗便足以使感測器混淆了。對感測器來說，一群鳥看起來就像一個較大型的物體。紐托諾米公司（nuTonomy）在波士頓測試自駕計程車時，就曾經有過一次這種「第三類接觸」。這也是自駕車必須在不同城市、不同環境進行廣泛測試的原因之一。[179]

飛行車的夢想

1910年，約翰・埃默里・哈里曼（John Emory Harriman）為他設計的第一部飛行車Aerocar取得專利，[180] 從那時起，世人就著迷於飛行車的概念——《哈利波特》系列作品上市後，我們或許更嚮往了。每隔一段時間，專家就會預測，飛行車很快就會成為交通主流，但隨之而來的失望也是同樣頻繁。看看這些曾經帶給我們希望的種種設計：Aerocar、Aerobile、Airphibian、ConVairCar、Aircar、Aero-Car、AeroMobile，甚至還有飛天萬能車（Chitty Chitty Bang Bang）。一百多年過去了，什麼也沒實現，如今「飛行車」顯然是「失敗」的同義詞。創投家彼得・提爾（Peter Thiel）曾以嘲弄之詞表達他的失望：「我們想要飛行車，結果只得到140字。」

然而，現實有時也來得比我們想像得快。對我來說也一樣，儘管身在矽谷，我有幸近距離體驗到未來。我想在本書與各位分享的展望，有些發展時而令人錯愕。我本來只是為了增添一點趣味，加上這一小節內容，沒想到居然得知，谷歌創辦人賴利・佩吉（Larry Page）個人早已投資超過1億美元於兩家想要建造飛行車的新創公司——齊航公司（Zee.Aero）和小鷹公司（Kitty Hawk）。[181] 還有其他公司加入這兩家公司打造飛行車，包括：太力飛行汽車公司（Terrafugia）、德國新創公司飛樂（Volocopter）、斯洛伐克的飛行車公司（AeroMobil）、設於加州的莫勒國際公司（Moller International）研發的「莫勒飛天車」（Moller Skycar）、德國新創公司百合（Lilium GmbH）研發的「百合機」（Lilium Jet）、加州新創公司喬比航空（Joby Aviation）。空中巴士集團也在研發自駕空中計程車。[182] Uber公開展現對「垂直起降」（vertical takeoff and landing, VTOL）概念的興趣，視飛行車為運輸系統的未來，[183] 2019年在拉斯維加斯消費性電子展中，展示了空中計程車Bell Nexus的原型。看來，目前在這個領域摩拳擦掌的公司滿多的。我們企盼百年的夢想，不久將能夠實現嗎？

第三部

前進！汽車製造商及供應商的工具與方法

我一直都相信，燙衣板其實是放棄夢想、務實工作的衝浪板。

—— 不知道是誰說的智慧雋語

德國優質製造公司參訪團一名團員詢問，矽谷對德國汽車業的看法如何？這是個好問題。2001 年，我剛到這裡時，到處可見德國汽車品牌，數目之多，令我十分驚訝。賓士、BMW、保時捷、福斯，品牌及車款跟我在德國路上看到的相似，凡是買得起的人（矽谷很多人買得起），都開德國製的車子。這其實並不令人意外，因為德國工程技術仍在品質與設計方面樹立模範，賈伯斯就開賓士——有顆星星標誌的車——多年。

人們欽佩德國製造公司，甚至到了今天，你仍然可以感受到這種對德國工藝的欣賞，儘管現在這種欣賞其實摻合了懷舊之情——當一個傑出品牌、國家或個人已經過了黃金時期、開始走下坡時，你總會心生的那種情感。矽谷並非沒有嘗試提醒德國製造公司，我近年見到的每位產業專家都向德國參訪團指出正在發生的變化，強調必須快速反應，在自家公司作出改變。但是，特斯拉 Model S 推出七年後、Model X 推出四年後、Model 3 推出一年後，德國製造商（及其他國家製造商）的產品組合中，仍然沒有可以拿來相比的東西，遑論可以推出市場的驚豔代表作。儘管作出許多宣布，它們的方法仍然鬆散無章，似乎還未能真正動起來。

現在，在矽谷開特斯拉，代表你「很in」，是屬於這個圈子的。就連德國品牌最死忠的粉絲，忠誠度也受到考驗。開德國車開始象徵你屬於「瀕危物種」，如同恐龍。這在矽谷這個高度敏感的全球創新天堂，這個自稱所有領域技術領導之地，是不被接受的。想要幫助德國汽車製造公司的渴望於是逐漸消退，因為大家認知到，只能幫助準備好接受幫助的人。不久前，德國的製造公司宣布計畫大舉投資舊的內燃引擎技術，只是證明了一點：它們不了解時代潮流的訊號，也不想被告知該做什麼。一家德國製造公司一名員工說出了他的沮喪，他好不容易熬過美國汽車中心底特律的財務危機，現在必須自問：戴姆勒、保時捷、福斯總部所在地的斯圖加特及沃爾夫斯堡的未來，是否也會相似？他還沒有答案，也許很快就會有。

德國及歐洲的汽車製造公司及供應商，可以取得的技術相同於其他地區的廠商，甚至還有不少可以利用的優勢，因為造車及車輛相關功能需要的許多技術，是它們率先研發出來的。許多挾著新概念和創意跑在傳統汽車製造商前頭的新企業，雇用德國的車輛設計師 —— 事實上，它們挖角了整支團隊。

這些新進者如何能以如此驚人的速度，引領汽車業邁入新紀元，令以往的產業佼佼者目瞪口呆，近乎驚慌失措？例如，賓士在一週內不僅宣布退出燃料電池的研發，並且計畫提前三年推出電動車（也就是在 2022 年推出，喔！這可是比特斯拉 Model S 晚了整整 9 年），還宣布與博世合作研發自駕車。[1] 易安信公司（EMC）和戴爾公司於 2015 年末合併時，《連線》（Wired）雜誌如此評論：「戴爾、易安信、惠普、思科，這些科技業巨人正走向死亡。」[2] 當我聽到賓士的宣布時，這就是我的感覺。2016、2017 年獲利仍創新高，但 2018、2019 年必須多季發出獲利預警的德國製造公司，無法免於這種新聞標題。頻頻回顧悠久成功的歷史，很容易變成沉重束縛，絆住人無法前進。

當你看到一個成功的百年事業模式逐漸走向衰敗，三分之一的員工可能變成冗員，近乎無法在新技術中留下他們時，該怎麼辦？從活塞桿專家變成電池化學家？從引擎設計師變成數位專家？這个大可能。靠著聚焦於安穩與規劃的行為，無法應付重大變革帶來的挑戰。想和美國及中國競爭，先決條件是：懂得問正確的問題，懂得如何冒適度風險，懂得如何在公司內部打造創新文化。

傳統汽車製造公司有沒有可能靠著砸大錢進行收購，為公司取得必要的專長與技術，安全邁向未來？這個嘛，若我們說的是德國的公司，它們其實並不擅長這種事，總是猶豫不決，迫不得已才收購，但是到了那個時候往往已經太遲。美國人及中國人就比較大膽行動，德國人遠遠更加信賴自己的研發。英特爾快速收購以色列的車眼公司，通用迅速買下巡航自動化公司，蘋果、谷歌、微軟等公司在其他公司尚未察覺之前，就已迅雷不及掩耳地收購公司及人才。競爭者還未聽聞，它們的收購交易就完成了。德國汽車製造公司聯手收購諾基亞的地圖服務業務HERE一案，前前後後花了許多星期，一堆人跟進新聞──買，還是不買？到底想不想買？它們對彼此有沒有最起碼的信任？為何要聯手收購HERE？你很容易看出，HERE必須設法向聯團所有成員證明自己。然而，這可不是對抗敏捷矽谷陣營的最佳態勢。不過，就連德國頂尖的數位先驅思愛普公司，也往往反應遲緩，只能撿食別人留下的殘羹碎屑。所有真正令人振奮的好公司，都已經被買走了。

我們很可能會看到相反的情形發生──賓士、BMW、福斯被別的公司收購，如果夠幸運的話。2019年夏季，BMW集團市值470億美元，福斯集團市值770億美元，戴姆勒集團市值560億美元，戰備資金充足的蘋果、谷歌、微軟若要收購它們，財力不是問題。不過，若是真的到了可能收購的時候，價格將會遠遠低得多，因為屆時第二次汽車革命將已推進至高峰，沒有人曾同情德國製造商了。無數的工作飯碗屆時將已經消失，這種劇變很可能削弱職工委員會的影響力，一如 1980 年代發生於英國的情形，煤業危機導致工會力量完全崩裂。然而，這是保障公司繼續存活的唯一選擇。

傳統汽車公司究竟實際上能做什麼，為即將發生的變化故準備、變得更創新？除了正確的心態及新的行為，還有工具與方法可以學習運用，這一切必須齊頭並進。撰寫此文之際，我想起匈牙利一家新創公司的創辦人，我曾和他在矽谷相處一週。他一到矽谷，我立刻送他去史丹佛大學參加兩天的設計思考研習營。他告訴我，去年他在布達佩斯參加過這樣的研習營，但當時尚未做好準備。不久前，他剛創辦了新事業，但是在來矽谷之前必須結束，所以正好在找下一個創業點子。他敞開心胸接受新思想及新概念，突然間，設計思考就變成有助於創造新東西的工具了。

接下來，我會提出一些概念和方法，闡釋我們有時陷入的行為型態，並且探討該如何擺脫。我也會簡要討論一些可用於比較你們本身的長處及矽谷的長處的方法。

公司使命宣言

請容我複述一次：2016、2017 年是德國汽車產業再創新猷的兩年，所有製造公司都創下獲利新高，實現巨幅成長。舉例來說，保時捷在 2016 年發給每名員工 10,256 美元（約 9,111 歐元）的獎金，2017 年的獎金更高，為 10,869 美元（約 9,656 歐元）。[3] 我們做得很好呀，為何要改變？更仔細檢視銷售數字，你就能看出，實現這些漂亮績效的唯一方法，就是提供很高的折扣：2016 年的折扣比 2010 年的高出了35%。柴油引擎車對經銷商來說尤其難推，2016年，柴油引擎車的掛牌數量減少了2.8%，2018年數字下滑得更嚴重，掛牌數量銳減超過40%。由於柴油引擎車的大宗客戶是企業，所有新掛牌的柴油引擎車只有四分之一是私家車，企業客戶對柴油引擎車的退卻傾向，對汽車製造商的打擊特別大。實際上，所有新掛牌的車輛中，有三分之一是汽車製造公司註冊掛牌的，這種所謂的「短日牌照」（day license）是為了讓它們能以高折扣銷售車輛。[4]福斯是最大的輸家之一，這是活該。整個汽車市場成長5.3%，但福斯在公務車市場區隔的銷量減少了近2%，其中7.3%是柴油引擎車。[5]這導因於柴油門醜聞及關於禁止特定車輛的討論，使得顧客明顯感受到不確定性。此外，我們也必須把戴姆勒和奧迪生產的數百萬輛柴油引擎車納入考量。

如果這還不夠糟，可以想想操縱價格的醜聞。預期涉案的德國汽車製造公司，將遭到數十億美元的罰款，而這些錢原本可以用來研發新技術的。跡象愈來愈明顯，沒人可以據理力爭德國汽車製造公司不是腐敗透頂、臭氣沖天，必須徹底變革了。但是，它們仍然故我。

德國的製造公司致力於追求完美，就跟古埃及人一樣，自認為已經達到完美境界，就停止了。反觀古希臘人則是想要更多，總是想要成為最優秀者。[6]這是富足往往導致停滯的原因之一——一切似乎已臻完美，沒有什麼需要改進的地方了。想要持續創造創新，需要有富有貧、有美有醜，奏效與失效並存。這可以部分解釋德國的新創中心為何是柏林，而不是慕尼黑、漢堡或科隆。

傳統汽車製造公司若想在未來持續做對，必須後退一步，重新思考最根本的問題——公司為何存在？為何有權存在？如果消失會發生什麼事？看看德國汽車製造公司的使命宣言和公司策略，你就會了解它們為何以往那麼成功，現在卻如此拙於應付迎面而來的變化。

- BMW集團的使命宣言：「在2020年前，成為優質個人移動產品與服務的全球龍頭。」[7]該集團旗下的每一個品牌，都有自己的形象定位。BMW品牌象徵：「開車的樂趣，結合輕快有力與靈活流暢的性能。一流的設計，無與倫比的品質。」Mini品牌則是要：「贏得你心，引你注目。」[8]
- 奧迪採取的策略是：「我們承諾優越」，又說它想：「促進個人對永續、優質移動力的熱情。打造優質車輛，一直是我們的核心。」[9]
- 福斯的願景是：「我們是永續移動力全球頂尖的供應商。」使命可細分如下：[10]
  - 我們以個人移動力解決方案鼓舞顧客；
  - 我們以種種優秀的品牌，滿足顧客的不同需求；
  - 每一天，我們對環境、安全及社會負責任；
  - 我們認真負責，工作本諸可靠、品質與熱情。
- 賓士表示：「身為汽車發明者，我們相信以安全、永續的方法，以及開創性的技術、一流產品與個人化的服務塑造移動力的未來，是我們的使命與責任。」[11]賓士美國分公司在「驅動美國」這句座右銘之下，加了下列價值觀：
  - 捍衛拒絕妥協的權利
  - 具有維護重要事物的直覺
  - 負起保護遺產的義務
  - 展現考慮每項細節的洞察力

- 具有承擔責任的遠見
- 展現超越期望的力量

　　有些使命宣言和願景，包含籠統、有時過於空洞的目標。其他的則是太細了，模糊大局。例如，成為產業中的全球龍頭，亦即最大的企業，這究竟有何價值？打造出引人注目的產品，為何重要？還有公司的使命宣言和實際行為背道而馳，福斯汽車宣示：「對環境、安全及社會負責任」，實際行為卻打臉這項宣言。還有，若所有製造商真的以「永續」為念、付諸行動，那麼德國應該是走在電動車及永續動力系統的最前線，不是吊車尾。所有公司都使用「移動力」這個詞，卻沒有解釋這為何重要。移動力並不是目的，而是為了促成其他目的。就像電力，電力本身也不是目的，是為其他東西賦能。我們現在看到的德國汽車製造公司，是40歲的男人為40歲的男人打造車子。對他們來說，那是所能想像到的最好的車子了，但是對社會其他人——亦即絕大多數的人——而言，那些其實不是最好的車子。

　　最後，來看一下中國自駕車製造商蔚來汽車的願景宣言：「把時間還給人們，讓他們成為理想中的自己。」

企業文化

我們可以做任何事情，除了掌控未來。

　　「企業文化」是個艱深嚴肅之詞，給予我們一個印象：它代表我們不能自行修改的一個既定價值觀。我在《矽谷心態》（*The Silicon Valley Mindset*）這本書闡釋過，文化是我們每個人每天展現的許多小行為型態的最終結果。參訪團來到矽谷時，我總是努力讓這些團員體認這個事實，幫助他們了解他們的方法有多嚴重阻礙他們那麼強烈渴望的創新文化。文化始於每個人──不論公司高層或普通員工，不論我們是從內部看事情的工作者代表，或是自外觀察的新聞工作者。當然，高層的行為有較大的影響，往往會影響所有基層。

　　從幾家公司安度危機或完全被困住的例子，可以看出一家企業文化的影響有多大。詹姆斯・柏克（James E. Burke）在 1976 年至 1989 年間擔任嬌生公司董事會主席暨執行長，接掌後不久，他就在辦公室召集經營管理團隊，討論公司內部的信條。自 1943 年起，這個信條就張貼在全公司各處的牆上，讓所有人看到。柏克懷疑，公司人員已不再認真看待公司的理念，它不過是「牆上的字」。他建議取下牆上這些字，除去這個信條，包括嬌生公司支持新生兒母親的義務。這項建議引發與會者熱烈討論公司管理階層在整個經濟中的道德準則，最終他們決定不僅要繼續維持理念，還要實現。

> 　　基於我們的信條，我們信諾於把人們的健康與福祉，擺在我們的行動的核心。因此，我們效力於照顧共同利益、環境與我們的員工，定期報告關於我們支持與照顧的人們的故事。

　　過沒多久，就出現讓他們實現信條的機會。1982 年，芝加哥地區一些藥房銷售嬌生出產的瓶裝膠囊型鎮痛解熱藥泰諾（Tylenol），遭人加入致命毒物氰化鉀。有人吃了泰諾後喪命，該公司立即作出反應，在全美下架此藥，並推出宣導活動，向顧客及藥房指出危險及狀況。這次危機總計導致該公司損失及花費超過1億美元。令人驚訝的是，從發現泰諾被下毒，到嬌生公司開始執行下架的這段時間，柏克正在長途飛行中，因此並未被告知此事。他出門在外，他的部屬根據公司信條，啟動了所有因應措施。現在，這個故事是教科書教導優異危機管理、以顧客為念、最終使公司蒙益的範例。[12]

再來看一個反例：福斯汽車（以及戴姆勒集團和BMW集團，因為它們都捲入廢氣排放醜聞）。把這些公司的危機管理策略拿來相比，德國公司似乎竭盡所能做與嬌生相反的事，直到面臨嚴重後果威脅才承認舞弊。而且，縱使承認舞弊了，仍然竭盡所能阻礙與規避真相說明。事實上，它們至今仍然這麼做，最近幾次和德國政府舉行的「柴油引擎議題高峰會議」，什麼建樹也沒有，只是含糊承諾會改進。在福斯集團內部，這種企業文化始於公司創辦人及繼承人。他們奚落員工、抨擊記者、咎責他人，甚至安排娼妓陪同旅遊，以取悅工作者代表，而董事會對此也只視為「輕微」的不正當行為。

就是這樣，發展出「偏差行為正常化」（normalization of deviance）。這是社會學家黛安・沃漢（Diane Vaughan）提出的名詞，用以描述在正常境況下不被接受的行為，卻漸漸變成「完全OK」，被接受視為正常行為。[13]

這種「偏差行為正常化」的另一個例子，與福特汽車公司的事件有關。福特Pinto車款的油箱有問題，發生追撞事故時，後車尾的油箱可能會爆炸，火燒乘客。曾經任職福特汽車一段時間的管理學教授丹尼斯・喬亞（Dennis Gioia），後來撰文敘述福特的企業文化如何改變他。進入福特工作之前，以及離開福特後，他認為，在這種情況下，公司理所當然有責任把車子下架及召回。但在當時，任職該公司的他卻有著全然不同的看法。這令人難以置言，對吧？[14]喬亞把此歸咎於「公司腳本」，由於經理人在工作中被巨量資訊轟炸，其中一些資訊相互矛盾、不完全，他們便使用腳本快速作出決策，讓工作更容易一些，防止認知過度負荷。問題是，那些腳本可能有缺失及錯誤，而且歷經時日，往往擴增得不像樣，妨礙批判性探索。腳本非常有彈性，能夠設法合理化，並且納入新的、矛盾的資訊。有時候，你需要一次震撼，才可能重新思考評估現行程序。

負責太空梭起動的美國航太總署工程師也有類似問題。在早前的起動中，他們發現一些密封圈有不尋常的損壞。他們懷疑，這批密封圈無法在低溫下正常運作，懷疑在測試中獲得證實。然而，內部腳本不容許進一步的批判性質疑，結果 1986 年 1 月 28 日，《挑戰者號》（Challenger）太空梭爆炸墜毀，七名太空人全部罹難。

福斯柴油門醜聞例示了類似的腳本文化——不切實際的要求，再加上畏懼，人員執行指令，不提出質疑。最後，安裝舞弊軟體變成 OK 的正常行為。這邊一點不道德行為，那邊一點偏差行為，最終形成一種基本上不顧道德與社會責任的企業文化。這種錯誤的行為，似乎也自行擴展至其他領域，最危險的是擴展至危及公司前途的領域。企業文化之於創新文化，可載舟亦可覆舟。

汐谷心態

荷蘭的靈長類動物學家法蘭斯・德瓦爾（Frans de

Waal），研究黑猩猩與捲尾猴試圖拿取科學家事先藏好的食物的行為。黑猩猩在行動之前會先思考，幾次徒勞無功嘗試之後，牠們會坐下來仔細思考情況，直到找出解決方法。反觀捲尾猴，像是無止境試誤摸索的機器，超級活躍，超級試圖操縱，完全無懼。牠們嘗試很多方法取得食物，不在意失敗一百次，永不放棄，直到達成目標。[15]

任何試過敏捷法的人，都能立即得出聯想。德國人、奧地利人、瑞士人及許多其他國家的人，傾向先仔細思考、辨識問題，寫出明細及必要條件，才開始尋求解決方案。反觀在矽谷，快速測試，容許伴隨而來的經常快速失敗，以期找到想要的前進途徑。德國人的行為像黑猩猩，矽谷怪咖的行為像捲尾猴。

兩種方法各有利弊。當問題大致上明朗，你已經有可用專長時，黑猩猩的方法不錯，這種方法有利於效率創新。但若你只是模糊知道問題，有太多變數，必須包含仍然未知的外部專長時，就適合使用捲尾猴的方法，尤其是研究與測試的領域，這種方法特別適合破壞式創新。

12

創新的類型

高要求的創新就像安排自然發生。

—— 某人的經驗之談

當一項發現或發明被交給大眾並且商業化時,謂之為創新。大學裡的研究人員通常局限於發現及發明的狀態,發明人的命運往往是沒有能力、機會及適當的架構行銷發明,將發明商業化。

創新有兩類:漸進型創新(incremental/gradual innovation),以及破壞式創新(disruptive innovation)。漸進型創新通常來自專家,把現有技術或流程改進幾個百分點,但不取代現有技術。歷經時日,這可以大大提升效率、降低成本。破壞式創新往往由非專家和局外人驅動,顛覆以往的技術或傳統流程,猛烈而具有破壞作用。在過渡期,整群專業被新專業取代,已經作出的投資變得沒有價值。

一項技術、流程或事業模式愈被長期漸進改進,破壞式創新帶來的影響可能就愈猛烈。沒有東西是完全單獨存在的,而是被其他呈現同類創新傾向的技術與流程環繞,所以破壞式創新遲早都會影響到你。

已故哈佛大學教授克雷頓・克里斯汀生1990年代出版的《創新的兩難》（*The Innovator's Dilemma*）已然成為創新聖經，他在該書率先分析在位公司喪失創新力、遭到新進者攻其不備的原因。[1]後來，他把研究焦點轉向經濟危機和工作的流失，調查1948年至2008年間的十次經濟危機，想看看在經濟危機之後歷經多長時間，經濟指標和全職受雇工作者人數才再度達到危機之前的水準。

　　1948年至1981年間七次經濟危機中流失的工作，平均在六個月後就補回來了，受雇工作者人數半年就恢復到經濟危機前的數目。但是1990年以後，情形改變了。1990年的經濟危機之後，過了15個月，受雇工作者人數才恢復到危機前的數目。2001年的經濟危機，時間拉長到39個月。當克里斯汀生在2013年授課講述這項研究發現時，離2008年爆發的經濟危機已經過去了近60個月，受雇工作者人數離恢復到危機前的水準還差得遠，參見圖表12-1。事實

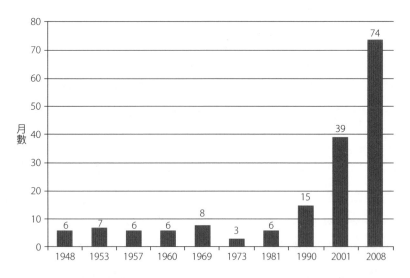

圖表12-1　經濟危機後經過多長時間流失的工作補回，受雇工作者人數恢復至危機前水準

上，直到2015年，也就是74個月後，才恢復到危機前的水準。[2]克里斯汀生稱這個現象為「失業型復甦」（jobless recoveries），他思考造成這個現象的可能原因——為何在1981年之前，每次經濟危機過後，受雇工作者數目能夠快速成長，但1981年以後就不能？那些流失的工作去了哪裡？

克里斯汀生在研究中發現，創新可概分為三類：

- **創造市場的賦能型創新（empowering innovation）**——藉由鼓勵人們從事新活動，從而創造就業機會與市場。他以福特Model T車款為例，在此車款問市前，汽車被視為富人的奢侈玩具，但Model T的問市使得更多人買得起車，用來從事種種活動，從而為其他領域增加價值，進入及創造新市場。

- **維持型創新（sustaining innovation）**——支撐既有市場，只創造少量的新就業機會。他舉的例子是Toyota Camry（好創新）及Toyota Prius（更好的創新），一項產品被另一項產品補充、然後取代，目標客群和市場基本上仍然相同。

- **效率型創新（efficiency innovation）**——使生產流程變得更精實，使用更少材料，吞吐量提高；在此同時，員工數維持不變或減少。這類創新總是導致工作飯碗減少。

圖表12-2比較這三類創新對工作和資本的影響。

圖表12-2　創新類型及其對工作機會和資本的影響

	賦能型創新	維持型創新	效率型創新
工作	創造許多工作機會	創造少量工作	摧毀工作飯碗
資本	需要投入可觀資本	使用有限資本	釋出資本
市場	創造新市場	維持現有市場	維持現有市場

　　早年，這三種創新均衡存在，一個領域取得及使用的資本，也用於其他領域。但從1980年代起，經濟學變成自成一格的科學學門，有自己的語言及方法論，出現了各種比率（指標）和評量方法，旨在應付資本稀有性課題，只把錢花在最能賺錢之處。Excel表單上填滿了經濟數字，經驗豐富的企業執行長必須回應投資公司裡年輕的財經系所學生，股東價值變成新的訴求重點，企業執行長必須無異議地遵從。

　　於是，企業不再把錢投資於未來導向及維持型創新計畫，主要投資於提高效率的創新計畫，這樣才能更快、更可能成功達到投資報酬率目標，儘管效率型創新能創造的營收通常低於其他兩類創新。圖表12-3是圖表12-2的延伸，比較三類創新在其他更多層面的影響。

圖表12-3　創新類型及其對工作機會、資本、投資時間、成功機會及營收的影響

	賦能型創新	維持型創新	效率型創新
工作	創造許多工作機會	創造少量工作	摧毀工作飯碗
資本	需要投入可觀資本	使用有限資本	釋出資本
投資時間	長期	中期	短期
成功機會	很不確定	不確定	確定
營收	高	中	低

　　上市公司通常得編製成功導向的季報，這「教導」經理人傾向短期思考，採取相應行動。實務及許多研究已經證實這種傾向，本書一開始提過，行為經濟學家理查‧塞勒的研究發現，公司內部在評估風險性計畫時，存在宏觀與微觀的分歧。美國前副總統高爾在著作中引用一項調查指出，絕大多數的公司執行長及財務長在評估投資計畫時，更側重對下一季財務績效的影響，而非著眼於長期獲利。

經理人通常聚焦於財務績效數字，因為公司給的分紅與獎金以此為依據。若我今天能賣出一輛柴油引擎車，我會去關心五年後才在市場上推出的一輛電動車嗎？跟克里斯汀生一樣，已故康乃爾大學教授蘇珊・克里斯多福森（Susan Christopherson）也指出，自1980年代起，我們的經濟體系愈來愈傾向以財務數字和績效為導向。以製造產品起家的大公司發現，在旗下創立財金服務事業或投資於這些領域，比製造本業更賺錢。因此，製造本業變成次要關心項目，甚至被視為公司結構中惱人的一個事業單位。[3]

此外，不像五十年前那樣，現在已經不存在資本稀有的問題。恰恰相反，投資經理人抱怨沒有夠多好的投資機會，尤其是效率型創新的投資機會。簡單地說，現在有太多的錢在追逐太少的投資機會。但是，那些嘗試全新東西的創新者和新創公司創辦人卻抱怨，極難取得創投資本。太多的錢追逐效率型創新，賦能型創新和維持型創新卻苦於得不到資本支持。

這一切對我們的就業市場產生重大影響，創造的新工作不足，但公司更容易遭到那些取得很多創投資本、提出破壞式創新企業的攻擊——這些創新往往來自矽谷。創投家主要投資於賦能型創新和維持型創新，效率型創新導向的投資者及資本提供者削弱世界各地的公司，使它們可能不敵矽谷的企業。這種現象存在於所有產業，只要看看前來矽谷的參訪團來自廣泛產業，就能意識到這個問題的普遍程度。

克里斯汀生指出，破壞式創新者並非只是新的競爭者，它們創造出全新市場，而且是非常賺錢的市場。麥肯錫管理顧問公司估計，到了2030年，汽車業的整個資料服務事業領域的產值可能達到7,500億美元。[4]我們幾乎可以肯定，德國的公司將不會在這個領域扮演要角。若它們幸運的話，或許能為數位型公司打造一些金屬組件吧。

汽車製造公司經常購買競爭對手的車子，用來測試和解體，好好研究一下。特斯拉的車當然也被其他汽車製造公司買來這麼做。當一家德國汽車製造公司檢視特斯拉車輛的USB槽時，工程師發現特斯拉並未使用產業標準規格的USB槽，而是安裝消費者版本的，因此只要插了錯誤的USB隨身碟，就足以讓車子所有系統癱瘓而無法運作。德國的汽車製造公司絕對不會犯這樣的錯，這是它們長期不把特斯拉當一回事的原因，至於間隙測量、內部元件，以及特斯拉的虧損等等，當然就不用再特別說了。可是，若你只是聚焦於競爭對手的明顯弱點，就看不到一項被說成簡單的技術持續改進流程、促成更快進步所帶來的顛覆破壞力。你自覺遠遠更加優異，忽視了潛在危險。基本上，你覺得自己是巨人歌利亞，直到幾乎太遲時你才反應過來，開始奔跑。

克里斯汀生以鋼鐵產業為例，解釋當一家公司聚焦於短期績效數字時，對該公司的長期機會構成的危險性。[5]在過去，市場上的鋼鐵廠主要是兩種類型：一貫作業鋼鐵廠，以及小鋼鐵廠。建造一座一貫作業鋼鐵廠，現在得花約100億美元。這種鋼鐵廠能夠生產各種規格的鋼鐵產品，從便宜的鋼筋，到汽車業用的昂貴板金。

具有成本效益、規模較小的小鋼鐵廠使用電弧爐，起初使用廢金屬，例如：從報廢汽車回收的材料，生產便宜鋼筋。小鋼鐵廠通常座落於能夠就近取得大量廢金屬、但無法取得原礦的地區，以低利潤的便宜價格銷售低品質的鋼筋，但生產成本比一貫作業鋼鐵廠低了約20％。儘管以小鋼鐵廠模式生產出來的鋼筋，售價可以降低五分之一，但沒有一家大型鋼鐵公司投資設立小鋼鐵廠。事實上，一貫作業鋼鐵廠的營運商，甚至樂得退出鋼筋市場，把它留給較小的競爭者，因為利潤只有7％，退出市場可以使一貫作業鋼鐵廠的總獲利力提高，小鋼鐵廠則是很高興可以獲得更多需要便宜鋼筋的顧客。但是，當再也沒有一家一貫作業鋼鐵廠於鋼筋市場上競爭後，鋼筋價格開始下跌，因為市場上只剩下成本相近的小鋼鐵廠彼此競爭，激烈競爭迫使它們調降價格，它們的利潤也下降。畢竟，唯有當市場上存在生產成本較高的競爭者時，靠低成本來競爭的策略才能奏效；當生產成本較高的一貫作業鋼鐵廠還在鋼筋市場上時，生產成本較低的小鋼鐵廠仍能賺得較豐厚的利潤。

在鋼筋價格暴跌之下，小鋼鐵廠一開始仍可靠著提高生產效率，維持仍有賺頭的局面，但最後也到達極限。直到有第一家小鋼鐵廠，設法以優於一貫作業鋼鐵廠20％的成本優勢，生產其他建築用鋼品如角鋼、條鋼、棒鋼而進軍這些市場。於是，大鋼鐵廠也樂得退出這些市場，因為大鋼鐵廠的這些鋼品利潤約為12％，它們樂得關閉這些生產線，把產能用於生產利潤更高（例如18％）的產品。大鋼鐵廠退出這些鋼品市場後，它們的總獲利力再度提高，小鋼鐵廠也暫時在這些市場上賺大錢。

你看出型態了嗎？這樣的過程一再重複，破壞者（小鋼鐵廠）步步推進至更好（利潤更高）的鋼品，現在美國再也沒有一家一貫作業鋼鐵廠了。大鋼鐵廠的經理人根據利潤及獲利力等經濟指標，作出完全理性的決策，利潤及總獲利力不斷提高，但市場卻愈來愈小。

　　跟小鋼鐵廠一樣，Toyota也是以類似的低門檻起步，它可不是以Lexus這個豪車品牌起家的；事實上，一開始Toyota推出的是一款很糟的廉價車。1960年，Toyota首先在美國推出可樂娜（Corona）車款，後來陸續推出特雪兒（Tercel）、卡羅拉（Corolla）、Camry、Avalon、越野運動休旅車4Runner、紅杉（Sequoia）等等品質愈來愈好、價格愈來愈高的車款，直到最後才推出豪華車款。不過，現在Toyota受到南韓現代汽車及中國汽車品牌的攻擊，這些公司生產低利潤市場區隔的較差車款，於是類似賽局又展開。

　　美國汽車製造公司的演進情形，一如一貫作業鋼鐵廠。皮卡車的利潤遠高於小轎車，我們全都看到了結果：通用和克萊斯勒在2009年申請破產保護。數位相機也是從底層攻擊市場，一開始數位相機拍出來的照片品質根本沒辦法和柯達相紙相比，但我們全都知道在2012年時，「消失」的是哪一家公司。

　　克里斯汀生稱此市場現象為「爭取尚未消費者」，在每一個市場，你都可以找到因為產品在他們看來太昂貴而「尚未消費」的潛在顧客。一旦有廠商供應他們買得起的相似產品，他們就是一個新客群。要不就是買台便宜、會「沙沙」作響的收音機，要不就是沒有收音機；1960年時，要不就是買一輛像Corona這樣便宜的車，要不就是不買車。因此，尚未消費者提供最大的成長潛力，但龍頭廠商從未辨察這個商機。

　　除了來自底層的市場攻擊，我們現在也目睹一種鉗形攻勢──新的車輛公司同時從底層及上層發動攻擊。德國汽車製造公司的員工談論特斯拉時，主要指出的是低製造品質、閒隙較大、使用便宜的組件、「軟趴趴的」方向盤，價格還能高到可以買一輛賓士或BMW高階車款。但在此同時，特斯拉提供大量的數位服務，以及遠遠優於任何跑車的加速度。因此，我們談的是一個產品同時結合了部分遠遠較差的品質，以及部分遠遠較好的品質。Uber也類似，不過只有價格是「由下而上」的過程。通常，Uber的車輛在服務、體驗及品質方面優於傳統計程車，至少在歐洲如此。

奧坎剃刀：簡約原則適用於創新嗎？

過去百年間，汽車產業的技術進步令人讚嘆，儘管有未實現的預言，儘管遭到種種批評，現今的汽車引擎確實比以往更節能、效率更高、噪音更低。我是1994年在俄羅斯上語言課程一段時間後，才體認到這個事實的。當時，蘇聯剛解體不久，俄羅斯街道上仍然少見西方國家製造的車輛。我在聖彼得堡待了一個月後，返回維也納。我注意到的第一件事，就是維也納街道上的車子有多安靜，我還記得當時我坐在賓士計程車上，向同座乘客指出這個感想。沒有刺耳的馬達噪音，看不到車輛排氣形成的煙霧，沒有震動及嗡嗡聲，最後、但不是最不重要的，路上沒有坑坑洞洞。種種創新概念，例如：引擎自動起動與關閉，帶來進步技術，駕駛往往甚至沒注意到馬達是否真的在運轉。

不過，漸進型技術進步並非沒有代價，產品變得更複雜了。一部新式內燃引擎由大約100到超過1,000個部件構成，視車款、出產年分，以及你把哪個部件當成引擎的一部分而定。聽到部件數目逐年增加，你不會感到驚訝。複雜性的增加，並未自然導致出錯頻率增加。現在的引擎遠比以前的引擎更可靠，因為材料與製造品質水準也持續提高。儘管如此，現在的馬達的複雜度與效率水準，已經高到再擴展、改造也只能產生小進步了，所以疑問是：能不能把奧坎剃刀（Ockham's razor）也應用於創新領域呢？

奧坎剃刀又名「效率原則」，這是一個應用於科學的法則，要求對探索研究的每一個東西，只接受一個充分的解釋。[6]基於此法則，應該偏好最簡單的理論，勝過較複雜的理論。行星模型可以為例，若人們把地球視為宇宙中心，那麼太陽、行星及恆星就會變得極為複雜。若你放下這個觀點，改採以太陽為宇宙中心的日心（heliocentric）世界觀，理論就變得遠遠較容易了解，這個模型遠遠更有道理。

把奧坎剃刀應用於我們現在探討的主題，創新就應該主要以目前的標準解決方案的複雜性為出發點。用馬匹作為拉引力，把馬的所有骨骼部件及內部器官加起來，你就能看出，最早的馬達的可動部件遠遠少於一匹馬。伴隨引擎的歷時逐步改進、部件不斷增加，直到整個系統變得很複雜，開始迫切需要創新的解決方案。

這迫切需求的吶喊被聽到了：一輛電動車需要的部件，明顯少於一輛內燃引擎車的部件。電動車不需要內燃引擎、變速箱、排氣及排氣管系統。自駕車不需要換檔、方向盤或側後視鏡，因為它不需要人類駕駛，電腦接管方向盤、方向燈、油門踏板等等功能。但是，複雜性從類比、機械領域轉移至數位領域，到了某個時間點，每個解決方案及創新將會衍生出自己的新問題。

這也發生於其他產業，一支電子iPhone的可動部件比一台機械式電報機少，但iPhone仍比「以往的模式」更好、更快速完成工作。從素描（使用到人及可動部位），到用有感光板的簡單相機拍照，再到用有可折疊鏡頭、變焦鏡頭、快門及膠捲的複雜機械式相機，然後一路發展到數位相機，現在的數位相機通常還有數位變焦的功能。

基利的創新類型模型：十種創新，祕訣在於組合

這裡還有另一種區分創新類型的方法供你參考，這是專門研究創新的專家賴利・基利（Larry Keeley）提出的，他把創新類型區分為十種，參見圖表12-4。[7]

圖表12-4　基利把創新類型區分為十種

架構層面創新	獲利模式	網路	結構	流程
供給層面創新		產品性能	產品系統	
體驗層面創新	服務	通路	品牌	顧客參與

基利說：「在分析使用十種類型的創新超過15年後，我們現在可以很有把握推斷：你不能只看產品本身，必須超越產品層面，才能一再可靠地創新。結合多種類型的創新，你將更能確保獲得更大、更持久的成功。」破壞式創新者尤其訴諸這種方法，例如：謀求改革生產流程的汽車製造新方式。亨利・福特造訪一座屠宰場，那裡的每個工作者必須執行輸送帶上的一項特定工作，這促成了高速作業，這個觀察帶給他生產線的靈感。他把這種生產模式應用於生產 Model T，使生產時間縮減了八分之一，因而得以大幅降低價格。

《梅迪奇效應》（*The Medici Effect*）作者法蘭斯・喬韓

森（Frans Johansson），稱此為把幾種學門或領域連結起來，形成新的「梅迪奇效應」——這個名詞源於十五世紀與十六世紀的義大利梅迪奇家族，他們的努力與行動是文藝復興的起始點。梅迪奇家族將來自不同領域及學門的創意人士匯聚交流，為藝術、文化、建築、科學與經濟等領域帶來重要的刺激，驅動它們進步。[8]

在西方社會，創造力意指創造出原創的新東西。正是這個觀念為傳統汽車製造公司帶來危險，它們只從技術觀點來看特斯拉、谷歌及 Uber，認為電池技術早已是為人熟知的東西，不是創新。[9]本著這樣的思維，它們忽視了一個事實：不只是馬達被蓄電池取代而已，還有其他更多的東西正在發生。

印度人認為，創造力也可以引導我們注意已經存在的東西，就像用手電筒照亮，讓我們看到隱藏的創作。例如，一個房間，縱使是黑暗的房間，它已經存在，創意人才不需要去創造或發現這個房間，但必須把足量的光導到房間，讓我們察覺到它的存在。唯有這樣，我們才能認識到暗藏的神奇。

13

心理感到安全的環境
跌倒，站起來，繼續

樂觀者說，我們生活在所有可能的世界中最好的
一個，悲觀者擔心這是真的。

——詹姆斯・布蘭奇・卡貝爾
（James Branch Cabell），科幻小說家

　　除了前面已經談到的要素，創新還需要更多要素
才能成功，其中一項是所謂的「心理感到安全的環境」
（psychologically safe environment），讓員工能夠勇於冒險、
失敗，不怕因此遭罰，這樣他們才能學習，變得更創新。
哈佛商學院教授艾美・艾德蒙森（Amy Edmondson）研究
醫院裡的犯錯頻率後，確認這個事實。在那些建立心理感
到安全的環境、讓人們無懼於犯錯及失敗的醫院，表單上
記載的犯錯次數較高；乍看之下，這似乎不是什麼好事，
畢竟這裡是攸關人命的地方，那麼多的犯錯次數，問題嚴
重啊！但是，當我們更深究，看看關於醫療疏失的獨立資
料來源，就能看出，那些表單上記錄犯錯次數較少及心理
感到不安全的環境的醫院，對病患來說才是遠遠更加危險
的。為了規避處罰，醫護人員不呈報錯誤。這意味的是，

一方面，沒有人能對醫療疏失帶來的牽連作出反應，或者反應已經太遲；另一方面，沒有人有機會從過去的錯誤中學習，加以改進。[1]

看看福斯汽車集團的企業文化，我們或許相當程度確定，該公司沒有為員工提供心理感到安全的環境。[2]一些前任執行長對待部屬與記者的態度是出了名的，就連高階主管在和執行長開會的幾天前都很緊張。保時捷與福斯的前執行長馬蒂亞斯・穆勒（Matthias Müller）在接受德國《汽車與運動》（*Auto Motor und Sport*）雜誌訪談時，間接向員工表達他對自駕車的觀點。他認為，自駕車只是一種炒作。他表示，這項新技術與自駕車涉及的道德問題的無解性，就是「電車問題」的一個例子。[3]首先，就一個負責製造跑車的男人來說，這是可以部分理解的反應。開跑車的樂趣，主要在於操控車子的駕馭感，若人駕車失寵了，保時捷的生意就沒了。但其次，穆勒的這番話向員工發出訊息：他們的頂頭上司調侃自駕車這項破壞式創新技術，不當一回事。那些膽敢想法和頂頭上司不同、去鑽研新技術的人，將前途堪慮。結果，沒人敢提出任何可能在內部改變公司的建議。瞧，這下子，不就走進自建的死胡同了？

其他汽車製造公司也沒能倖免於這種危險。特斯拉的電動跑車Roadster於2010年的一場賽事中奪冠後，BMW汽車集團的董事會要求矽谷辦事處，提供關於這家公司更多詳細資訊。辦事處向總部提交相關資訊，以及一名外部顧問提供的分析（此人持有特斯拉公司股份，參與特斯拉股東電話會議），但特意把分析中有關如何進步的建議給刪除了，因為BMW集團內部無人膽敢由下向上提出這樣的提案，他們寧願等候上級指示。可惜的是，上級也沒有下達多少指示，至少沒有鼓勵他們探索新領域，迎向那些新競爭者的挑戰。2019年夏天，BMW的研發部主管克勞斯・弗洛里奇（Klaus Fröhlich）在公司內部討論電動車的會議中，當著負責發展解決方案以對抗特斯拉電動車的團隊面前說，所有關於電動車的談論都是「炒作」。他說，歐洲顧客不會買BMW生產的電動車，因為那些電動車不會很有競爭力，價格過高。

若一個組織的員工不敢提出關於改進與創新流程的建議，這個組織怎麼可能有所學習呢？如同我在前文說的，創新必須靠全體員工的共同努力。許多傳統的汽車製造公司，仍是非常層級化的組織架構，決策流程慢，必須聽取與協調多方意見，不是所有員工都以顧客和公司的最佳利益為中心，可能更關心自己的職業前途。

史丹佛大學教授羅伯・薩頓（Robert Sutton）在《拒絕混蛋守則》（*The No Asshole Rule*）一書中，描述了種種你可以稱為「混蛋」的行為。[4] 你如何辨識混蛋呢？在一場談話後，問問自己兩個簡單問題：第一個問題是，你是否覺得受到壓制、被貶低、感覺洩氣或彷彿被嚴厲批評拷打？第二個問題是，在這場會議或談話中，你是不是階級較高的人？若你的第一個問題回答為「是」，第二個問題的回答為「否」，那麼和你談話的這個人就是混蛋。想要很確定的話，建議你檢視下列清單，薩頓稱為混蛋的「12種奧步」，看看哪些出現在你的那場談話中？

- 人身侮辱
- 侵犯你的私人領域
- 未經詢問與同意的身體接觸
- 言辭及非言辭的威脅與恫嚇

- 挖苦的玩笑及嘲諷
- 猛烈的電子郵件炮火
- 一再提到階級地位，意在羞辱受害者
- 羞辱，公開揭露，除去地位的儀式
- 粗魯打斷你說話
- 暗中攻擊
- 擺臭臉或不停瞪視
- 冷落怠慢

　　若你在會議或談話中，感覺到這份清單上的一或多項，這顯然絕對不是一種令人心理感到安全的環境。我們每個人或許都曾背地裡嘲笑某個同事的提案，這也容易營造出一個心理感到不安全的環境，因為在這麼做的同時，我們向所有同仁發出一個訊息：別提出任何「愚蠢」的建議，因為可能被嘲笑。

　　我絕對不是想要製造一個印象，讓人以為矽谷的企業家都是善男信女。恰好相反，賈伯斯符合這份混蛋行為清單上的許多項，薩頓在他這本書中也直接點名。你也聽說了，Uber前執行長崔維斯·卡蘭尼克和特斯拉執行長馬斯克也不在彬彬有禮、文明和善的上司之列。[5]但你仍能感覺到，矽谷的企業家主要志在推進事業理想，傳統的汽車製造商主要關心的是市占率及維持他們的權力。

我能問個問題嗎？

> 我寧願有無法解答的疑問，勝過不能被質疑的答案。
> ——理察·費曼（Richard Feynman），物理學家

　　有令人心理感到安全的環境，人們才敢於提出適切的

疑問。提出疑問並不是件容易的事，有時甚至是非常危險的事。我們的社會鼓勵我們尋找解答，或是備妥解答。提出疑問很容易招致麻煩或負面影響，別人可能會覺得你無知，或是覺得你不懂尊敬。然而，我們人類和其他靈長類動物的最大區別，就在於我們的提問能力。兩歲至五歲的小孩每天詢問上百個問題，每年詢問四萬個問題。疑問可以透過語言詢問，也可以僅僅透過一個手勢或動作詢問。歷經時日，疑問的種類變得更有用，從「那是什麼？」，到「為何會那樣？」，再到「它是如何運作的？」。

任何科學的突破、創新、發現及組織，全都始於一個疑問。例如，網飛創辦人里德・哈斯廷斯（Reed Hastings）忘了在期限之前歸還他租來的影片，必須支付好一筆罰款。他心裡疑問：「為何會有逾期罰款這種東西啊？」接著他想：「是不是可以像健身俱樂部那樣支付月費，沒有逾期罰款這種規定？」亨利・福特自問：「我如何可以加快 Model T 的生產速度？」卡爾・賓士想知道：「若我在馬車拉的車廂上裝一個馬達，會怎樣呢？」

這類詢問「什麼」、「如何」及「為何」的句子，是一趟發現之旅的起始點，讓我們走向新境界，到達遠方彼岸。一個表面上安全的解答，可能會過早打斷發現的過程，往往未能發掘充分潛力，這正是現今許多組織陷入的危險。許多組織從一個疑問出發，然後發現這個疑問的一個解答，但接下來詢問的疑問愈來愈少，最終只想要答案，認為提出疑問是在浪費時間。身為保時捷的領導人，穆勒應該再深入一點探索：「一輛跑車應該是什麼模樣？若它是自駕車的話，可以體驗到怎樣的駕乘樂趣？」身為福斯的執行長，應該自問：「未來，對環境友善的移動力是什麼？」這個疑問將很快得出答案，絕對不是柴油引擎。

提出好問題的這門藝術，將變得比從一頂帽子拉出一堆解答更重要，尤其是在谷歌大神及網路朋友多不勝數的年代，解答是很容易得到的大眾化商品。[6]正確問題研究所（Right Question Institute）創辦人丹・羅斯坦（Dan Rothstein）要求研習營學員只用提問的形式溝通，疑問必須是主動的，不是被動的，對每一個提出的疑問，必須以反問句回答。這麼做的目的是擴展學員的思考模式，使他們的想像力提升至新的層次。在這種模式下，學員更投入，興致更高，思想泉湧——全都是以疑問形式提出來的。

什麼、為何與目的：疑問激盪 vs. 腦力激盪

> 新手的腦袋裡有許多可能性，專家的腦袋裡只有少數可能性。
>
> ——鈴木俊隆，日本禪師

《精實創業》（Lean Startup）一書作者艾瑞克・萊斯（Eric Ries）指出，公司裡取得最多資源的經理人，是那些最有自信、有最佳計畫的經理人，他們基本上是那些似乎對每件事情都有答案的人，或者他們是——就大家所知——只有很少數計畫做失敗了的經理人。然而，資源與獎勵其實應該分給公司裡那些提出聰明疑問、進行有前景測試、敢於適度冒險的人。因為失敗幫助我們學習，這是邁向創新的唯一途徑。

不同於腦力激盪，「疑問激盪」（question storming）的目的，並不是要產生很多點子，而是要激盪出幾個真正的好問題。腦力激盪時，你期望參與者在結束會議時，得出

一個解決方案。若沒有，大家會感到失望。疑問激盪時，
與會者不帶有這樣的期望，他們的目的是想對他們面對的
一個問題，產生至少50個好疑問，接著這些疑問被排序及
歸入三大疑問項目之下。通常，提出疑問比迫切於激盪出
一些點子要容易。疑問就像磁鐵，吸引與會者的注意，與
會者的投入程度比較高。疑問讓與會者先凸顯幾個不同層
面，重點在於慢慢過濾出最好（亦即最切要）的問題。這
有助於建立焦點與動能，因為由大家一起發現的疑問，將
指出進一步的行動與研究方向。[7]

疑問激盪的另一個重要層面，是提出的疑問類型——
是一個開放式疑問，還是封閉式？封閉式疑問——可以用
「是」或「否」回答的疑問，通常不能帶來多少進展。開放
式疑問需要回答者先作一些思考，而且容許作出解釋及提
出新疑問的空間。下列是提出開放式疑問的一些例子：

- 為何……？（Why is...?）
- 若……會怎樣？（What if...?）
- 如何……？（How could...?）

光問一句：「你為何認為自己比專家懂得更多？」，
很容易打住對方，令對方不願再開口。答案是，他們並沒
有懂得更多，也沒有懂得更少。開放式疑問有一個明顯優
點，你並不知道所有潛在的問題，不需要為了長期及小心
維持的關係特別考慮任何人，可以勇於開始新穎的方法。
提出疑問，有助於反制所謂的「確定感流行病」（certainty
epidemic），這是神經學家羅伯特・柏頓（Robert Burton）
為了探討一個現象提出的名詞，這個現象指的是我們對自
己的知識太有把握了，以至於忽略質疑或未能仔細檢查假
設。[8]他建議用這類策略避開這種陷阱——暫停一下，問自

己：「為何我會想到這個疑問？」，「這個疑問背後的假設是什麼？」，「還有其他我應該提出的疑問嗎？」。

- 「若我們公司本來就不存在，會怎樣？」這個疑問給了一個新起頭，讓你站在你們公司現在所屬的產業及定位之外去看待與思考問題。

- 「若不用考慮錢這項因素，我們會如何處理？」這個疑問暫時移除限制，使與會者的想像力脫韁馳騁。

- 「若不可能失敗的話，我們會做什麼？怎麼做？」這些疑問生成自信，准許無畏行動。

- 「換作宜家家居，會如何解決問題？」或「若是影集裡的強悍警察，他會怎麼做？」這類疑問使你站在某人的立場設想，就像角色扮演那樣。

- 「我們如何能夠再度展現一家新創公司的特質？」

試試讓所謂的「殺手級提問」（killer questions）對你施展魔法吧！你將能感受到它們和建設性提問的不同。殺手級提問很務實，令人聯想到審問。它們很常見，令人覺得提問者特別有能力且重要，往往在尋找咎責對象。下列是殺手級提問的常見例子：

- 「這將花我們多少成本？」

- 「誰負責的？」

- 「數據是怎麼說的？」

- 「我們對付特斯拉的終極武器是什麼？」

- 「我們為什麼沒有想到？」

殺手級提問當然有其道理，但往往把焦點從實際問題轉向可能只有在研議解決方案時才會出現的細節上。這類提問把你推到防衛的立場上，雖然你是在幫助管理一家公司，但無助於幫助公司成功。最好的經理人提出的是開放式疑問。

感激的正面提問會激勵與會者——感激已經做的事，別強調被疏忽的事，別只是看那些不順利、未能奏效的東西，你應該總是意識到順利、奏效的東西。這點可以從你的個人生活中做起，縱使只是小事，也應該如此看待。早晨鬧鐘響起時，別覺得煩，感謝它準時響起（奏效），讓你上班不遲到。感謝你的咖啡機在早上為你提神；感謝你的車子或腳踏車讓你安全抵達公司，沒出意外；感謝電梯把你送到20樓、沒有故障，不用辛苦爬樓梯。這樣你才能認知到，你周遭有多少順利、奏效的東西，你的日常生活中倒楣及麻煩事兒其實很少的。

任何解決方案的終極考驗是：這樣東西能夠改善人們的生活嗎？

角色扮演：「殺掉公司」

企業往往忽視變化逼近的警告，成功龍頭尤其覺得自己是永恆不朽的。基本上，截至目前為止，每項計畫都成功，你把數字投射至未來，絕對會翹起大拇指。可是，走在路上，誰都不能保證永遠不會踩到狗屎！

諾基亞、寶麗來、百視達、通用汽車，全都曾經覺得自己不朽過，直到破產或被迫出售。詹姆·柯林斯在《為什麼A⁺巨人也會倒下》中，列出這類曾經輝煌但走向衰敗的公司可能歷經的五個階段。[9]導致這些公司倒下的，主要並非傲慢自負——雖然其中的一些衰敗，傲慢自負是相當大的原因。真正重要的原因是，這些公司盲目相信以往的成功要素，不願質疑，不願走出安逸區去嘗試新東西，堅信公司已經具備所需的一切專長。

「殺掉公司」是一種角色扮演的方法，公司裡的經理人和員工扮演競爭者，試圖找到方法摧毀公司。例如，若我是Paypal，我會如何把公司搞得很頭痛？賓士的員工可以扮演特斯拉的人，思考特斯拉可能用什麼技術、事業模式、流程或什麼瘋狂的創新來攻擊賓士。

角色扮演是一種經過驗證有效的方法，能夠幫助員工擺脫心智牢籠。若你是警察，保護銀行是一回事；試著扮演搶匪，模擬其心智，尋找保全系統的漏洞，破解保險箱，那又是另一回事。這種角色扮演很有趣，十分有助於激發創意。鑽研法律條文以遵守金融交易安全規範，可能是滿枯燥乏味的事，但讓你像ATM吐鈔駭客傑克或福爾摩斯般思考，想想如何從公司取得寶貴的資料，你的專業領域就會突然增加一個困難、但很有趣的思考面向。唯有站在競爭對手的立場，你才會認真看待你的弱點與不足，認知到你亟需採取行動。若你的競爭對手一輛還不存在的車子，已經獲得40萬筆預購訂單，那你們公司就很危險了。

180度思考：
一輛不會跑的電動車，能夠用來做什麼？

不能烘焙的烤箱，不能保鮮的冰箱，不會跑的車子，有什麼用？這些是相反於實際用途的疑問，我們稱為「180度思考」（thinking at 180 degrees）。

達美樂披薩創辦人湯姆・莫納漢（Tom Monaghan）用這個技巧獲得對事情的新穎觀點，目的未必是找出解決方案，而是要敞開心智，思考不尋常的疑問及觀點。這種疑問讓你把情況倒轉過來，若人們在你們餐廳用餐不需要付錢，你們要如何經營下去？若你們餐廳沒有桌椅，也沒有菜單呢？換言之，若把我們視為某件事物的關鍵要素撤掉，餐廳可能變成一家站著吃的小吃店，或是舉辦新奇的夜間活動，或是每週為窮人供應一次免費的自助餐。

「一輛不會跑的電動車，能夠用來做什麼？」這個疑問或許能使你想到一個解決方案：用電池作為你家的電力儲存器。

你體驗到的是「似曾相識」，還是「未曾相識」？

法語「déjà vu」（似曾相識）一詞，指的是我們見到新事物或場景，卻有種奇怪的熟悉感，彷彿以前曾經見過。這個詞直譯為英語，就是「seen before」。美國喜劇演員喬治・卡林（George Carlin）創造「vujà dé」（未曾相識）一詞，旨在產生反效果：我們突然用全新觀點看待熟悉事物。[10]這有時發生在我身上，我重複使用一個字很多次，突然間這個字看起來很奇怪，如墮五里霧中；或者，一位老友突然跟我說了什麼或做了什麼，使我開始懷疑我向來對他的所有認知。

摩爾定律：德國汽車製造公司經理人的背道而馳

英特爾公司創辦人高登・摩爾（Gordon Moore）在1965年的一篇研究論述中寫道，積體電路上的電晶體數目將每隔12到24月倍增，電腦演算速度和電子元件的記憶容量，也將連帶地每隔12到24月倍增。數十年來，實際發展情形驚人吻合這項觀察預測，證明人們稱為「摩爾定律」（Moore's law）的正確性。

不過，摩爾本人倒不是那麼確信。他認為，他的這個「定律」變成一個「自我應驗的預言」，因為半導體產業的研發部門，用他這項觀察預測來指引產品計畫。[11]公司以它為方針，只因為存在這個「定律」便開始據此規劃研發週期，以期在所屬產業不致落後而遭淘汰。摩爾定律促成的一個意外結果是，半導體產業發展不斷地前進。

反觀德國汽車製造業近乎漠視摩爾定律，甚至倒反過來，業內的製造商、經營管理階層及專家，通常認為顧客不想要電動車，而自駕車至少得再過幾十年才有實際上路的可能。他們如此相互確認，無須在這個領域跟進其他國家的發展。在谷歌開始測試自駕車十年後，特斯拉推出第一款電動轎車七年後，德國的汽車製造公司仍未推出可以相比的車子。美國政府及各州競相推出自駕車監管制度與法規，德國卻忙於討論美國視為過時的法條，這些法律甚至還沒在德國通過及生效呢。在矽谷，摩爾甚受崇敬，感測器、演算法、試駕及專業訓練，全都以他觀察預測的速度發展中。

開源心態：公司內部專長贏得了全世界嗎？

不論你認為自己做不做得到，你都是對的！

——亨利・福特

在矽谷住過的人，不論多久，都會訝於這裡的人多麼開放於討論疑問，樂意分享資訊——好吧！他們不會隨便分享自家技術的祕方，但這裡的人大致上很願意在專業上彼此幫助或引介某人。在矽谷的早年，威廉・惠利特（William Hewlett）和大衛・帕克（David Packard）離開公司一週，前去幫助他們的朋友羅素・瓦里安（Russell Varian）及席格・瓦里安（Sigurd Varian）兄弟解決公司醫療裝置的一個問題。不論在為小孩舉辦的生日宴會上，或是在一般聚會中，你經常會遇到來自其他產業的競爭者及專家，你們閒聊、交流觀點，相互學習。

這種樂意交流資訊的心態和作風，不僅促進評估，也促進每一方的發展。你得以快速認知到急迫性，更快把最新發展趨勢納入考量，你也會計畫取得公司外部許多專家的協助。這包括意諾新（InnoCentive）的成功故事，許多公司在這個平台上張貼問題，歡迎世界各地任何領域的人加入，協助解決問題。[12]美國航太總署首次使用這個平台時，大家都抱持高度懷疑。多年來，對於如何改進對閃焰（solar flares）的預測，專家們已經不抱希望了。這種太陽能量的巨大噴發，對在太空中的太空人、衛星及地球上的電子器材構成危險。在半信半疑、毫無把握之下，航太總署祭出3萬美元的獎金，徵求更好的預測方法。總共有超過500人參賽，脫穎而出的是一名住在新罕布夏州鄉間的退休工程師，他用自己的設備提供準確度75%的閃焰預測。[13]

航太總署的管理階層訝於自家的專家被外界人士打敗，工程師感到羞愧，彷彿他們讓航太總署失敗、丟臉了，但是這種感覺很快就消散。航太總署的專家們很快就認知到，他們可以利用群眾智慧來協助自己。現在，大家已經普遍認知到，「在自家發明所有東西」的心態是不對的。為何要忽視來自所有外面學門及領域的專家呢？到處都有出人意外的結果與解決方案。許多傳統企業欠缺的就是這種開放心態，專家圈子太小，產業太過於保守祕密。

創新前哨站：未來之歌在矽谷響起

傳統汽車製造公司及供應商，若希望起碼能夠跟進汽車業的最新發展，就必須在離公司總部及傳統汽車研發中心很遠的一個地方設立分部——歡迎來到矽谷。所有知名的製造公司都在加州——或者更確切地說，在舊金山和聖荷西之間的谷地——設有「前哨站」，目的是更快速辨察趨勢，和新創公司接觸，使用當地的基礎設施、法律框架及專業專長。矽谷結合各種學門的廣度與深度，目前舉世其他地區都難望其項背。

至少25家車輛產業的公司在矽谷從事研究工作（參見圖表13-1），員工人數從幾人到幾百人不等。這些公司並非全都有效率地充分利用設在矽谷的前哨站，例如：福斯在矽谷設有電子研究實驗室（Electronics Research Lab）與奧迪創新研究（Audi Innovation Research），但身處其境並不自然就能擁有正確心態。進入設在這裡的辦公建物時，你希望看到的不是德國、日本、南韓或底特律文化，而是舊金山灣區文化。從總部派一組團隊來到這裡，讓人員關起門來作業，不和其他人建立連結，這是錯的。正確之道是雇用有適切人脈及不同心態的當地人才，租用新創企業和其他公司共用的辦公空間，活躍參與各種活動、建立人脈，最重要的是要睜亮你的眼睛。

從未使用過Uber、Lyft這類服務的人，可能無法充分了解其特點。開車行經山景市或舊金山金融區的人，若不留心可能也沒看到自駕車，比較容易看到的是幾乎到處都有的電動車，使用現有的充電基礎設施。這證實德國總部說的：「不可能行得通」，或「沒人想要電動車」並不正確。

創新前哨站讓總部經理人得以前來矽谷造訪，親身經歷，形成自己的觀點。雖然先知在本國並不受人尊敬，公司內部的預言家往往獲得袖手旁觀的對待，但他們通常能

圖表13-1　一些在矽谷設有創新前哨站的汽車製造商及供應商

公司	總部
人工智慧機動公司（Almotive，前名AdasWorks）	匈牙利
奧迪創新研究（Audi Innovation Research）	德國
BMW集團	德國
德國馬牌集團	德國
戴姆勒集團	德國
德爾福汽車公司（Delphi Automotive）	美國
電綜公司	日本
EDI公司矽谷創新中心 （Efficient Drivetrains Silicon Valley Innovation Center）	美國
飛雅特克萊斯勒汽車公司	義大利
福特研發創新中心	美國
通用汽車先進技術矽谷中心	美國
長城汽車	中國
HERE	芬蘭
Honda矽谷實驗室	日本
現代汽車	南韓
麥格納國際公司（Magna International）	加拿大
馬自達汽車	日本
賓士研發	德國
蔚來汽車	中國
Nissan／Nissan研究中心	日本
普瑞集團（Preh GmbH）｜TechniSat汽車（TechniSat Automotive）	德國
豐田研究所	日本
福斯奧迪	德國
山葉機車創投與實驗室矽谷公司 （Yamaha Motor Ventures and Laboratory Silicon Valley, Inc.）	日本
善鄰公司	日本

夠提供寶貴的資訊和脈絡，把不完整的拼圖拼好。你必須
慎重估量谷歌、Uber、蘋果這些公司的發展，尤其在未來
車市場，這是各國總部必須了解的一件事。光是在加州設
立一處新的亮麗前哨站，這並不夠，你們還得在總部有個
「創新接收站」，這樣取得的知識才能被公司確實參考。

沒有訓練研發，一切空談

哪裡可以培訓研發自駕車的工程師呢？目前還沒有全
面的訓練課程。但如前所述，有組織致力於填補這些需
求，例如：塞巴斯蒂安‧特龍創辦的線上學習平台優達學
城，自2016年末開始提供自駕車編程工程的奈米學位。[14]特
龍參加美國國防部高級研究計畫署大挑戰賽時，在哪裡做
研究呢？在史丹佛大學人工智慧實驗室。所以，史丹佛汽
車研究中心（Stanford Center for Automotive Research, CARS）
也設在史丹佛大學，並不令人意外。[15]在此之前，特龍任教
於卡內基美隆大學機器人學與人工智慧系，在那裡從事自
動系統的基礎研究工作。[16]

2017年4月，一批學生及老師獨立創辦自駕車技術新
創企業，名為航程汽車（Voyage Auto）。[17]德州農工大學
（Texas A&M University）也投資了1.5億美元，設立一個研
發中心，讓學生和公司從事自動駕駛技術的研發。[18]

在德國，和福斯集團關係密切的布朗施維克工業大學
（Technical University of Braunschweig），以及柏林自由大學
（Freie Universität Berlin），是從事自動駕駛系統研究的最著
名大學。autoNOMOS Labs致力於進一步發展自駕車，目前
在柏林測試由柏林自由大學教授勞爾‧羅亞斯‧岡薩雷茲
（Raúl Rojas González）和學生研發出來的兩輛原型車。[19]

結論

「前進！」政治和社會動起來

政治這門藝術就是到處找麻煩，不正確地診斷，
再施以錯誤的矯正。
                    ——格魯喬·馬克思（Groucho Marx），
                                        美國喜劇演員

　　我在此大膽作出預測：未來十到十五年間，汽車產業
的一切將會改變，產業本身與相關的一切將會經歷本質上
的變革。問題不是會不會發生，而是多快發生，政治和社
會正面臨巨大的挑戰。

　　幾個月前，我陪同幾位歐盟議員造訪矽谷。他們想了
解，是什麼使得矽谷在科技與創業精神方面如此出色。在
我們的交談中，一位保守派議員憤慨人們期望不勞而獲。
他說：「不工作，就賺不到錢！」這位憤慨的男士忽略了
他在這趟造訪中得到的最重要啟示：世界已經改變，機器
和人工智慧系統將取代人力和許多人類工作，大海嘯正在
逼近。

　　光是本書談到的有關汽車產業的數據和事實，就足以
看出這類發展已經推進到多遠了。德國的54萬名卡車司機

和25萬名計程車司機，以及德國汽車產業的30多萬名工作者，可能很快就會失去工作。在美國，目前有330萬名卡車司機和超過50萬名計程車司機，這些工作機會的消失，還只是開始而已！新技術創造的新就業機會，恐怕無法彌補流失的工作，因為我們正面臨人類史上空前未有的一場革命，不僅將重創低技能工作者，連高技能職業群也不能倖免。誰也不能說這些人不想工作，根本是再也沒有工作機會給他們。所以，我們該怎麼辦呢？

我們現今必須應付的一些問題，可以視為這場數位革命的前兆。我們必須擺脫十九世紀的思想辯論，立足於二十一世紀，作出完全不同的討論。未經思考就拋出「階級鬥爭」、「機器稅」、「資本主義」、「社會主義」之類的老掉牙爭論，毫無幫助，二十一世紀需要的是二十一世紀的解方。

源於矽谷，也失於矽谷。若我們現在不正視這些課題，未來境況可能進一步惡化。瑞士在2016年舉行公投，決定是否向成年公民發放無條件基本收入（unconditional basic income, UBI），這或許可作為應付那些重大變化的一種可能解決方案。當年，大多數瑞士公民仍然投下了反對票。在其他國家，我們也應該嚴正探討這個問題，拋棄以往的思想，試著為未來找出答案，因為未來日日逼近。

克服認知扭曲

人類有不少成見，以及一些理性或不理性的天生設定，在試圖了解巨變、做出適切反應時，這些未必是最好的指引。所謂的「認知扭曲」（cognitive distortion），就有很明顯的影響：[1]

- **害怕損失**。高估潛在損失，低估潛在益處。
- **敝帚自珍效應**（endowment effect）。對我們已經擁有的資產，給予較高估值。
- **現狀偏差**（status quo bias）。偏好維持現狀，勝過任何改變。（前面這三種認知扭曲，使人們偏好自己開私家車，勝過搭乘任何未來的共乘／自駕車。）
- **不正確的風險評估**。相較於現有風險，大大高估了未知的風險，儘管數據與評估互相抵觸。（就是這種認知扭曲，使得大眾認為的自駕車及共乘車風險高於實際風險。）
- **樂觀偏誤**（optimistic bias）。高估自身能力，低估風險。（車主認為，比起機器，自己開車更安全、操控得更好，輕忽自駕車提供的安全益處。）
- **易得性捷思法**（availability heuristics）。評估事實時使用經驗法則，不引據自身經驗或精確資訊。（人類傾向聚焦於少見的負面事件，例如：可能發生的意外事故、電車問題或網路攻擊等等。）

議程項目：UBI 和機器人稅

　　根據官方定義：「無條件基本收入是一種社會政治性質的金錢轉移概念，每一個公民，不論經濟狀況如何，將獲得一筆法定的定額金錢。人人獲得的金額相同，由政府發放，個人不須為此提供任何回報服務。」[2] 假設我們每個人每個月收到500美元或2,000美元的保障收入，不用工作就能領取這筆錢，我們會如何花用時間呢？很難說。別忘了！人口中總是有族群不屬於領薪工作者，包括：小孩與老年人（視國家而定）、富有的財產繼承人、宗教團體、貴族等等。他們當中有些人把時間用於學習或磨練運動及藝術才能,有些人把時間用於照顧家庭及小孩,或是做慈善活動,[3]還有人只是享受生活。

縱使是現在,我們也能負擔得起這樣的福利支出,雖然這往往遭到極力否認。事實上,福利支出早已占多數國家預算中的最高額。在美國,家計單位的總收入中有20%是福利支出;[4]對公司的退稅及補貼,其實就是福利支出;金融危機中,政府對陷入危機的銀行紓困,也是福利支出。

不過,很多人根據工作來定義自己。失去工作,使他們陷入人生沒有目的的道德危機中,令他們覺得自己現在變成無用的人,或是再也不屬於任何地方。現今的社會瞧不起沒有工作的人,[5]我們的整個生活都圍繞著工作打轉,日常事務、交通、用餐時間、假日,甚至使用最多電力的時間等等安排,都是配合著工作。當就業不再是解方,而是問題了,該怎麼辦?

過去二十年間流失的所有工作中,有85%不是流向低工資國家,而是遭到科技進步的淘汰。[6]那些工作再也不會回來了,自動化與人工智慧的結合,將導致美國所有工作的47%、英國所有工作的35%,以及中國所有工作的77%流失或完全重新定義。[7]經濟合作暨發展組織(OECD)指出,所有工作有57%將會受到影響。

因此,微軟公司創辦人比爾‧蓋茲建議對機器人及自動化課稅。[8]人類工作賺取所得後,必須繳納所得稅,機器人掙到的所得卻不必繳稅?機器人為公司提高生產力、降低稅負,仔細思索,你就會發現,我們的稅制是在懲罰人類工作,鼓勵用機器人取代人類。這種政策必然會把整個國家帶入向下沉淪的漩渦。機器人奪走工作,導致國家稅收減少，而國家需要稅收來重新訓練失業者，以及支付失業福利，或是發給人人無條件基本收入。反觀對機器人課稅，並不會嚴重傷害到公司利益，公司不必為機器人提供健康保險或退休福利，縱使課徵機器人稅，仍比人工還便宜。

無條件基本收入、機器人稅或其他措施是不是解決方案，我的見解不會比你的更高明。但是，我們應該准許公開討論，克服傳統行為與思想模式，不必為此自我辯護或怕被譏諷。無條件基本收入只是我們必須探討的眾多方法之一，我們應該儘快展開相關討論。

勝任於未來

我們的未來發展仰賴我們的小孩。目前，我們教育孩子的目的仍是幫助他們未來能夠找到工作，養活自己。事實上，現在許多學生仍然憧憬在博世、通用汽車、賓士、奇異或IBM謀得一職，或是成為公務員，但這些領域未來能夠提供的工作機會將減少，未來的工作需要的資格條件也將比以往更快速變化。為了幫助孩子做好準備，我們提供的教育必須賦能他們創造未來。

我的前同事、「肩負使命的媽媽」（她經常這麼自稱）吉吉・里德（Gigi Read）為8到14歲的孩子舉辦研習營，教他們二十一世紀的必備能力。我們現在的課程教閱讀、數學、科學、文化與社會價值觀及知識，世界經濟論壇指出，這些課程欠缺明辨性思考、解決問題策略、創造力、溝通與合作等能力，以及培養好奇心、主動精神、毅力、調適力、領導技巧、社會與文化意識等等特質。里德的研習營為孩子提供設計思考，教他們以此為架構，透過故事來辨識與解決問題。孩子們結合使用數位工具、建模黏土及手工藝器具，發展及打造原型，轉移至有3D掃描功能的電腦上，再用3D列印機列印出來。孩子們學習程式語言Scratch，為機器人編程，把學得的知識立刻用於實作，得出結果。人工智慧也是課題，你如何寫出演算法，用機器學習幫助它精進？

若我們真的經歷失業潮，該如何把類似的研習營策略傳授給受到失業影響的人？我們該如何幫助人們展開創業，保持終身學習？

展現改變的意願

看到這裡，這本書這麼厚，我可以一直說到嘴巴破皮，提出一百萬個事實與資料來證明第二次汽車革命正在發生中，但如果你沒有擁抱改變的意願，一切都是枉然。我在前文舉了一個好例子——那位匈牙利新創公司創辦人在必須結束新創事業、尋找新創業點子時，才真正了解設計思考的價值。

小練習可以幫助你為改變心態做好準備，也可以幫助你作出重要決定。我有幾個建議提供你：有機會的話，去體驗體驗吧！租一輛特斯拉或BMW i3，駕駛一個小時或一整天，最好能夠駕駛一整個星期。你也可以特地去自駕車及自駕巴士的測試地，好好觀察一下，或者去搭自駕地鐵或自駕電車。這對新手而言，是很好的開始。

永遠別忘了變化可能發生得多快，就算是汽車產業也一樣。1900年時，紐約市的第五大道上還滿是馬車，到了1913年，這條路上已經變成汽車當道了。想想曾經發生過嚴重車禍的人或你認識的朋友，再想想你的通勤，你喜歡每天情緒緊張地通勤嗎？或者，你寧願搭乘一班近郊電動列車？那麼，為何還是有那麼多人堅持使用「恐龍油」驅動的車子呢？

後記

克服認知扭曲，迎向未來

德國人發明車子，美國人創造汽車生活型態，日本人改善汽車生產流程，但是他們的聲譽救不了他們。卡爾·馬里厄斯（Carl Marius）是傑出的馬車車廂打造者，但在1920年時，這卓著的聲譽也幫不了他。柯達公司縱使能生產出舉世最好的軟片，但在2012年破產時，這項技術已經幫不了它。諾基亞和黑莓公司（Blackberry）已經無法靠生產有實體按鍵的手機來賺錢；安培公司（Ampex）曾經製造出最好的錄音帶及錄影帶，2012年申請破產；奧地利的優米公司（Eumig）製造出最好的超8毫米膠片攝影機與放映機，市占率100%——但這塊市場縮小到幾乎為零。

轉折點很明顯：柴油門醜聞。許多城市開始規劃及落實禁止燃油車，特斯拉的銷售業績亮眼。電動車跑贏跑車，數位介面顯示我們落後一些科技公司多遠。年輕人不想買車，也不想持有駕照，交通堵塞問題日趨嚴重，來自非傳統汽車產業的公司打造車輛，數百家公司為自駕車發展技術，投資人大舉投資新種類的運輸工具。

馬克斯、蘇菲、朱利安，以及我的三個兒子，以後將不必自己開車了。他們也不想自己開車，他們將坐電動自駕車。或許，他們也不會擁有自己的車。身為父親的我，可以感到放心了。因為這麼一來，他們較不可能做出愚蠢的事，也較不可能因為他人而陷入危險。至於誰將為下一代的車輛提供主流技術，現在還不是那麼明朗，但是清楚的跡象顯示，傳統汽車製造商可能不在全球領頭要角之列。根據本書敘述的種種事實，我會下注來自矽谷及中國的公司。

但這是因為矽谷及中國的汽車公司研發部門的工程師比較聰明，傳統汽車製造公司的工程師能力較差、也沒有雄心壯志？當然不是。造成這種局面的是公司本身，成功歷史讓它們志得意滿。賣了數千萬輛車的成功故事，不利於欣然擁抱變革，尤其是要從賺大錢的成功模式，投入一個大致上未知、未經試驗、需要像新手駕駛一樣從頭學起的發展模式。

成功不是理所當然。德國在2014年世足賽中奪冠，但在2016年歐洲足球錦標賽（歐洲國家盃）中慘敗，在2018年世足賽中輸得更慘。昔日輝煌不能保證未來存活，諾基亞和柯達等公司的例子足為殷鑑。所有公司應該保持一定程度的偏執，切記：在某個時間點，可能有人會以一種新技術、新的事業模式或更好的執行成果，把你打得落花流水。通常，這個時間點的到來，會比你想的更早。有些公司有過這種「瀕死」經驗，把它刻印在公司的DNA裡，其他公司則是不幸走入歷史，這種例子不勝枚舉。

如果你留意觀察，就會發現這些訊號並不稀疏，就像天空中的點點星光，光芒愈來愈強，後來猶如可能從天而降，落到我們頭上的彗星。把頭埋進沙堆裡，不看不聽假裝與我無關，甚至告訴別人沒有危險、不必理會，那就太輕忽大意了。當然，我書裡描述的這些訊號，並非全都將產生相同衝擊，衝擊的強烈程度也未必相同，或者衝擊的時間未必準確如預測，但哪怕只有其中一些訊號實現，衝擊也足以大到影響許多人的生活。

第二次汽車革命如火如荼進行中，需要我們勇於採取行動，不找任何藉口。討論已經結束，現在是捲起袖子行動的時候了。基於保護國家經濟的錯誤觀念而蔑視電動車，拒絕接受自駕車及共享模式，可能將引發逆火，最終白白讓競爭者得利。

我必須再大聲、清楚地說一次：內燃引擎車的時代就要結束了！堅持相反立場和論述的政治人物及汽車製造商，是在傷害所有人和自己。我們現在必須建立發展其他推進力的能力，希望這還不至於太遲。老舊職業有無數工作將會流失，不是可能流失，而是必定流失。數位能力、人工智慧專長、處理與駕馭新技術的能力、建立有助益的組織環境，這些是當代最重要的一些目標。我們應該建立新制，訓練培育人們勝任這些新技術創造的新工作，現在就支持新一波的新創企業，不能再推遲了。

若我們留給後世子孫的是一個經濟衰敗的國家，我們將無顏以對。就算是現在，我們也沒有使他們的生活變得更容易，因為他們將愈來愈難找到持久的工作，建立財務安全，這也是共享模式如此受到較年輕世代歡迎的原因。英國脫歐，形同較老的世代向較年輕的世代比中指，這會如何影響全球發展？

不論你如何扭曲數字、掩飾變化，最好的情境下，將有數十萬個工作流失，甚至可能有上百萬個工作流失，這還只是就一個產業而言！相較於以往的變化，這看起來像是滄海一粟，實際受到衝擊的工作遠遠更多。絕大多數國家都有管道取得技術和資源，有些國家其實有更優於破壞式創新公司的訣竅，若主責經理人繼續傲慢自負、規避風險，對一切作出自以為是的見解，那些更卓越的訣竅就毫無價值了，落敗也就變成活該。正確的心態並非魔法，每個國家都有人民創新與成功的無數例子，只須師法先例就行了。

沒有理由什麼都不做，若是做不到也只能怪自己。特斯拉、谷歌、蘋果、臉書、Uber並非偶然事件，是未來對我們施壓，但我們容許壓力加在身上，因為一味沉溺於往日榮耀，對快速逼近的情勢視而不見。我們不再塑造自己的命運，套用足球術語，你可以說，相較於競爭者，我們的風格是十字聯防（catenaccio）：防守破壞，只是一逕封鎖對方進攻。雖然想要提升優勢，但比賽規則正在改變，觀眾早已轉往別的球場。各國必須苦苦追趕英國身為工業領導國的年代早已成為歷史，別再沉溺老舊思維與古早方法。

對所有領域從業者來說，更糟的是，問題不是來自中國或美國公司，而是任職於國外的本國（例如：德國、英國、法國、日本）工程師，他們在扯國內企業工程師的後腿。他們已經搭上電動列車，我們卻苦苦跑在後頭追趕。請一起改變心態，公司員工、政治人物、公務員、社會全體的心態都需要改變。我們不需要管理人員或辯護者告訴人們，顧客應該想要什麼（大而眩目的車子）、什麼行不通（自駕車）、沒人想要什麼（電動車）、誰支持他們的觀點（政治人物），這樣的人無法解決問題，只會創造問題。

本書是歷經三年研究和探索人類行為二十多年後得出的結晶，我寫這本書的目的不是要批評德國、法國、日本，以及相關企業，更不是要批評那些國家的社會與政治，叨述他們的無知與無能，儘管一些字裡行間可能令人覺得我是在批評。我在矽谷生活多年，我的兒子出生在美國，我大可說：「我真的不在乎這些國家的發展！」但我不會，我永遠也不會這麼說，因為我的父母、手足、姪甥輩、其他親戚，以及許多朋友居住在這些國家，我本身也是歐洲公民，無法袖手旁觀。尤其我們討論的是汽車產業，它對許多國家太重要了，對我們的子孫也是。我們不能繼續坐視他們的生命被潛在的交通事故危及，繼續坐視他們暴露在高度的環境汙染之中。這本書的內容不是祕密，所有事實都是公開的，可以查得到，唯一的新元素或許是我寫成一本書集結而成的強度。因為我想要喚醒你提升意識，幫助形塑未來，你還在等什麼呢？

注釋

前言　破壞式創新正在發生

1.　https://www.theglobaleconomy.com/rankings/Percent_urban_population/.

2.　http://de.theglobaleconomy.com/rankings/Percent_urban_population/.

3.　Ivan Arreguín-Toft, *How the Weak Win Wars: A Theory of Asymmetric Conflict* (Cambridge Studies in International Relations, Vol. 99). Cambridge University Press, 2005.

4.　https://en.wikipedia.org/wiki/Samuel_Pierpont_Langley.

5.　https://www.ted.com/talks/simon_sinek_how_great_leaders_inspire_action/transcript.

6.　Lukas Bay, Thomas Tuma, "Elon Musk: All Charged Up in Berlin," Global.Handelsblatt.com, September 25, 2015, https://global.handelsblatt.com/edition/271/ressort/companies-markets/article/all-charged-up-in-berlin.

7.　Al Gore, *The Future*. Pantheon, Munich, 2015.

8.　Richard H. Thaler, *Misbehaving: The Making of Behavioral Economics*. Norton, New York, 2015.

9.　http://www.mdr.de/nachrichten/politik/inland/steuerzahler-bund-absurde-foerderprojekte-100; html; https://schienes-trasseluft.de/2016/03/21/update-foerdermillionen-fuer-einen-porsche/.

10.　Amounts of national subsidies for German automotive manufacturers from 2010 to 2012, http://de.statista.com/statistik/

daten/studie/197024/umfrage/subventionen-fuer-autoherstel-ler-aus-dem-konjunkturpaket-ii/.

11. David McCullough, *The Wright Brothers*. Simon & Schuster, New York, 2015.

12. Eric Morris, *From Horse Power to Horsepower*, http://www.uctc.net/access/30/Access%2030%20-%2002%20-%20Horse%20Power.pdf.

13. Margaret Derry, *Horses in Society: A Story of Animal Breeding and Marketing, 1800-1920*. University of Toronto Press, Toronto, 2006, p. 131.

14. Jim Collins, *How the Mighty Fall: And Why Some Companies Never Give In*. Random House Business, New York, 2009.

15. "VW's U.S. Volume Tumbles 17% for Worst May Since 2010," https://www.autonews.com/article/20160601/RE-TAIL01/306019995/vw-u-s-volume-tumbles-17-for-worst-may-since-2010; and http://www.manager-magazin.de/unter-nehmen/karriere/bmw-audi-vw-das-sind-die-beliebtesten-ar-beitgeber-deutschlands-a-1088279.html.

第一部　最後一位馬車夫，或第一次汽車革命

1. William F. Ogburn, Dorothy Thomas, "Are Inventions Inevitable? A Note on Social Evolution," in *Political Science Quarterly* 37(1):83–98, March 1922.

2. Bill Aulet, *Disciplined Entrepreneurship: 24 Steps to a Successful Startup*. Wiley, Hoboken, NJ, 2013.

3. Warren Berger, *A More Beautiful Question: The Power of Inquiry to Spark Breakthrough Ideas*. Bloomsbury, London, 2014.

4. https://en.wikipedia.org/wiki/Electric_car.

1　電工、槍砲匠、物理學家 —— 昔日今時的汽車先驅

1. https://de.wikipedia.org/wiki/Hansa-Automobil.

2. https://www.lohner.at/about-us/?lang=en.

3. Clayton M. Christensen, Joseph L. Bower, "Customer Power, Strategic Investment and the Failure of Leading Firms," in *Strategic Management Journal* 17:197–218, 1996.

4. Daniel Franklin, John Andrews, *Megachange: The World in 2050*. Economist Books, 2012.

5. "Charts of the Day: Creative Destruction in the S&P 500 Index," https://www.aei.org/publication/charts-of-the-day-creative-destruction-in-the-sp500-index/.

6. https://techcrunch.com/2016/08/30/drive-ai-uses-deep-learning-to-teach-self-driving-cars-and-to-give-them-a-voice/.

7. "The Unknown Start-up That Built Google's First Self-Driving Car," http://spectrum.ieee.org/robotics/artificial-intelligence/the-unknown-startup-that-built-googles-first-selfdriving-car.

8. Matt Warmann, "Can the Web Make the World Go Faster?," *The Telegraph* 18, November 2010, http://www.telegraph.co.uk/technology/facebook/8140562/Can-the-web-make-the-world-go-faster.html.

9. http://www.sueddeutsche.de/wirtschaft/lobbyismus-zum-wohle-des-deutschen-autos-1.3035506.

10. Daniel Goleman, *Focus: The Hidden Driver of Excellence*. Bloomsbury, London, 2013.

11. John Micklethwait, Adrian Wooldridge, *The Fourth Revolution*. Allen Lane, London, 2014.

12. https://en.wikipedia.org/wiki/Seven_generation_sustainability.

2　對車子的熱愛──熱情與易變

1. *Reclaim: The Magazine of Transportation Alternatives* 20:1, 2014, http://www.transalt.org/sites/default/files/news/magazine/2014/Spring/Reclaim_2014-1_LQ.pdf.

2. "The Struggle for the Automobile," https://www.nzz.ch/schweiz/schweizer-geschichte/sonderfall-graubuenden-der-

kampf-ums-automobil-ld.103634.

3. *Reclaim: The Magazine of Transportation Alternatives* 20:1, 2014, http://www.transalt.org/sites/default/files/news/magazine/2014/Spring/Reclaim_2014-1_LQ.pdf.

4. "The Invention of Jaywalking," http://www.citylab.com/commute/2012/04/invention-jaywalking/1837/.

5. http://www-nrd.nhtsa.dot.gov/pubs/812115.pdf.

6. Christian Engel, "Jugendliche Automuffel: 'Führerschein? Unnötig!'" (Young Car Objectors: Driving License? No Need!), Spiegel Online, September 21, 2015, http://www.spiegel.de/lebenundlernen/schule/auto-verweigerer-keine-lust-auf-fuehrerschein-a-1040493.html.

7. "Possession of Vehicles and Driving Licenses," https://www.bfs.admin.ch/bfs/de/home/statistiken/mobilitaet-verkehr/personenverkehr/verkehrsverhalten/besitz-fahrzeuge-fahrausweise.html.

8. Jack Neff, "Is Digital Revolution Driving Decline in U.S. Car Culture?," http://adage.com/article/digital/digital-revolution-driving-decline-u-s-car-culture/144155/.

9. "Jugend ohne Auto: Die Zweckmobilisten" (Youth Without Automobile: Mobile for a Purpose), http://www.tagesspiegel.de/politik/jugend-ohne-auto-die-zweckmobilisten/9752254.html.

10. http://www.goldmansachs.com/our-thinking/pages/millennials/.

11. https://de.statista.com/statistik/daten/studie/215576/umfrage/durchschnittsalter-von-neuwagenkaeufern/.

12. "Cruising Toward Oblivion: America's Fading Car Culture," http://www.washingtonpost.com/sf/style/2015/09/02/americas-fading-car-culture/?utm_term=.45ab2deae6ff.

13. "Record 10.8 Billion Trips Taken on U.S. Public Transportation in 2014," http://www.apta.com/mediacenter/pressreleases/2015/pages/150309_ridership.aspx.

14. Intelligent Cities Initiative (poster), National Building Museum, Washington, DC, 2012 https://www.nbm.org/exhibitions/publications/intelligent-cities/.

15. BMW—das deutsche Apple, *Manager Magazine*, August 2015. https://www.manager-magazin.de/magazin/artikel/bmw-soll-unter-chef-harald-krueger-das-deutsche-apple-werden-a-1052278.html.

16. Amy Webb, *The Signals Are Talking: Why Today's Fringe Is Tomorrow's Mainstream*. Public Affairs Press, New York, 2016.

3 汽車產業的 iPhone 時刻

1. http://www.spiegel.de/auto/aktuell/tesla-model-3-die-deutschen-hersteller-sind-weiter-als-viele-denken-a-1084896.html.

2. http://www.businessinsider.com/blackrock-topic-we-should-be-paying-attention-charts-2015-12/.

3. Tom Standage, *The Victorian Internet*. Weidenfeld & Nicholson, London, 1998.

4. John Freeman, *The Tyranny of E-mail*. Scribner, New York, 2009.

5. Stephen Kern, *The Culture of Time and Space, 1880–1918*. Harvard University Press, Cambridge, MA, 2003.

6. Larry Downes, Paul Nunes, *Big Bang Disruption*. Portfolio Press, New York, 2014.

7. Peter Thiel, Blake Masters, *Zero to One: Notes on Startups, or How to Build the Future*. Currency, 2014.

8. http://www.umweltbundesamt.at/umweltsituation/energie/energieszenarien/.

9. https://cleantechnica.com/2016/08/29/tesla-model-3-delivers-gas-vehicles-history-gasoline-automotive-services-dealers-america-exec-says/.

10. https://www.wsj.com/articles/why-electric-cars-will-be-here-sooner-than-you-think-1472402674.

11. Association of Automobile Importers, *Facts Instead of Prejudices: Clear Answers on Environment, Climate and the Automobile.* 2014, http://www.automobilimporteure.at/wp-content/uploads/2015/06/Fakten-statt-Vorurteile.pdf.

12. http://www.marketwatch.com/investing/stock/gm/financials/cash-flow.

13. http://annualreport.ford.com/.

14. "Tesla Has Something Hotter Than Cars to Sell: Its Story," https://www.nytimes.com/2017/04/06/business/tesla-story-stocks.html.

15. http://fr.slideshare.net/capgemini/cars-online-2015.

16. Interview with Friedrich Indra, "Es gibt einen Hass gegen Verbrenner: Motoren-Papst rechnet mit Elektromobilitat ab" (This Is Hatred Against Combustion Engines: The Motor Pope Squares Accounts with Electric Mobility), http://www.focus.de/auto/elektroauto/interview-mit-friedrich-indra-es-gibt-einen-hass-gegen-verbrenner-motoren-papst-rechnet-mit-elektromobilitaet-ab_id_6512817.html.

17. "Disruptive Trends That Will Transform the Auto Industry," http://www.mckinsey.com/insights/high_tech_telecoms_internet/disruptive_trends_that_will_transform_the_auto_industry.

18. http://www.newyorker.com/magazine/2011/02/14/the-information.

第二部　第二次汽車革命的最後一位新手駕駛

1. https://en.wikipedia.org/wiki/Clarke%27s_three_laws.

2. Frances Anne Kemble, *Records of a Girlhood*, 1878.

3. Clifford Winston, "On the Performance of the U.S. Transportation System: Caution Ahead," *Journal of Economic Literature* 51(3):773–824, September 2013, http://pubs.aeaweb.org/doi/pdfplus/10.1257/jel.51.3.773.

4. "The Future Economic and Environmental Costs of Gridlock in 2030: An Assessment of the Direct and Indirect Economic and Environmental Costs of Idling in Road Traffic Congestion to Households in the UK, France, Germany and the USA," https://www.cebr.com/reports/the-future-economic-and-environmental-costs-of-gridlock/.

5. http://de.statista.com/statistik/daten/studie/30703/umfrage/beschaeftigtenzahl-in-der-automobilindustrie/.

6. https://www.vda.de/en/services/facts-and-figures/facts-and-figures-overview.

7. Matthias Breitinger, "Hört auf, die Autobranche zu hätscheln" (Stop Pampering the Automotive Industry), http://www.zeit.de/mobilitaet/2016-09/automobilindustrie-iaa-bundesregierung-abgasskandal-5vor8.

8. http://www.strategyand.pwc.com/innovation1000.

4 資料與事實──關於汽車產業

1. http://www.statista.com/statistics/232958/revenue-of-the-leading-car-manufacturers-worldwide/.

2. http://www.spiegel.de/auto/aktuell/zulieferer-die-heimlichen-autohersteller-a-1108529.html.

3. http://www.cargroup.org/?module=Publications&event=View&pubID=103.

4. "Corporate Profits and Research and Development Spending," in *2010 Ward's Motor Vehicle Facts and Figures*. 2011.

5. https://www.nada.org/nadadata/.

6. http://de.statista.com/statistik/daten/studie/74642/umfrage/kfz-betriebe-in-deutschland-seit-2004/.

7. "Self-Driving Cars Might Need Standards, but Whose?," https://www.nytimes.com/2017/02/23/automobiles/wheels/self-driving-cars-standards.html.

8. Lawrence Livermore National Laboratory, "Estimated US Ener-

gy Use in 2014," https://flowcharts.llnl.gov/commodities/energy.

9. http://www.pumpthemovie.com/.

5 電動車出現

1. Beijing Air Pollution: Real-Time Air Quality Index (AQI), http://aqicn.org/city/beijing/.

2. http://venturebeat.com/2016/12/10/israeli-startups-deliver-much-needed-tech-for-self-driving-cars/.

3. Georges Haour, Max von Zedtwitz, *Created in China: How China Is Becoming a Global Innovator*. Bloomsbury, London, 2016.

4. http://www.reuters.com/article/us-autos-china-leeco-idUSKCN0XH10D.

5. https://electrek.co/2016/08/11/faraday-futures-chinese-backer-leeco-electric-vehicle-factory/.

6. http://www.pcworld.com/article/2900452/foxconn-partners-with-chinas-tencent-on-smart-electric-cars.html.

7. http://fortune.com/2016/07/12/future-mobility-electric-car-2020/.

8. https://www.cbinsights.com/company/atieva-funding.

9. "Buffetts chinesische Wette auf den Erfolg der Elektro-Mobilität" (Buffett's Chinese Bet on the Success of Electric Mobility), http://www.wallstreet-online.de/nachricht/8878929-warren-s-byd-buffetts-chinesische-wette-erfolg-elektro-mobilitaet.

10. "Electric Buses and Driverless Shuttles Are About to Solve Auckland's Traffic Woes," https://ecotricity.co.nz/electric-buses-and-driverless-shuttles-are-about-to-solve-aucklands-traffic-woes/.

11. "'Electric Buses Are Now Cheaper Than Diesel/CNG and Could Dominate the Market Within 10 Years,' Says Proterra CEO," https://electrek.co/2017/02/13/electric-buses-proterra-ceo/.

12. "Cities Shop for $10 Billion of Electric Cars to Defy Trump,"

https://www.bloomberg.com/news/articles/2017-03-14/cities-shop-for-10-billion-of-electric-vehicles-to-defy-trump.

13. "So bremst China die E-Konkurrenz aus" (How China Thwarts the Electric Competition), http://www.n-tv.de/wirtschaft/So-bremst-China-die-E-Konkurrenz-aus-article18781721.html.

14. Greg Anderson, *Designated Drivers: How China Plans to Dominate the Global Auto Industry*. Wiley, Hoboken, NJ, 2012.

15. "Gas-to-Electric Cab Conversion in Beijing Brings Opportunity Worth 9 Bln Yuan," http://www.nbdpress.com/articles/2017-02-23/1613.html.

16. "China Takes Lead as Number One in Plug-in Vehicle Sales," http://www.hybridcars.com/china-takes-lead-as-number-one-in-plug-in-vehicle-sales/.

17. "Alternative Antriebe? Nicht mit den Deutschen" (Alternative Drive Trains? Not with the Germans), http://www.manager-magazin.de/unternehmen/autoindustrie/elektroauto-boom-nicht-in-deutschland-a-1074200.html

18. https://www.welt.de/motor/modelle/article154606460/Diese-Laender-planen-die-Abschaffung-des-Verbrennungsmotors.html.

19. http://deutsche-wirtschafts-nachrichten.de/2016/09/11/debatte-um-diesel-fahrverbot-in-deutschland-eroeffnet/.

20. "Warum in Deutschland kaum Elektroautos gebaut warden" (Why So Few Electric Cars Are Made in Germany), http://bau-plan-elektroauto.de/kaum-elektroautos/.

21. http://www.faz.net/aktuell/wirtschaft/unternehmen/elektro-mobilitaet-bosch-steht-an-der-spitze-bei-subventionen-fuer-elektroautos-12190060.html.

22. https://www.spiegel.de/international/spiegel/germany-s-new-mercedes-museum-from-horsepower-to-the-popemobile-a-416896.html.

23. "Tesla Shows How the Model S Is Totally Disrupting the Large Luxury Car Market in the US," http://electrek.co/2016/02/10/

tesla-shows-how-the-model-s-is-totally-disrupting-the-large-luxury-car-market-in-the-us/.

24. "Trial Illuminates Porsches' Rise to Power at Volkswagen," http://www.nytimes.com/2016/02/15/business/international/ex-porsche-executives-trial-sheds-light-on-a-familys-rise-at-volkswagen.html.

25. https://netzfrauen.org/2016/04/26/autokonzerne-wurden-mit-milliarden-subventionen-gespeist-und-verpennen-emobilitaet-emobilitaet-aus-china-erobert-die-welt-nun-soll-es-wieder-der-steuerzahler-richten/.

26. "Lucid (Formerly Known as Atieva) Will Be the Sole Battery-Pack Supplier for Formula E," http://blog.caranddriver.com/lucid-formerly-known-as-atieva-will-be-the-sole-battery-pack-supplier-for-formula-e/.

27. https://www.greencarcongress.com/2019/01/20190130-vwdiesel.html.

28. "Bericht der Untersuchungskommission 'Volkswagen': Untersuchungen und verwaltungsrechtliche Maßnahmen zu Volkswagen; Ergebnisse der Felduntersuchung des Kraftfahrt-Bundesamtes zu unzulässigen Abschalteinrichtungen bei Dieselfahrzeugen und Schlussfolgerungen" (Report of the "Volkswagen" Investigation Commission: Investigations and Administrative Measures Regarding Volkswagen; Findings of the Field Research Conducted by the German Federal Motor Vehicle Authority), April 22, 2016, https://www.bmvi.de/SharedDocs/DE/Anlage/VerkehrUndMobilitaet/Strasse/bericht-untersuchungskommission-volkswagen.pdf?__blob=publicationFile.

29. "Moderne Diesel-Pkw stoßen mehr Schadstoffe aus als Lastwagen" (Modern Diesel Vehicles Are More Polluting Than Trucks), http://www.zeit.de/mobilitaet/2017-01/icct-studie-diesel-pkw-stickoxide-ausstoss#a-03c3b9ea-62a7-476d-94ec-ed31a6d95b6b.

30. http://www.automobile-propre.com/marguerite-2-cv-electrique/.

31. http://www.bloomberg.com/news/articles/2016-05-12/why-tesla-s-mass-market-car-should-scare-mercedes-and-bmw.

32. http://www.goodcarbadcar.net/

33. "Ernstfall Schweiz-wie Tesla Mercedes, Audi und Co. das Geschäft verdirbt" (Switzerland Emergency: How Tesla Ruins Business for Mercedes, Audi and Co.), http://www.manager-magazin.de/unternehmen/autoindustrie/elektroautos-warum-die-schweizer-gern-mit-strom-fahren-a-1092086.html.

34. http://electrek.co/2016/05/19/the-math-and-evidence-all-around-you-that-shows-shared-autonomous-vehicles-powered-by-solar-power-and-batteries-are-inevitable/.

35. http://fortune.com/2015/11/17/electric-motors-crush-gas-engines/.

36. http://www.focus.de/auto/elektroauto/medienbericht-zu-elektroautos-geheimer-plan-ministerium-wollte-1000-euro-strafabgabe-fuer-autofahrer-mit-benzinfahrzeugen_id_5906218.html.

37. "All Charged Up in Berlin," https://global.handelsblatt.com/edition/271/ressort/companies-markets/article/all-charged-up-in-berlin.

38. "Tesla ist kein Vorbild: Interview mit Harald Kröger, Leiter Entwicklung Elektrik bei Mercedes-Benz" (Tesla Is No Model: Interview with Harald Kröger, Head of Electrics Development at Mercedes-Benz), http://mein-auto-blog.de/news/tesla-kein-vorbild.html.

39. "Battery Cell Production Begins at the Gigafactory," https://www.tesla.com/no_NO/blog/battery-cell-production-begins-gigafactory.

40. "Battery Material Could Reduce Electric Car Weight," https://www.kth.se/en/aktuellt/nyheter/de-gor-batterier-av-kolfiber-1.480780.

41. http://energyload.eu/elektromobilitaet/elektroauto/hanergy-solarauto/.

42. https://www.sonomotors.com/.

43. https://www.youtube.com/watch?v=9qi03QawZEk.

44. https://en.wikipedia.org/wiki/Lithium.

45. http://www.sueddeutsche.de/auto/elektromobilitaet-die-ver-spaetete-revolution-der-deutschen-autoindustrie-1.3046291-2.

46. http://www.pbqbatteries.com/media/datasheet/lithium-ferro-phosphate-batteries-vs-vrla-batteries.pdf.

47. http://www.kreiselelectric.com/.

48. http://www.pluginamerica.org/surveys/batteries/model-s/faq.php.

49. "Tesla Model S Battery Degradation Data," https://steinbuch.wordpress.com/2015/01/24/tesla-model-s-battery-degradation-data/.

50. "Battery Capacity Loss Warranty Chart for 2016: 30 kh Nissan LEAF," http://insideevs.com/battery-capacity-loss-chart-2016-30-kwh-nissan-leaf/.

51. http://www.greencarcongress.com/2013/03/vo2-20130315.html.

52. "Tesla CTO JB Straubel Talks Battery Technology, 'One-Stop Sustainable Lifestyle' Company and More," https://electrek.co/2016/11/14/tesla-cto-jb-straubel-battery-technology/.

53. McKinsey and Company, "Electrifying Insights: How Auto-makers Can Drive Electrified Vehicle Sales and Profitability," January 2017.

54. "Tesla Is Now Claiming 35% Battery Cost Reduction at 'Giga-factory 1': Hinting at Breakthrough Cost Below $125/kWh," https://electrek.co/2017/02/18/tesla-battery-cost-gigafactory-model-3/.

55. http://www.zeit.de/mobilitaet/2015-08/elektromobilitaet-bat-terie-recycling.

56. "Recycling of Lithium-Ion Batteries," http://www.elektronik-net.de/elektronik/power/recycling-von-lithium-ionen-ak-

kus-106499.html.

57. Linda Gaines, "The Future of Automotive Lithium-Ion Battery Recycling: Charting a Sustainable Course," *Sustainable Materials and Technologies* 1-2:2-7, December 2014, http://www.sciencedirect.com/science/article/pii/S2214993714000037.

58. http://energyload.eu/elektromobilitaet/elektrofahrzeuge/hybrid-lkw-autobahn-oberleitung/.

59. http://www.charinev.org/.

60. "Japan Has More Car Chargers Than Gas Stations," http://www.japantimes.co.jp/news/2015/02/16/business/japan-has-more-car-chargers-than-gas-stations#.WJb3WBBOm5h.

61. "Japan Now Has More Electric Charging Points Than Petrol Stations," https://www.weforum.org/agenda/2016/05/japan-now-has-more-electric-charging-points-than-petrol-stations.

62. https://e-tankstellen-finder.com/.

63. "Auto-Weltmacht China" (China, the Automobile World Power), https://www.heise.de/tp/features/Auto-Weltmacht-China-3617797.html.

64. "Shell to Install Chargers for Electric Cars on European Forecourts," https://www.ft.com/content/00d0f1ce-e22b-11e6-8405-9e5580d6e5fb.

65. "Why Electric Cars Will Be Here Sooner Than You Think," https://www.wsj.com/articles/why-electric-cars-will-be-here-sooner-than-you-think-1472402674.

66. http://www.slam-projekt.de/.

67. "Die Stadt Wien errichtet bis zu 1000 E-Tankstellen-Ampeln sollen als Stromquelle dienen" (City of Vienna to Install Up to 1000 e-Service Stations: Traffic Lights to Be Used as Power Sources), http://diepresse.com/home/panorama/wien/4958347/Ampeln-als-ETankstellen?_vl_backlink=%2Fhome%2Fpanorama%2Fwien%2Findex.do.

68. http://www.openchargealliance.org/.

69. https://www.hubject.com/.

70. "Google Wants Its Driverless Cars to Be Wireless Too," http:// spectrum.ieee.org/cars-that-think/transportation/self-driving/ google-wants-its-driverless-cars-to-be-wireless-too.

71. "The U.K. Is Testing Roads That Recharge Your Electric Car as You Drive," http://www.citylab.com/commute/2015/08/the-uk-is-testing-roads-that-recharge-your-electric-car-as-you-drive/401276.

72. https://www.electreon.com/.

73. "Final Opinion on Potential Health Effects of Exposure to Electromagnetic Fields (EMF)," http://ec.europa.eu/health/ scientific_committees/consultations/public_consultations/sce-nihr_consultation_19_en.htm.

74. Alexander Lerchl et al., "Tumor Promotion by Exposure to Radiofrequency Electromagnetic Fields Below Exposure Limits for Humans," *Biochemical and Biophysical Research Communications* 459(4):585-590, April 17, 2015, http://www.sciencedirect.com/science/article/pii/S0006291X15003988.

75. "Segmenting the $10 Billion Battery Market for Plug-in Vehicles: Market Share Projections for OEMs, Individual Models and Suppliers," https://portal.luxresearchinc.com/research/ report_excerpt/21944.

76. https://chargedevs.com/features/tom-gage-on-zev-mandates-teslas-early-days-bmws-ev-commitment-and-v2g-tech/.

77. https://en.wikipedia.org/wiki/Vehicle-to-grid.

78. http://www.faz.net/aktuell/technik-motor/elektromobilitaet-lernimpuls-14504997.html.

79. Alfie Kohn, *Punished by Rewards*. Mariner Books, Boston, 1999.

80. http://www.reuters.com/article/2015/08/09/us-teslamotors-cash-insight.

81. http://germanaccelerator.com/.

82. https://en.wikipedia.org/wiki/Gigafactory_1.

83. https://global.handelsblatt.com/edition/271/ressort/compa-nies-markets/article/all-charged-up-in-berlin.

84. http://www.manager-magazin.de/unternehmen/autoindustrie/fahrbericht-bmw-i3-rwe-eon-vattenfall-etc-verschlafen-e-mo-bilitaet-a-955489.html.

85. http://www.nfpa.org/safety-information/for-consumers/vehic-les.

86. http://www.autozeitung.de/auto-news/auto-feuer-verhalten-fahrzeug-brand-statistik#.

87. http://ecomento.tv/2014/01/02/elektroautos-2014-die-elf-wichtigsten-fragen-antworten-fuer-das-neue-jahr/.

88. https://www.thrillist.com/cars/the-beastly-car-collection-of-arnold-schwarzenegger.

89. https://www.facebook.com/notes/arnold-schwarzen-egger/i-dont-give-a-if-we-agree-about-climate-chan-ge/10153855713574658.

90. "Ökobilanz alternativer Antriebe" (Environmental Accounting of Alternative Propulsion Methods), http://www.umweltbun-desamt.at/fileadmin/site/publikationen/REP0572.pdf.

91. http://www.ucsusa.org/clean-vehicles/electric-vehicles/life-cycle-ev-emissions#.V4_LPo5Om5g.

92. "Cleaner Cars from Cradle to Grave: How Electric Cars Beat Gasoline Cars on Lifetime Global Warming Emissions," http://www.ucsusa.org/sites/default/files/attach/2015/11/Cleaner-Cars-from-Cradle-to-Grave-full-report.pdf.

93. http://www.ucsusa.org/clean-vehicles/electric-vehicles/ev-emissions-tool#.WGVWj5JOm5g.

94. "Where in Europe Is Electric Car a Good Idea?," https://jakub-marian.com/where-in-europe-is-electric-car-a-good-idea/.

95. http://www.pri.org/stories/2012-11-02/energy-costs-oil-pro-duction.

96. http://www.eia.gov/Energyexplained/index.cfm?page=oil_refining.

97. National Research Council, *Hidden Costs of Energy: Unpriced Consequences of Energy Production and Use*. National Academies Press, Washington, DC, 2009, www.nap.edu/openbook.php?record_id=12794&page=1.

98. https://en.wikipedia.org/wiki/Gasoline.

99. http://www.oekonews.at/index.php?mdoc_id=1103262.

100. "Pump," https://www.pumpthemovie.com/.

101. Shuguang Ji, Christopher R. Cherry, Matthew J. Bechle, et al., "Electric Vehicles in China: Emissions and Health Impacts," *Environ. Sci. Technol.* 46(4):2018-2024, 2012, http://pubs.acs.org/doi/abs/10.1021/es202347q.

102. https://www.technologyreview.com/s/602458/planes-trains-and-automobiles-have-become-top-carbon-polluters/.

103. http://energycenter.org/sites/default/files/docs/nav/policy/research-and-reports/California%20Plug-in%20Electric%20Vehicle%20Owner%20Survey%20Report-July%202012.pdf.

104. http://energycenter.org/clean-vehicle-rebate-project/vehicle-owner-survey/feb-2014-survey.

105. Fraunhofer Institute for System and Innovation Research ISI, "Energiespeicher-Monitoring 2016: Deutschland auf dem Weg zum Leitmarkt und Leitanbieter?" (Energy Storage Monitoring 2016: Germany on Its Way to Leading Market and Leading Provider?), December 1, 2016, http://www.isi.fraunhofer.de/isi-de/t/publikationen/Energiespeicher-Monitoring-2016_Web.pdf.

106. http://www.handelsblatt.com/unternehmen/industrie/werk-kamenz-daimler-baut-produktionsverbund-fuer-batterien-auf/14729818.html.

107. http://nomadicpower.de/.

108. http://www.manager-magazin.de/unternehmen/autoindustrie/interview-wie-elektroautos-das-fahrzeugdesign-veraendern-

koennten-a-1104660-2.html.

109. "Elektrische Motoren in Industrie und Gewerbe: Energieeffizienz und Ökodesign-Richtlinie" (Electric Motors in Industry and Commerce: Energy Efficiency and the Ecodesign Directive), https://web.archive.org/web/20111018090832 und http://www.industrie-energieeffizienz.de/fileadmin/InitiativeEnergieEffizienz/referenzprojekte/downloads/Leuchtturm/Ratgeber_Motoren_Energieeffizienz_OEkodesign.pdf.

110. http://www.auto-motor-und-sport.de/news/effizienz-wie-effizient-sind-elektromotoren-1322458.html.

111. "Wärmekraftwerke im energetischen Vergleich (in 2006, durchschnittliche Wirkungsgrade in Prozent)" [Thermal Power Plants in Energetic Comparison (in 2006, Average Efficiency in Percent], http://kraftwerkforschung.info/quickinfo/energieversorgung/waermekraftwerke-im-energetischen-vergleich-in-2006-durchschnittliche-wirkungsgrade-in/.

112. http://ecomento.tv/2016/09/20/zf-bereitet-werk-saarbruecken-auf-elektromobilitaet-vor/.

113. https://www.wired.com/2016/05/hidden-battle-make-perfect-tires-electric-car-divas/.

114. Björn Nykvist, Måns Nilsson, "Rapidly Falling Costs of Battery Packs for Electric Vehicles," *Nature Climate Change* 5:329-332, 2015, http://www.nature.com/nclimate/journal/v5/n4/full/nclimate2564.html.

115. https://www.mckinsey.de/elektromobilitaet-mehrheit-der-deutschen-autokaeufer-vertraut-etablierten-herstellern.

116. "Tesla Is Now Claiming 35% Battery Cost Reduction at 'Gigafactory 1': Hinting at Breakthrough Cost Below $125/kWh," https://electrek.co/2017/02/18/tesla-battery-cost-gigafactory-model-3/.

117. http://journalistsresource.org/studies/environment/energy/electric-vehicles-battery-technology-renewable-energy-research-roundup.

118. https://www.db.com/cr/en/docs/solar_report_full_length.pdf.

119. http://www.afdc.energy.gov/calc/.

120. http://www.welt.de/motor/article157080589/Gebrauchte-Elektroautos-sind-echte-Restwertriesen.html.

121. "Garagisten geht wegen Tesla-Boom die Arbeit aus" (Garage Owners Out of Work Due to Tesla Boom), http://www.20min.ch/finance/news/story/25771189#videoid=524953?redirect=mobi&nocache=0.1541377262158543.

122. http://www.energietarife.com/index.php?lohnt-sich-ein-elektroauto.

123. "Tesla's Innovations Are Transforming the Auto Industry," http://www.forbes.com/sites/innovatorsdna/2016/08/24/teslas-innovations-are-transforming-the-auto-industry/#2be369e1578a.

124. Technical Museum Vienna (ed.), *Mobilitär: 30 Dinge, die bewegen* (*Mobility: 30 Things That Move*). Czernin Publishers, Vienna, 2015.

125. *Monitoringbericht AustriaTech, Elektromobilität 2015* (*Monitoring Report AustriaTech: Electric Mobility 2015*). Vienna.

126. http://ecomento.tv/2016/09/01/elektroauto-transporter-streetscooter-vw-chef-mueller-sauer-auf-die-post/.

127. https://de.statista.com/statistik/daten/studie/200160/umfrage/neuzulassungen-von-fahrzeugen-in-deutschland/.

128. "Technik-Mythos: Wasserstoff revolutioniert die Energieversorgung" (Technical Myth: Hydrogen Revolutionizes Energy Supply), https://www.heise.de/newsticker/meldung/Technik-Mythos-Wasserstoff-revolutioniert-die-Energieversorgung-3638549.html.

129. "Brennstoffzelle Reloaded" (Fuel Cell Reloaded), http://www.wiwo.de/technologie/auto/wasserstoffautos-brennstoffzelle-reloaded/5666152-all.html.

130. "Global Automotive Executive Survey 2017," https://assets.kpmg.com/content/dam/kpmg/xx/pdf/2017/01/global-auto-

motive-executive-survey-2017.pdf.

131. "Mercedes Says It Will Not Pursue Fuel Cell Development for Its Cars," http://gas2.org/2017/03/31/mercedes-will-not-pursue-fuel-cell-development/.

132. http://www.faz.net/aktuell/wirtschaft/neue-mobilitaet/warum-deutsche-gegenueber-elektroautos-skeptisch-sind-14603445.html.

133. https://www.mckinsey.de/elektromobilitaet.

134. https://de.statista.com/statistik/daten/studie/183003/umfrage/pkw---gefahrene-kilometer-pro-jahr/.

135. "U.S. Driving Tops 3.1 Trillion Miles in 2015, New Federal Data Show," https://www.fhwa.dot.gov/pressroom/fhwa1607.cfm.

136. "Der Kollaps bleibt aus" (The Collapse Fails to Materialize), http://www.spektrum.de/kolumne/der-kollaps-bleibt-aus/1444719.

137. "Bruttostromerzeugung in Deutschland fur 2014 bis 2016" (Gross Energy Generation in Germany for 2014 to 2016), https://www.destatis.de/DE/ZahlenFakten/Wirtschaftsbereiche/Energie/Erzeugung/Tabellen/Bruttostromerzeugung.html.

138. National Research Council, *Hidden Costs of Energy: Unpriced Consequences of Energy Production and Use.* National Academies Press, Washington, DC, 2009, http://www.nap.edu/openbook.php?record_id=12794&page=1.

139. https://en.wikipedia.org/wiki/Gasoline.

140. Jaana I. Halonen, Anna L. Hansell, John Gulliver, et al., "Road Traffic Noise Is Associated with Increased Cardiovascular Morbidity and Mortality and All-Cause Mortality in London," *European Heart Journal*, DOI:10.1093/eurheartj/ehv216.

141. https://www.destatis.de/DE/ZahlenFakten/GesamtwirtschaftUmwelt/Umwelt/UmweltoekonomischeGesamtrechnungen/Umweltschutzmassnahmen/Aktuell.html.

142. https://www.bmf.gv.at/services/publikationen/Daten_und_

Fakten_Steuer-_und_Zollverwaltung_2014.pdf.pdf?555a9o; http://www.ezv.admin.ch/zollinfo_firmen.

143. "BYD investiert in Produktion in Frankreich" (BYD Invests in Production in France), http://www.it-times.de/news/byd-in-vestiert-in-produktion-in-frankreich-123323/.

144. "Auf China, nicht auf Tesla schauen" (Watch Out for China, Not for Tesla), https://www.nzz.ch/finanzen/elektromobilitaet-auf-china-nicht-auf-tesla-schauen-ld.1085290.

145. https://www.fhwa.dot.gov/policyinformation/statistics/2016/fe10.cfm.

6　未來奔騰而至 —— 自動駕駛車

1. Burkhard Bilger, "Auto Correct," *New Yorker*, November 25, 2013, http://www.newyorker.com/magazine/2013/11/25/auto-correct.

2. http://www.nsc.org/NewsDocuments/2017/12-month-estima-tes.pdf.

3. Centers for Disease Control and Prevention, https://www.cdc.gov/injury/wisqars/pdf/leading_causes_of_death_by_age_group_2016-508.pdf.

4. National Safety Council, *Odds of Dying*, https://www.nsc.org/work-safety/tools-resources/injury-facts/chart.

5. *The Economic and Societal Impact of Motor Vehicle Crashes, 2010* (revised). National Highway Traffic Safety Administration, Washington, DC, May 2015.

6. U.S. Department of Transportation, NHTSA, "Critical Reasons for Crashes Investigated in the National Motor Vehicle Crash Causation Survey," February 2015, http://www-nrd.nhtsa.dot.gov/pubs/812115.pdf.

7. Bill Sanderson, "Epidemic of Fatal Crashes," *Wall Street Journal*, February 10, 2014, http://www.wsj.com/articles/SB100014 24052702303465004579322441555410428.

8. Aimee Green, "Sober Drivers Rarely Prosecuted in Fatal Pedestrian Crashes in Oregon," OregonLive.com, November 15, 2011, http://www.oregonlive.com/portland/index.ssf/2011/11/sober_drivers_rarely_prosecute.html.

9. http://www.dvr.de/betriebe_bg/daten/unfallstatistik/eu_europa.htm.

10. http://www.lightningsafety.noaa.gov/odds.shtml.

11. Fred A. Manuele, *On the Practice of Safety*. Wiley Interscience, New York, 2013.

12. P. Chapman, D. Crundall, N. Phelps, G. Underwood, "The Effects of Driving Experience on Visual Search and Subsequent Memory for Hazardous Driving Situations," in *Behavioural Research in Road Safety*, Thirteenth Seminar. Department for Transport, 2003.

13. Stine Vogt, Svein Magnussen, "Expertise in Pictorial Perception: Eye-Movement, Patterns and Visual Memory in Artists and Laymen," *Perception* 36(1), 2007.

14. P. Lynn, C. R. Lockwood, "The Accident Liability of Company Car Drivers," *Transport Research Laboratory Report* 317, 1998.

15. "Distraction and Teen Crashes: Even Worse Than We Thought," AAA Foundation for Traffic Safety, March 25, 2015, http://newsroom.aaa.com/2015/03/distraction-teen-crashes-even-worse-thought/.

16. "Selfie Crash Death: Woman Dies in Head-on Collision Seconds After Uploading Pictures of Herself and 'HAPPY' Status to Facebook," http://www.independent.co.uk/ news/world/americas/selfie-crash-death-woman-dies-in-head-on-collision-seconds-after-uploading-pictures-of-herself-and-9293694.html.

17. https://en.wikipedia.org/wiki/Yerkes%E2%80%93Dodson_law.

18. Andrea Glaze, James Ellis, "Pilot Study of Distracted Drivers," Center for Public Policy, Virginia Commonwealth University, January 2003.

19. Teck-Hua Hoa, Juin Kuan Chong, Xiaoyu Xia, "Yellow Taxis Have Fewer Accidents Than Blue Taxis Because Yellow Is More Visible Than Blue," *Proceedings of the National Academy of Sciences of the United States of America*, 2016, http://www.pnas.org/content/early/2017/02/28/1612551114.

20. Michelle J. White, "'The Arms Race' on American Roads: The Effect of Sport Utility Vehicles and Pickup Trucks on Traffic Safety," *Journal of Law and Economics*, October 2004.

21. Michael L. Anderson, Maximilian Auffhammer, "Pounds That Kill: The External Costs of Vehicle Weight," working paper, University of California, Berkeley.

22. "Google Cars Drive Themselves in Traffic," http://www.nytimes.com/2010/10/10/science/10google.html.

23. http://archive.darpa.mil/grandchallenge04/.

24. Sebastian Thrun, "Google's Driverless Car," March 2011, https://www.ted.com/talks/sebastian_thrun_google_s_driverless_car.

25. Burkhard Bilger, "AutoCorrect," *New Yorker*, November 25, 2013, http://www.newyorker.com/magazine/2013/11/25/autocorrect.

26. http://archive.darpa.mil/grandchallenge/.

27. "The Unknown Start-up That Built Google's First Self-Driving Car," http://spectrum.ieee.org/robotics/artificial-intelligence/the-unknown-startup-that-built-googles-first-selfdriving-car.

28. "Die Wiege des autonomen Fahrens steht in Neubiberg" (The Cradle of Autonomous Driving Is at Neubiberg), https://www.bundeswehrkarriere.de/it/autonomes-fahren.

29. http://motherboard.vice.com/read/carnegie-mellons-1986-self-driving-van-was-adorable.

30. "Wer hat das Roboterauto erfunden? Die Bundeswehr!" (Who Invented the Robot Car? The German Federal Armed Forces!), http://www.zeit.de/mobilitaet/2015-07/autonomes-fahren-geschichte.

31. "Levels of Driving Automation," https://www.sae.org/news/2019/01/sae-updates-j3016-automated-driving-graphic.

32. http://www.templetons.com/brad/robocars/levels.html.

33. "2016 Disengagement Reports," https://www.dmv.ca.gov/portal/dmv/detail/vr/autonomous/disengagement_report_2016.

34. Chris Urmson, "How a Driverless Car Sees the Road," https://www.youtube.com/watch?v=tiwVMrTLUWg.

35. "Autonomous Vehicles in California," https://www.dmv.ca.gov/portal/dmv/detail/vr/autonomous/testing.

36. "Ford's Dozing Engineers Side with Google in Full Autonomy Push," https://www.bloomberg.com/news/articles/2017-02-17/ford-s-dozing-engineers-side-with-google-in-full-autonomy-push.

37. "Autonomous Car Companies WITHOUT a Test License, But Still Testing in California," https://thelastdriverlicenseholder.com/2017/03/03/autonomous-car-companies-without-a-test-license-but-still-testing-in-california/.

38. https://www.dmv.ca.gov/portal/dmv/detail/vr/autonomous/auto.

39. "Autonomous Vehicle Regulations in Nevada," https://scoe.transportation.org/.

40. http://www.dmvnv.com/autonomous.htm.

41. "Who's Who in the Rise of Autonomous Driving Startups," https://www.cbinsights.com/blog/early-stage-autonomous-driving-startups/.

42. https://techcrunch.com/2017/01/13/nissans-first-european-self-driving-car-trials-begin-on-london-roads-next-month/.

43. http://www.theverge.com/2016/8/1/12337516/delphi-self-driving-car-service-singapore.

44. https://www.washingtonpost.com/business/economy/why-uber-is-going-to-test-its-new-self-driving-cars-in-pittsburgh/2016/08/24/ab48c3be-696f-11e6-99bf-f0cf3a6449a6_

story.html.

45. http://qz.com/688003/ubers-self-driving-cars-are-on-the-road/.

46. https://www.wired.com/2015/12/baidus-self-driving-car-has-hit-the-road/.

47. http://www.businessinsider.com/r-bmw-seeks-to-be-coolest-ride-hailing-firm-with-autonomous-car-2016-12.

48. http://www.detroitnews.com/story/business/autos/2016/08/23/opposite-strategies-fuel-driverless-car-development/89239658/.

49. http://www.businessinsider.com/how-otto-defied-nevada-scored-a-680-million-payout-from-uber-2016-11.

50. https://www.dmv.ca.gov/portal/dmv/detail/vr/autonomous/testing.

51. "Uber's Autonomous Cars Drove 20,354 Miles and Had to Be Taken Over at Every Mile, According to Documents," http://www.recode.net/2017/3/16/14938116/uber-travis-kalanick-self-driving-internal-metrics-slow-progress.

52. http://www.reuters.com/article/us-tech-ces-autos-idUSKBN0UJ1UD20160105.

53. http://www.consumerwatchdog.org/resources/cadmvdisengagereport-dec.2015.pdf.

54. Michael Sivak, Brandon Schoettle, "Road Safety with Self-Driving Vehicles: General Limitations and Road Sharing with Conventional Vehicles," http://www.umich.edu/%7Eumtriswt/PDF/UMTRI-2015-2_Abstract_English.pdf.

55. World Economic Forum and Boston Consulting Group, "Self-Driving Vehicles in an Urban Context," http://www3.weforum.org/docs/WEF_Press%20release.pdf.

56. http://www.economist.com/blogs/economist-explains/2015/07/economist-explains.

57. http://www.alphr.com/cars/7038/how-do-googles-self-dri-

ving-cars-work.

58. "Clever AI Turns a World of Lasers into Maps for Self-Driving Cars," https://www.wired.com/2016/07/civil-maps-self-driving-car-autonomous-mapping-lidar/.

59. "Lower-Cost LiDAR Is Key to Self-Driving Future," http://articles.sae.org/13899/.

60. "Quanergy Announces $250 Solid-State LiDAR for Cars, Robots, and More," http://spectrum.ieee.org/cars-that-think/transportation/sensors/quanergy-solid-state-lidar.

61. "The Race to Affordable LiDAR," https://www.allaboutcircuits.com/news/the-race-to-afforable-lidar/.

62. http://spectrum.ieee.org/transportation/advanced-cars/cheap-lidar-the-key-to-making-selfdriving-cars-affordable.

63. "Ford and Baidu Invest $150 Million into Major Supplier of Self-Driving Car Tech," http://fortune.com/2016/08/16/ford-baidu-invest-velodyne-lidar/.

64. "The 22-Year-Old at the Center of the Self-Driving Car Craze," https://www.bloomberg.com/news/articles/2017-03-30/the-22-year-old-at-the-center-of-the-self-driving-car-craze.

65. Keynote by Waymo CEO John Krafcik at the Detroit Auto Show, https://derletztefuehrerscheinneuling.com/2017/01/09/keynote-von-waymo-ceo-john-krafcik-auf-der-detroit-autoshow/.

66. http://qz.com/637509/driverless-cars-have-a-new-way-to-navigate-in-rain-or-snow/.

67. https://archive.ll.mit.edu/publications/technotes/LGPR.html.

68. "Why Better Paint Coatings Are Critical for Autonomous Cars," https://www.caranddriver.com/news/a15342871/why-better-paint-coatings-are-critical-for-autonomous-cars/.

69. "SensL Solid State LiDAR Design Consideration," https://youtu.be/npnAr1BlQhw.

70. http://media.nxp.com/phoenix.zhtml?c=254228&p=irol-new-

sArticle&ID=2125903.

71. "Camera-Based Technology Tracks People in Car Interiors," http://www.fraunhofer.de/en/press/research-news/2016/august/camera-based-technology-tracks-people-in-car-interiors.html.

72. "Tesla Motors Club Connect 2016 in Reno, NV, July 29, 2016," https://www.youtube.com/watch?v=E-qqRTugknI.

73. http://blogs.nvidia.com/blog/2016/01/05/eyes-on-the-road-how-autonomous-cars-understand-what-theyre-seeing/.

74. http://jacobsschool.ucsd.edu/news/news_releases/release.sfe?id=1883.

7 人工智慧——美國發明，中國複製，歐洲管制

1. https://www.udacity.com/course/artificial-intelligence-for-robotics--cs373.

2. Pranav Rajpurkar, Toki Migimatsu, Jeff Kiske, et al., "Driverseat: Crowdstrapping Learning Tasks for Autonomous Driving," http://arxiv.org/pdf/1512.01872v1.pdf.

3. "The Moral Life of Babies," http://www.nytimes.com/2010/05/09/magazine/09babies-t.html.

4. Biology of Fun, 25th Anniversary Special Issue, http://www.cell.com/current-biology/issue?pii=S0960-9822(14)X0025-4.

5. Ashesh Jain, Hema S. Koppula, Shane Soh, et al., "Brain4Cars: Car That Knows Before You Do via Sensory-Fusion Deep Learning Architecture," http://arxiv.org/pdf/1601.00740v1.pdf.

6. http://www.cnet.com/news/nvidias-computer-for-self-driving-cars-as-powerful-as-150-macbook-pros/.

7. http://www.forbes.com/sites/aarontilley/2016/04/05/nvidia-redoubles-focus-on-artificial-intelligence-and-autonomous-cars/#69e57456e2b3.

8. "Self-Driving Cars Rattle Supply Chain," http://semiengineering.com/self-driving-cars-rattle-supply-chain/.

9. http://www.nytimes.com/2016/11/29/business/intel-to-team-with-delphi-and-mobileye-for-self-driving-cars.html.

10. http://mi.eng.cam.ac.uk/projects/segnet/.

11. "Google's Former Self-Driving Car Guru Raises Cash for His Own Startup," https://www.axios.com/the-former-cto-of-google-self-driving-car-has-raised-money-for-his-own-2344944616.html.

12. "Wir brauchen keine Regulierung für Künstliche Intelligenz, sondern mehr Förderung" (We Don't Need Regulations for Artificial Intelligence, We Need More Financing), http://boots-trapping.me/politik-kuenstliche-intelligenz-2017/.

13. "Nissan's Path to Self-Driving Cars? Humans in Call Centers," https://www.wired.com/2017/01/nissans-self-driving-teleope-ration/.

14. "What the AI Behind AlphaGo Can Teach Us About Being Human," http://www.wired.com/2016/05/google-alpha-go-ai/.

15. "A Conversation with Koko the Gorilla," http://www.theatlan-tic.com/technology/archive/2015/08/koko-the-talking-gorilla-sign-language-francine-patterson/402307/.

16. Christoph Keese, *Silicon Germany: Wie wir die digitale Trans-formation schaffen* (*Silicon Germany: How We Can Manage Digital Transformation*). Knaus, Munich, 2016.

17. "Elite: Dangerous' Latest Expansion Caused AI Spaceships to Unintentionally Create Super Weapons," https://www.euroga-mer.net/articles/2016-06-03-elite-dangerous-latest-expansion-caused-ai-spaceships-to-unintentionally-create-super-wea-pons.

18. https://www.bloomberg.com/news/articles/2018-11-28/tesla-customers-rack-up--billion-miles-driven-on-autopilot.

19. http://electrek.co/2016/06/03/tesla-share-autopilot-data-de-partment-of-transport/.

20. https://www.tesla.com/blog/master-plan-part-deux.

21. "Tesla Driver Dies in First Fatal Crash While Using Autopi-

lot Mode," https://www.theguardian.com/technology/2016/jun/30/tesla-autopilot-death-self-driving-car-elon-musk.

22. https://static.nhtsa.gov/odi/inv/2016/INCLA-PE16007-7876.pdf.

23. http://www.nytimes.com/2016/09/02/automobiles/big-carmakers-merge-cautiously-into-the-self-driving-lane.html.

24. http://fortune.com/2016/03/11/gm-buying-self-driving-tech-startup-for-more-than-1-billion/.

25. http://research.comma.ai/; Eder Santana, George Hotz, "Learning a Driving Simulator," https://www.scribd.com/document/320095885/.

26. http://www.golem.de/news/mercedes-entwickler-warum-autonome-autos-nicht-selbst-lernen-duerfen-1606-121003.html.

27. "Matthias Müller kritisiert selbstfahrende Autos: 'Ein Hype, der durch nichts zu rechtfertigen ist'" (Matthias Müller Criticizes Self-Driving Vehicles: "A Hype That Cannot Be Justified"), http://www.manager-magazin.de/unternehmen/autoindustrie/porsche-chef-nennt-autonomes-fahren-hype-a-1052709.html.

28. https://www.wired.com/2015/12/baidus-self-driving-car-has-hit-the-road/.

29. http://blog.caranddriver.com/nhtsa-chief-autonomous-cars-should-cut-death-rate-in-half/.

30. http://blog.caranddriver.com/nhtsa-chief-autonomous-cars-should-cut-death-rate-in-half/.

31. https://thelastdriverlicenseholder.com/2017/01/08/keynote-by-waymo-ceo-john-krafcik-at-the-detroit-auto-show/.

32. https://www.technologyreview.com/s/602317/self-driving-cars-can-learn-a-lot-by-playing-grand-theft-auto/.

33. http://www.wsj.com/articles/drivers-ed-startup-uses-videogames-to-teach-cars-to-drive-themselves-1480933804.

34. http://www.gizmag.com/synthia-dataset-self-driving-cars/43895/.

35. http://newatlas.com/synthia-dataset-self-driving-cars/43895/.

36. http://www.wsj.com/articles/is-uber-a-friend-or-foe-of-carne-gie-mellon-in-robotics-1433084582.

37. "Autonomous Car Race Creates $400k Engineering Jobs for Top Silicon Valley Talent," https://www.forbes.com/sites/ala-nohnsman/2017/03/27/autonomous-car-race-creates-400k-engineering-jobs-for-top-silicon-valley-talent/#28102a914a37.

38. https://www.udacity.com/course/self-driving-car-engineer-na-nodegree--nd013.

39. http://www.wired.com/2016/01/gm-and-lyft-are-building-a-network-of-self-driving-cars/.

40. http://www.bloomberg.com/news/articles/2016-05-03/fiat-google-said-to-plan-partnership-on-self-driving-minivans.

41. http://www.bloomberg.com/graphics/2016-merging-tech-and-cars/.

42. https://www.brookings.edu/research/gauging-investment-in-self-driving-cars/.

43. https://magazin.spiegel.de/SP/2016/4/141826740/index.html.

44. https://en.wikipedia.org/wiki/Trolley_problem.

45. http://www.vox.com/2016/6/13/11896166/self-driving-cars-et-hics.

46. https://www.youtube.com/watch?v=Uj-rK8V-rik.

47. http://fortune.com/self-driving-cars-silicon-valley-detroit/.

48. http://www.vtti.vt.edu/featured/?p=422.

49. Vinand M. Nantulya, Michael R. Reich, "The Neglected Epi-demic: Road Traffic Injuries in Developing Countries," *British Medical Journal*, May 2002.

50. "400 Road Deaths per Day in India; Up 5% to 1.46 lakh in 2015," http://timesofindia.indiatimes.com/india/400-road-deaths-per-day-in-India-up-5-to-1-46-lakh-in-2015/articles-how/51919213.cms.

51. "Road Accidents Due to Speed Breakers." https://www.financialexpress.com/india-news/speed-breakers-in-india-kill-more-people-than-accident-do-in-uk-australia/728537/.

52. *Traffic Safety Facts 2004*. National Highway Traffic Safety Administration, Washington, DC, 2005.

53. "Fools and Bad Roads," *The Economist*, May 22, 2007, http://www.economist.com/node/8896844.

54. Anand Swamy, Stephen Knack, Young Lee, Omar Azfar, "Gender and Corruption," working paper, Center for Development Economics, Department of Economics, Williams College, 2000.

55. B. G. Simons-Morton, N. Lerner, J. Singer, "The Observed Effects of Teenage Passengers on Risky Driving Behavior of Teenage Drivers," *Accident Analysis & Prevention* 37, 2005.

56. http://www.popsci.com/volvo-on-self-driven-car-liability-ivolunteer.

57. "When Driverless Cars Crash, Who Gets the Blame and Pays the Damages?," https://www.washingtonpost.com/local/trafficandcommuting/when-driverless-cars-crash-who-gets-the-blame-and-pays-the-damages/2017/02/25/3909d946-f97a-11e6-9845-576c69081518_story.html.

58. http://ideas.4brad.com/enough-trolley-problem-already.

59. http://www.theatlantic.com/technology/archive/2013/10/the-ethics-of-autonomous-cars/280360/; http://www.theatlantic.com/technology/archive/2016/03/google-self-driving-car-crash/471678/.

60. Dan Ariely, *Predictably Irrational: The Hidden Forces That Shape Our Decisions*. HarperCollins, New York, 2008.

61. http://www.europarl.europa.eu/sides/getDoc.do?pubRef=-//EP//NONSGML%2BCOMPARL%2BPE-582.443%2B01%2BDOC%2BPDF%2BV0//EN.

62. https://www.facebook.com/Beipackzettelpresse/.

63. http://www.spiegel.de/netzwelt/gadgets/juergen-schmidhuber-

der-weltraum-ist-fuer-roboter-gemacht-a-1074759.html.

64. Teresa M. Amabile, "Brilliant but Cruel: Perceptions of Negative Evaluators," *Journal of Experimental Social Psychology*, March 1983.

65. Khaled Saleh, Mohammed Hossny, Saeid Nahavandi, "Kangaroo Vehicle Collision Detection Using Deep Semantic Segmentation Convolutional Neural Network," International Conference on Digital Image Computing: Techniques and Applications (DICTA), 2016, http://ieeexplore.ieee.org/abstract/document/7797057/.

66. http://www.telegraph.co.uk/news/2017/01/06/driverless-cars-will-cause-congestion-britains-roads-worsen/.

67. Brett Stern, *Inventors at Work*. Apress, New York, 2012.

68. P. W. Singer, *Wired for War: The Robotics Revolution and Conflict in the 21st Century*. Penguin Press, New York, 2009.

69. http://www.bloomberg.com/news/articles/2015-12-18/humans-are-slamming-into-driverless-cars-and-exposing-a-key-flaw.

70. http://www.dailymail.co.uk/sciencetech/article-3592567/The-self-driving-car-behaves-like-person-Audi-s-robotic-vehicle-taught-human-manners.html.

71. "Why Google's Self-Driving Cars Are Considered 'Too Polite,'" http://bigthink.com/ideafeed/googles-self-driving-cars-are-too-polite.

72. https://www.technologyreview.com/s/602292/top-safety-official-doesnt-trust-automakers-to-teach-ethics-to-self-driving-cars/.

73. https://en.wikipedia.org/wiki/Skeuomorph.

74. "Driving Is Social. Autonomous Cars Aren't, Argues Computer Scientist," https://motherboard.vice.com/en_us/article/driving-is-social-autonomous-cars-arent-argues-computer-scientist.

75. Barry Brown, Eric Lautier, "The Trouble with Autopilots: As-

sisted and Autonomous Driving on the Social Road," http://
www.ericlaurier.co.uk/resources/Writings/Brown-2017-Car-
Autopilots.pdf.

76. Tom Vanderbilt, *Traffic: Why We Drive the Way We Do and What It Says About Us*. Vintage Books, New York, 2008.

77. "The Secret UX Issues That Will Make (or Break) Self-Driving Cars," http://www.fastcodesign.com/3054330/innovation-by-design/the-secret-ux-issues-that-will-make-or-break-autono-mous-cars.

78. "This Self-Driving Car Smiles at Pedestrians to Let Them Know It's Safe to Cross," https//www.fastcoexist.com/3063717/this-self-driving-car-smiles-at-pedestrians-to-let-them-know-its-safe-to-cross.

79. "Drive.ai Uses Deep Learning to Teach Self-Driving Cars—and to Give Them a Voice," https://techcrunch.com/2016/08/30/drive-ai-uses-deep-learning-to-teach-self-driving-cars-and-to-give-them-a-voice/.

80. https://www.iflscience.com/technology/google-self-driving-car-now-knows-when-honk-horn/.

81. https://patents.google.com/patent/US9014905B1/en.

82. https://www.humanisingautonomy.com/.

83. http://www.emercedesbenz.com/autos/mercedes-benz/con-cept-vehicles/mercedes-benz-looks-to-the-future/attachment/mercedes-benz-14c634_029/.

84. http://venturebeat.com/2015/12/07/chinese-researchers-un-veil-brain-powered-car/.

85. http://www.wired.com/2016/02/googles-self-driving-car-may-caused-first-crash/.

86. "Nissan Anthropologist: 'We Need a Universal Language for Autonomous Cars,'" https://www.2025ad.com/in-the-news/blog/nissan-melissa-cefkin-driverless-cars/?WT.tsrc=Newslet-ter&WT.mc_id=07/2017.

87. http://www.jdpower.com/press-releases/2016-us-tech-choice-study.

88. https://www.wpi.edu/Pubs/E-project/Available/E-project-043013-155601/unrestricted/A_Study_of_Public_Acceptance_of_Autonomous_Cars.pdf.

89. https://newsroom.cisco.com/press-release-content?articleId=1184392.

90. http://www.fastcodesign.com/3054330/innovation-by-design/the-secret-ux-issues-that-will-make-or-break-autonomous-cars.

91. http://spectrum.ieee.org/automaton/robotics/artificial-intelligence/children-beating-up-robot.

92. http://blogs.wsj.com/digits/2016/01/21/human-driver-taking-over-from-computer-crashes-autonomous-car/.

93. http://thenextweb.com/insider/2015/11/25/these-defiant-robots-are-learning-to-reject-human-orders/.

94. Don Norman, *Emotional Design: Why We Love (or Hate) Everyday Things.* Basic Books, New York, 2004.

95. https://en.wikipedia.org/wiki/Three_Laws_of_Robotics.

96. Nick Bostrom, *Superintelligence: Paths, Dangers, Strategies.* Oxford University Press, Oxford, 2014.

97. Bryant Walker Smith, "Automated Vehicles Are Probably Legal in the United States," *Texas A&M Law Review* 1(411), 2014.

98. https://en.wikipedia.org/wiki/Locomotive_Acts.

99. https://www.dmv.ca.gov/portal/wcm/connect/dbcf0f21-4085-47a1-889f-3b8a64eaa1ff/AVRegulationsSummary.pdf?MOD=AJPERES.

100. "Next Milestone on the Road to Autonomous Driving: 'One More Christmas Present': Mercedes-Benz Receives Approval from Regional Council for the Next Generation Of Autonomous Vehicles," https://media.daimler.com/marsMediaSite/en/instance/ko.xhtml?oid=15142248.

101. http://ideas.4brad.com/alternative-specific-regulations-robo-cars-liability-doubling.

102. https://www.bloomberg.com/news/articles/2016-12-22/uber-pulls-self-driving-cars-from-california-for-arizona.

103. https://cyberlaw.stanford.edu/wiki/index.php/Automated_Driving:_Legislative_and_Regulatory_Action.

104. https://www.transportation.gov/sites/dot.gov/files/docs/AV%20policy%20guidance%20PDF.pdf.

105. "Can Automated Driving Make People Love the EU?," https://www.2025ad.com/in-the-news/blog/automated-driving-conference-brussels/.

106. https://www.faa.gov/uas/.

107. http://diepresse.com/home/recht/rechtallgemein/5042568/Wenn-Vertraege-automatisiert-werden.

108. http://www.reuters.com/article/us-germany-autos-idUSKCN0ZY1LT.

109. Ferdinand Dudenhöffer, *Wer kriegt die Kurve? Zeitenwende in der Autoindustrie* (*Who Gets Their Act Together? A Turning Point in the Automotive Industry*). Campus, Frankfurt a. M., 2016.

110. "Battery Material Could Reduce Electric Car Weight," https://phys.org/news/2014-06-battery-electric-car-weight.html.

111. Sherry Turkle, *Alone Together: Why We Expect More from Technology and Less from Each Other*. Basic Books, New York, 2011.

112. P. W. Singer, *Wired for War: The Robotics Revolution and Conflict in the 21st Century*. Penguin, New York, 2009.

113. http://www.businessinsider.com/bmw-reveals-concept-interior-for-driverless-car-pictures-2017-1.

114. "Monetizing Car Data," http://www.mckinsey.com/industries/automotive-and-assembly/our-insights/monetizing-car-data.

115. "Waymo Could Be a $250 Billion Win for Alphabet, Jefferies

Says (GOOGL)," https://markets.businessinsider.com/news/ stocks/alphabet-stock-waymo-could-be-a-250-billion-deal-jefferies-says-2018-12-1027823079.

116. Fabio Caiazzo, Akshay Ashok, Ian A. Waitz, et al., "Air Pollution and Early Deaths in the United States," *Atmospheric Environment* 79, November 2013.

117. "Autonomous Taxis Could Greatly Reduce Greenhouse-Gas Emissions of US Light-Duty Vehicles," http://www.nature.com/ articles/nclimate2685.epdf.

118. "Cost and Weight Added by the Federal Motor Vehicle Safety Standards for Model Years 1968-2001 in Passenger Cars and Light Trucks," https://icsw.nhtsa.gov/cars/rules/regrev/evaluate/809834.html.

119. Michael Anderson, Maximilian Auffhammer, "Pounds That Kill: The External Costs of Vehicle Weight," *Review of Economic Studies* 81(Suppl. 2), 535–571, 2014, http://www.nber.org/ papers/w17170.

120. https://www.google.com/selfdrivingcar/reports/.

121. "Uber's Autonomous Cars Drove 20,354 Miles and Had to Be Taken Over at Every Mile, According to Documents," http:// www.recode.net/2017/3/16/14938116/uber-travis-kalanick-self-driving-internal-metrics-slow-progress.

122. "Waymo One: The Next Step on Our Self-Driving Journey," https://medium.com/waymo/waymo-one-the-next-step-on-our-self-driving-journey-6d0c075b0e9b.

123. "10 Cities at the Forefront of Automated Driving," https:// www.2025ad.com/in-the-news/blog/driverless-cities/.

124. http://www.gizmag.com/google-reveals-lessons-learned-from-self-driving-car-program/37481/.

125. http://www.theverge.com/2016/4/27/11517926/googles-self-driving-car-graduating-alphabet-x.

126. https://www.technologyreview.com/s/601297/a-simple-way-to-hasten-the-arrival-of-self-driving-cars/.

127. "2015 Urban Mobility Scorecard," Texas Transportation Institute, http://tti.tamu.edu/documents/mobility-scorecard-2015-wappx.pdf.

128. European Commission, http://ec.europa.eu/transport/themes/urban/urban_mobility/.

129. "CEBR: 50% Rise in Gridlock Costs by 2030," https://www.cebr.com/reports/the-future-economic-and-environmental-costs-of-gridlock/.

130. Tom Vanderbilt, *Traffic*. Allen Lane, London, 2008.

131. Daniel Sperling, Deborah Gordon, "Two Billion Cars," *Transportation Research News*, December 2008, http://onlinepubs.trb.org/onlinepubs/trnews/trnews259billioncars.pdf.

132. http://www.tomtom.com/en_gb/trafficindex/.

133. "Record Number of Miles Driven in U.S. Last Year," http://www.npr.org/sections/thetwo-way/2017/02/21/516512439/record-number-of-miles-driven-in-u-s-last-year.

134. Ferdinand Dudenhöffer, *Wer kriegt die Kurve? Zeitenwende in der Autoindustrie* (*Who Gets Their Act Together? A Turning Point in the Automotive Industry*). Campus, Frankfurt a. M., 2016.

135. "Ford: Skip Level 3 Autonomous Cars—Even Engineers Supervising Self-Driving Vehicle Testing Lose 'Situational Awareness,'" https://cleantechnica.com/2017/02/20/ford-skip-level-3-autonomous-cars-even-engineers-supervising-self-driving-vehicle-testing-lose-situational-awareness/.

136. M. Jeon, A. Riener, J. Sterkenburg, et al. *An International Survey on Autonomous and Electric Vehicles; Austria, Germany, South Korea and USA*. ACM, 2016.

137. Don Tapscott, Alex Tapscott, *Die Blockchain Revolution* (*The Blockchain Revolution*). Plassen, Kulmbach, 2016.

138. http://www.umich.edu/%7Eumtriswt/PDF/UMTRI-2015-12_Abstract_English.pdf.

139. https://techcrunch.com/2016/07/13/land-rovers-lead-engi-

neer-explains-autonomous-off-road-driving/.

140. https://autoweek.com/article/car-news/watch-audis-autonomous-rs-7-fly-around-hockenheim-circuit.

141. http://www.theverge.com/2016/6/15/11944112/self-racing-cars-george-hotz-polysync-autonomoustuff-thunderhill.

142. http://selfracingcars.com/.

143. http://roborace.com/.

144. http://robogames.net.

145. https://www.nature.com/articles/nclimate2685.epdf.

146. http://link.springer.com/chapter/10.1007%2F978-3-319-05990-7_13.

147. http://papers.sae.org/2012-01-0494/.

148. "Scania Takes Lead with Full-Scale Autonomous Truck Platoon," https://www.scania.com/group/en/scania-takes-lead-with-full-scale-autonomous-truck-platoon/.

149. https://nacfe.org/technology/two-truck-platooning/.

150. https://www.whitehouse.gov/the-press-office/2014/02/18/fact-sheet-opportunity-all-improving-fuel-efficiency-american-trucks-bol.

151. https://www.epa.gov/ghgemissions/sources-greenhouse-gas-emissions.

152. "Help or Hindrance? The Travel, Energy and Carbon Impacts of Highly Automated Vehicles," http://www.sciencedirect.com/science/article/pii/S0965856415002694.

153. http://www.recycle-steel.org/steel-markets/automotive.aspx.

154. https://www.daimler.com/karriere/jobsuche/standorte/detailseiten/standort-detailseite-18184.html.

155. http://gomentumstation.net/.

156. https://www.engadget.com/2016/09/30/cali-unmanned-autonomous-trials/.

157. http://www.reuters.com/article/us-usa-selfdriving-idU-SKBN1A41UK.

158. http://www.mtc.umich.edu/test-facility.

159. "Michigan Lets Autonomous Cars on Roads Without Human Driver," http://fox17online.com/2016/12/09/michigan-lets-autonomous-cars-on-roads-without-human-driver/.

160. https://techcrunch.com/2016/11/22/michigans-335-acre-willow-run-autonomous-car-test-facility-breaks-ground/.

161. https://www.acmwillowrun.org/.

162. https://news.kettering.edu/news/kettering-university-gm-mobility-research-center-will-position-flint-and-michigan-forefront; http://www.vtti.vt.edu/.

163. http://www.mynews13.com/content/news/cfnews13/news/article.html/content/news/articles/bn9/2016/9/26/construction_of_polk.html.

164. https://backchannel.com/license-to-not-drive-6dbea84b9c45#.dw3t23da7.

165. "Ford's Dozing Engineers Side with Google in Full Autonomy Push." https://www.bloomberg.com/news/articles/2017-02-17/ford-s-dozing-engineers-side-with-google-in-full-autonomy-push.

166. https://www.transportation.gov/briefing-room/dot1717.

167. http://www.iwkoeln.de/presse/pressemitteilungen/beitrag/autonomes-fahren-deutsche-starten-von-guter-basis-286200.

168. "In München fahren bald Geister-BMWs" (Ghost BMWs Soon to Drive Around Munich), https://www.welt.de/wirtschaft/article159973041/In-Muenchen-fahren-bald-Geister-BMWs.html.

169. "Next Milestone on the Road to Autonomous Driving: 'One More Christmas Present': Mercedes-Benz Receives Approval from Regional Council for the Next Generation of Autonomous Vehicles," https://media.daimler.com/marsMediaSite/en/instance/ko.xhtml?oid=15142248.

170. "Please Get on Board, Today Without a Driver," http://www. spiegel.de/auto/aktuell/autonomes-fahren-pilotprojekte-in-hamburg-kassel-und-berlin-a-1126368.html.

171. "A Test Track for the Traffic of the Future Is Under Construction in Berlin," https://www.wired.de/collection/tech/digitale-teststrecke-diginet-ps-selbstfahrende-autos-berlin-tu-strasse-17-juni.

172. http://www.govtech.com/fs/Will-US-83-Become-the-First-Driverless-Highway.html.

173. "Google, Ford, Uber Launch Coalition to Further Self-Driving Cars," http://www.reuters.com/article/us-autos-selfdriving-idUSKCN0XN1F1.

174. http://bbj.hu/business/pm-announces-plans-to-build-test-track-for-self-driving-cars-_116326.

175. Press Release: "AVL Testing a Self-Driving Car on Austrian Highways for the First Time," https://www.avl.com/press-releases-2016/-/asset_publisher/AFDAj3gOfDFk/content/press-release-avl-testet-erstmals-selbstfahrendes-auto-auf-osterreichischer-autobahn; "Self-Driving Cars: Test Tracks in Salzburg," http://salzburg.orf.at/news/stories/2815254/.

176. "Autonomous Shuttles in the Center of Sion," https://actu.epfl.ch/news/autonomous-shuttles-in-the-center-of-sion/.

177. "Ford Will Begin Testing Self-Driving Cars in Europe in 2017," https://techcrunch.com/2016/11/29/ford-will-begin-testing-self-driving-cars-in-europe-in-2017/.

178. "Nissan Hopes to Test Driverless Cars on London Roads Next Month," https://arstechnica.com/cars/2017/01/nissan-test-driverless-cars-london-roads/.

179. "Automated Vehicles Coming to Ontario Roads," https://news.ontario.ca/mto/en/2016/11/automated-vehicles-coming-to-ontario-roads.html.

180. "Finally, There's a Company with the Courage to Test Driverless Cars on Indian Roads," https://qz.com/887754/tata-elx-

si-finally-theres-a-company-with-the-courage-to-test-dri-verless-cars-on-indian-roads/.

181. "Russia's Self-Driving Car Company Is Coming for the World," https://www.inverse.com/article/29452-cognitive-pilot-russi-an-autonomous-car-system.

182. "Meet Zoox, the Robo-Taxi Startup Taking on Google and Uber," http://spectrum.ieee.org/transportation/advanced-cars/meet-zoox-the-robotaxi-startup-taking-on-google-and-uber.

183. http://www.internationaltransportforum.org/Pub/pdf/15CPB_Self-drivingcars.pdf.

184. "80% of Driverless Car Users Would 'Relax and Enjoy the Sce-nery,' Ford Survey Says," http://www.connectedcar-news.com/news/2016/nov/30/80-people-using-driverless-cars-would-re-lax-and-enjoy-scenery-ford-survey-says/.

185. "Driverless Cars Set to Save World Economies Billions—World Study," http:// www.gps.com.au/fleet-management-solutions/driverless-cars-set-to-save-world-economies-billions-world-study.

186. "Autonomous Drive Vehicles to Contribute €17 Trillion to European Economy by 2050," https://newsroom.nissan-glo-bal.com/releases/autonomous-drive-vehicles-to-contribute-17-trillion-to-european-economy-by-2050.

187. "Autonomous Cars: The Future Is Now," http://www.morgans-tanley.com/articles/autonomous-cars-the-future-is-now.

188. "Could Self-Driving Cars Spell the End of Ownership?," https://www.wsj.com/articles/could-self-driving-cars-spell-the-end-of-ownership-1448986572.

189. "Why Alphabet Thinks Minivans Make Perfect Self-Driving Taxis," https://www.technologyreview.com/s/602240/why-al-phabet-thinks-minivans-make-perfect-self-driving-taxis/.

190. "Female Crash Dummy Upends Safety Ratings for Some Top-Selling Cars," http://bangordailynews.com/2012/03/26/health/female-crash-dummy-upends-safety-ratings-for-some-top-selling-cars/.

191. "When Bias in Product Design Means Life or Death," https://techcrunch.com/2016/11/16/when-bias-in-product-design-means-life-or-death/.

192. "Autos der Zukunft: Forscher stellen erst mal die richtigen Fragen" (Cars of the Future: Researchers First Asking the Right Questions), http://www.zeit.de/mobilitaet/2016-12/auto-zukunft-renault-nissan-forschung-autonomes-fahren.

193. "Why Self-Driving Cars 'Can't Even' with Construction Zones," https://www.wired.com/2017/02/self-driving-cars-cant-even-construction-zones/.

194. https://techcrunch.com/2016/06/11/investment-opportunities-in-the-autonomous-vehicle-space/.

195. "Udacity Self-Driving Car Software," https://github.com/udacity/self-driving-car; "Udacity Self-Driving Car Simulator," https://github.com/udacity/self-driving-car-sim.

196. "Open Pilot," https://github.com/commaai/openpilot.

197. http://oscc.io/.

198. http://opensourcesdc.com/.

199. http://www.cvlibs.net/datasets/kitti/.

200. http://mscoco.org/dataset/#download.

201. "How Far Are We from Solving Pedestrian Detection?," https://www.mpi-inf.mpg.de/departments/computer-vision-and-multimodal-computing/research/people-detection-pose-estimation-and-tracking/how-far-are-we-from-solving-pedestrian-detection/.

202. http://host.robots.ox.ac.uk/pascal/VOC/index.html.

203. https://www.cityscapes-dataset.com/downloads/.

204. http://spectrum.ieee.org/cars-that-think/transportation/self-driving/why-ai-makes-selfdriving-cars-hard-to-prove-safe.

8 「嗨！」當車子彼此交談 —— 車聯網相關發展

1. "In Japan, Priuses Can Talk to Other Priuses," https://techcrunch.com/2016/08/16/in-japan-priuses-can-talk-to-other-priuses/.

2. "Audi Crosslinks Cars with Traffic Lights in Las Vegas," http://www.golem.de/news/verkehrssteuerung-audi-vernetzt-autos-mit-ampeln-in-las-vegas-1612-124937.html.

3. http://techcrunch.com/2016/01/28/security-and-privacy-standards-are-critical-to-the-success-of-connected-cars/.

4. https://www.wired.com/2015/07/hackers-remotely-kill-jeep-highway/.

5. Crag Smith, *The Car Hacker's Handbook: A Guide for the Penetration Tester*, http://opengarages.org/index.php/Car_Hacker%27s_Handbook.

6. "Tesla's Car Data Network Is Down in the US, It's a 'Top Priority' and 'Currently Being Fixed,'" https://electrek.co/2016/08/15/teslas-car-data-network-down-in-the-us-its-a-top-priority-currently-being-fixed/.

7. http://www.openautoalliance.net/.

8. http://www.autosar.org/.

9. https://www.weforum.org/agenda/2016/03/this-chinese-city-plans-to-track-all-cars-electronically/.

10. https://incardelivery.volvocars.com.

11. "Microsoft Launches a New Cloud Platform for Connected Cars," https://techcrunch.com/2017/01/05/microsoft-launches-a-new-cloud-platform-for-connected-cars/.

12. "Gartner Says by 2020, a Quarter Billion Connected Vehicles Will Enable New In-Vehicle Services and Automated Driving Capabilities," https://www.gartner.com/en/newsroom/press-releases/2015-01-26-gartner-says-by-2020-a-quarter-billion-connected-vehicles-will-enable-new-in-vehicle-services-and-automated-driving-capabilities.

13. "How Connected Cars Are Turning into Revenue-Generating Machines," https://techcrunch.com/2016/08/28/how-connected-cars-are-turning-into-revenue-generating-machines/.

14. "5G Will Help Autonomous Cars Cruise Streets Safely," http://www.itworld.com/article/3173850/consumer-electronics/5g-will-help-autonomous-cars-cruise-streets-safely.html.

15. "Average Speed of Internet Connections in the Leading Countries Worldwide in the 3rd Quarter 2016 (in Mbit/s)," https://de.statista.com/statistik/daten/studie/224924/umfrage/internet-verbindungsgeschwindigkeit-in-ausgewaehlten-weltweiten-laendern/.

16. "Elon Musk's Sleight of Hand," https://medium.com/@gavins-blog/elon-musk-s-sleight-of-hand-ea2b078ed8e6.

17. "Why Auto Designs Take So Long," http://semiengineering.com/designing-for-safety/.

18. "Uber's Big China Rival: 'The Market Will Pick the Best,'" http://money.cnn.com/2016/05/19/technology/jean-liu-didi-chuxing/.

19. "How a Global Alliance Against Uber Could Topple Its Monopoly," http://www.inc.com/alex-moazed/how-a-global-alliance-against-uber-could-topple-its-monopoly.html.

20. "Uber Sells China Operations to Didi Chuxing," http://www.wsj.com/articles/china-s-didi-chuxing-to-acquire-rival-uber-s-chinese-operations-1470024403.

21. "Where Do All the Cabs Go in the Late Afternoon?," http://www.nytimes.com/2011/01/12/nyregion/12taxi.html?_r=0.

22. "Taxi Owners, Lenders Sue New York City over Uber," http://www.reuters.com/article/us-newyorkcity-taxis-uber-idUSKCN0T700J20151118.

23. http://www.schipholtaxi.nl/en/.

24. http://www.handelsblatt.com/unternehmen/industrie/verordnung-bremst-elektroautos-meine-teslas-kann-ich-einstampfen/19292188.html.

25. "Update: Percentage of Young Persons with a Driver's License Continues to Drop," http://www.tandfonline.com/doi/abs/10.1080/15389588.2012.696755#.VnIFCcp325g.

26. http://www.kbb.com/car-news/all-the-latest/uber-wont-kill-car-sales-but-ride_sharing-may-affect-what-we-buy/2000010954/#survey.

27. http://www.zipcar.com/; Jeremy Rifkin, *The Zero Marginal Cost Society*. Palgrave Macmillan, New York, 2014.

28. https://www.bcgperspectives.com/content/articles/automotive-whats-ahead-car-sharing-new-mobility-its-impact-vehicle-sales/?chapter=8#chapter8.

29. "No Parking Here," http://www.motherjones.com/environment/2016/01/future-parking-self-driving-cars.

30. https://boostbybenz.com/aboutus.

31. https://flightcar.com/.

32. https://techcrunch.com/2016/12/15/mercedes-launches-car-sharing-service-croove/.

33. "Renault-Nissan Alliance and Transdev to Jointly Develop Driverless Vehicle Fleet System for Future Public and On-Demand Transportation," http://media.renault.com/global/en-gb/Media/PressRelease.aspx?mediaid=87743.

34. http://www.car2come.com/.

35. Panel Mobility Innovators Forum, Stanford, August 5, 2016.

36. "Why New Yorkers Can't Find a Taxi When It Rains," http://www.citylab.com/ weather/2014/10/why-new-yorkers-cant-find-a-taxi-when-it-rains/381652/.

37. "Taxi Drivers and Beauty Contests," http://people.hss.caltech.edu/~camerer/Camerer%20Feature.pdf.

38. Morgan Stanley Research, Amnon Shashua CVPR 2016 Keynote: "Autonomous Driving, Computer Vision and Machine Learning," https://youtu.be/n8T7A3wqH3Q.

39. Margaret Derry, *Horses in Society: A Story of Animal Breeding*

and Marketing, 1800-1920. University of Toronto Press, Toronto, p. 131.

40. http://data.worldbank.org/indicator/SP.URB.TOTL.IN.ZS.

41. United Nations, "A World of Cities," August 2014, http://www.un.org/en/development/desa/population/publications/pdf/popfacts/PopFacts_2014-2.pdf.

42. https://en.wikipedia.org/wiki/List_of_cities_in_China_by_population_and_built-up_area.

43. McKinsey Global Institute, "Preparing for China's Urban Billion," February 2009, http://www.mckinsey.com/global-themes/urbanization/preparing-for-chinas-urban-billion.

44. http://www.fastcompany.com/3060860/what-saudi-women-really-think-about-their-countrys-investment-in-uber.

45. https://newsroom.uber.com/us-illinois/dui-rates-decline-in-uber-cities/.

46. "Impacts of Car2Go on Vehicle Ownership, Modal Shift, Vehicle Miles Traveled, and Greenhouse Gas Emissions: An Analysis of Five North American Cities," http://innovativemobility.org/wp-content/uploads/2016/07/Impactsofcar2go_FiveCities_2016.pdf.

47. "Welcome to Uberville: Uber Wants to Take Over Public Transit, One Small Town at a Time," http://www.theverge.com/2016/9/1/12735666/uber-altamonte-springs-fl-public-transportation-taxi-system.

48. https://kurier.at/chronik/wien/wien-verdacht-auf-steuerbetrug-bei-taxiunternehmen/232.621.667.

49. https://techcrunch.com/2016/12/21/new-regulations-could-limit-didis-taxi-on-demand-service-in-chinas-top-cities.

50. Tom Slee, *What's Yours Is Mine: Against the Sharing Economy.* OR Books, 2017.

51. Don Tapscott, Alex Tapscott, *Blockchain Revolution: How the Technology Behind Bitcoin Is Changing Money, Business, and the World.* Portfolio, 2016.

52. https://en.wikipedia.org/wiki/Communications_Decency_Act.

53. Mike Hearn, "Future of Money," Turing Festival, Edinburgh, Scotland, August 23, 2013, http://www.slideshare.net/mikehearn/future-of-money-26663148.

54. Don Tapscott, Alex Tapscott, *Blockchain Revolution: How the Technology Behind Bitcoin Is Changing Money, Business, and the World.* Portfolio, 2016.

55. "La'Zooz: The Decentralized, Crypto-Alternative to Uber," http://www.shareable.net/blog/lazooz-the-decentralized-crypto-alternative-to-uber.

9　研究、創新、顛覆——更多錢，更多性能

1. http://www.strategyand.pwc.com/innovation1000.

2. http://www.faz.net/aktuell/wirtschaft/wirtschaft-in-zahlen/grafik-des-tages-tesla-forscht-und-forscht-14488476.html.

3. "Europe's Innovation Deficit Isn't Disappearing Any Time Soon," https://www.washingtonpost.com/news/innovations/wp/2015/06/08/europes-innovation-deficit-isnt-disappearing-any-time-soon/.

4. Mary Meeker, "Internet Trends 2015 = Code Conference," https://www.kleinerperkins.com/perspectives/2015-internet-trends.

5. https://www.strategyand.pwc.com/gx/en/insights/innovation1000.html.

6. Fred Block, Matthew R. Keller, "Where Do Innovations Come From? Transformations in the U.S. National Innovation System 1970-2006," report issued by the Information Technology and Innovation Foundation, July 2008, http://www.itif.org/files/Where_do_innovations_come_from.pdf.

7. Sadao Nagaoka, John P. Walsh, "The R&D Process in the U.S. and Japan: Major Findings from the RIETI-Georgia Tech Inventor Survey," working paper from the Research Institute of

Economy, Trade and Industry, July 5, 2009, http://www.rieti.go.jp/jp/publications/dp/09e010.pdf.

8. Mary Tripsas, Giovanni Gavetti, "Capabilities, Cognition, and Inertia: Evidence from Digital Imaging," *Strategic Management Journal* 21:1147-1161, 2000.

9. http://www.reuters.com/article/us-audi-strategy-idUSKCN1030HW.

10. http://www.manager-magazin.de/unternehmen/autoindustrie/porsche-1500-jobs-fuer-mission-e-und-gegen-tesla-a-1104843.html.

11. "Toyota Loses Sales Crown to VW as U.S. Trade Barriers Loom," https://www.bloomberg.com/news/articles/2017-01-30/toyota-loses-sales-crown-to-vw-as-threat-of-trade-barriers-looms?xing_share=news.

12. Jonathan Tepperman, *The Fix: How Nations Survive and Thrive in a World in Decline.* Tim Duggan Books, New York, 2016.

10 時幅——將發生什麼，何時發生？

1. http://www.pri.org/stories/2012-11-02/energy-costs-oil-production.

2. http://www.eia.gov/Energyexplained/index.cfm?page=oil_refining.

3. https://en.wikipedia.org/wiki/Internal_combustion_engine.

4. http://techcrunch.com/2016/06/01/an-open-letter-to-tesla-and-google-on-driverless-cars/.

5. http://www.kurzweilai.net/autonomous-vehicles-might-have-to-be-test-driven-tens-or-hundreds-of-years-to-demonstrate-their-safety; http://electrek.co/2016/06/03/tesla-share-autopilot-data-department-of-transport/.

6. http://www.abc.net.au/news/2015-10-18/rio-tinto-opens-worlds-first-automated-mine/6863814.

7. http://www.businessinsider.com/interview-gett-ceo-sha-

har-waiser-uber-automation-plans-future-self-driving-taxis-vw-2016-12.

8. http://qz.com/781113/how-florida-became-the-most-import-ant-state-in-the-race-to-legalize-self-driving-cars/.

9. http://www.ncsl.org/research/transportation/autonomous-ve-hicles-self-driving-vehicles-enacted-legislation.aspx.

10. http://www.usinenouvelle.com/article/la-france-autorise-les-tests-de-voitures-autonomes-sur-ses-routes.N422102.

11. https://electrek.co/2016/08/16/ford-fully-autonomous-cars-high-volume-available-2021/.

12. "Who Will Build the Next Great Car Company?," http://fortune.com/self-driving-cars-silicon-valley-detroit/.

13. https://de.statista.com/statistik/daten/studie/183003/umfrage/pkw---gefahrene-kilometer-pro-jahr/.

14. *Your Driving Cuts: How Much Are You Really Paying to Drive?* American Automobile Association, Washington, DC, 2015.

15. "Number of U.S. Aircraft, Vehicles, Vessels, and Other Conveyances," http://www.rita.dot.gov/bts/sites/rita.dot.gov.bts/files/publications/national_transportation_statistics/html/table_01_11.html.

16. "3.2 Trillion Miles Driven on U.S. Roads in 2016," https://www.fhwa.dot.gov/pressroom/fhwa1704.cfm.

17. "The Coming Nightmare for the Car Industry," http://robohub.org/the-coming-nightmare-for-the-car-industry/.

18. Alison Chaiken, http://she-devel.com/.

19. http://www.digitaltrends.com/cars/tesla-fremont-factory-drives-bay-area-manufacturing-growth/.

20. http://www.spiegel.de/auto/aktuell/zulieferer-die-heimlichen-autohersteller-a-1108529.html.

21. http://www.bain.com/publications/articles/winning-in-europe-truck-strategies-for-the-next-decade.aspx.

22. American Trucking Association, http://www.trucking.org/_
layouts/ATARedesign/News_and_Information_Reports_In-
dustry_Data.aspx.

23. "Number of U.S. Aircraft, Vehicles, Vessels, and Other Con-
veyances," http://www.rita.dot.gov/bts/sites/rita.dot.gov.bts/
files/publications/national_transportation_statistics/html/
table_01_11.html; "Large Truck and Bus Crash Facts 2014,"
https://www.fmcsa.dot.gov/safety/data-and-statistics/large-
truck-and-bus-crash-facts-2014; "Fatality Analysis Reporting
System (FARS)," https://www-fars.nhtsa.dot.gov/Main/index.
aspx.

24. "Tractor-Trailers Without a Human at the Wheel Will Soon
Barrel onto Highways Near You. What Will This Mean for
the Nation's 1.7 Million Truck Drivers?," https://www.techno-
logyreview.com/s/603493/10-breakthrough-technologies-
2017-self-driving-trucks/.

25. http://www.strategyand.pwc.com/media/file/The-era-of-digiti-
zed-trucking.pdf.

26. "Otto and Budweiser: First Shipment by Self-Driving Truck,"
https://youtu.be/Qb0Kzb3haK8.

27. http://embarkdrive.com/.

28. http://peloton-tech.com/.

29. http://starsky.io/.

30. "Baidu Unveils Self-Driving Truck with Foton," http://usa.chi-
nadaily.com.cn/ business/2016-11/16/content_27395804.htm.

31. http://www.tusimple.com/.

32. "First Self-Driving 'Pod' Unleashed on Britain's Streets," http://
www.telegraph.co.uk/technology/news/11866132/First-self-
driving-pod-unleashed-on-Britains-roads.html.

33. "CITY eTAXI—Complete ShowCar at the CeBIT," https://
www.electrive.net/2017/01/30/city-etaxi-fertiges-leichtbau-
fahrzeug-auf-der-cebit/.

34. http://litmotors.com/.

35. "BMW's Self-Balancing Motorcycle of Tomorrow," http://money.cnn.com/2016/10/11/technology/bmw-next100-motorrad-motorcycle/.

36. http://de.statista.com/statistik/daten/studie/37088/umfrage/anteile-der-wirtschaftssektoren-am-bip-ausgewaehlter-laender/.

37. "Freelancing in America: A National Survey of the New Workforce," https://www.slideshare.net/oDesk/global-freelancer-surveyresearch-38467323.

38. http://de.statista.com/statistik/daten/studie/1376/umfrage/anzahl-der-erwerbstaetigen-mit-wohnort-in-deutschland/.

39. http://de.statista.com/statistik/daten/studie/158665/umfrage/freie-berufe---selbststaendige-seit-1992/.

40. http://www.nachhaltig-selbstaendig.at/ein-personen-unternehmen-in-oesterreich/.

41. http://de.statista.com/statistik/daten/studie/30703/umfrage/beschaeftigtenzahl-in-der-automobilindustrie/.

42. http://www.npr.org/sections/money/2015/05/21/408234543/will-your-job-be-done-by-a-machine.

43. "A To-Do List for the Tech Industry," *Wired Magazine*, November 2016, https://www.wired.com/2016/10/obama-six-tech-challenges/.

44. http://de.statista.com/statistik/daten/studie/294128/umfrage/anzahl-der-berufskraftfahrer-im-gueterverkehr/.

45. http://de.statista.com/statistik/daten/studie/294138/umfrage/anzahl-der-berufskraftfahrer-in-den-usa/.

46. "Map: The Most Common Job in Every State," http://www.npr.org/sections/money/2015/02/05/382664837/map-the-most-common-job-in-every-state.

47. "Trucking Industry: One Out of Three Trucks to Be Semi-autonomous by 2025, https://www.mckinsey.de/deliveringchange.

48. http://taxipedia.info/zahlen-und-fakten/.

49. "Study on Passenger Transport by Taxi, Hire Car with Driver and Ridesharing in the EU," http://www.astrid-online.it/static/upload/2016/2016-09-26-country-reports.pdf.

50. "Elektro-Autos: Wie viele Jobs fallen weg?" (Electric Vehicles: How Many Jobs Are Lost?), http://www.daserste.de/information/wirtschaft-boerse/plusminus/sendung/elektro-auto-mobilitaet-arbeit100.html.

51. "Daimler-Betriebsrat fürchtet Jobschwund durch E-Autos" (Daimler Worker's Council Fears Loss of Jobs Because of Electric Vehicles), http://derstandard.at/2000044550931/Daimler-Betriebsrat-fuerchtet-Jobschwund-durch-E-Autos.

52. http://www.spiegel.de/auto/aktuell/ig-metall-fordert-rasche-abkehr-von-benzin-und-dieselautos-a-1119779.html.

53. "Car Suppliers Vie for Major Role in Self-Driving Boom," https://www.wsj.com/articles/car-suppliers-vie-for-major-role-in-self-driving-boom-1483980527; "For Suppliers, Self-Driving Payday Nears: Sensor, Software Boom Expected by 2020," http://www.autonews.com/article/20160704/RETAIL01/307049984/for-suppliers-self-driving-payday-nears.

54. "Statistik zeigt: Anzahl der Fahrlehrer sinkt weiter, Trend zu angestellten Fahrlehrern" (Statistics Show Decreasing Numbers of Driving Instructors, Trend to Employed Driving Instructors), http://www.moving-roadsafety.com/wp-content/uploads/2016/04/2016-04-29-PM-Fahrlehrerstatistik-2016-Presse.pdf.

55. "Stifterverband für die Deutsche Wissenschaft e.V.: Zahlen und Fakten aus der Wissenschaftsstatistik" (Figures and Facts from the Science Statistics), January 2011, http://www.stifterverband.de/pdf/fue_facts_2011-01.pdf.

56. "Garagisten geht wegen Tesla-Boom die Arbeit aus" (Garage Owners Out of Work Due to Tesla Boom), http://www.20min.ch/finance/news/story/25771189#videoid=524953?redirect=mobi&nocache=0.15413772621585423.

57. Automotive Service Technicians and Mechanics, https://www. bls.gov/ooh/installation-maintenance-and-repair/automotive-service-technicians-and-mechanics.htm.

58. "Number of Employees in the U.S. Motor Vehicle and Parts Dealer Industry from 2007 to 2018 (in 1,000s)," https://www. statista.com/statistics/276514/automotive-dealer-industry-employees-in-the-united-states/.

59. Terry Tamminen, *Lives per Gallon: The True Cost of Our Oil Addiction*. Island Press, Washington, DC, 2006.

60. Catherine Lutz, Anne Lutz Fernandez, *Carjacked: The Culture of the Automobile and Its Effect on Our Lives*. St. Martin's Press, New York, 2010.

61. http://www.sourcewatch.org/index.php/Coal_and_jobs_in_ the_United_States; https://de.statista.com/statistik/daten/ studie/185209/umfrage/belegschaft-im-steinkohlebergbau-in-deutschland-seit-1950/.

62. "Number of Service Stations in Germany from 1950 to 2016," https://de.statista.com/statistik/daten/studie/2621/umfrage/ anzahl-der-tankstellen-in-deutschland-zeitreihe/.

63. "Cars and Second-Order Consequences," http://ben-evans. com/benedictevans/2017/3/20/cars-and-second-order-conse-quences.

64. "Convenience Stores Hit Record In-Store Sales in 2015," http:// www.nacsonline.com/Media/Press_Releases/2016/Pages/ PR041216-2.aspx#.WOMZE461vUL.

65. "Self-Driving Cars to Cut U.S. Insurance Premiums 40%, Aon Says," http://www.chicagotribune.com/business/ct-self-dri-ving-cars-insurance-premiums-20160912-story.html.

66. "The Future of Motor Insurance: How Car Connectivity and ADAS Are Impacting the Market," http://media.swissre.com/ documents/HERE_Swiss%20Re_white%20paper_final.pdf.

67. "Tesla Enters Car Insurance Business as Self-Driving Cars Pre-pare to Disrupt the Industry," https://electrek.co/2016/08/30/

tesla-enters-car-insurance-business-self-driving-cars-prepare-disrupt-industry/.

68. "Tesla Wants to Sell Future Cars with Insurance and Maintenance Included in the Price," http://www.businessinsider.com/tesla-cars-could-come-with-insurance-maintenance-included-2017-2.

69. https://optn.transplant.hrsa.gov/media/1161/ddps_03-2015.pdf.

70. http://fortune.com/2014/08/15/if-driverless-cars-save-lives-where-will-we-get-organs/.

71. http://docplayer.net/38025619-How-airbnb-combats-middle-class-income-stagnation-by-gene-sperling.html.

72. "Flying Cars Are Closer Than You Think," http://www.theverge.com/a/verge-2021/marc-andreessen-horowitz-verge-interview.

11 波浪效應與信念躍進 ——「齊步走！」

1. https://www.youtube.com/watch?v=Uj-rK8V-rik.

2. https://en.wikipedia.org/wiki/Lost_time.

3. "Light Traffic | MIT Senseable City Lab," https://www.youtube.com/watch?v=4CZc3erc_l4.

4. "Rush Hour Intersection Traffic Condensed into One Minute," https://youtu.be/HFrrdhbC6pg.

5. T. Nagatani, "Traffic Jam Induced by Fluctuation of a Leading Car," *Physical Review E* 61, 2000.

6. https://youtu.be/7wm-pZp_mi0.

7. "The Present and Future of Trucking, Our Country's Broken, Inefficient Economic Backbone," https://techcrunch.com/2016/11/02/the-present-and-future-of-trucking-our-countrys-broken-inefficient-economic-backbone/.

8. "China's Driverless Trucks Are Revving Their Engines," https://

www.technologyreview.com/s/602854/chinas-driverless-trucks-are-revving-their-engines/.

9. https://freight.uber.com/.

10. "Amazon Is Secretly Building an 'Uber for Trucking' App, Setting Its Sights on a Massive $800 Billion Market," http://www.businessinsider.com/amazon-building-uber-for-trucking-app-2016-12.

11. "Intel Announces $250 Million for Autonomous Driving Tech," https://techcrunch.com/2016/11/15/intel-announces-250-million-for-autonomous-driving-tech/.

12. "Bumps in the Road to Self-Driving Car Storage," http://it-knowledgeexchange.techtarget.com/storage-disaster-recovery/bumps-in-the-road-to-self-driving-car-storage/.

13. "Data Storage Issues Grow for Cars," http://semiengineering.com/data-issues-grow-for-cars/.

14. "Data to Become New Profit Centre for Car Makers," http://www.telegraph.co.uk/technology/news/12033458/Data-to-become-new-profit-centre-for-car-makers.html.

15. "Joint Statement from the Conference of German Federal and State Independent Data Protection Authorities and the German Association of the Automotive Industry (VDA)," https://www.vda.de/de/themen/innovation-und-technik/vernetzung/gemeinsame-erklaerung-vda-und-datenschutzbehoerden-2016.html.

16. "Three Sneaky Ways Google Wins with Android Auto," http://www.wired.com/2014/06/android-auto-2/.

17. "How Ford Has Slammed the Door on Silicon Valley's Autonomous Vehicles Drive," https://www.theregister.co.uk/2017/03/27/keep_out_how_ford_is_keeping_silicon_valley_out_of_autonomous_vehicles/.

18. https://www.accenture.com/us-en/service-connected-vehicle.

19. https://caruma.tech/.

20. "Monetizing Car Data," http://www.mckinsey.com/industries/

automotive-and-assembly/our-insights/monetizing-car-data.

21. https://www.transportation.gov/sites/dot.gov/files/docs/AV%20policy%20guidance%20PDF.pdf.

22. https://techcrunch.com/2016/09/20/federal-policy-for-self-driving-cars-pushes-data-sharing/.

23. http://www.bloomberg.com/news/articles/2016-05-03/fiat-google-said-to-plan-partnership-on-self-driving-minivans.

24. http://www.bbc.com/news/technology-36912700.

25. http://techcrunch.com/2016/01/26/lyft-cabify-99taxis-others-to-integrate-wazes-routing-software-in-their-own-apps/.

26. https://maps.apple.com/vehicles/.

27. http://techcrunch.com/2016/01/05/here-launches-cloud-based-maps-for-automated-driving/.

28. http://www.usatoday.com/story/tech/news/2015/12/28/heres-3d-maps-connected-cars-ces/77766922/.

29. http://www.bloomberg.com/news/articles/2016-03-13/race-to-guide-self-driving-cars-is-getting-another-competitor.

30. https://techcrunch.com/2015/06/29/uber-acquires-part-of-bings-mapping-assets-will-absorb-around-100-microsoft-employees/; http://www.theverge.com/2016/7/31/12338268/uber-maps-investment-500-million.

31. Amnon Shashua CVPR 2016 keynote: "Autonomous Driving, Computer Vision and Machine Learning," https://youtu.be/n8T7A3wqH3Q.

32. https://www.wired.com/2016/07/civil-maps-self-driving-car-autonomous-mapping-lidar/.

33. http://techcrunch.com/2016/06/01/mapbox-enters-the-autonomous-vehicle-market-with-mapbox-drive-an-sdk-for-cars/.

34. http://www.cultofmac.com/435571/mystery-vans-likely-making-3-d-road-maps-for-apples-self-driving-car/.

35. https://youtu.be/qu3ZuNjQMcQ.

36. http://www.autoblog.com/2016/03/28/volkswagen-egolf-recall-battery-software/.

37. http://www.wiwo.de/unternehmen/auto/funk-updates-tuev-fordert-nachpruefungen-fuer-frisierte-tesla-autos/13483414.html.

38. "Three Sneaky Ways Google Wins with Android Auto," https://www.wired.com/2014/06/android-auto-2/.

39. "Ford Is Adding Support for Apple CarPlay and Android Auto to Its Vehicles," http://techcrunch.com/2016/01/03/ford-is-adding-support-for-apple-carplay-and-android-auto-to-its-vehicles/.

40. "Warum Daimler sein Taxi-Geschäft riskiert?" (Why Does Daimler Risk Its Taxi Business?), http://www.spiegel.de/wirtschaft/unternehmen/daimler-legt-sich-wegen-mytaxi-und-car2go-mit-taxibranche-an-a-1074271.html.

41. "Uber's No-Holds-Barred Expansion Strategy Fizzles in Germany," https://www.nytimes.com/2016/01/04/technology/ubers-no-holds-barred-expansion-strategy-fizzles-in-germany.html?mabReward=A7&_r=0.

42. http://www.gallup.com/poll/1654/honesty-ethics-professions.aspx.

43. https://www.nada.org/WorkArea/DownloadAsset.aspx?id=21474839497.

44. "Multi-state Study of the Electric Vehicle Shopping Experience," https://www.scribd.com/document/321167667/1371-Rev-Up-EVs-Report-09-web-FINAL.

45. https://www.facebook.com/groups/50339366788/permalink/10154947776166789/?comment_id=10154948270041789&notif_t=group_comment_follow&notif_id=1483114784037106.

46. https://en.wikipedia.org/wiki/Tesla_US_dealership_disputes.

47. "Economic Effects of State Bans on Direct Manufacturer Sales to Car Buyers," May 2009, http://www.justice.gov/atr/econo-

mic-effects-state-bans-direct-manufacturer-sales-car-buyers.

48. http://app.handelsblatt.com/unternehmen/industrie/autoha-endler-hilferufe-aus-dem-industriegebiet/13689420.html.

49. Kim Hill, Debra Maranger Menk, Joshua Cregger, "Assessment of Tax Revenue Generated by the Automotive Sector for the Year 2013" Center for Automotive Research, January 2015, http://www.cargroup.org.

50. http://www.autoalliance.org/files/dmfile/2015-Auto-Industry-Jobs-Report.pdf.

51. https://www.destatis.de/DE/Themen/Gesellschaft-Umwelt/Umwelt/Publikationen/Umweltnutzung-Wirtschaft/umwelt-nutzung-und-wirtschaft-bericht-5850001147004.html.

52. https://www.bmf.gv.at/services/publikationen/Daten_und_Fakten_Steuer-_und_Zollverwaltung_2014.pdf.pdf?555a9o.

53. https://www.ezv.admin.ch/ezv/de/home/information-firmen/steuern-und-abgaben/einfuhr-in-die-schweiz/mineraloelsteu-er.html.

54. https://www.caranddriver.com/news/a15347274/nhtsa-chief-autonomous-cars-should-cut-death-rate-in-half/.

55. http://fortune.com/2015/10/07/volvo-liability-self-driving-cars/.

56. http://www.autonews.com/article/20160329/OEM11/160329864.

57. https://www.joinroot.com/.

58. http://www.trefis.com/stock/hig/articles/218036/an-analy-sis-of-the-u-s-personal-automobile-insurance-market-part-1/2013-12-05.

59. https://www.metromile.com/.

60. https://qz.com/124721/the-secret-financial-market-only-ro-bots-can-see/.

61. Department for Transport, Centre for Connected and Autono-mous Vehicles, "Pathway to Driverless Cars: Consultation on

Proposals to Support Advanced Driver Assistance Systems and Automated Vehicles," January 2017, https://assets.publishing.service.gov.uk/government/uploads/system/uploads/attachment_data/file/581577/pathway-to-driverless-cars-consultation-response.pdf.

62. "State of the Automotive Finance Market: A Look at Loans and Leases in Q2 2016," https://www.experian.com/assets/automotive/quarterly-webinars/2016-Q2-SAFM.pdf.

63. https://de.statista.com/statistik/faktenbuch/225/a/servicesleistungen/finanzen/autokredit/.

64. "Uber Is Trying to Lure New Drivers by Offering Bank Accounts," https://qz.com/533492/exclusive-heres-how-uber-is-planning-using-banking-to-keep-drivers-from-leaving/.

65. Brett King, *Augmented: Life in the Smart Lane*. Marshall Cavendish International, London, 2016.

66. "ZF, UBS and Innogy Innovation Hub Announce the Jointly Developed Blockchain Car eWallet," https://press.zf.com/press/en/releases/release_2638.html.

67. "The Death of Bank Products Has Been Greatly Under-Exaggerated," https://medium.com/@brettking/the-death-of-bank-products-has-been-greatly-under-exaggerated-153cdb21a5d4#.uo025qbh0.

68. Jeff Speck, *Walkable City: How Downtown Can Save America, One Step at a Time*. North Point Press, San Francisco, 2012.

69. WSP/Parsons Brinckerhoff, Farrells, "Making Better Places: Autonomous Vehicles and Future Opportunities," http://www.wsp-pb.com/Globaln/UK/WSPPB-Farrells-AV-whitepaper.pdf.

70. "8 Cities That Show You What the Future Will Look Like," http://www.wired.com/2015/09/design-issue-future-of-cities/.

71. "Smart City Company Telensa Lights Up $18M in Funding," https://techcrunch.com/2016/01/19/telensa/.

72. William Whyte, *City: Rediscovering the Center*. University of Pennsylvania Press, Philadelphia, 2009.

73. Chuck Kooshian, Steve Winkelman, "Growing Wealthier: Smart Growth, Climate Change and Prosperity," 2011, http:// growingwealthier.info/docs/growing_wealthier.pdf.

74. https://en.wikipedia.org/wiki/Marchetti%27s_constant.

75. Tom Vanderbilt, *Traffic*. Allen Lane, London, 2008.

76. Chris McCahill, Norman Garrick, Carol Atkinson-Palombo, "Visualizing Urban Parking Supply Ratios," Congress for the New Urbanism 22nd Annual Meeting, Buffalo, NY, June 4-7, 2014, https://www.cnu.org/sites/default/files/cnu22_visualizing_urban_parking_supply_ratios.pdf.

77. "Chinese City Wuhu Embraces Driverless Vehicles," http:// www.bbc.com/news/technology-36301911.

78. National League of Cities, "City of the Future," http://www. nlc.org/sites/default/files/2016-12/City%20of%20the%20Future%20FINAL%20WEB.pdf.

79. https://www.whitehouse.gov/blog/2015/12/07/american-innovation-autonomous-and-connected-vehicles.

80. https://www.transportation.gov/smartcity.

81. "This New Super-Sustainable Town Will Run on Solar Power and Use Driverless Cars for Public Transit," http://www.fastcoexist.com/3058874/this-planned-super-sustainable-town-will-run-on-solar-power-and-use-only-driverless-cars.

82. "LA's Big Plan to Change the Way We Move," http://la.curbed. com/2016/9/9/12824240/self-driving-cars-plan-los-angeles.

83. Gov. Scott Walker, "Wisconsin Road Projects May Be Scaled Back to Save Money," http://www.jsonline.com/story/news/politics/2017/03/01/gov-scott-walker-wisconsin-road-projects-may-scaled-back-save-money/98605250/.

84. "Road to Zero: New Partnership Aims to End Traffic Fatalities Within 30 Years," http://www.nsc.org/learn/NSC-Initiatives/Pages/The-Road-to-Zero.aspx.

85. "Right of Way for 'Vision Zero,'" http://www.dvr.de/presse/ informationen/873.htm; "Time for Zero Traffic Fatalities,"

https://www.vcd.org/themen/verkehrssicherheit/vision-zero/.

86. "Say Hello to Waymo," https://www.youtube.com/watch?v=uHbMt6WDhQ8.

87. "Flying Cars Are Closer Than You Think," http://www.theverge.com/a/verge-2021/marc-andreessen-horowitz-verge-interview.

88. "Paris Mayor Unveils Plan to Restrict Traffic and Pedestrianise City Centre," https://www.theguardian.com/world/2017/jan/08/paris-mayor-anne-hidalgo-plan-restrict-traffic-pedestrianise-city-centre-france.

89. "Diesel Car Sales Pie Halves to 26% in Four Years," http://economictimes.indiatimes.com/industry/auto/news/passenger-vehicle/cars/diesel-car-sales-pie-halves-to-26-in-four-years/articleshow/53056370.cms.

90. "Fahrverbote in Oslo: Diesel müssen draußen bleiben" (Driving Bans in Oslo: Diesels Must Stay Out), http://www.spiegel.de/auto/aktuell/diesel-fahrverbote-in-oslo-smog-erfordert-drastische-massnahmen-a-1130242.html.

91. "Results from the Reinforced ADAC EcoTest," https://www.adac.de/infotestrat/adac-im-einsatz/motorwelt/ecotest_feinstaub.aspx.

92. "Buy Up All the Street Cars," https://medium.com/@rynmcmns/buy-up-all-the-street-cars-d5c48db6039d#.1tk6j07ab.

93. "Here's How Self-Driving Cars Will Transform Your City," https://www.wired.com/2016/10/heres-self-driving-cars-will-transform-city/.

94. "Autonomous Tractor at Work," https://www.youtube.com/watch?v=Ybxhvlyw-X0.

95. Timothy J. Gates, Robert E. Maki, "Converting Old Traffic Circles to Modern Roundabouts," Michigan State University Case Study, ITE Annual Meeting Compendium, 2000.

96. "Roundabout Benefits," https://www.wsdot.wa.gov/Safety/roundabouts/benefits.htm.

97. Neal E. Wood, "Shoulder Rumble Strips: A Method to Alert 'Drifting' Drivers," Pennsylvania Turnpike Commission, Harrisburg, PA, January 1994.

98. Heidi Garrett-Peltier, "Pedestrian and Bicycle Infrastructure: A National Study of Employment Impacts," Baltimore, 2011.

99. "New Urban Network Study: Transit Outperforms Green Building," http://newurbannetwork.com/study-transit-outperforms-green-buildings/.

100. Martin Wachs, "Fighting Traffic Congestion with Information Technology," *Issues in Science and Technology* 19, 2002.

101. https://en.wikipedia.org/wiki/Braess%27s_paradox.

102. Gilles Duranton, Matthew A. Turner, "The Fundamental Law of Road Congestion: Evidence from US Cities," *American Economic Review* 101:2616-2652, October 2011, http://pubs.aeaweb.org/doi/pdfplus/10.1257/aer.101.6.2616.

103. "Yes, Sometimes I Drive Around Town to Get My Kids to Sleep," http://www.huffingtonpost.com/jennie-sutherland/yes-sometimes-i-drive-aroyes-sometimes-i-drive-around-town-to-get-my-kids-to-sleep_b_8124776.html.

104. https://en.wikipedia.org/wiki/Interstate_405_(California)#.22Carmageddon.22.

105. "Ewig lockt die Schnellstraße" (And God Created the Highway), http://www.sueddeutsche.de/wissen/ewig-lockt-die-schnellstrasse-1.913440.

106. "Would Standing on the Left Get You Through Tube Stations Quicker?," https://www.uk.capgemini.com/blog/business-analytics-blog/2016/04/would-standing-on-the-left-get-you-through-tube-stations#about-the-author-anchor.

107. German Institute for Urbanistics (DIFU), *Der kommunale Investitionsbedarf von 2006 bis 2020* (*Municipal Investment Requirements from 2006 to 2020*). Berlin, 2008.

108. https://de.statista.com/themen/1199/strassen-in-deutschland/.

109. "Percentage of Settlement Areas and Traffic Areas in the Ter-

ritorial Area on a German Regional Level," https://www.ioer-monitor.de/en.

110. "Maintenance Management for Municipal Roads," https://www.adac.de/_mmm/pdf/fi_erhaltungsmanagement_0412_238773.pdf.

111. "Expenses and Revenue for German Highways from 1992 to 2010 (in Million Euro)," https://de.statista.com/statistik/daten/studie/7002/umfrage/ausgaben-und-einnahmen-im-deutschen-strassenwesen-seit-dem-jahr-1992/.

112. "U.S. Driving Tops 3.1 Trillion Miles in 2015, New Federal Data Show," https://www.fhwa.dot.gov/pressroom/fhwa1607.cfm.

113. Interview conducted with employees of Aachener-Grund in Palo Alto.

114. Donald C. Shoup, *The High Cost of Free Parking*. American Planning Association, Chicago, 2005.

115. "Who Pays for Parking? The Hidden Costs of Housing," http://www.sightline.org/research_item/who-pays-for-parking/.

116. Donald C. Shoup, *The High Cost of Free Parking*. American Planning Association, Chicago, 2005.

117. Donald C. Shoup, "Cruising for Parking," *Transport Policy* 13, 2006.

118. Donald C. Shoup, *The High Cost of Free Parking*. American Planning Association, Chicago, 2005.

119. "ParkWhiz Acquires BestParking, Announces $24M Raise," https://techcrunch.com/2016/01/26/parkwhiz-acquires-best-parking-announces-24m-raise/.

120. SFPark.org.

121. Paul C. Box, "Curb Parking Findings Revisited," Transportation Research Circular 501, 2000.

122. A. J. Velkey, C. Laboda, S. Parada, et al. "Sex Differences in the Estimation of Foot Travel Time," presented at the Annual Mee-

ting of the Eastern Psychological Association, Boston, 2002.

123. http://www.itf-oecd.org/sites/default/files/docs/15cpb_self-drivingcars.pdf.

124. Kevin Spieser, Kyle Ballantyne Treleaven, Rick Zhang, et al., "Toward a Systematic Approach to the Design and Evaluation of Automated Mobility-on-Demand Systems: A Case Study in Singapore," in Gereon Meyer, Sven Beiker (eds.), *Road Vehicle Automation* (Lecture Notes in Mobility). Springer, Berlin, 2014.

125. https://www.csail.mit.edu/ridesharing_reduces_traffic_300_percent.

126. Lawrence D. Burns, William C. Jordan, Bonnie A. Scarborough, "Transforming Personal Mobility," 2013, http://wordpress.ei.columbia.edu/mobility/files/2012/12/Transforming-Personal-Mobility-Aug-10-2012.pdf.

127. "Munich: 18,000 Electric Self-Driving Taxis May Replace 200,000 Private Vehicles," https://ecomento.tv/2017/04/11/muenchen-18-000-elektrische-selbstfahr-taxis-koennten-200-000-privat-pkw-ersetzen/.

128. Brandon Schoettle, Michael Sivak, "Potential Impact of Self-Driving Vehicles on Household Vehicle Demand and Usage," http://www.umich.edu/%7Eumtriswt/PDF/UMTRI-2015-3_Abstract_English.pdf.

129. Lawrence D. Burns, William C. Jordan, Bonnie A. Scarborough, "Transforming Personal Mobility," http://wordpress.ei.columbia.edu/mobility/files/2012/12/Transforming-Personal-Mobility-Aug-10-2012.pdf.

130. Emilio Frazzoli, "Can We Put a Price on Autonomous Driving?," *MIT Technology Review* 18, March 2014, https://www.technologyreview.com/s/525591/can-we-put-a-price-on-autonomous-driving/.

131. "The Future of the $100 Billion Parking Industry," https://pando.com/2014/01/30/the-future-of-the-100-billion-parking-industry/.

132. http://sf.streetsblog.org/2014/08/21/personal-garages-become-cafes-in-the-castro-thanks-to-smarter-zoning/.

133. http://dip21.bundestag.de/dip21/btd/15/033/1503378.pdf.

134. Leslie George Norman, "Road Traffic Accidents: Epidemiology, Control and Prevention," World Health Organization Public Health Papers 12, 1962.

135. http://www.srf.ch/konsum/themen/umwelt-und-verkehr/un-noetige-verkehrsschilder-teuer-und-gefaehrlich.

136. https://en.wikipedia.org/wiki/Drachten.

137. https://en.wikipedia.org/wiki/Shared_space.

138. https://scienceblog.com/489337/pedestrians-may-run-rampant-world-self-driving-cars/.

139. https://web.de/magazine/auto/100-jahre-ampel-kuriose-fakten-lichtzeichenanlage-32675132.

140. http://www.tagesspiegel.de/wirtschaft/teures-gruen-was-kostet-eigentlich-eine-ampel/11625462.html.

141. "Revealed: How Long You Really Spend Waiting at Traffic Lights," http://www.telegraph.co.uk/cars/news/revealed-how-long-you-really-spend-waiting-at-traffic-lights/.

142. "Jeder steht zwei Wochen seines Lebens vor roten Ampeln" (Everyone Spends Two Weeks of Their Lives Waiting at Red Traffic Lights), http://www.augsburger-allgemeine.de/wirtschaft/Jeder-steht-zwei-Wochen-seines-Lebens-vor-roten-Ampeln-id30907737.html.

143. "Audi schafft das Fließband ab" (Audi Does Away with Assembly Lines), https://www.welt.de/wirtschaft/article159622953/Audi-schafft-das-Fliessband-ab.html.

144. "Elon Musk Goes on a 'Machines Building Machines' Rant About the Future of Manufacturing," https://electrek.co/2016/06/01/elon-musk-machines-making-machines-rant-about-tesla-manufacturing/.

145. "AI Software Learns to Make AI Software," https://www.tech-

nologyreview.com/s/603381/ai-software-learns-to-make-ai-software/.

146. "The Alien Style of Deep Learning Generative Design," https://medium.com/intuitionmachine/the-alien-look-of-deep-learning-generative-design-5c5f871f7d10?linkId=35086660.

147. "Auto- und Internetfirmen erobern den Energiesektor" (Automobile and Internet Companies Conquer the Energy Sector), http://www.spiegel.de/wirtschaft/unternehmen/energiewende-branchenfremde-konzerne-erobern-den-stromsektor-a-1061546.html.

148. "Ford Wants to Develop Its Own Battery Chemistries for Hybrids, Electric Cars, but Why?," http://www.greencarreports.com/news/1101606_ford-wants-to-develop-its-own-battery-chemistries-for-hybrids-electric-cars-but-why.

149. "Roadway and Environment: Urban/Rural Comparison," http://www.iihs.org/iihs/topics/t/roadway-and-environment/fatalityfacts/roadway-and-environment.

150. "The Case for an Emphasis on Traffic Management," https://techcrunch.com/2015/12/14/the-case-for-an-emphasis-on-traffic-management/.

151. "Mapping the Self-Driving Car with Traffic Analytics," http://digitally.cognizant.com/ mapping-the-self-driving-car-with-traffic-analytics.

152. http://www.anoukwipprecht.nl/.

153. http://safecarnews.com/unece-updates-vienna-convention-on-road-traffic-to-allow-automated-vehicles-ma7237/.

154. https://en.wikipedia.org/wiki/World_Forum_for_Harmonization_of_Vehicle_Regulations.

155. https://assets.documentcloud.org/documents/3111057/Federal-Automated-Vehicles-Policy.pdf.

156. http://gizmodo.com/5985682/jony-ive-chats-lunchbox-design-on-a-british-kids-tv-show.

157. https://en.wikipedia.org/wiki/Road_train.

158. Christoph Keese, *Silicon Germany: Wie wir die digitale Transformation schaffen* (*Silicon Germany: How We Can Manage Digital Transformation*). Knaus, Munich, 2016.

159. "Will Self-Driving Cars Kill Transit as We Know It? It Could Be Charlotte's $6 Billion Bet," http://www.charlotteobserver.com/news/politics-government/article134742964.html.

160. Armin Kaltenegger (ed.), *Unterwegs in die Zukunft: Visionen zum Straßenverkehr* (*On the Way to the Future: Visions of Road Traffic*). Manz, Vienna, 2016.

161. "No Parking Here," http://www.motherjones.com/environment/2016/01/futureparking-self-driving-cars.

162. "Forget Tesla, It's China's E-Buses That Are Denting Oil Demand," https://www.bloomberg.com/news/articles/2019-03-19/forget-tesla-it-s-china-s-e-buses-that-are-denting-oil-demand.

163. http://www.bloomberg.com/news/articles/2016-05-05/oil-isnt-the-only-commodity-threatened-by-tesla-s-rise.

164. "China's Rare-Earths Bust," http://www.wsj.com/articles/chinas-rare-earths-bust-1468860856.

165. "New York City Says Electric Cars Are Now the Cheapest Option for Its Fleet," https://qz.com/1571956/new-york-city-says-electric-cars-cheapest-option-for-its-fleet/.

166. "Wind in Power: 2016 European Statistics," https://windeurope.org/wp-content/uploads/files/about-wind/statistics/WindEurope-Annual-Statistics-2016.pdf.

167. Firmin DeBrabander, "What If Green Products Make Us Pollute More?," http://articles.baltimoresun.com/2011-06-02/news/bs-ed-consumers-20110602_1_green-cars-green-products-greenhouse-gas-emissions.

168. David Owen, *Green Metropolis: Why Living Smaller, Living Closer, and Driving Less Are the Keys to Sustainability*. Riverhead Books, New York, 2010.

169. Michael Mehaffy, "The Urban Dimensions of Climate Change,"

https://www.planetizen.com/node/41801.

170. http://www.tomsguide.com/us/self-driving-car-crash-dc2016,news-23145.html.

171. Jonathan Petit, "Self-Driving and Connected Cars: Fooling Sensors and Tracking Drivers," https://www.blackhat.com/docs/eu-15/materials/eu-15-Petit-Self-Driving-And-Connected-Cars-Fooling-Sensors-And-Tracking-Drivers.pdf; Jonathan Petit, Bas Stottelaar, Michael Feiri, Frank Kargl, "Remote Attacks on Automated Vehicles Sensors: Experiments on Camera and LiDAR."

172. "Securing Driverless Cars from Hackers Is Hard. Ask the Ex-Uber Guy Who Protects Them," https://www.wired.com/2017/04/ubers-former-top-hacker-securing-autonomous-cars-really-hard-problem.

173. http://www.forbes.com/2008/11/21/data-breaches-cybertheft-identity08-tech-cx_ag_1121breaches.html.

174. "Justice Dept. Group Studying National Security Threats of Internet-Linked Devices," https://www.yahoo.com/news/justice-dept-group-studying-national-security-threats-internet-172351993--finance.html?ref=gs.

175. "Karamba Security Raises $2.5 Million to Keep Self-Driving Cars Safe from Hackers," https://techcrunch.com/2016/09/29/karamba-security-raises-2-5-million-to-keep-self-driving-cars-safe-from-hackers/.

176. "Google Keeps Self-Driving Cars Offline to Hinder Hackers," https://www.ft.com/content/8eff8fbe-d6f0-11e6-944b-e7e-b37a6aa8e.

177. "The Car Hacking Village Brings Car Knowledge to the CES Masses," http://readwrite.com/2017/01/04/the-car-hacking-village-brings-car-knowledge-to-the-ces-masses-tl1/.

178. "Will Autonomous Cars Leave Us Vulnerable to Gangs of Armed Teens? Study Says Maybe," http://jalopnik.com/will-autonomous-cars-leave-us-vulnerable-to-gangs-of-ar-1792042072.

179. "Biggest Challenge for Self-Driving Cars in Boston? Sea Gulls," http://www.bostonglobe.com/business/2017/02/06/the-biggest-challenge-for-self-driving-cars-boston-sea-gulls/N5UH-SUIyXlar4r60TXupdN/story.html.

180. "1890-1968 Flying Cars," http://mashable.com/2015/08/03/flying-car-evolution/.

181. http://www.bloomberg.com/news/articles/2016-06-09/welcome-to-larry-page-s-secret-flying-car-factories.

182. "Airbus Wants to Make Self-Flying Airborne Taxis a Real Thing," https://techcrunch.com/2016/08/17/airbus-wants-to-make-self-flying-airborne-taxis-a-real-thing.

183. "Fast-Forwarding to a Future of On-Demand Urban Air Transportation," https://medium.com/@UberPubPolicy/fast-forwarding-to-a-future-of-on-demand-urban-air-transportation-f6ad36950ffa#.52t6yxbia.

第三部　前進！汽車製造商及供應商的工具與方法

1. "Mercedes Targets Silicon Valley Rivals with Robo-Taxis by 2023," https://www.bloomberg.com/news/articles/2017-04-04/mercedes-bosch-join-forces-to-accelerate-rollout-of-robo-taxis.

2. "Dell. EMC. HP. Cisco. These Tech Giants Are the Walking Dead," https://www.wired.com/2015/10/meet-walking-dead-hp-cisco-dell-emc-ibm-oracle/.

3. "Porsche-Mitarbeiter bekommen Riesen-Bonus" (Porsche Employees Receive Huge Bonus), https://www.welt.de/wirtschaft/article163062200/Porsche-Mitarbeiter-bekommen-Riesen-Bonus.html; "9,656 Euro Bonus and Jubilee Payment for Porsche Employees," https://newsroom.porsche.com/fallback/en/company/porsche-bonus-payment-2018-employees-record-year-70-years-sports-car-15093.html.

4. "Autohersteller geben Rabatte in Rekordhöhe" (Automotive Manufacturers Make Record Discounts), http://www.wiwo.de/

unternehmen/auto/neuwagen-autohersteller-geben-rabatte-in-ekordhoehe/19633862.html.

5. "Abgasskandal kostet VW Marktanteile bei Firmenwagen" (VW Loses Market Share for Company Cars in Emission Scandal), https://www.welt.de/wirtschaft/article163534898/Abgasskandal-kostet-VW-Marktanteile-bei-Firmenwagen.html.

6. Eric Weiner, *The Geography of Genius: A Search for the World's Most Creative Places, from Ancient Athens to Silicon Valley.* Simon & Schuster, New York, 2016.

7. https://www.bmwgroup.com/en/company.html.

8. "Mission Statements of Auto Manufacturers," https://www.thebalance.com/auto-industry-mission-statements-4068550.

9. "Company Strategy," https://www.audi.com/en/company/strategy.html.

10. http://together.volkswagenag.com/.

11. "Our Strategy," https://www.daimler.com/company/strategy/.

12. "What Was Volkswagen Thinking?," http://www.theatlantic.com/magazine/archive/2016/01/what-was-volkswagen-thinking/419127/.

13. Diane Vaughan, *The Challenger Launch Decision: Risky Technology, Culture, and Deviance at NASA.* University of Chicago Press, Chicago, 1997.

14. Dennis A. Gioia, "Pinto Fires and Personal Ethics: A Script Analysis of Missed Opportunities," *Journal of Business Ethics* 11(5-6), May 1992.

15. Frans de Waal, *Are We Smart Enough to Know How Smart Animals Are?* W. W. Norton, New York, 2016.

12　創新的類型

1. Christensen, von den Eichen, Matzler, *The Innovator's Dilemma.* Vahlen, Berlin, 2015.

2. "Number of Full-Time Employees in the United States from 1990 to 2018 (in Millions)," https://www.statista.com/statistics/192356/number-of-full-time-employees-in-the-usa-since-1990/.

3. Susan Christoperson, "Short-Term Profit Seeking Risks the Future of Manufacturing; The Conversation," September 24, 2013, http://theconversation.com/short-term-profit-seeking-risks-the-future-of-manufacturing-18573.

4. http://www.mckinsey.com/industries/automotive-and-assembly/our-insights/monetizing-car-data.

5. Clayton Christensen, "Principles of Innovation and Measuring Success," https://www.youtube.com/watch?v=MpEmjwrOuxI.

6. https://en.wikipedia.org/wiki/Occam%27s_razor.

7. Larry Keeley, *Ten Types of Innovation: The Discipline of Building Breakthroughs*. Wiley, Hoboken, NJ, 2013.

8. Frans Johansson, *The Medici Effect: Breakthrough Insights at the Intersection of Ideas, Concepts and Cultures*. Harvard Business School Press, Cambridge, MA, 2004.

9. "Tesla ist kein Vorbild: Interview mit Harald Kröger, Leiter Entwicklung Elektrik bei Mercedes-Benz" (Tesla Is No Model: Interview with Harald Kröger, Head of Electrics Development at Mercedes-Benz), http://mein-auto-blog.de/news/tesla-kein-vorbild.html.

13 心理感到安全的環境 —— 跌倒，站起來，繼續

1. A. L. Tucker and A. C. Edmondson, "Why Hospitals Don't Learn from Failures: Organizational and Psychological Dynamics That Inhibit System Change," *California Management Review* 45(2):55-72, 2003.

2. http://www.focus.de/finanzen/news/tid-5538/ferdinand-piech_aid_53701.html.

3. "O. Verf.: Zukunftstechnik: Porsche-Chef bezeichnet selbstfahrende Autos als 'Hype'" (Porsche Boss Calls Self-Driving

Cars a "Hype"), www.spiegel.de, September 13, 2015, http://www.spiegel.de/auto/aktuell/porsche-chef-mat-thias-mueller-bezeichnet-autonomes-fahren-als-hype-a-1052688.html.

4. Robert I. Sutton, *Der Arschloch-Faktor* (*The Asshole Factor*). Heyne, Munich, 2008.

5. Jack Linshi, "Peter Thiel: Uber Is the 'Most Ethically-Challenged Company in Silicon Valley,'" Time.com, November 19, 2014, http://time.com/3593701/peter-thiel-uber/.

6. Warren Berger, *A More Beautiful Question: The Power of Inquiry to Spark Breakthrough Ideas*. Bloomsbury, London, 2014.

7. Ibid.

8. Ibid.

9. Jim Collins, *How the Mighty Fall: And Why Some Companies Never Give In*. Random House Business, New York, 2009.

10. Warren Berger, *A More Beautiful Question: The Power of Inquiry to Spark Breakthrough Ideas*. Bloomsbury, London, 2014.

11. "1965: Moore's Law Predicts the Future of Integrated Circuits," http://www.computerhistory.org/siliconengine/moores-law-predicts-the-future-of-integrated-circuits/.

12. https://www.innocentive.com/.

13. Hila Lifshitz-Assaf, "Dismantling Knowledge Boundaries at NASA: From Problem Solvers to Solution Seekers," May 14, 2016; https://ssrn.com/abstract=2431717.

14. https://www.udacity.com/course/self-driving-car-engineer-nanodegree--nd013.

15. https://cars.stanford.edu/.

16. https://www.ri.cmu.edu/.

17. "A New Self-Driving Car Startup Just Spun Out of Udacity to Challenge Uber with Its Own Autonomous Taxi Service," http://www.businessinsider.com/voyage-autonomous-taxi-udacity-2017-4.

18. https://unmanned.tamu.edu/.

19. http://autonomos.inf.fu-berlin.de/.

結論 「前進！」政治和社會動起來

1. "Framing the Future of Mobility," https://www2.deloitte.com/content/dam/Deloitte/de/Documents/human-capital/DR20_Framin_the_future_of_mobility.pdf.

2. "Unconditional Basic Income," https://en.wikipedia.org/wiki/Basic_income.

3. "The Robot Revolution Will Be the Quietest One," https://www.nytimes.com/2016/12/07/opinion/the-robot-revolution-will-be-the-quietest-one.html.

4. "Fuck Work," https://aeon.co/essays/what-if-jobs-are-not-the-solution-but-the-problem.

5. "Slush 2016—Universal Basic Income 'Has to Happen," http://diginomica.com/2016/12/02/slush-2016-universal-basic-income-happen/.

6. "Analysis: Between 2000 and 2010, 85% of Manufacturing Jobs Were Lost to Technology, Not Globalization," https://theintellectualist.co/analysis-between-2000-and-2010-85-of-manufacturing-jobs-were-lost-to-technology-not-globalization/.

7. "Robots Will Steal Your Job: How AI Could Increase Unemployment and Inequality," http://www.businessinsider.com/robots-will-steal-your-job-citi-ai-increase-unemployment-inequality-2016-2?r=UK&IR=T.

8. "'Tax the Robots,' Says Bill Gates," https://www.forbes.com/sites/ianmorris/2017/02/17/tax-the-robots-says-bill-gates/#72e7f80d1096.

正確的心態並非魔法

克服認知扭曲，提升意識

做好準備，迎向未來

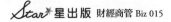
星出版 財經商管 Biz 015

21 世紀汽車革命：
電動車全面啟動，自駕車改變世界
The Last Driver's License Holder
Has Already Been Born

作者 —— 馬里奧‧赫格 Mario Herger
譯者 —— 李芳齡

總編輯 —— 邱慧菁
特約編輯 —— 吳依亭
校對 —— 李蓓蓓
封面完稿 —— 劉亭瑋
封面圖片 —— Getty Images
內頁排版 —— 立全電腦印前排版有限公司

讀書共和國出版集團社長 —— 郭重興
發行人兼出版總監 —— 曾大福
出版 —— 星出版／遠足文化事業股份有限公司
發行 —— 遠足文化事業股份有限公司
　　　231 新北市新店區民權路 108 之 4 號 8 樓
　　　電話：886-2-2218-1417
　　　傳真：886-2-8667-1065
　　　email: service@bookrep.com.tw
　　　郵撥帳號：19504465 遠足文化事業股份有限公司
　　　客服專線 0800221029
法律顧問 —— 華洋國際專利商標事務所 蘇文生律師
製版廠 —— 中原造像股份有限公司
印刷廠 —— 中原造像股份有限公司
裝訂廠 —— 中原造像股份有限公司
登記證 —— 局版台業字第 2517 號

出版日期 —— 2021 年 12 月 08 日第一版第一次印行
定價 —— 新台幣 620 元
書號 —— 2BBZ0015
ISBN —— 978-986-06103-4-5

星出版讀者服務信箱 —— starpublishing@bookrep.com.tw
讀書共和國網路書店 —— www.bookrep.com.tw
讀書共和國客服信箱 —— service@bookrep.com.tw
歡迎團體訂購，另有優惠，請洽業務部：886-2-22181417 ext. 1132 或 1520

國家圖書館出版品預行編目（CIP）資料

21 世紀汽車革命：電動車全面啟動，自駕車改變世界／
馬里奧‧赫格 Mario Herger 著；李芳齡 譯.
第一版 . – 新北市：星出版：遠足文化事業股份有限公司發行，
2021.12
544 面；15x23 公分 . --（財經商管；Biz 015）.
譯自：The Last Driver's License Holder Has Already Been Born
ISBN 978-986-06103-4-5（平裝）
1. 汽車業 2. 電動車 3. 人工智慧 4. 產業發展

484.3　　　　　　　　　　　　　　　　　110018387

The Last Driver's License Holder Has Already Been Born by Mario Herger
Copyright © 2020 by McGraw Hill
Complex Chinese Translation Copyright © 2021 by Star Publishing,
an imprint of Walkers Cultural Enterprise Ltd.
This Complex Chinese edition is licensed by McGraw Hill Education.
All Rights Reserved.

新觀點
新思維
新眼界

Star
星出版